普通高等教育"十三五"规划教材
新工科建设之路·计算机类专业规划教材

Java 程序设计与实践

段林涛　编著

电子工业出版社
Publishing House of Electronics Industry
北京·BEIJING

内 容 简 介

本书深入介绍了 Java 语言的基础知识和高级特性，以实例与综合项目为导向，帮助读者实现从基础知识到实践应用的快速飞跃。本书从基础知识到综合项目分 12 章，内容包括 Java 语言概述、数据类型与表达式、流程控制、数组、类与对象、异常、集合框架、I/O 流与文件、多线程、Swing 图形用户界面编程、数据库编程，最后一章为综合项目：图书进销存管理系统的设计与实现。

本书从实践出发，以易教易学为目标，提供大量实例，第 1~11 章配有习题和习题参考答案（二维码），便于教师教学和学生自学。本书以实例与综合项目为主线贯穿 Java 编码规范、面向对象分析与设计方法、数组、集合、文件、多线程、Swing、JDBC 等重要技术，希望帮助读者迅速将学到的知识应用于项目实践中。

本书既可作为高等学校 Java 程序设计、面向对象编程、Java 项目实践等相关课程的教材，也可作为具有一定数据库基础、对管理信息系统开发感兴趣的专业人员的参考书。

未经许可，不得以任何方式复制或抄袭本书之部分或全部内容。
版权所有，侵权必究。

图书在版编目（CIP）数据

Java 程序设计与实践 / 段林涛编著. —北京：电子工业出版社，2019.11
ISBN 978-7-121-37897-3

Ⅰ. ①J… Ⅱ. ①段… Ⅲ. ①JAVA 语言－程序设计－高等学校－教材 Ⅳ. ①TP312.8

中国版本图书馆 CIP 数据核字（2019）第 247706 号

责任编辑：冉　哲　　文字编辑：底　波
印　　刷：北京虎彩文化传播有限公司
装　　订：北京虎彩文化传播有限公司
出版发行：电子工业出版社
　　　　　北京市海淀区万寿路 173 信箱　邮编：100036
开　　本：787×1 092　1/16　印张：20　字数：568 千字
版　　次：2019 年 11 月第 1 版
印　　次：2024 年 1 月第 3 次印刷
定　　价：59.80 元

凡所购买电子工业出版社图书有缺损问题，请向购买书店调换。若书店售缺，请与本社发行部联系，联系及邮购电话：(010) 88254888，88258888。

质量投诉请发邮件至 zlts@phei.com.cn，盗版侵权举报请发邮件至 dbqq@phei.com.cn。
本书咨询联系方式：ran@phei.com.cn。

前　　言

　　Java 是当今最受青睐的面向对象程序设计语言之一。从 1995 年第一个公开版本发布以来，Java 语言经历了 20 多年的发展历史。Java 语言具有类似于 C/C++语言的语法，但又隐藏了 C/C++语言中晦涩的概念，这种简单的特性能帮助程序员快速入门。同时，Java 语言还具有跨平台性、高安全性、可扩展性，以及支持多线程、支持分布式环境等特点，已经被广泛应用于桌面系统、移动终端和 Web 服务器的应用开发中。

本书特色

　　本书内容由浅入深，涵盖了 Java 语言基础知识和大部分关键技术。书中含有大量的实例，实践性强。每个实例都给出了具体的设计思路和详细的实现代码。

　　本书共 12 章，内容包括 Java 语言概述、数据类型与表达式、流程控制、数组、类与对象、异常、集合框架、I/O 流与文件、多线程、Swing 图形用户界面编程、数据库编程，最后一章为综合项目：图书进销存管理系统的设计与实现。

　　本书以实例和综合项目为导向，通俗易懂，图文并茂，实用性强，便于教师教学和学生自学，可作为高等学校 Java 程序设计、面向对象编程、Java 项目实践等相关课程的教材，也可作为具有一定数据库基础、对管理信息系统开发感兴趣的专业人员的参考书。

本书内容

　　本书共 12 章，具体内容如下。

　　第 1 章 Java 语言概述。本章综述了 Java 语言的发展历史、特点、运行机制和主要开发环境。本章主要涉及 Java 虚拟机的基本概念、Java 应用程序开发环境的搭建，以及在 Eclipse 集成开发环境中编写、调试和运行程序等内容。

　　第 2 章数据类型与表达式。Java 作为一种强静态类型的面向对象程序设计语言，声明的变量和参与计算的表达式在编译时期都必须指定所属的数据类型。本章主要涉及数据类型、类型转换、运算符、表达式和编码规范等内容。

　　第 3 章流程控制。Java 语言提供分支、循环与跳转语句实现对程序流程的控制。本章主要涉及程序的三种基本结构与对应的流程控制语句等内容。

　　第 4 章数组。数组是线性表的一种重要存储结构，也是 Java 集合框架的重要基础。本章主要涉及数组声明、初始化、访问和常见操作等内容。

　　第 5 章类与对象。找到问题域中的类与对象、明确它们具有的属性与功能、理清它们之间的关系是面向对象程序分析与设计方法的重要工作。本章主要涉及面向对象编程、面向对象的三大特性和 Java 语言面向对象的一些高级特性等内容。

　　第 6 章异常。Java 异常处理机制较传统异常处理方式更加灵活，程序结构更加清晰。本章主要涉及 Java 异常体系、异常处理机制、自定义异常和日志等内容。

　　第 7 章集合框架。集合以数组、链表为基础实现数据存储和在存储结构上的各种操作。本章主要涉及泛型、集合框架体系、常用集合对象和集合工具类等内容。

　　第 8 章 I/O 流与文件。I/O 流为数据提供文件存储能力。本章主要涉及 I/O 流基本概念、

I/O 流体系结构、常用 I/O 流和文件操作等内容。

第 9 章多线程。多线程技术能够提高系统资源利用率，改善用户体验质量。本章主要涉及线程的基本概念、线程控制、线程同步与互斥、线程通信和死锁等内容。

第 10 章 Swing 图形用户界面编程。使用 Swing 组件库能构建带有图形用户界面的 Java 应用程序。本章主要涉及 AWT/Swing 组件库、容器、布局管理器、常用组件、事件处理等内容。

第 11 章数据库编程。Java 应用程序使用 JDBC 可以访问数据库。本章主要涉及 JDBC 基本概念、常用接口与类等内容。

第 12 章综合项目：图书进销存管理系统的设计与实现。本章给出了一个综合使用集合框架、Swing 组件库、异常、多线程和 JDBC 等核心知识的项目—图书进销存管理系统的设计与实现，详细阐述了图书进销存管理系统的分析、设计和开发全过程，包含代码实现。

本书导读

对于 Java 初学者，应该从本书第 1 章开始学习并进行操作练习，以了解 Java 语言的基本语法和 Java 应用程序的编写规范。对于有一定 C/C++语言基础的读者可以快速学习第 1～4 章，重点学习第 5～12 章。对于具有 Java 语言基础、了解 SQL Server 的读者，可以直接阅读书中提供的实例。第 12 章可以帮助读者学会如何快速构建带有图形用户界面的管理信息系统，如何使用 Java 语言解决复杂工程问题。

本书约定

本书的程序使用 Eclipse 集成开发环境完成并编译运行，读者在学习过程中也可以采用其他集成开发环境，如 NetBeans 和 IntelliJ IDEA 等。

我们的理念

根据我们的软件开发与软件培训经验，学习一门程序设计语言的关键是"多看、多读、多练"，即多看好书、多读别人的代码、多上机实践和练习，从模仿到能独立编写高质量的程序。

本书以实例与综合项目为主线，希望帮助读者快速将学到的知识应用于项目实践中。书中包含丰富的实践内容，希望帮助读者通过大量的实际操作加深对相关内容的认识和理解，尽快把理论知识转换为解决实际问题的能力。扫描二维码可以获取本书全部实例代码。

本书由成都大学段林涛编著。作者长期从事计算机软件开发与教学工作，有着丰富的实践经验和教学科研经验。希望本书的出版，对广大 Java 语言爱好者，特别是想使用 Java 语言参与实际项目研发的专业人员，起到一定的帮助作用。

本书在编写与出版过程中得到了很多专家、教授和朋友的关心与帮助，这里一并表示感谢。其中，四川大学的郭兵教授，电子科技大学的王治国、陈东义、程洪教授给予了悉心的指导，成都大学的叶安胜、黎忠文、高朝邦、李晓玲、杜小丹、于曦等教授，以及张修军、苏长明、郑加林、杨洪、古沐松、汪海鹰、李洁、聂丽莎、赵卫东、刘永红、鄢涛等老师都给予过我极大的帮助。另外成都大学的唐燚、邱玉龙、钟婷、蒋娜、陈红梅、罗伊宁、唐熙、王家俊、袁英华、段金凤、任铭扬、魏兴桃、卢圆、段春娇、魏佳美、娄方成、刘奇、沈森林、陈治宏、毛成、朱桐睿等参加了本书的校对工作。同时也要感谢电子工业出版社和所有参考资料的作者。

限于自身水平，书中难免出现遗漏和错误之处，恳请广大读者批评指正。

段林涛于成都大学

目 录

第1章 Java 语言概述 ············ 1
  1.1 Java 语言简介 ············ 1
    1.1.1 Java 语言发展历史 ············ 1
    1.1.2 Java 语言的特点 ············ 2
    1.1.3 为什么学习 Java 语言 ············ 3
  1.2 Java 虚拟机 ············ 5
    1.2.1 概述 ············ 5
    1.2.2 JVM 运行时数据区 ············ 6
  1.3 Java 开发环境 ············ 7
    1.3.1 JRE 与 JDK ············ 7
    1.3.2 开发环境的搭建 ············ 10
  1.4 第一个 Java 应用程序 ············ 13
    1.4.1 编辑、编译与运行 ············ 13
    1.4.2 第一个应用程序的基本结构 ············ 17
    1.4.3 调试 ············ 18
  习题 1 ············ 19

第2章 数据类型与表达式 ············ 20
  2.1 基本数据类型 ············ 20
    2.1.1 整型类型 ············ 20
    2.1.2 浮点类型 ············ 21
    2.1.3 布尔类型 ············ 22
  2.2 引用数据类型 ············ 22
    2.2.1 类与对象 ············ 22
    2.2.2 接口与实现类 ············ 23
    2.2.3 数组 ············ 23
    2.2.4 字符串 ············ 24
    2.2.5 输入与输出 ············ 26
  2.3 数据类型转换 ············ 28
    2.3.1 基本数据类型转换 ············ 28
    2.3.2 引用数据类型转换 ············ 31
  2.4 运算符与表达式 ············ 32
    2.4.1 操作数 ············ 33
    2.4.2 算术运算符 ············ 34
    2.4.3 关系运算符 ············ 35
    2.4.4 逻辑运算符 ············ 36
    2.4.5 位运算符 ············ 38
    2.4.6 条件运算符 ············ 39
    2.4.7 赋值运算符 ············ 39
    2.4.8 语句与语句块 ············ 40
  2.5 Java 编程规范 ············ 41
    2.5.1 注释 ············ 41
    2.5.2 空白符 ············ 43
    2.5.3 括号 ············ 43
    2.5.4 命名规范 ············ 44
  习题 2 ············ 44

第3章 流程控制 ············ 46
  3.1 程序的基本结构概述 ············ 46
  3.2 选择结构 ············ 46
    3.2.1 if 语句 ············ 47
    3.2.2 switch 语句 ············ 49
  3.3 循环结构 ············ 51
    3.3.1 for 语句 ············ 51
    3.3.2 while 语句 ············ 53
    3.3.3 do-while 语句 ············ 53
    3.3.4 break 与 continue 语句 ············ 54
  习题 3 ············ 57

第4章 数组 ············ 59
  4.1 一维数组 ············ 59
    4.1.1 数组声明与初始化 ············ 59
    4.1.2 数组访问 ············ 60
  4.2 二维数组与多维数组 ············ 61
    4.2.1 数组声明与初始化 ············ 61
    4.2.2 数组访问 ············ 63
  4.3 方法调用与参数传递 ············ 64
    4.3.1 方法 ············ 64
    4.3.2 参数类型 ············ 65
  4.4 数组常见操作 ············ 67
    4.4.1 插入与删除 ············ 67
    4.4.2 遍历 ············ 68
    4.4.3 合并 ············ 68
    4.4.4 动态扩展 ············ 69
    4.4.5 查询 ············ 70

| 4.4.6   排序 ································· 70
| 习题 4 ·· 72
| 第 5 章   类与对象 ··························· 73
| 5.1   面向对象编程概述 ····················· 73
| 5.2   类的定义与实例化 ····················· 74
| 5.2.1   类路径与包 ······················· 74
| 5.2.2   数据与方法 ······················· 77
| 5.2.3   访问控制 ··························· 79
| 5.2.4   方法重载 ··························· 82
| 5.2.5   构造方法 ··························· 82
| 5.2.6   static 成员 ······················· 86
| 5.2.7   final 成员 ························· 87
| 5.3   面向对象特性 ··························· 88
| 5.3.1   封装 ·································· 88
| 5.3.2   继承 ·································· 89
| 5.3.3   多态 ·································· 91
| 5.4   面向对象高级特性 ····················· 93
| 5.4.1   枚举类型 ··························· 93
| 5.4.2   抽象类 ······························ 94
| 5.4.3   接口 ·································· 95
| 5.4.4   内部类 ······························ 96
| 5.5   实例：图书进货管理子系统
| （数组）································ 98
| 5.5.1   问题描述 ··························· 98
| 5.5.2   系统功能分析 ····················· 98
| 5.5.3   系统设计 ··························· 99
| 5.5.4   系统实现 ························· 102
| 5.5.5   运行 ································ 104
| 习题 5 ······································ 107
| 第 6 章   异常 ··································· 108
| 6.1   Java 异常体系 ························· 108
| 6.1.1   Java 异常 ························· 109
| 6.1.2   异常类型 ························· 109
| 6.1.3   常见异常类 ····················· 111
| 6.2   异常处理机制 ························· 113
| 6.2.1   throws 子句 ····················· 113
| 6.2.2   try-catch-finally 语句 ········ 114
| 6.2.3   try-with-resource 语句 ······ 117
| 6.2.4   throw 语句 ······················· 120
| 6.2.5   异常链 ···························· 121

  6.3   自定义异常 ···························· 121
  6.4   日志 ······································ 123
  习题 6 ·· 126
第 7 章   集合框架 ····························· 127
  7.1   泛型 ······································ 127
      7.1.1   泛型类 ···························· 127
      7.1.2   泛型接口 ························· 128
      7.1.3   泛型方法 ························· 129
      7.1.4   通配符类型 ····················· 130
  7.2   集合框架体系 ························· 131
      7.2.1   集合概述 ························· 131
      7.2.2   常用接口与实现类 ·········· 132
  7.3   集合对象 ································ 134
      7.3.1   Set 接口及实现类 ············ 134
      7.3.2   SortedSet 接口及实现类 ··· 137
      7.3.3   List 接口及实现类 ··········· 140
      7.3.4   Queue 接口及实现类 ······· 142
      7.3.5   Deque 接口及实现类 ······· 145
      7.3.6   Map 接口及实现类 ·········· 147
      7.3.7   SortedMap 接口及实现类 ·· 149
  7.4   集合工具类 ···························· 150
      7.4.1   Arrays ····························· 150
      7.4.2   Collections ······················ 154
  7.5   实例：图书销售管理子系统
        （集合）································ 156
      7.5.1   问题描述 ························· 156
      7.5.2   系统功能分析 ················· 156
      7.5.3   系统设计 ························· 157
      7.5.4   系统实现 ························· 162
      7.5.5   运行 ································ 166
  习题 7 ·· 169
第 8 章   I/O 流与文件 ······················· 170
  8.1   流的基本概念 ························· 170
  8.2   字节 I/O 流 ···························· 171
      8.2.1   InputStream 类和
              OutputStream 类 ·············· 171
      8.2.2   FileInputStream 类和
              FileOutputStream 类 ········ 172
      8.2.3   DataInputStream 类和
              DataOutputStream 类 ······· 173

8.2.4 BufferedInputStream 类和
BufferedOutputStream 类 ······ 175
8.2.5 ByteArrayInputStream 类和
ByteArrayOutputStream 类 ····· 176
8.2.6 PipedInputStream 类和
PipedOutputStream 类 ········ 177
8.2.7 ObjectInputStream 类和
ObjectOutputStream 类 ········ 179
8.2.8 CipherInputStream 类和
CipherOutputStream 类 ········ 181
8.3 字符 I/O 流 ································· 182
8.3.1 Reader 类和 Writer 类 ··········· 182
8.3.2 InputStreamReader 类和
OutputStreamWriter 类 ········· 183
8.3.3 FileReader 类和 FileWriter 类 ··· 184
8.3.4 BufferedReader 类和
BufferedWriter 类 ··············· 185
8.4 文件系统 ···································· 186
8.4.1 文件相关接口与类 ··············· 186
8.4.2 文件操作示例 ···················· 188
8.4.3 随机访问文件类 ················· 189
8.5 实例：图书信息维护子系统
（文件）······································ 190
8.5.1 问题与系统功能描述 ············ 190
8.5.2 系统设计 ·························· 191
8.5.3 系统实现 ·························· 195
8.5.4 运行 ······························· 200
习题 8 ··· 201

第 9 章 多线程 ··································· 202
9.1 线程的基本概念 ·························· 202
9.2 线程控制 ···································· 203
9.2.1 线程创建与启动 ················· 203
9.2.2 线程终止 ·························· 204
9.2.3 线程阻塞 ·························· 206
9.3 互斥与同步问题 ·························· 207
9.3.1 线程互斥 ·························· 208
9.3.2 线程同步 ·························· 209
9.4 线程状态 ···································· 212
9.5 死锁 ·· 213
9.6 实例：作业调度器 ······················· 214

9.6.1 问题与系统功能描述 ············ 214
9.6.2 系统设计 ·························· 215
9.6.3 系统实现 ·························· 215
9.6.4 运行 ······························· 218
习题 9 ··· 219

第 10 章 Swing 图形用户界面编程 ······ 220
10.1 AWT 与 Swing ·························· 220
10.2 容器与布局管理器 ····················· 220
10.2.1 顶层容器 ························ 220
10.2.2 中间容器 ························ 222
10.2.3 布局管理器 ···················· 227
10.3 Swing 常用组件 ······················· 239
10.3.1 JLabel ···························· 239
10.3.2 JButton ·························· 240
10.3.3 JComboBox ···················· 241
10.3.4 JTextField、JPasswordField 和
JTextArea ······················· 243
10.3.5 JCheckBox 和 JRadioButton ··· 245
10.3.6 JList ······························ 246
10.3.7 JTable ··························· 247
10.3.8 JTree ···························· 250
10.3.9 JOptionPane ···················· 253
10.4 事件侦听与处理模型 ·················· 256
10.4.1 事件 ······························ 256
10.4.2 监听器 ·························· 258
10.4.3 适配器 ·························· 260
10.5 实例：图书信息维护子系统
（GUI）···································· 261
10.5.1 问题与系统功能描述 ········· 261
10.5.2 系统设计 ······················· 262
10.5.3 系统实现 ······················· 264
10.5.4 运行 ····························· 267
习题 10 ··· 269

第 11 章 数据库编程 ··························· 270
11.1 JDBC ······································ 270
11.2 常用接口与类 ··························· 274
11.3 实例：图书信息维护子系统
（JDBC）·································· 276
11.3.1 问题与系统功能描述 ········· 276
11.3.2 数据库设计与实现 ············ 277

VII

11.3.3　系统实现 ……………………… 277
　习题 11 …………………………………… 281
第 12 章　综合项目：图书进销存管理系统的
　　　　　设计与实现 ……………………… 282
　12.1　问题与系统功能描述 …………………… 282
　　　12.1.1　项目描述 ………………………… 282
　　　12.1.2　业务流程说明 …………………… 283
　12.2　系统设计 ………………………………… 284
　　　12.2.1　数据库设计 ……………………… 284
　　　12.2.2　对象设计 ………………………… 288
　　　12.2.3　用户合法性校验流程 …………… 291
　　　12.2.4　基础信息维护流程（以图
　　　　　　　书为例）……………………… 292
　　　12.2.5　进货流程 ………………………… 292
　　　12.2.6　销售流程 ………………………… 294
　12.3　系统实现 ………………………………… 295
　　　12.3.1　数据库连接池 …………………… 295
　　　12.3.2　用户登录和注销 ………………… 296

　　　12.3.3　图书增删改查 …………………… 297
　　　12.3.4　进货流程 ………………………… 299
　　　12.3.5　销售流程 ………………………… 302
　　　12.3.6　单据明细获取 …………………… 303
　　　12.3.7　图书销售排行 …………………… 304
　　　12.3.8　图书库存统计 …………………… 305
　12.4　运行 ……………………………………… 305
　　　12.4.1　系统登录界面 …………………… 305
　　　12.4.2　基础信息维护界面（以图书
　　　　　　　为例）………………………… 306
　　　12.4.3　进货界面 ………………………… 307
　　　12.4.4　进货单维护界面 ………………… 307
　　　12.4.5　销售界面 ………………………… 308
　　　12.4.6　销售单维护界面 ………………… 309
　　　12.4.7　图书销售排行界面 ……………… 310
　　　12.4.8　图书库存统计界面 ……………… 310
　12.5　系统扩展 ………………………………… 311
参考文献 ……………………………………………… 312

第 1 章　Java 语言概述

　　Java 作为一门具有 20 多年历史的面向对象程序设计语言,具有语法简单、扩展性好、安全性高、跨平台等特点,至今仍作为主流的开发语言在各种企业级应用中被广泛采用。本章对 Java 语言从发展历史到开发环境进行了概要描述,主要内容包括:Java 语言简介、Java 虚拟机、Java 开发环境,以及应用程序编写、运行与跟踪等。

1.1　Java 语言简介

1.1.1　Java 语言发展历史

　　Java 的出现源自 Sun 公司为实现嵌入式系统互联的绿色项目(Green Project)。项目组成员詹姆斯·高斯林(James Golsing)在尝试扩展 C++语言后,决定重新开发一种新的语言并以自己办公室前的橡树 Oak 为其命名。Green Project 项目组在经过了与 SGI 公司竞标的失利后,将目光投向了 Web 服务。1994 年,Patrick Naugthon 和 Jonathan Payne 使用 Oak 编写了第一个支持交互的浏览器程序 WebRunner(后更名为 HotJava)。HotJava 浏览器首次向互联网用户展示了 Java 将服务器内容动态嵌入静态 HTML 页面的能力。因为 Oak 这个名字已经被当时另一个项目 Oak 技术(Oak Technology)所使用,所以 1994 年将 Oak 正式更名为 Java。1995 年 5 月 23 日,Sun 公司科学部主任 John Gage 在 Sun World 大会上发布 Java 第一个公开版本 Java 1.0a2。

　　自 1996 年第一个正式版本 Java 1.0 发布以后,Java 语言的发展经历多次重要的变化。从 JDK 1.0 到 J2SE 5,Java 类库从包含几百个类发展到包含 3000 多个类。Java 对 Web 交互的支持随着互联网时代的到来备受关注。1997 年,Java 语言被约 40 万名开发人员使用,成为当时排名第二的编程语言。1999 年,Sun 公司重新定义 Java 体系结构,构建了三大开发平台:J2SE(Java 标准版)、J2EE(Java 企业版)和 J2ME(Java 微型版)。Java 发布 5 年后被广泛应用于移动终端、桌面系统和服务器的产品研发。2000 年,苹果公司 CEO 史蒂夫·乔布斯在 JavaOne 开发者大会上宣布 Mac 操作系统将提供对 Java 的支持。2005 年,全球约有 450 万名 Java 开发人员,全球市场约有 7.08 亿部支持 Java 技术的手机、25 亿台支持 Java 的设备和 10 亿张支持 Java 技术的智能卡在流通。2006 年,Sun 公司为进一步推动 Java 技术的发展,同意加入 GNU 组织倡导的通用公共许可(GNU GPL,GNU General Public License)协议。Java 开发人员在遵守 GNU GPL 协议的前提下可以免费使用 JSE(Java SE)、JEE(Java EE)和 JME(Java ME)三大平台。2009 年,Oracle 公司收购 Sun 公司后,Java 继续向全球程序员开放并不断得到发展。Oracle 公司在 Java SE 6 发布 5 年后于 2011 年发布 Java SE 7,又于 2014 年发布 Java SE 8。2015 年,已经有超过 1200 万名开发人员在使用 Java。Java 俨然已经成为世界上最流行的编程语言之一。在 Java SE 8 以后,Oracle 公司又陆续推出了 Java SE 9、Java SE 10、Java SE 11 和 Java SE 12。

　　Java 的三种技术架构均支持客户-服务器(Client/Sever)模式的桌面系统,也支持 Web 多层(Multi-layer Browser-Server)企业级应用,同时支持移动终端、智能手机的应用程序开发,这使得它具有广泛的用户群体,再加上 Java 语言具有简单、安全、可扩展性高、支持多线程、支持分布式网络环境等优点,更是被广大程序员所推崇。Sun 和 Oracle 公司的行业背景,Java 社区的活跃程度,以及 Java 版本的不断更新,都给了 Java 程序员足够的信心。Java 版本更新情况如表 1-1 所示。

表 1-1 Java 版本更新情况

版　　本	代　　码	时间（年.月）	主　要　更　新
JDK 1.0a2	—	1995.05	第一个公开的 Java 版本
JDK 1.0	Oak	1996.01	第一个正式版本
JDK 1.1	—	1997.02	重构 AWT 事件模型、内部类、JavaBeans、JDBC、RMI、JIT、国际化与 Unicode 字符集
J2SE 1.2	Playground	1998.12	Swing、JVM 引入 JIT、Java IDL、集合框架
J2SE 1.3	Kestrel	2000.05	HotSpot JVM、更新 RMI 支持 CORBA、JNDI、JPDA、JavaSound、Synthetic 代理类
J2SE 1.4	Merlin	2002.02	正则表达式、异常链、支持 IPv6、NIO、日志、Image IO、JAXP、JCE、JSSE、JAAS、Preferences API
J2SE 5.0	Tiger	2004.09	泛型、元数据、自动装箱与拆箱、枚举、可变参数、for each 循环、静态引入
J2SE 6.0	Mustang	2006.12	支持脚本引擎、JDBC 4.0、Java 编译器 API、JAXB 2.0、支持可插入注释、引入双缓冲优化 GUI、优化编译器性能、优化垃圾回收算法、优化程序启动性能
Java SE 7	Dolphin	2011.07	更新 switch 语句、更新 System/Character/Boolean/Math 类、更新 Java I/O 库、更新 Swing 组件库、更新 Java SE 基础类库、新增多异常类型处理机制、新增 fork/join 框架以提升并行处理性能、新增 try-with-resource 语句
Java SE 8	Spider	2014.03	更新集合框架、更新 Arrays 类、更新 Java I/O 库、更新 JDBC 接口、更新基础类库、允许无符号算术运算、允许接口定义默认方法、新增 lambda 表达式、新增类型注解、新增日期时间 API、废除永久存储区（PermGen Space）
Java SE 9	—	2017.09	Jigsaw、JShell、使用 Graal 即时编译器新增提前编译功能、响应式流（Reactive Stream）、更新 I/O 流、Java 链接器 JLink、废除 JavaDB、缩放 HiDPI 图形
Java SE 10	—	2018.03	为 Linux 平台整合 Graal 编译器、类、数据共享、垃圾内存收集器接口
Java SE 11	—	2018.9	动态类文件常量、Epsilon 垃圾内存收集器、低成本堆分析器、TLS、移除 JavaFX、JavaEE 和 CORBA 模块

1.1.2　Java 语言的特点

① 面向对象。Java 具有纯正的面向对象特性，真正能对自然界存在的问题使用面向对象的思想进行分析与设计。开发人员对问题域中的对象、对象关系进行分析和设计后，使用 Java 编码实现。它不同于面向过程的程序设计语言通过函数、函数关系分析来解决问题。例如，设计一个先进后出的栈，面向过程开发人员看到的可能是出栈（pop 函数）、入栈（push 函数）、是否空（isEmpty）、是否满（isFull）等函数，而面向对象开发人员看到的是 Stack 对象，Stack 对象具有出栈、入栈、是否空、是否满等功能。

② 跨平台。Java 源码通过 Java 编译器生成与平台无关的字节码，字节码被加载进入内存中，由 Java 虚拟机（JVM，Java Virtual Machine）负责解释执行，或使用内置的 Java 即时编译器（JIT，Java in Time Compiler）先编译为本机机器代码后再执行。Java 源码经过一次编译后，就能在安

装有 JVM 的平台上执行。这种执行方式体现了 Sun 公司推广 Java 技术时宣传的"一次编写，处处执行"（WORA，Write Once，Run Anywhere）的跨平台特性。

③ 并发性。处理器从单核到多核再到众核的发展，使得硬件系统在计算速度与并发处理能力方面得到迅速提升。现代操作系统能有效利用多核、众核计算资源实现内核级多线程技术。Java 提供多线程库为开发人员在应用程序级实现多线程提供 API 支持。利用应用程序级和操作系统级多线程技术，复杂任务允许被分解为多个子任务，每个子任务可以被指派给不同处理单元，由该单元上的一个或多个线程执行，子任务执行结果回传给主任务完成结果整合。多线程技术允许程序在处理器上并发或并行执行，改善程序执行性能，提升用户体验质量。

④ 语法简单。Java 语法源自 C 和 C++语言，但它具有比 C 和 C++语言更简捷的内部实现。Java 是面向对象程序设计语言，具有鲜明的面向对象特性：封装、继承和多态。C++在 C 语言的基础上进行了面向对象的扩展，向下兼容 C 语言的语法。例如，C++源码中允许定义全局变量与外部函数，这些语法让数据和方法直接公开给访问者，将影响数据的安全性，破坏面向对象的封装性。Java 语言采用单继承实现类的扩展，类的继承关系是一对多的树状层次结构。这种结构比 C++的多对多网络继承关系要简单和清晰。对于动态内存的使用，开发人员虽然允许重写 Object 的 finalized 方法主动完成内存资源释放，但这种做法并不被推荐。Java 提供垃圾内存收集器负责标记与回收不再被引用的动态内存。垃圾内存收集器帮助 Java 开发人员省去 C/C++开发人员使用 free 或 delete 释放动态内存的工作。

⑤ 安全性。Java 平台的设计非常强调安全性。Java 语言通过提供类型检查、动态内存管理、垃圾内存收集和数组边界检查来提升应用程序的健壮性。另外，访问控制修饰符（private，protected，public，default）有效限制了对象数据和方法的访问范围。类加载与校验机制确保了只有合法的 Java 代码才能被执行。Java 安全体系结构提供了一组应用程序编程接口，一套通用安全算法，一整套安全工具、机制和协议，具体包括加/解密技术、秘钥与证书管理、身份认证、安全通信协议、敏感资源访问控制检查等内容。Java 安全体系结构不仅为开发人员编写健壮的应用程序提供安全保障，而且为用户安全地使用和管理应用程序提供了一组有效的工具。

⑥ 支持网络编程。Java 语言支持基于 Client/Server 模式的进程间通信。使用 java.net 包中提供的网络编程接口可以实现基于 TCP（Transmission Control Protocol）和 UDP（User Datagram Protocol）的网络通信应用程序。其中，TCP 是基于可靠链接的双向网络传输协议，链路两端的进程可以发送和接收来自对方的有序数据；UDP 是不可靠的无链接的网络传输协议，通信双方发送的数据被封装在数据包中彼此相互独立地在网络上传输，数据包到达的顺序和是否能到达都没有保障。Java 类 URL、URLConnection、Socket 和 ServerSocket 使用 TCP 进行网络通信，而 DatagramPacket、DatagramSocket 和 MulticastSocket 使用 UDP 进行网络通信。

1.1.3 为什么学习 Java 语言

（1）Java 是最受欢迎的编程语言之一

TIOBE编程语言排行榜统计数据显示，Java 语言在 2016 年、2017 年和 2018 年连续三年成为世界上最受欢迎的编程语言。表 1-2 显示了 TIOBE 统计的 2018 年 10 月与 2017 年 10 月最受欢迎编程语言排名的对比情况。编程语言评级是依据全球熟练工程师、课程和第三方供应商的数量并使用流行的搜索引擎（如 Baidu、Google、Bing、Yahoo!、Wikipedia、Amazon 和 YouTube）计算得出的，在一定程度上反映了编程语言受欢迎程度，对技术人员选择合适编程语言有一定的指导意义。

表 1-2 2018 年 10 月 TIOBE 排名前 10 的编程语言

2018 年 10 月	2017 年 10 月	程序设计语言	评 分	变 化
1	1	Java	17.801%	+5.37%
2	2	C	15.376%	+7.00%
3	3	C++	7.593%	+2.59%
4	5	Python	7.156%	+3.35%
5	8	Visual Basic .NET	5.884%	+3.15%
6	4	C#	3.485%	−0.37%
7	7	PHP	2.794%	+0.00%
8	6	JavaScript	2.280%	−0.73%
9	—	SQL	2.038%	+2.04%
10	16	Swift	1.500%	−0.17%

图 1-1 显示了 2018 年 10 月排名前 10 的编程语言近 16 年的评价曲线，可以看出，排在前三位的 Java、C 和 C++的位置相对比较固定。虽然诞生于 20 世纪 80 年代的面向过程的编程语言 C 多次排名第一，但从 TIOBE 总体排名情况看，Java 排名领先的次数还是要略胜一筹。

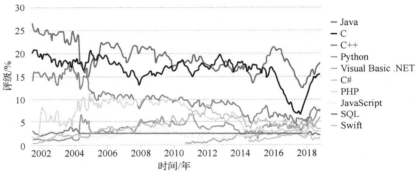

图 1-1 2018 年 10 月排名前 10 的编程语言评价曲线

（2）Java 语法简单

Java 语法类似于 C++，保留面向对象的特性，但又不具有 C++的复杂性，使得开发人员可以很快地熟悉并迁移到 Java 平台上。表 1-3 显示了 Java 与 C++的主要差异。

表 1-3 Java 与 C++的主要差异

序 号	差 异	Java	C++
1	语法	语法受 C/C++影响，是面向对象高级程序设计语言	对 C 进行了面向对象的扩展，向下要兼容 C
2	数组边界检查	数组边界检查是运行时强制的	自动边界检查是可选的
3	内存管理	垃圾内存收集器完成垃圾内存的标记与回收	手动申请与回收动态内存
4	操作符	操作符不可重写，字符串类重写+，+=用于字符串拼接	操作符允许重写
5	goto 语句	保留 goto 关键字，但 goto 语句不可用，其被带标签的 break 与 continue 语句替代	支持 goto 语句
6	指针	舍弃指针的概念和指针操作，使用引用替代	支持指针及相关操作
7	类的继承关系	一对多的树状结构	多对多的网络结构

续表

序号	差异	Java	C++
8	预处理	没有预处理过程	存在预处理过程
9	执行	一次编写，处处执行	一次编写，处处编译

（3）Java语言支撑业务面广

Java平台包含JSE、JEE和JME三个版本，涵盖桌面应用、Client/Server两层应用、Browser/Server多层Web应用、移动终端应用。使用Java技术开发的项目涉及移动互联网、金融、电子商务、数据服务、企业服务、医疗、政府、教育、娱乐等领域，例如，一些国内外知名互联网公司的电商平台、大型医院的医疗系统、病人健康档案管理系统、企业业务支撑系统、企业数据分析系统、企业进销存系统、企业财务系统、环境监测与分析系统、教育数字化平台等都可以使用Java语言实现。

1.2 Java虚拟机

1.2.1 概述

Java虚拟机（JVM，Java Virtual Machine）是Java技术实现"平台无关"的基础。JVM可以理解为一台抽象的计算机，具有与实际计算机类似的指令集和运行时数据区。操作系统会为每个执行的Java程序启动对应的JVM实例（或称JVM进程）。执行几个Java程序，操作系统就会启动几个JVM实例。JVM实例体系结构如图1-2所示。

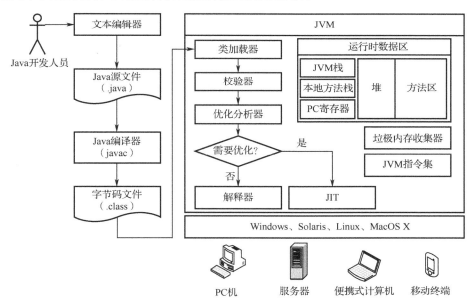

图1-2　JVM实例体系结构

Java应用程序在一个JVM实例中的执行过程如下。

① 编辑源程序。开发人员选择合适的文本编辑器（例如，EditPlus、Notepad++、UltraEdit、Vim、Emacs、Sublime Text等）编辑Java源程序并以.java扩展名保存源文件。

② 编译源文件。将Java源文件送Java编译器编译输出平台无关的字节码文件，文件扩展名为.class。字节码文件只能由JVM负责执行。

③ 加载类文件。JVM提供类加载器在启动JVM实例后将字节码文件加载到运行时数据区

的方法区中。

④ 校验字节码文件。字节码文件的语法与格式都进行了严格限制，任何对字节码文件的篡改都不能通过校验器的检查。字节码校验器保证了字节码文件跨平台执行的安全性。

⑤ 解释执行。JVM 提供字节码解释器，将字节码逐条解释成与平台相关的机器指令后再执行，其执行效率低于编译执行。

⑥ 编译执行。为提高字节码文件的执行效率，JVM 引入即时编译器（JIT，Just In-Time Compiler）对字节码中的热点（Hotspot）进行分析与优化，将反复执行的热点字节码直接编译为本地可执行的指令后再执行。JIT 编译器能有效提高 Java 程序的执行效率。

JVM 执行 Java 程序需要依赖 JVM 指令集、运行时数据区和垃圾内存收集器。JVM 运行时，系统为实例在堆中动态分配内存。JVM 通过垃圾收集器标记与回收不再被引用的垃圾内存。

1.2.2 JVM 运行时数据区

JVM 定义了运行时数据区用于 Java 程序的执行。JVM 实例启动时会为所有 JVM 线程创建共享的数据区，每个独立的 JVM 线程启动时会创建由该线程独占的数据区。独占数据区包含程序计数寄存器（PC，Program Counter）、JVM 栈（JVM Stack）和本地方法栈（Native Method Stack）。而共享数据区包含堆（Heap）和方法区（Method Area）。JVM 运行时数据区结构如图 1-3 所示。

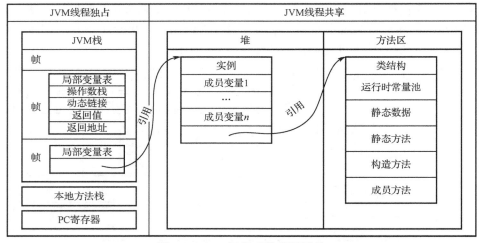

图 1-3　JVM 运行时数据区结构

① PC 寄存器。一个 JVM 实例负责执行一个应用程序。JVM 实例允许多 JVM 线程并发执行。每个 JVM 线程为了维系自己的执行流程，都拥有一个独占的 PC 寄存器，用于保存线程下一条要执行指令的地址。

② JVM 栈。每个 JVM 线程创建时都会创建一个独占的栈用于方法调用。JVM 栈包含的结构称为帧（Frame）。调用方法时，JVM 线程会为其创建一个方法帧并压入栈中。帧用于存储数据、中间结果，保存当前正在执行方法对应类的常量池引用，返回方法执行结果和处理异常发生后的跳转位置。帧包含当前方法的局部变量表、操作数栈、动态链接、方法执行结束返回值和方法执行返回的下一条执行指令地址。局部变量表保存了当前方法的形式参数、局部变量。操作数栈用于保存方法中各种运算的中间结果。动态链接保存当前方法所在类型在方法区中运行时常量池的引用。方法执行结束，帧会保存方法返回值并传递给调用方法。方法可能正常执行完成并返回调用方法，也可能产生异常跳出正常执行流程进入异常处理流程，帧保存方法执行结束返回的指令地址。当方法正常结束或异常中断时，方法对应的帧会被弹出撤销。这时，

该方法在帧中保存的形式参数、局部变量、中间结果和返回值等数据都会被释放。从这里可以看出,局部变量的生命期仅存在于方法调用过程中。方法调用开始时,局部变量因被分配内存而存在;方法调用结束时,局部变量因所在的内存空间被撤销而消亡。JVM 线程为方法调用申请栈空间可能抛出栈溢出(StackOverflowError)与内存溢出(OutOfMemoryError)两种错误。当栈大小固定,JVM 线程申请栈空间而已无多余空闲栈空间时,JVM 实例将抛出 StackOverflowError 错误;当栈空间大小可动态扩展,但系统没有足够内存扩展栈空间时,将抛出 OutOfMemoryError 错误。

③ 本地方法栈。JVM 实例创建本地方法栈用于执行非 Java 语言编写的本地方法。如果 JVM 不加载本地方法并且它自身实现也不依赖于本地方法栈,则 JVM 可以不提供本地方法栈。如果需要使用本地方法栈,则 JVM 实例会为每个线程分配一个独占的方法栈,其大小可以固定也可以动态扩展。

④ 堆。JVM 实例启动时会创建堆用于 JVM 线程共享。堆为 Java 程序的类实例和数组对象提供动态内存。JVM 线程调用构造方法创建实例时,会为实例的成员变量和实例对应类型在方法区中的引用分配内存。当程序在堆中为实例动态申请的内存不再被引用后,Java 虚拟机会通过垃圾内存收集器进行标记与回收。

⑤ 方法区。JVM 实例启动时,将创建可被 JVM 线程共享的方法区。方法区用于存放加载到内存中的类的结构信息,包括每种类型的运行时常量池、静态成员变量,以及类的静态方法、实例方法和构造方法的字节码。

1.3　Java 开发环境

1.3.1　JRE 与 JDK

Oracle Java SE 平台包含两个产品:Java 开发套件(JDK,Java SE Development Kit)和 Java 运行时环境(JRE,Java SE Runtime Environment)。Oracle Java SE 8.0 体系结构如图 1-4 所示。JDK 是 JRE 的超集,除包含 JRE 的所有组件外,还包含 Java 应用程序命令行开发工具与实用程序,如编译器、调试器和反编译等工具。JRE 包含系统库、JVM 和用于运行 Applet 和应用程序的其他组件。Java SE 框架中各组成部分的详细说明如下。

① JVM:包含指令集和运行时数据区。Oracle 公司为不同的软/硬件平台提供不同的 JVM 实现。JVM 的平台相关性实现了 Java 语言可以"一次编写、处处执行"的平台无关性。Java SE 8.0 提供 Java 热点客户虚拟机(HotSpot Client VM)和 Java 热点服务器虚拟机(HotSpot Server VM)两种 JVM 实现。基于热点优化的 HotSpot JVM 引入 JIT 编译器,结合客户虚拟机和服务器虚拟机的各自优势,使 Java 程序在启动时间、内存消耗、执行速度等方面得到了明显改善。

② 基础库(Base Libraries):为 Java SE 平台提供基础功能与特性的类和接口。基础库主要包括数学库(Math)、集合框架(Collections)、正则表达式(Regular Expressions)、日志(Logging)、反射对象(Reflection)、对象序列化(Serialization)、Java 本地接口(JNI,Java Native Interface)、时间对象(Date and Time)、输入/输出流(InputStream/OutputStream)和 XML 处理类(XML JAXP)等。

③ 集成库(Integration Libraries):主要包括接口定义语言(IDL,Interface Definition Language)、Java 数据库连接对象(JDBC,Java Database Connectivity)、Java 命名和目录接口(JNDI,Java Naming and Directory Interface)和远程方法调用(RMI,Remote Method Invocation)等。

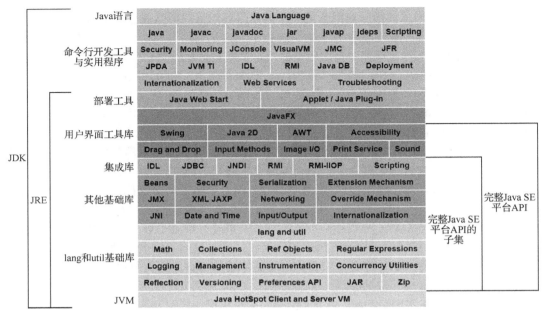

图 1-4　Oracle Java SE 8.0 体系结构

④ 用户界面工具库（User Interface Toolkits）：主要包括图形用户接口组件库（Swing）、2D 图形和图像类（Java 2D）、抽象窗口工具包（AWT）、输入方法框架（Input Methods）、图像处理框架（Image I/O）和 JavaFX 等。

⑤ 部署工具（Deployment）：主要包括安装、设置、更新和发布相关工具。

⑥ 命令行开发工具与实用程序（Tools & Tool APIs）：主要包括基本工具、安全工具、国际化工具、RMI 工具、IDL 工具、RMI-IIOP 工具、部署工具、Java 插件工具、Java Web Start 工具、监控和管理工具以及诊断工具等。常用工具与实用程序如表 1-4 所示。

表 1-4　常用工具与实用程序

常用工具与实用程序	Windows 示例
javac	功能：Java 编译器，编译 Java 源文件为字节码文件 语法格式：javac [options] [Java sourcefiles] [classes] [@argfile] ● options：命令行选项 ● Java sourcefiles：要编译的 Java 源文件 ● classes：一个或多个处理注解的类 ● @argfile：参数文件包含选项和被编译的源文件名
java	功能：启动 JVM 实例，执行 Java 程序 语法格式：执行类 java [options] classname [args]或执行 jar 文件 java [options] -jar filename [args] ● options：命令行选项 ● classname：要执行包含 main 方法的类名 ● filename：包含 manifest 文件的可执行 jar 包 ● args：传递给 main 方法的实际参数列表
javadoc	功能：Java API 文档生成工具，从 Java 源文件中提取文档注释，生成 HTML 格式的 API 帮助文档 语法格式：javadoc [options] [packagenames] [sourcefiles] [@files] ● options：命令行选项，多个选项之间使用空格分隔

续表

常用工具与实用程序	Windows 示例	
javadoc	● packagenames：Java 源文件所在的包名，多个包名之间用空格分隔。若未指定，则默认为当前目录及其子目录 ● sourcefiles：Java 源文件名，多个文件之间使用空格分隔 ● @files：包含命令选项、包名和源文件名	

jar	功能：Java 打包工具，jar 命令的语法类似于 tar 命令
	语法格式：jar {ctxui} [vfmn0PMe] [jarfile] [manifest][entrypoint][-C dir]file [@argfile]
	● jarfile：定义被打包、更新、解包的文件名，jarfile 参数需要与 f 选项同时存在
	● manifest：打包或更新 jar 包时，给定 MANIFEST.MF 中的属性和值的文件，manifest 参数需要与 m 选项同时存在
	● entrypoint：打包和更新 jar 包时，给定作为可执行 jar 文件入口点的类名，entrypoint 参数需要与 e 选项同时存在
	● @argfile：参数文件中包含了所有要传给 jar 命令的选项和参数，目的是缩短和简化 jar 命令，将选项和参数写入一个独立的文本文件中并增加@前缀后将其传递给 jar 命令，jar 命令遇到@符号开头的参数会展开其中内容作为自己的命令行选项和参数
	● 常用命令行选项
	  -c：创建一个新的 jar 包；-u：更新一个 jar 包；-x：从一个 jar 包中提取文件；-v：生成详细输出
	  -f：指定 jar 文件名；-m：指定 manifest 文件名	

jdb	功能：Java 调试器 语法格式：jdb \<options> \<class> \<arguments> ● options：命令行选项 ● class：开始调试的类名 ● arguments：传给被调试类的 main 方法的实际参数	
javah	功能：头文件生成工具，用于写本地方法 语法格式：javah [options] \<classes> ● options：命令行选项 ● classes：被转换为 C 头文件和源文件的类名	
javap	功能：类文件反汇编工具 语法格式：javap [options] \<classes> ● options：命令行选项 ● classes：开始反汇编的类文件	
native2ascii	功能：文件转码工具，转换非 Unicode、Latin 字符为 Unicode 编码字符 语法格式：native2ascii [inputfile] [outputfile] ● inputfile：要被转换为 ASCII 码的输入编码文件 ● outputfile：输出的 ASCII 文件	
jcmd	功能：JVM 诊断工具，向正在运行的 JVM 实例发送诊断命令 语法格式：jcmd \<pid | main class> \<command…|PerfCounter.print|-f file> ● pid | main class：进程 pid 或者主类 ● command：向指定 JVM 实例发送的命令，通过 jcmd \<pid> help 查看指定 JVM 实例上支持执行的命令 ● PerfCounter.print：打印指定 JVM 实例的可用性能计数器 ● file：保存发送给 JVM 实例命令的文件	

续表

常用工具与实用程序	Windows 示例
jvisualvm	功能：Java 应用程序图形化分析工具，可用于内存与 CPU 分析、堆转存分析、内存泄漏检测等。jvisualvm 集成了 jmap、jinfo、jstat 和 jstack 等多个独立工具，提供应用程序监控、故障检测和性能分析功能，可以使用插件扩展 jvisualvm 的功能 语法格式：jvisualvm [options] ● options：命令行选项
jmc	功能：JMC（Java Mission Control）是热点虚拟机管理、监控、数据分析和故障诊断图形化工具，主要包括管理控制台和 Java 动态记录器两部分，支持基于插件的功能扩展。可以在 Eclipse IDE 中安装 JMC 插件 语法格式：jmc [options] ● options：命令选项 -help：输出 jmc 命令帮助 -version：输出 JMC 工具版本 -debug：允许输出调试信息 -open file：在 JMC 中打开文件，如打开一个扩展名为.jfr 的动态记录文件
jstat	功能：JVM 统计监控工具 语法格式：jstat -<option> [-t] [-h<lines>] <vmid> [<interval> [<count>]]

扫描本章二维码获取命令行开发工具与实用程序的详细说明。

⑦ Java 语言（Java Language）：Java SE 框架除提供 Java 运行环境、开发工具和实用程序以外，还提供 Java 程序设计语言。Java 是一种通用、安全、支持多线程的面向对象语言。Java 语言编写的程序可以被编译为 JVM 可识别的字节码文件。字节码文件被类加载器加载，通过 JVM 执行引擎可以在不同的平台上运行。

1.3.2 开发环境的搭建

要使用 Java SE 平台开发应用程序，需要搭建 Java 开发环境。本节以 64 位操作系统 Windows 8 为例，讲解 Java 开发环境搭建的三个主要步骤：安装 JDK、安装 IDE 和下载帮助文档。

（1）安装 JDK

打开浏览器访问地址：https://www.oracle.com/technetwork/java/javase/downloads/jdk8-downloads-2133151.html，进入开发工具包下载页面，选择 64 位 Windows 二进制安装程序：jdk-8u192-windows-x64.exe。安装程序下载完毕后，双击进入安装向导，根据向导提示完成开发工具包安装。本书将 JDK 完全安装到本地 E 盘的 J2SDK 目录中。JDK 安装后的主要目录结构如表 1-5 所示。

表 1-5 Java SE Development Kit 8.0 主要目录结构

目 录 名	路 径	作 用
JAVA_HOME	E:\J2SDK	JDK 安装程序根目录
bin	E:\J2SDK\bin	JDK 开发工具与实用程序
db	E:\J2SDK\db	Java DB，为 Oracle 开源关系数据库 Apache Derby
include	E:\J2SDK\include	包含支持 JNI 和虚拟机调试器编程接口的 C 头文件
jre	E:\J2SDK\jre	Java 运行时环境根目录，包括 JVM、运行时类库
lib	E:\J2SDK\lib	开发工具和实用程序使用的非核心库文件

续表

目录名	路径	作用
jre\lib	E:\J2SDK\jre\lib	JRE 的核心代码库
jre\lib\ext	E:\J2SDK\jre\lib\ext	扩展核心平台功能的 Java 扩展库
jre\bin	E:\J2SDK\jre\bin	JavaSE 平台使用的工具和动态链接库文件
jre\bin\server	E:\J2SDK\jre\bin\server	热点服务器虚拟机使用的库文件
src.zip	E:\J2SDK\src.zip	JavaSE 源码压缩文件
javafx-src.zip	E:\J2SDK\javafx-src.zip	JavaFX 源码压缩文件

为让 Java 集成开发环境（IDE，Integrated Development Environment）能够找到 Java SE，需要设置环境变量 JAVA_HOME。首先在桌面"计算机"图标上右击，从快捷菜单中选择"属性"命令，然后在弹出的"系统"窗口中选择"高级系统设置"打开"环境变量"对话框，单击"新建"按钮，弹出如图 1-5（a）所示的"新建系统变量"对话框，设置"变量名"为"JAVA_HOME"，设置"变量值"为 JDK 安装程序根目录"E:\J2SDK"，最后单击"确定"按钮。

为了让控制台命令解释程序（cmd.exe）搜索到 Java 常用工具和实用程序，需要将 JDK 开发工具与实用程序所在目录 bin 新增到环境变量 Path 中。在"环境变量"对话框中选择系统变量 Path，单击"编辑"按钮，弹出"编辑系统变量"对话框，如图 1-5（b）所示。在"变量值"文本框内新增搜索路径"E:\J2SDK\bin"，路径之间使用分号分隔，单击"确定"按钮返回。

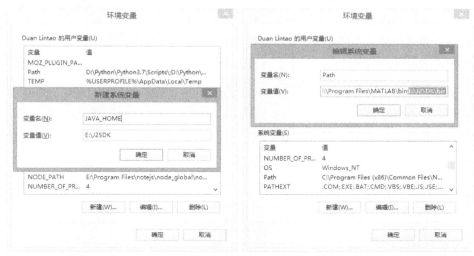

（a）新增 JAVA_HOME 环境变量　　　（b）修改 Path 环境变量

图 1-5　配置环境变量

将 bin 目录添加到环境变量 Path 中后，可以直接在命令行中输入并执行 JDK 实用程序和命令。命令解释程序执行命令的具体过程是：① 用户在控制台上输入命令并回车；② 命令解释程序以字符串形式接收用户在控制台上的输入；③ 从字符串解析出命令（Command）、选项（Options）和参数（Arguments）；④ 在环境变量 Path 配置的搜索路径下查找命令，若在某路径下找到该命令，就将选项和参数传递给它并执行，若在所有路径下都没有找到，就提示用户输入的不是内部或外部命令，也不是可运行的程序文件。

（2）安装 Eclipse IDE

使用 JDK 提供的开发工具可以完成 Java 应用程序的开发、调试与运行：用文本编辑器编辑源程序，然后用 Java 编译器 javac 编译生成字节码文件，随后用 java 工具启动 JVM 加载类文件执行程序，在开发过程中可以用 jdb 工具启动调试器跟踪代码执行，最后可以用 jar 工具将应用程序打包为可执行 jar 包发布。

软件开发周期对中小企业至关重要，谁能在保证软件质量的前提下缩短开发周期，谁就可能提前获得市场。工欲善其事，必先利其器。为缩短开发周期，提高开发效率，开发团队有必要选择高效的开发工具、版本控制和 Bug 跟踪软件。Eclipse IDE 是一种基于插件的集成开发环境。Eclipse JDT 项目提供一套 Java 开发工具插件（JDT，Java Development Tool plug-ins），集成有 Java 编辑器、Java 编译器、Java 调试器等，与 Java 运行环境 JRE 一起可以完成 Java 应用程序开发。图 1-6 对比了使用 JDK 开发工具与使用 Eclipse IDE 开发 Java 应用程序的流程。

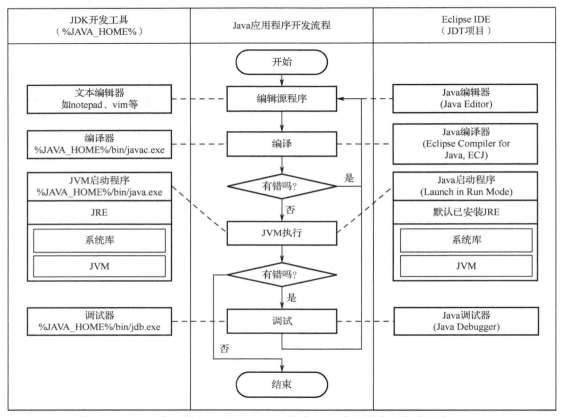

图 1-6 JDK 开发工具与 Eclipse IDE 环境在 Java 应用程序开发流程中的对比

打开浏览器访问 URL 地址：https://www.eclipse.org/downloads/packages，进入 Eclipse IDE 安装包页面，选择"Eclipse IDE for Java Developers"64 位 Windows 安装包下载页面，根据操作系统类型(32 位或 64 位 Windows/64 位 MacOS/32 位或 64 位 Linux)选择下载最新版本的 Eclipse IDE 安装包。下载并解压到指定目录后，Eclipse 安装就结束了。本书使用写作时最新的"Eclipse IDE for Java Developers"Photon Release (4.8.0)安装包 eclipse-java-photon-R-win32-x86_64.zip，并解压到 E 盘中，因此 Eclipse 根目录是 E:\eclipse。

首次启动 Eclipse IDE 时，将 JAVA_HOME 中指定的 JRE 作为 Eclipse 默认 JRE。默认 JRE 用于 Eclipse 运行与调试 Java 程序。若要对默认 JRE 进行重新设置，可以选择菜单命令"Window"→"Preferences"，打开"Preferences"（首选项）对话框，展开左树"Java"节点，单击"Installed JREs"项，进行新增、删除、修改和设置默认 JRE 等操作。默认 JRE 如图 1-7 所示。

图 1-7　默认 JRE

（3）下载 JDK API 帮助文档

打开浏览器访问地址：https://www.oracle.com/technetwork/java/javase/documentation/ jdk8-doc-downloads-2133158.html，进入 Java SE 8.0 文档下载页面，选择接受许可协议后，下载帮助文档压缩包jdk-8u192-docs-all.zip。本书将其解压到 D:\Documents\JDKDocs 目录下。进入目录"D:\Documents\JDKDocs\api"，使用浏览器打开 index.html 文件，即可查看 Java SE 8.0 API 规范（以后简称为Java API 文档），如图 1-8 所示。

图 1-8　Java SE 8.0 API 规范

Java API 文档中给出了 Java 系统库中包含的所有接口和类的详细帮助。规范文档窗口包括三个区域：左上角为系统库包列表，左下角为选定包中包含的接口和类列表，右边显示的是选定的接口或类的帮助信息。

1.4　第一个 Java 应用程序

1.4.1　编辑、编译与运行

（1）使用 Eclipse 前的准备工作

使用 Eclipse 开发 Java 应用程序前，需要确保已经进行了以下系统配置。

① 设置工作区（workspace）：首次启动 Eclipse 时，系统会提示用户选择工作区，若没有指定工作区，则 Eclipse 会在用户目录下创建工作区。若 Eclipse 非首次启动，则用户可以通过菜单命令"File"→"Switch Workspace"切换工作区。工作区是 Eclipse 当前工作的目录位置，用于

保存项目。一个工作区可以保存多个项目，不同类型的项目也可以保存到不同的工作区中。总之，使用工作区可以很好地组织项目。在本书中，将 D:\workspace_book 目录设置为默认工作区，所有实例默认存放位置为 D:\workspace_book。

② 设置默认 JRE：Eclipse 中配置 JRE 用于运行和调试 Java 应用程序。Eclipse 首次启动时，根据 JAVA_HOME 环境变量自动设置默认 JRE。非首次启动，可通过 1.3.2 节介绍的方法配置默认 JRE。

③ 设置字体：Eclipse 的 Java 编辑器、控制台使用的字体可通过首选项对话框进行设置，展开左树"General"→"Appearance"→"Colors and Fonts"项，双击右侧列表框中的"Text Font"项，设置字体、字形和大小，如图 1-9 所示。

图 1-9 设置字体

④ 设置工作区自动编译：打开"Preferences"对话框，展开左树"General"→"Workspace"→"Build"项，在右侧确认勾选"Build automatically"复选框，如图 1-10 所示。

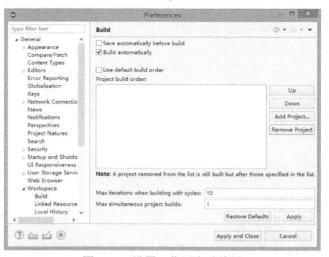

图 1-10 设置工作区自动编译

⑤ 设置默认编译路径：为让源文件与字节码文件分离存放，需要设置默认编译路径。打开首选项对话框，展开左树"Java"→"Build Path"项，在右侧选中"Folders"单选按钮，设置

源目录名为 src，输出目录名为 bin。这样，新项目创建后，源文件存放在 src 目录中，编译生成的字节码文件存放在 bin 目录中，如图 1-11 所示。

图 1-11 设置默认编译路径

⑥ 设置编译器级别：Eclipse 内置编译器（ECJ）可将源码编译为对应 JRE 版本及其兼容版本的字节码，以便编译后的字节码能在默认 JRE 中运行与调试。设置时应确保编译器级别与安装的 JRE 版本相匹配（编译器级别不要高于 JRE 版本）。打开首选项对话框，展开左树"Java"→"Compiler"项，在右侧设置"Compiler compliance level"为 1.8（因为本书安装版本为 JRE1.8。若不使用新版本提供的语法特性，可设置编译器级别为较低的兼容版本），如图 1-12 所示。

图 1-12 设置编译器级别

（2）创建 Java 应用程序

① 新建 Java 项目：启动 Eclipse，选择菜单命令"File"→"New"→"Java Project"，弹出"新建 Java 项目"对话框，如图 1-13 所示，输入自定义项目名 PPJ（PPJ 是本书英文书名

Programming and Practice for Java 的首字母缩写，本书所有章节示例都放入 PPJ 项目中）。项目默认位置为"D:\workspace_book\PPJ"。JRE 和 Project layout 栏中的选项在 1.3.2 节中已进行了设置，直接使用默认值即可。单击 Next 按钮进一步设置项目编译选项，单击 Finish 按钮完成项目创建。在包管理器中展开新建项目 PPJ，可以看到项目已经引入 JRE 系统库中，表示项目可以引用系统库中的类或接口。项目下的 src 目录用于保存源文件，编译后的字节码文件被另外保存到 bin 目录中。

图 1-13　新建 Java 项目

② 新建 Java 包：Java 包用于分离不同层次或类型的文件，目的是让软件层次结构清晰，易于协同开发，易于维护与管理。一个 Java 项目可以包含多个包，每个包可以包含多个接口或类。右击源目录 src，从快捷菜单中选择"New"→"Package"命令，弹出新建 Java 包对话框，如图 1-14（a）所示。在 Name 文本框中输入包名 edu.cdu.ppj.chapter1，用于存放第 1 章相关接口和类，单击 Finish 按钮完成创建。

③ 新建 Java 类：Java 类是一种引用数据类型，可以封装数据和功能，对外担负一定的职责。在包名上右击，从快捷菜单中选择"New"→"Class"命令，弹出新建 Java 类对话框，如图 1-14（b）所示。输入类名 HelloWorld，勾选 public static void main(String[] args)复选框，其余选项保持默认值，单击 Finish 按钮完成类的创建。HelloWorld 类的定义被保存在与类同名的源文件 HelloWorld.java 中。

④ 编辑 Java 源程序：因为创建 HelloWorld 类时勾选了 main 方法，所以在源程序中可以看到已经将 main 方法添加到了 HelloWorld 类定义中。为了在控制台上输出"Hello World"字符串，我们在 HelloWorld 类的 main 方法中添加一行 Java 代码：System.out.println("Hello World")，如图 1-14（c）所示。其中 System 是 JRE 系统类库中的一个基础类，out 是 System 的一个标准输出流数据成员，输出流对象的目的端是标准输出设备，println 是输出流对象 out 的一个输出方法。新增代码表示将字符串"Hello World"送标准输出设备显示。

⑤ 运行 Java 应用程序：因为前面设置了工作区自动编译，所以编辑完 Java 源程序并保存后会自动完成编译。若需要手动编译，可以选择菜单命令"Project"→"Build Project"完成项目编译。编译后，无语法错误的程序可以运行。在 HelloWorld 类定义中右击，从快捷菜单中选

择"Run As"→"Java Application"命令,运行 Java 应用程序。程序运行结果可以通过控制台查看。如图 1-14(d)所示,HelloWorld.java 编译运行后输出字符串"Hello World"。若控制台不可见,则可以选择菜单命令"Window"→"Show View"→"Console"将其打开。

(a)新建 Java 包

(b)新建 Java 类

(c)编辑 Java 源程序

(d)运行 Java 应用程序

图 1-14 编写第一个 Java 应用程序

1.4.2 第一个应用程序的基本结构

使用 Java 面向对象程序设计语言实现的程序由对象构成,对象之间存在相互依赖关系,它们通过访问其他对象提供的服务实现相应功能。HelloWorld.java 只包含一个 HelloWorld 类,具有的功能是向屏幕输出字符串"Hello World"。

使用 public 关键字修饰的类称为公共类。公共类必须定义在自己的源文件中,即公共类所在源文件名必须与类名相同。公共类 HelloWorld 的基本结构如下:

```
1  package edu.cdu.ppj.chapter1;
2  public class HelloWorld{
3      // 类体
4  }
```

注意:为方便叙述,作者在每行代码前均添加了行号,实际程序中是没有行号的。

其中,第 1 行关键字 package 用于定义包,必须出现在类定义的开始位置。包定义前除了注释，不能存在其他语句。第 2 行关键字 public 说明 HelloWorld 是一个公共类，其作用范围可以扩展到当前包和当前包以外的其他包内；关键字 class 用于定义 Java 类；标识符 HelloWorld 表示当前定义的类的名字。HelloWorld 的完整类名是包名加类名，即 edu.cdu.ppj.chapter1.HelloWorld。定义有 Java 应用程序入口方法 main 的公共类被称为主类。Java 应用程序总是从主类的 main 方法开始执行。Java 入口方法 main 必须声明为公共（public）静态（static）方法，返回类型为空（void），以字符串数组（String[] args）作为参数，其基本结构如下：

```
1   public static void main(String[] args){   // 入口方法首部
2       //入口方法方法体
3   }
```

其中，第 1 行关键字 public 表示 main 方法是公共方法，其作用范围可以扩展到当前类以外的区域；关键字 static 表示 main 方法是静态方法，不创建实例就能直接访问；关键字 void 表示 main 方法没有返回值；标识符 args 表示 main 方法允许接收字符串数组作为参数，使得用户可以通过控制台向形式参数 args 传值。第一个 Java 应用程序代码如下：

```
1   package edu.cdu.ppj.chapter1;
2   public class HelloWorld{
3       public static void main(String[] args){
4           System.out.println("Hello World");
5       }
6   }
```

为执行 HelloWorld 应用程序，操作系统需要创建一个 JVM 实例（也称 JVM 进程）。JVM 实例使用类加载器将 HelloWorld 字节码加载到 JVM 实例的内存区中，并创建一个 JVM 线程负责执行 main 方法。该 JVM 线程称为主线程。JVM 实例为主线程分配独占的方法栈用于存储被调用方法的局部变量、操作数、中间结果和返回值等数据。主线程进入 main 方法，执行第 4 行后在控制台上输出"Hello World"字符串。

1.4.3 调试

调试（Debugging）的目的是跟踪代码执行。程序执行过程中，通过查看变量、表达式的值能快速确定错误发生的位置。Eclipse 集成的 Java 开发工具插件（JDT）包含一个调试器（Debugger）能帮助开发人员调试程序，检测、诊断程序执行过程中的错误。调试器允许开发人员设置断点，挂起程序，逐行执行代码，检查变量和表达式的值。

在需要设置断点的代码行左侧标记栏双击，或右击，选择快捷菜单中的"Toggle Breakpoint"命令，即可设置行断点（Line Breakpoint）。也可以在行断点上右击，选择快捷菜单中的"Breakpoint Properties"命令，在弹出的对话框中勾选 Conditional 复选框，并在下面文本框中输入条件表达式。若用户选择 Suspend when "true"项，则当条件表达式为真时挂起程序；若用户选择 Suspend when value changes 项，则当条件表达式的值发生变化时挂起程序。关闭对话框即可完成条件断点（Conditional Breakpoint）的设置。在大纲（Outline）视图中右击需要设置断点的方法，从快捷菜单中选择"Toggle Method Breakpoint"命令，可以设置方法断点（Method Breakpoint）。程序执行到设置有断点的方法时会被挂起。

断点设置后，在 main 方法的类文件中右击，从快捷菜单中选择"Debug As"→"Java Application"命令，或者选择菜单命令"Run"→"Debug As"→"Java Application"，或者单击工具栏中的 Debug 按钮 进入调试模式。若当前是 Java 视图，则会弹出对话框提示用户切换到 Debug 视图。若未提示进行切换，则用户可以通过菜单命令"Window"→"Perspective"→"Open Perspective"→"Debug"切换到 Debug 视图。图 1-15 显示了 Debug 视图。可以看到，HelloWorld.java 代码第 7 行设置有一个行断点，执行到第 7 行时被挂起。开发人员可以通过 Debug 视图查看程序执行到第 7 行时各个变量的值、相关表达式的值和已设置的断点信息等，随后通过工具栏中的按钮进行单步跟踪调试。其中，Step Into 按钮 表示进入方法内单步调试，Step Over 按钮 表示跳过方法内的执行流程进行单步调试，Step Return 按钮 表示执行流程从当前方法内跳出。若要提前终止调试则可以单击 Terminate 按钮，若要挂起的程序继续执行则可以单击 Resume 按钮 。

图 1-15　Debug 视图

知识扩展（如果对此部分内容感兴趣，扫描本章二维码）：
（1）JVM、JRE、JDK 的关系；
（2）开发环境问题；
（3）Eclipse IDE 安装问题；
（4）代码跟踪问题。

习题 1

（1）简述 Java 语言的特点。
（2）简述 Java 语言能"一次编写、处处执行"的原因。
（3）简述使用 javadoc 生成 Java 文档的过程。
（4）简述使用 jar 工具创建可执行的 jar 包的过程。
（5）编写一个 Java 应用程序，在源文件 Welcome.java 中定义主类 Welcome，入口方法 main 输出如下字符串：

```
*****************************************
*    Welcome to the World of Java Programming    *
*****************************************
```

（6）什么是行断点、条件断点和方法断点？它们有什么区别？
（7）为什么安装 Eclipse IDE 后还需要依赖 JRE？
扫描本章二维码获取习题参考答案。

获取本章资源

第 2 章　数据类型与表达式

Java 语言是一种强静态类型语言，所有变量与表达式在编译时都需要指定一种数据类型。数据类型约束了变量与表达式值的范围以及它们被允许参与的运算。变量与表达式绑定的数据类型存储的值是否正确，参与的运算是否被允许，都会在编译时进行语法检查。Java 语言包含两种数据类型：基本数据类型和引用数据类型。本章对 Java 语言的数据类型、运算符和常用表达式进行了详细介绍，主要内容包括基本数据类型、引用数据类型、数据类型转换、运算符与表达式、Java 编程规范等。

2.1　基本数据类型

Java 语言定义了数值（Numeric）与布尔（Boolean）两类基本数据类型。数值类型又包含两类：整型（Integral）类型与浮点（Floating Point）类型。其中整型类型包括 byte、short、int、long 和 char；浮点类型包括 float 和 double。Java 语言基本数据类型分类如图 2-1 所示。

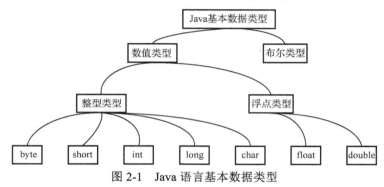

图 2-1　Java 语言基本数据类型

2.1.1　整型类型

（1）byte 类型

关键字 byte 用于定义字节类型。byte 类型在内存中占 1 字节，其中最高位是符号位（1 表示负数，0 表示正数），其余 7 位表示数值大小。byte 类型能表示 256 个有符号整数，数值范围是 $-128 \sim 127$。在计算机中，最小值 -128（即 -2^7）对应的补码是 1 000 0000；最大值 127（即 2^7-1）对应补码是 0 111 1111。在计算机中，整数以补码形式存储，正整数的补码与原码相同，负整数的补码是其绝对值按位取反加 1。例如，+5 的 8 位原码与补码都是 0 000 0101，而 -5 的 8 位补码是 1 111 1011。byte 类型在内存中的存储结构如图 2-2 所示。

图 2-2　byte 类型在内存中的存储结构

（2）short 类型

关键字 short 用于定义短整型。short 类型在内存中占 2 字节，其中最高位是符号位，其余 15 位表示数值大小。short 类型表示数值范围是：-32768～32767。最大值 32767（即 $2^{15}-1$）的补码形式是 0 111 1111 1111 1111，最小值-32767（即-2^{15}）的补码是 1 000 0000 0000 0000。Short 类型在内存中的存储结构如图 2-3 所示。

（3）int 类型

关键字 int 用于定义 4 字节的整型，最高位是符号位，其余 31 位表示数值大小。int 类型表示的数值范围是-2147483648～2147483647。整型常量默认为 int 类型。int 类型最大值 2147483647（即 $2^{31}-1$）的补码是 0 111 1111 1111 1111 1111 1111 1111 1111，最小值-2147483648（即-2^{31}）的补码是 1 000 0000 0000 0000 0000 0000 0000 0000。int 类型在内存中的存储结构如图 2-4 所示。

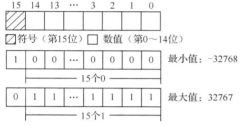

图 2-3 short 类型在内存中的存储结构

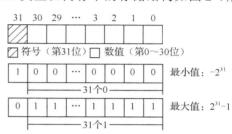

图 2-4 int 类型在内存中的存储结构

（4）long 类型

关键字 long 用于定义 8 字节的长整型，最高位是符号位，其余 63 位表示数值大小。long 类型表示的数值范围是-9223372036854775808～922337203685477580，即-2^{63}～$2^{63}-1$。long 类型在内存中的存储结构如图 2-5 所示。

（5）char 类型

关键字 char 用于表示字符类型。Java 语言使用 2 字节存储 Unicode 编码从'\u0000'到'\uffff'的字符数据。char 类型表示的数据为无符号数，对应整型数值是 0～65535。char 类型在内存中的存储结构如图 2-6 所示。

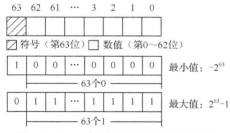

图 2-5 long 类型在内存中的存储结构

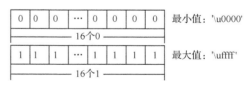

图 2-6 char 类型在内存中的存储结构

2.1.2 浮点类型

（1）float 类型

关键字 float 用于定义 4 字节的单精度浮点类型。Java 单精度浮点类型数据在内存中的存储满足 IEEE 754 标准，最高位（第 31 位）存储符号，第 23～30 位存储指数，第 0～22 位存储尾数。浮点数表示数值大小计算公式为$(-1)^S \times M \times 2^E$。其中，$S$ 表示符号位，$S=0$ 为正数，$S=1$ 为负数；M 表示尾数；E 表示指数。float 类型在内存中的存储结构如图 2-7 所示。

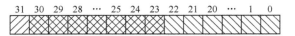

图 2-7 float 类型在内存中的存储结构

(2) double 类型

关键字 double 用于定义 8 字节的双精度浮点类型。Java 双精度浮点类型数据在内存中的存储满足 IEEE 754 标准,最高位(第 63 位)存储符号,第 52~62 位存储指数,第 0~51 位存储尾数,浮点数常量默认为 double 类型。double 类型在内存中的存储结构如图 2-8 所示。

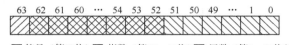

图 2-8 double 类型在内存中的存储结构

2.1.3 布尔类型

关键字 boolean 用于定义布尔类型。boolean 类型只有两个逻辑值:true 和 false。JVM 并没有提供直接操作 boolean 值的指令。boolean 类型在内存中所占的字节并没有被精确定义。Java 语言中的 boolean 类型会被编译器转换为 JVM 的 int 类型并占 32 位;而对于 boolean 类型数组,则会被编码为 JVM 字节数组,数组中的每个 boolean 类型元素占 8 位。与 Java 语言不同,C 语言没有布尔类型。C 语言约定使用任意非零值表示逻辑值真,使用 0 表示逻辑值假。

2.2 引用数据类型

Java 引用数据类型包含三类:类、接口和数组。类是具有相同属性与功能的对象的抽象。面向对象程序设计语言将自然界的事物都看作对象,它们具有属性(数据)和功能(方法)。类是对属于同种类型的不同对象的属性和功能进行封装而形成的一般化描述。从对象到类是从具体到抽象的过程。反过来,可以通过类的具体化得到同种类型的不同对象,从类到对象是从抽象到具体的过程。接口可以包含属性和功能,但除默认方法、静态方法外,其他方法都只有声明没有定义。接口不能创建具体对象,只能通过接口的实现类创建对象。数组是对象,按照元素的组织形式可分为一维数组、二维数组和高维数组(三维及三维以上)。

2.2.1 类与对象

对象是类的实例,而类是对象的抽象和一般化。声明为类类型的变量用于保存类的对象的引用。对象的引用可以理解为对象在内存中的地址(可以用 C/C++ 语言的指针来理解 Java 语言的引用)。例如,在代码 2-1 的 main 方法中声明的变量 p 保存了 Point 类型的一个坐标点实例(10, 20)的引用。

代码 2-1 坐标点 Point 类

```
1  public class Point {
2      private int x;
3      private int y;
4      public Point() {}//不带参数的构造方法
5      public Point(int x,int y) {this.x = x; this.y = y;} //带参数的构造方法
6      @Override
7      public String toString() {//公共成员方法
8          return "x="+x+",y="+y;
9      }
```

```
10      public static void main(String[] args) {//入口方法
11          Point p = new Point(10, 20);
12          System.out.println(p);
13      }
14 }
```

Point 类包含两个私有成员变量 x 和 y（见第 2，3 行），两个构造方法（见第 4，5 行），一个公共成员方法 toString（见第 7～9 行）和一个入口方法 main（见第 10～13 行）。第 11 行定义 Point 类型的引用变量 p。关键字 new 调用构造方法创建 Point 实例，在堆中为该实例申请动态内存，并将内存首地址返回给引用数据类型变量 p。注意：变量 p 并未保存 Point 实例本身，而是保存 Point 实例的引用。第 12 行调用标准输出流对象的 println 方法输出对象 p，然后换行。println 方法首先调用 String 对象的 valueOf 方法 String.valueOf(p)，返回对象 p 的字符串形式，然后输出字符串和换行符。若 p 为空，则 valueOf 方法返回字符串"null"；否则调用 toString 方法返回 x 与 y 坐标值的字符串形式。程序执行后，控制台输出：x=10，y=20。引用数据类型变量的值除实例的引用外，还可以是特殊空值 null。若引用数据类型变量不指向任何实例，就应赋为 null。不能使用值为 null 的变量去访问它声明类型的方法或数据，否则会产生 NullPointerException 空指针异常。关于 Java 异常体系将在第 6 章中详细介绍。

2.2.2 接口与实现类

接口是一种抽象类型。接口中除默认方法和静态方法带方法体外，其他方法都是没有方法体的抽象方法。代码 2-2main 方法的局部变量 food 中保存了 Eatable 接口的实现类 Food 的一个实例的引用。

代码 2-2 接口与实现类

```
1  interface Eatable{
2      default void defaultMethod() {  }
3      public abstract void eatMethod();//没有方法体的抽象方法
4  }
5 public class Food implements Eatable{//Food是Eatable接口的实现类
6      @Override
7      public void eatMethod() {//实现接口中的抽象方法
8          System.out.println("I can be eaten!");
9      }
10     public static void main(String[] args) {//入口方法
11         Eatable food = new Food();
12         food.eatMethod();
13     }
14 }
```

第 1 行定义 Eatable 接口，包含默认方法 defaultMethod 和抽象方法 eatMethod。第 5 行 Food 类实现 Eatable 接口，它是 Eatable 的实现类。第 7 行给出了 eatMethod 方法在 Food 实现类中的具体实现，该方法向控制台输出字符串"I can be eaten!"。第 11 行在 main 方法中使用 new 关键字调用 Food 的构造方法创建实例，并在堆中为其分配内存，返回内存地址给变量 food。food 声明为接口类型，可以保存该接口实现类实例的引用。若第 11 行修改为"Food food = new Food();"也正确，表示 Food 类型变量 food 保存 Food 实例的引用。

2.2.3 数组

数组为系统组织多个元素提供了有效的存储方式。Java 语言中，数组是对象。声明为数组类型的变量是引用数据类型变量，保存数组对象在内存中的地址，参见代码 2-3。

代码 2-3 数组类型的引用变量

```
1   int[] intArray = new int[] {1,2,3,4,5};
2   for(int i = 0; i < intArray.length; i++) {
3       System.out.println(intArray[i]);
4   }
```

第 1 行一维数组类型变量 intArray 保存包含 5 个元素的一维整型数组的引用。注意：变量 intArray 保存的不是数组，而是数组的引用。第 2~4 行将 intArray 变量引用的一维数组元素输出到控制台上。其中，length 是数组长度。循环变量 i 从 0 到 intArray.length，循环一次就输出一次下标为 i 的元素值，然后让 i 增 1，直到 i 超过数组最大下标 intArray.length-1 后退出循环。代码 2-4 可以加深对数组引用的理解。

代码 2-4 引用变量赋值

```
1   int[] array1 = new int[] {1,2,3,4,5};
2   int[] array2 = new int[] {6,7,8};
3   array1 = array2;
4   System.out.println(array1.length);
```

第 1 行变量 array1 保存包含 5 个元素的一维整型数组的引用，第 2 行变量 array2 保存包含 3 个元素的一维整型数组的引用。第 3 行将 array2 保存的引用赋值给 array1 后，array1 指向包含 3 个元素的一维整型数组，如图 2-9 所示。第 4 行输出的 array1 引用的数组长度是 3。

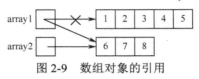

图 2-9 数组对象的引用

2.2.4 字符串

Java 语言使用 String 类型定义和操作字符串对象。字符串常量使用双引号将字符序列包含起来，例如，"Hello World"是一个长度为 11 的字符串常量。每个字符串常量都是一个 String 类型的对象。String 类型定义的字符串对象是不可修改的字符序列。Java SE 系统类库定义的字符串类型的完整类名是 java.lang.String。其中，java.lang 是包名，String 是类名。包将类、接口按软件功能或层次划分到不同的名字空间中，不但可以帮助多人开发，还能有效改善软件结构，提高软件的可扩展性和可维护性。Java SE 8.0 为字符串对象提供了 15 种构造方法，其中两种构造方法已弃用。下面列举 5 种常用构造方法，其他方法的使用请参见 Java API 文档。

（1）String()：创建一个空字符序列的字符串对象。新建的字符串对象是一个空串""，不包含字符。

（2）String(byte[] bytes)：使用默认字符集解码指定字节数组构造字符串对象。Java SE 提供 Charset 类的静态方法 defaultCharset()返回当前 JVM 使用的默认字符集。

（3）String(byte[] bytes, Charset charset)：使用指定字符集解码字节数组构造字符串对象。常用字符集包括：ISO-8859-1，ISO 拉丁字符集；US-ASCII，7 位 ASCII 编码，1 字节的 0~6 位参与编码，第 7 位为 0；UTF-8，8 位通用字符集 UCS 转换码，是 Unicode 编码规范的一种实现，Unicode 编码空间共有 1114112 个码点，范围为 0X0~0X10FFFF，UTF-8 使用 1~4 字节对 Unicode 码点进行编码；UTF-16，16 位通用字符集 UCS 转换码，使用 2 字节进行编码，也是 Unicode 编码规范的一种实现；GBK，中文国家标准扩展码；GB2312，简体中文字符集。

（4）String(char[] values)：使用字符数组构造字符串对象。

（5）String(String original)：使用指定字符串对象构造新字符串对象，新字符串具有与原字符串相同的字符序列，也可以称通过对字符串参数的复制创建新字符串。

使用字符串构造方法创建字符串对象参见代码2-5。

代码2-5 创建字符串对象

```
1   System.out.print(Charset.defaultCharset());
2   byte[] data1 = "你好".getBytes("UTF-8");
3   char[] data2 = {'a','b','c'};
4   String s1 = new String();
5   String s2 = "abc";
6   String s3 = new String(data1);
7   String s4 = new String(data1,"UTF-8");
8   String s5 = new String(data2);
9   String s6 = new String(s2);
10  System.out.println(s1);//输出UTF-8编码
11  System.out.println(s2);//输出"abc"
12  System.out.println(s3);//输出"你好"
13  System.out.println(s4);//输出"你好"
14  System.out.println(s5);//输出"abc"
15  System.out.println(s6);//输出"abc"
```

第1行输出默认字符集。第2行返回字符串"你好"的UTF-8编码。第3行定义指向的字符数组的引用变量data2。第4行定义指向空串的字符串变量s1。第5行定义指向常量"abc"的字符串变量s2。第6行使用默认字符集解码字节数组创建字符串。第7行使用UTF-8解码字节数组创建字符串。第8行使用字符数组创建字符串。第9行使用指定字符串创建新字符串，两个字符串对象保存的值相同，但所在内存地址不同。第10～15行输出6个字符串的值。从结果看出，当前默认字符集是UTF-8，字符串"你好"按UTF-8编码，再按UTF-8解码后能还原中文内容。

字符串是Java语言的重要知识，读者应熟练掌握。下面列举了一些String类的常用方法，关于String类的更多帮助可以参考Java API文档。

（1）int length()：返回字符串对象长度，即字符串包含的字符个数。

（2）String concat(String str)：将指定字符串str拼接到当前字符串对象的末尾。

（3）char charAt(int index)：返回字符串指定索引位置的字符，参数index表示索引位置，取值范围为0～length()-1。

（4）String substring(int beginIndex, int endIndex)：返回字符串从beginIndex索引开始（含）到endIndex索引结束（不含）的子串。它的重载方法substring(int beginIndex)可以返回字符串从beginIndex开始（含）到字符串结束的子串。

（5）String[] Split(String regex)：按正则表达式regex分解字符串，返回分解后的子串数组。

（6）int indexOf(String str)：返回子串str在字符对象中首次出现的索引位置，若字符串不包含子串str则返回-1。

（7）int lastIndexOf(String str)：返回子串str在字符串最后一次出现的索引位置，若字符串不包含子串str则返回-1。

（8）boolean contains(CharSequence s)：判断字符串对象是否包含指定字符序列s，若包含则返回true，否则返回false。

（9）boolean startsWith(String prefix)：判断字符串对象是否以指定子串prefix开始，若是则返回true，否则返回false。

（10）boolean endsWith(String suffix)：判断字符串对象是否以指定子串suffix结尾，若是则返回true，否则返回false。

（11）String replaceAll(String regex, String replacement)：用子串replacement替换匹配正则表达式regex的子串，返回替换后的字符串。

（12）byte[] getBytes(Charset charset)：用给定的字符集编码当前字符串，编码后的数据存储到新的字节数组中。

（13）int compareTo(String anotherString)：按字典顺序比较字符串。若当前字符串排在参数 anotherString 的前面，则返回一个负整数；若排在参数 anotherString 后面，则返回一个正整数；若两个字符串相等，则返回 0。

（14）boolean equals(Object anObject)：比较当前字符串与指定对象是否相等。如果用关系运算符==比较两个引用数据类型变量，当且仅当这两个引用变量指向相同内存区域,才会返回 true，否则返回 false。另一个方法 equalsIgnoreCase(String anotherString)将忽略大小写比较字符串是否相等，若相等则返回 true，否则返回 false。

字符串示例：获取给定路径中的文件扩展名。定义公共成员方法 getExtName 返回扩展名。方法声明"public String getExtName(String path);"中参数 path 为指定路径名。若存在扩展名则返回，否则返回空。使用字符串对象参见代码 2-6。

代码 2-6　使用字符串对象

```
1   public String getExtName(String path) {
2       String extName = null;
3       if(path != null) {
4           int lastDotIndex = path.lastIndexOf(".");
5           if(lastDotIndex >= 0) {
6               extName = path.substring(lastDotIndex);
7           }
8       }
9       return extName;
10  }
```

方法 getExtName 在指定路径参数不为空时，调用字符串对象的 lastIndexOf 方法获取点号在路径字符串最后一次出现的索引位置（见第 4 行），若 path 存在点号就返回点号所在索引，否则返回-1。若点号存在，则调用字符串对象的 substring 方法获取最后一个点号及其后所有字符，并将获取的子串的引用返回给变量 extName（见第 6 行）。若点号不存在，则 extName 为 null。第 9 行返回变量 extName。扫描本章二维码获取示例完整代码[①]。

2.2.5　输入与输出

Java SE 系统类库中定义的 java.lang.System 类提供标准输入和标准输出流对象，可以帮助 Java 应用程序实现标准输入与输出操作。System 类不能实例化，在从键盘输入或者向屏幕输出时，需要直接使用类名 System 访问标准输入流对象（System.in）和标准输出流对象（System.out）。关于更多输入/输出（I/O）流知识可参考第 8 章。

（1）标准输入

System.in 是标准输入流对象，它是字节流 InputStream 的实例。该输入流对象默认连接的源端为键盘，可以通过 read 方法从键盘读入字节流数据。代码 2-7 使用 System.in 从键盘接收一行文本并输出到屏幕上。

代码 2-7　标准输入流对象

```
1   int data = -1;
2   while((data=System.in.read()) != 13) {
3       System.out.print(Integer.toHexString(data));
4   }
```

第 1 行整型变量 data 用于接收键盘输入的字节数据。第 2 行 while 语句使用标准输入流 System.in 的 read 方法从键盘读取字节数据，只要没有读到回车符（ASCII 码为 13），就循环输

---

① 限于篇幅，本书通常只给出关键代码，扫描每章后面的二维码可获取完整代码。

出使用默认字符集对读入字节编码的十六进制数（见第 3 行）。例如，在执行第 2 行时，输入汉字"中"并回车，第 3 行就会输出"中"的 UTF-8 编码的十六进制数 e4b8ad。

直接使用 System.in 从键盘读取字符数据并不方便。通过对标准输入流进行封装，可以获得功能更强的输入流，实现从键盘读取字符数据。例如，带缓冲的字符输入流对象 BufferedReader 通过封装字节流 System.in，可以调用 readLine 方法从键盘读取一行文本数据。Java I/O 流对象首尾相接形成 I/O 链路，前一个 I/O 流的输出作为后一个 I/O 流的输入。位于 I/O 链路后的流对象可以扩展链路前的流对象的功能，这是一种装饰模式的设计思路。BufferedReader 构造方法以字符流对象作为参数，而字符流 InputStreamReader 构造方法以字节流对象作为参数，于是创建 BufferedReader 对象可以写成如下形式：

BufferedReader br = new BufferedReader(new InputStreamReader(System.in));

引用数据类型变量 br 指向带缓冲的字符流对象，该字符流对象连接 InputStreamReader 实例，InputStreamReader 实例又连接标准输入流对象 System.in。BufferedReader 对象的源端为键盘，调用 readLine 方法可从键盘读入一行数据。这比直接使用 System.in.read 以字节为单位读入数据更方便。代码 2-8 使用 BufferedReader 从键盘读取用户名和密码。

代码 2-8　使用 BufferedReader

```
1  BufferedReader br = new BufferedReader(new InputStreamReader(System.in));
2  System.out.println("input username:");
3  String uname = br.readLine();
4  System.out.println("input password:");
5  String passwd = br.readLine();
6  System.out.println("username:"+uname);
7  System.out.println("password:"+passwd);
8  br.close();
```

第 1 行用 System.in 标准输入流构造 BufferedReader 对象。第 3，5 行使用 readLine 方法从键盘读入字符串。第 6，7 行输出读入的字符串。第 8 行调用 close 方法关闭输入流释放与输入流相关的系统资源。扫描本章二维码获取示例完整代码。

（2）标准输出

System.out 是标准输出流对象，它是字节流 PrintStream 的实例。该输出流对象默认连接的目的端为屏幕，通过 print/println/printf/format 方法向屏幕输出字符串。其中，print 方法不换行输出字符串，println 方法换行输出字符串，printf 与 format 方法格式化输出字符串。printf 方法声明为：public PrintStream printf(String format, Object…args)。format 方法声明为：public PrintStream format(String format,Object…args)。其中，参数 format 是格式字符串，表示参数 args 显示的格式和插入输出字符串的位置。参数 args 表示变长参数列表，其长度大于等于 1。通常，format 方法具有如下语法结构：

%[argument_index$][flags][width][.precision]conversion

- argument_index 表示插入此处的参数在参数列表 args 中的位置。
- flag 表示控制输出格式的一组字符，可用的 flag 与输出 conversion 类型相关。常用的 flag 有：'-'表示左对齐，'+'表示输出符号，'0'表示用 0 填充输出结果的高位部分。
- width 表示输出字符个数，或者是输出内容占的字符宽度。
- precision 表示输出浮点数小数的位数。
- conversion 表示格式化输出的类型字符。常用的 conversion 字符有：'s'为字符串类型，'c' 为 Unicode 字符类型，'d'为十进制整数类型，'o'为八进制整数类型，'x'为十六进制整数类型，'e'为用科学记数法表示的浮点数类型，'f'为浮点数类型，'t'为日期和时间类型。格式化输出日期和时间数据应满足日期时间转换规范要求，使用限定的格式化字符。常用日期格式化字符有：'Y'为 4 位年份，'m'为两位月份，'d'为两位日期，'H'为 24 小时格式的小时，'M'为两位分钟，'S'为两位秒。

代码 2-9 使用 System.out 输出 4 行文本。

代码 2-9　标准输出流对象

```
1  int id = 1001;
2  String name = "zhangsan";
3  double weight = 6.5;
4  Calendar c = Calendar.getInstance();
5  System.out.print("hello,");
6  System.out.println(name);
7  System.out.printf("%-10s%-15s%-5s\n","ID","NAME","WEIGHT");
8  System.out.printf("%1$-10d%2$-15s%3$-5.2f\n",id,name,weight);
9  System.out.printf("Zhangsan's birthday: %1$tY-%1$tm-%td", c);
```

第 1 行定义整型变量 id 并赋值为 1001。第 2 行定义字符串变量 name 并存储字符串常量 "zhangsan"的引用。第 3 行定义双精度浮点类型变量 weight 并赋值为常量 6.5。第 4 行定义日历变量 c，存储当前系统时间的日历实例的引用。第 5 行输出"hello, "不换行。第 6 行输出变量 name 指向的字符串并换行。第 7~9 行格式化输出 id、name、weight 和日期类型的值。扫描本章二维码获取示例完整代码。

2.3　数据类型转换

在变量赋值、参数传递或表达式计算时都存在类型转换问题。通常来讲，Java 类型转换包括 6 种类型：同类转换、变宽转换、变窄转换、封箱/拆箱转换、未经检查的转换和字符串转换。本节主要介绍基本数据类型和引用数据类型的变宽/变窄转换。

2.3.1　基本数据类型转换

同类型之间的转换过程称为同类转换，占字节位数窄的类型转换为占字节位数宽的类型的过程称为基本数据类型变宽转换，占字节位数宽的类型转换为占字节位数窄的类型的过程称为基本数据类型变窄转换。例如，将一个 boolean 类型变量的值赋给另一个 boolean 类型变量属于同类转换，将 byte 类型变量的值赋给 int 类型变量属于类型变宽转换，而将 double 类型的值赋给 float 类型变量属于类型变窄转换。变宽转换通常不会引起数据值和精度的变化，而变窄转换可能导致数据值和精度丢失。

（1）变宽转换

基本数据类型（源类型）变宽为另一种基本数据类型（目标类型），由占字节位数少的类型向占字节位数多的类型转换，通常不会出现数值的大小和精度丢失问题，但也不排除浮点类型和整型类型相互转换过程中数值大小和精度发生变化的情况。类型变宽是一个隐式转换过程，无须给出显式转换语法，编译时与运行时都无错误和异常发生。Java 基本数据类型变宽转换如表 2-1 所示。

表 2-1　基本数据类型变宽转换

源类型	目标类型	示例

byte	short，int，long，float，double	byte b1 = 25; // int 类型常量 25 隐式转换为 byte 类型
		short s1 = b1; // byte 类型隐式转换为 short 类型
		double d1 = b1; // byte 类型隐式转换为 double 类型

short	int，long，float，double	short s1 = 290; // int 类型常量 290 隐式转换为 short 类型
		int i1 = s1; // short 类型隐式转换为 int 类型
		float f1 = s1; // short 类型隐式转换为 int 类型

续表

源类型	目标类型	示例

char	int，long，float，double	char c1 = '中'; //字符常量同类转换为 char 类型
		int i1 = c1; //char 类型隐式转换为 int 类型,变量 i1 中保存了 c1 的 Unicode 编码
		double d1 = c1; //char 类型隐式转换为 double 类型

int	long，float，double	int i1 = 356; //int 类型常量 356 同类转换为 int 类型
		long l1 = i1; //int 类型隐式转换为 long 类型
		float f1 = i1; //int 类型隐式转换为 float 类型

long	float，double	long l1 = 30L; //long 类型常量 30L 同类转换为 long 类型
		float f1 = l1; //long 类型隐式转换为 float 类型
		double d1 = l1; //long 类型隐式转换为 double 类型

float	double	float f1 = 85.0F; //单精度浮点类型常量 85.0F 同类转换为 float 类型
		double d1 = f1; //float 类型隐式转换为 double 类型

一种整型类型变宽为另一种整型类型时，变宽部分使用源数据中的符号进行填充。例如，赋值语句"byte b1 = -12;"表示变量 b1 在内存中存储的值是-12 的补码 1111 10100。赋值语句"short s1 = b1;"将占 8 位的 byte 类型变宽为占 16 位的 short 类型，扩宽的位使用符号位 1 去填充，因此变量 s1 存储的内容为 1111 1111 1111 0100，对应的十进制整数仍然是-12。一个 char 类型扩宽为 int 类型时，扩展位使用 0 进行填充。例如，赋值语句"char c1 = '中';"的变量 c1 在内存中存储的是汉字"中"的 Unicode 码点值 0100 1110 0010 1101，对应的十六进制数为 0X4E2D。赋值语句"int i1 = c1;"将 16 位 char 类型变宽为 32 位 int 类型，扩展位置使用 0 填充，因此变量 i1 中存储的内容为 0000 0000 0000 0000 0100 1110 0010 1101，对应值仍为 0X4E2D。

注意，在进行类型变宽转换时，从 int 类型到 float 类型，从 long 类型到 float 类型和从 long 类型到 double 类型的转换都可能出现精度丢失的问题。代码 2-10 演示了类型变宽转换。

代码 2-10 类型变宽转换

1	int i1 = 123456789;
2	float f1 = i1;
3	System.out.println(i1);
4	System.out.println(f1);
5	System.out.println(Integer.toBinaryString(Float.floatToIntBits(f1)));

程序执行后的输出结果为：
123456789
1.23456792E8
1001100111010110111100110100011

float 类型无法精确存储 9 位及以上位数的十进制值，所以第 3 行的 i1 和第 4 行的 f1 输出结果并不相同。第 5 行输出 float 类型变量 f1 在内存中的存储结构，按 IEEE 754 标准规定，最高位为符号位，变量 f1 的最高位为 0 没有显示，表示 f1 为正数，紧接着的第 31~23 位 1001 1001 表示指数，最后第 22~0 位 110 1011 0111 1001 1010 0011 表示小数点后的尾数，小数点前默认为 1，没有单独分配存储单元。指数值的计算方法是，用指数位表示的值减 127，f1 的指数值为 153-127=26。因此变量 f1 表示的数值是：

$$f1 = (-1)^0 \times (1.110\ 1011\ 0111\ 1001\ 1010\ 0011) \times 2^{26}$$
$$= (1110\ 1011\ 0111\ 1001\ 1010\ 0011\ 000)_B$$
$$= (2^{26}+2^{25}+2^{24}+2^{22}+2^{20}+2^{19}+2^{17}+2^{16}+2^{15}+2^{14}+2^{11}+2^{10}+2^{8}+2^{4}+2^{3})_D$$
$$= (123456792)_D$$
$$= (1.23456792E8)_D$$

使用 IEEE 754 标准存储的值大小与直接使用第 4 行输出浮点数值相同，也与整型值之间存在精度误差，这也证实了从 int 类型变宽到 float 类型时可能存在精度丢失的情况。

（2）变窄转换

基本数据类型（源类型）变窄为另一种基本数据类型（目标类型），由占字节位数多的类型向占字节位数少的类型转换，通常会出现数值的大小和精度丢失的情况，但也不排除在目标类型能表示的数值大小范围内的转换时，未出现数值的大小与精度丢失的情况。类型变窄是一个显式转换过程，显式转换语法为：（目标类型）V，其中 V 可以是源类型的常量、变量或可以得到源类型数值的表达式。V 前面的一对圆括号包含要转换为的目标类型名，称为类型转换运算符。使用类型转换运算符进行显式转换也称为类型强制转换。被转换的类型 V 变窄为目标类型。若无显式转换，则编译时会产生错误。Java 基本数据类型变窄转换如表 2-2 所示。

表 2-2 Java 基本数据类型变窄转换

源类型	目标类型	示例

short	byte, char	short s1 = 290;/*int 类型常量变窄为 short 类型，这里可以不用显式转换，原因是 290 在 short 类型能表示的数值范围内*/
		byte b1 = (byte)s1;//short 类型显式转换为 byte 类型
		char c1 = (char)s1;//short 类型显式转换为 char 类型

char	byte, short	char c1 = '中'; //变量 c 保存中文字符"中"的 Unicode 码点值
		byte b1 = (byte)c1;//char 类型显式转换为 byte 类型
		short s1 = (short)c1;//char 类型显式转换为 short 类型

int	byte, short, char	int i1 = 356; //int 类型常量 356 同类转换为 int 类型
		byte b1 = (byte)i1;//int 类型显式转换为 byte 类型
		char c1 = (char)i1;//int 类型显式转换为 char 类型

long	byte, short, char, int	long l1 = 30L;//long 类型常量 30L 同类转换为 long 类型
		byte b1 = (byte)l1;//long 类型显式转换为 byte 类型
		int i1 = (int)l1;//long 类型显式转换为 int 类型

float	byte, short, char, int, long	float f1 = 85.0F;//单精度浮点类型常量 85.0F 同类转换为 float 类型
		char c1 = (char)f1;//float 类型显式转换为 char 类型
		int i1 = (int)f1;//float 类型限制转换为 int 类型

double	byte, short, char, int, long, float	double d1 = 92.5;//双精度浮点类型常量 92.5 同类转换为 double 类型
		int i1 = (int)d1;//double 类型显式转换为 int 类型
		float f1 = (float)d1;//double 类型显式转换为 float 类型

一种整型类型变窄为另一种整型类型时，数据从低位开始存储，超过目标类型长度的高位部分将被舍弃。例如，语句"byte b1 = (byte)1260;"中的常量 1260 属于 32 位 int 类型，在内存中的存储形式为 0000 0000 0000 0000 0000 0100 1110 1100，通过显式转换为 8 位的 byte 类型后，只保留了低 8 位（第 0～7 位）的值，第 8～31 位因无法保存而丢失。因此变量 b1 在内存中的二进制数形式为 1110 1100，这是整数-20 的补码。int 类型 1260 变窄转换为 byte 类型后，值变为-20，数值大小和符号都发生了变化。源类型是 int 类型常量且大小在目标类型 byte 数值范围内时，不需要进行显式变窄转换。例如，byte b1 = 20。

（3）先变宽再变窄转换

byte 类型到 char 类型的转换需要经过两个步骤。首先 byte 类型变宽转换为 int 类型，然后由 int 类型变窄为 char 类型。例如，赋值语句"byte b1 = 99; char c1 = (char)b1;"首先将 8 位变量 b1 变宽为 32 位的 int 类型，再将 32 位的 99 变窄存储到 16 位的变量 c1 中，99 是字符常量'c'

的 ASCII 编码，因此 c1 表示的字符为小写字母'c'。

2.3.2 引用数据类型转换

（1）变宽转换

从一个引用数据类型到其父类型或接口的转换都称为引用数据类型的变宽转换。引用数据类型变宽转换不需要给出显式强制转换语句。如图 2-10 所示为 5 个类型之间的继承与实现关系。Goods 类是 Java SE 系统基础类 Object 的子类。Eatable 接口包含一个 eatMethod 抽象方法。Food 类是 Goods 类的子类，同时也是 Eatable 接口的实现类。Clothes 类是 Goods 的子类。Object 的完整类名是 java.lang.Object，它是所有 Java 类的直接或间接父类。

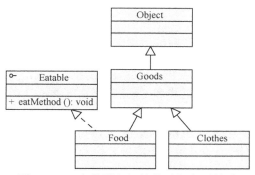

图 2-10　5 个类型之间的继承与实现关系

根据如图 2-10 所示的关系，以下类型转换都属于引用数据类型变宽转换，无须给出显式的强制转换运算符。

```
1  Object o1 = new Object(); //同类转换
2  Object o2 = new Goods(); //Goods 类型变宽为 Object 类型
3  Object o3 = new Food(); //Food 类型变宽为 Object 类型
4  Goods g1 = new Goods();//同类转换
5  Goods g2 = new Food();//Food 类型变宽为 Goods 类型
6  Food f1 = new Food();//同类转换
7  Eatable f2 = new Food();//Food 类型变宽为 Eatable 类型
```

第 1，4，6 行的变量引用与变量同类型的实例，属于同类转换。第 2 行 Object 是 Goods 的父类，父类 Object 表示的概念比子类 Goods 更宽、更一般化，一种 Goods 类型的对象一定也是一种 Object 类型的对象，因此从 Goods 类型转换到 Object 类型属于隐式类型变宽转换。同样，第 3，5 行都是将子类或子孙类变宽为它们的父类或祖先类，在语法上都不需要给出显式强制转换语句。在类型层次关系上，Eatable 接口位于其实现类 Food 的上层，Eatable 接口表示的概念比 Food 类更宽也更抽象，而实现类 Food 比 Eatable 接口更具体。从接口的实现类到接口的转换也属于隐式变宽转换。

引用数据类型变宽表示将子类或实现类的引用隐式转换为其父类或接口的引用，换句话讲，一个引用数据类型的变量可以保存该类型子类或实现类实例的引用。

（2）变窄转换

从一个引用数据类型到其子类或实现类的转换都称为该引用数据类型的变窄转换。根据图 2-10 所示的关系，以下类型转换都属于引用数据类型变窄转换，必须使用类型转换运算符进行显式强制转换。

```
1  Object o1 = new Goods();//Goods 类型变宽为 Object 类型
2  Goods g1 = (Goods)o1;//Object 类型变窄为 Goods 类型
3  Goods g2 = new Food();//Food 类型变宽为 Goods 类型
```

```
4  Food f1 = (Food)g2;//Goods 类型变窄为 Food 类型
5  Eatable f2 = f1;// Food 类型变宽为 Eatable 类型
6  Food f3 = (Food)f2;//Eatable 类型显式变窄为 Food 类型
```

引用数据类型变窄转换表示将父类或接口类型的引用显式强制转换为其子类或接口实现类的引用，换句话讲，一个类型的引用数据类型变量保存其父类或接口的引用时必须进行显式强制类型转换。

（3）引用数据类型转换异常

并不是所有类型之间都能进行变宽或变窄的类型转换。若源类型和目标类型不在类的继承关系树的同一条分支或路径上（两种类型不存在直系亲属关系），则不能进行类型转换。下面代码显示了非直系亲属关系类型之间转换会导致错误。

```
1  Goods g1 = new Food();
2  Goods g2 = new Clothes();
3  Clothes c1 = (Clothes)g1;
4  Food f1 = (Food)g2;
```

变量 g1 引用的对象是 Food 类的实例。变量 g2 引用的对象是 Clothes 类的实例。Food 类和 Clothes 类同是 Goods 的子类，但 Food 类和 Clothes 类之间并不存在继承或实现关系。它们在类继承关系树上属于兄弟节点，并不是同一分支或路径上的类型，所以不能进行变宽或变窄的相互转换。第 3, 4 行的类型转换是不安全的，运行时会产生类型转换异常 java.lang.ClassCastException。其原因是，Food 类型不能被转换为 Clothes 类型，而 Clothes 类型也不能被转换为 Food 类型。

在进行引用数据类型变窄转换时，除了需要增加显式强制转换语句，还需要判断源类型变量引用的实例是否是目标类型的实例。Java 语言使用实例运算符 instanceof 来判断变量引用的对象是否是指定类型的实例，若是则返回 true，否则返回 false。上面代码做如下修改就可以避免类型转换异常。

```
1   Goods g1 = new Food();
2   Goods g2 = new Clothes();
3   Clothes c1 = null;
4   Food f1 = null;
5   if(g1 instanceof Clothes) {
6       c1 = (Clothes)g1;
7   }
8   if(g2 instanceof Food) {
9       f1 = (Food)g2;
10  }
```

增加实例运算符 instanceof 后，当且仅当 Goods 类型变量 g1 指向 Clothes 类的实例时才能将 Goods 类型的引用强制转换为 Clothes 类型的引用，而变量 g2 只有引用 Food 类的实例时才能变窄为 Food 类型的引用。第 6, 9 行通过类型判断后进行变窄转换是安全的。

2.4 运算符与表达式

Java 语言提供多种运算符对不同类型的操作数进行计算，操作数可以是前面讲到类型的常量，也可以是存储某种类型值或引用的变量。运算符按连接的操作数个数可以分为一元运算符、二元运算符和三元运算符，也可以按功能分为算式运算符、关系运算符、逻辑运算符、位运算符、条件运算符和赋值运算符等。我们将运算符与操作数连接的式子称为表达式。每一个表达式都有一个返回值。

2.4.1 操作数

（1）常量

常量表示恒定不变的数据量。常量一旦被分配内存并初始化后就不能被修改。在整个 JVM 实例执行过程中，常量的值都恒定不变。表 2-3 给出了主要类型的常量值形式。

表 2-3 主要类型的常量值形式

类 型	取 值 范 围	常 量 示 例
byte	[−128, 127]	(byte) −10, (byte)017, (byte)0x2F
short	[−32768, 32767]	(short) −32768, (short)0, (short)3
char	[0, 65535]或者['\u0000', '\uFFFF']	(char)97, 'a', 'D', '中', '\u0000'
int	[−2147483648, 2147483647]	−2147483648, −10, 0, 0b11011
long	[−9223372036854775808, 9223372036854775807]	−10L, 0L, 32l, 922337203L
float	[1.4E−45, 3.4028235E38]	−10.0f, 0.0f, 85.0F, 1.5E8F
double	[4.9E−324, 1.7976931348623157E308]	−1.5E2, −10.0, 0.0, 8.0, 1.5E5
boolean	false, true	false, true
String	双引号包含的字符序列	"", null, "zhangsan", "你好"
Object	null	null

整型常量默认为 32 位的 int 类型，可以使用十进制数表示，也可以使用二进制数（0b 或 0B 为前缀）、八进制数（0 为前缀）、十六进制数（0x 或 0X 为前缀）表示。例如，十进制数 97 的二进制数形式是 0b01100001，八进制数形式是 0141，十六进制数形式是 0x61。字符类型常量是单引号包含的字符或使用'\u'为前缀的 Unicode 编码。例如，字符常量'a'也可以表示为(char)97 或'\u0061'。长整型常量是在整型常量后增加后缀 l 或 L，如 32l 或 32L。JVM 为 32L 按 64 位分配内存。浮点类型常量默认为 64 位的 double 类型，可以使用十进制浮点数表示，也可以使用科学记数法表示。例如，double 类型常量 5000.0 可以表示为 5E3。单精度浮点类型常量表示是在双精度浮点类型常量后增加后缀 f 或 F，如 85.0f 或 85.F。JVM 为单精度浮点类型常量 85.0F 按 32 位分配存储空间。布尔类型只有 false 和 true 两个常量值，分别表示逻辑值假和真。字符串常量是使用双引号包含的字符序列，默认为 java.lang.String 类型。例如，""表示空串，"zhangsan"表示包含 8 个字符的字符串常量。null 是所有引用数据类型变量都可以使用的一个常量值，表示空。当引用数据类型变量被赋值为 null 时，表示该变量不指向内存中任何实例。

（2）变量

Java 使用变量存储值或引用，表示一个数值的大小、一种状态或一个地址。Java 是强静态语言，使用变量前必须确定变量类型。基本数据类型变量中存储的是值，引用数据类型变量中存储的是引用。变量存储的内容是可变的。JVM 为变量分配内存并初始化后，可以对存储单元中的值或引用进行修改。变量声明与初始化语法如下：

类型名 变量名 = 初始值或引用;

Java 编程语言定义了 4 种变量：实例成员变量、静态成员变量、局部变量和形式参数。这些变量的声明位置、作用范围和生命周期各不相同。本节主要演示局部变量的使用。代码 2-11 给出了部分数据类型的局部变量声明和赋值方法。

代码 2-11　局部变量声明和赋值方法

```
1   int i1 = 365;
2   double d1 = 15.0;
3   char c1 = '\u0061';
4   boolean flag = false;
5   String str1 = "zhangsan";
6   i1 = 20;
7   d1 = 10.0;
8   c1 = '\u0041';
9   flag = true;
10  str1 = "wangwu";
11  System.out.println(i1); //输出20
12  System.out.println(d1); //输出10.0
13  System.out.println(c1); //输出'A'
14  System.out.println(flag); //输出true
15  System.out.println(str1); //输出"wangwu"
```

第 1～5 行定义了 5 个局部变量。变量 i1、d1、c1 和 flag 属于基本数据类型，存储数值；变量 str1 属于引用数据类型，存储 String 类型实例的引用。第 6～9 行通过赋值运算符修改局部变量的值，第 10 行通过赋值运算符修改变量 str1 保存的引用。赋值语句执行后，i1 被修改为 20，d1 被修改为 10.0，c1 被修改为字母'A'的 Unicode 码点值，flag 被修改为 true，str1 被修改为字符串"wangwu"的引用。

2.4.2　算术运算符

算术运算符用于操作数之间进行加、减、乘、除操作。算术运算符将操作数连接起来形成的式子称为算术表达式。参与算术运算的操作数可以是常量、变量，也可以是算术表达式。常用的算术运算符有+、-、*、/、%、++、--等。

使用运算符"/"进行除法运算时，若被除数与除数都是整型，则结果截断小数部分取整。若被除数与除数有一个是浮点数，则结果为浮点数。使用求余运算符"%"时，返回操作数相除后的余数。求余运算又称求模运算。自增与自减运算符是一元运算符，其计算规则是：① 自增运算符放在变量前，表示先让变量自增 1，再使用变量参与表达式计算；② 自增运算符放在变量后，表示先使用变量参与表达式计算，再让变量自增 1；③ 自减运算符放在变量前，表示先让变量自减 1，再使用变量参与表达式计算；④ 自减运算符放在变量后，表示先使用变量参与表达式计算，再让变量自减 1。表 2-4 给出了常用的算术运算符和算术表达式。

表 2-4　算术运算符与算术表达式

运算符	说明	表达式	示例

+	加法	操作数 + 操作数
		注意：若操作数为字符串类型，则运算符"+"称为字符串连接符，实现字符串连接操作
			int x = 10, y = 20, z = 1, v = 0;
			double w = 0.0;
			v = x + y; //将 x 加 y 的和赋给变量 v 后，v 等于 30
			//使用字符串连接符"+"产生新字符串对象"wangwu"
			//赋值运算符将新字符串的引用赋给变量 str
			String str = "wang"+"wu";

-	减法	操作数 - 操作数	v = x - y; //将 x 减 y 的差赋给变量 v 后，v 等于-10
*	乘法	操作数 * 操作数	v = x * y; //将 x 乘 y 的积赋给变量 v 后，v 等于 200

/	除法	操作数 / 操作数	w = x / y; //将 x 除以 y 的商赋给变量 w，w 等于 0.0
			//将 x 乘以 1.0 除以 y 的商赋给变量 w，w 等于 0.5
			w = x*1.0 / y;

%	求余	操作数 % 操作数	v = x % y; //将 x 除以 y 的余数给变量 v，v 等于 10

续表

运算符	说明	表达式	示例

++	自增	++变量或者变量++	//变量z先自增1,再将z值赋给v,赋值语句执行
			//结束后z等于2,v等于2
			v = ++z;
			//先将z赋值给v,再让变量z自增1,赋值语句执行
			//结束后z等于3,v等于2
			v = z++;

--	自减	--变量或者变量--	//变量z先自减1,再将z值赋给v,赋值语句执行
			//结束后z等于2,v等于2
			v = --z;
			//先将z赋值给v,再让变量z自减1,赋值语句执行
			//结束后z等于1,v等于2
			v = z--;

代码2-12演示了算术运算符和算术表达式的使用方法。

代码2-12 算术运算符和算术表达式的使用方法

```
1   int x = 10, y = 20, z = 1, v = 0;//声明并初始化4个int类型变量
2   double w = 0.0;//声明并初始化double类型变量
3   v = x + y;
4   System.out.println("v="+v);//输出v=30
5   v = x - y;
6   System.out.println("v="+v);//输出v=-10
7   v = x * y;
8   System.out.println("v="+v);//输出v=200
9   w = x / y;
10  System.out.println("w="+w);//输出w=0.0
11  w = x*1.0 / y;
12  System.out.println("w="+w);//输出w=0.5
13  v = x % y;
14  System.out.println("v="+v);//输出v=10
15  v = ++z;
16  System.out.println("z="+z+",v="+v);//输出z=2,v=2
17  v = z++;
18  System.out.println("z="+z+",v="+v);//输出z=3,v=2
19  v = --z;
20  System.out.println("z="+z+",v="+v);//输出z=2,v=2
21  v = z--;
22  System.out.println("z="+z+",v="+v);//输出z=1,v=2
```

2.4.3 关系运算符

关系运算符是二元运算符,用于操作数大小关系比较。关系运算符连接操作数形成的式子称为关系表达式。关系表达式的结果是布尔值,若关系成立,则值为true,否则值为false。参与关系运算的操作数可以是常量、变量,也可以是表达式。常用关系运算符有大于(>)、小于(<)、大于等于(>=)、小于等于(<=)、等于(==)、不等于(!=)等。常用关系运算符与关系表达式见表2-5。

表 2-5 关系运算符与关系表达式

运算符	说明	表达式	示例
>	大于	操作数 > 操作数	flag = x > y; //将 x>y 的比较结果赋给 flag
>=	大于等于	操作数 >= 操作数	flag = x >= y; //将 x>=y 的比较结果赋给 flag
<	小于	操作数 < 操作数	flag = x < y; //将 x<y 的比较结果赋给 flag
<=	小于等于	操作数 <= 操作数	flag = x <= y; //将 x<=y 的比较结果赋给 flag
==	等于	操作数 == 操作数	flag = x == y; //将 x==y 的比较结果赋给 flag
!=	不等于	操作数 != 操作数	flag = x != y; //将 x!=y 的比较结果赋给 flag

代码 2-13 演示了关系运算符和关系表达式的使用方法。

代码 2-13　关系运算符与关系表达式的使用方法

```
1   int x = 10, y = 20, z = 1, v = 0;
2   boolean flag = false;
3   flag = x > y;
4   System.out.println("flag="+flag);//输出flag=false
5   flag = x >= y;
6   System.out.println("flag="+flag);//输出flag=false
7   flag = x < y;
8   System.out.println("flag="+flag);//输出flag=true
9   flag = x <= y;
10  System.out.println("flag="+flag);//输出flag=true
11  flag = x == y;
12  System.out.println("flag="+flag);//输出flag=false
13  flag = x != y;
14  System.out.println("flag="+flag);//输出flag=true
15  flag = (x+z) < (y+v);
16  System.out.println("flag="+flag);//输出flag=true
```

第 3～14 行将关系运算结果赋给 boolean 类型变量 flag 并输出。第 15 行参与关系运算的操作数是表达式，应先分别计算括号内的算术表达式，再将 x+z 的结果与 y+v 的结果进行比较，比较结果赋给变量 flag。

2.4.4　逻辑运算符

逻辑运算符用于操作数之间的与、或、非运算。除了非运算符是一元运算符，其他都是二元运算符。逻辑运算符连接操作数形成逻辑表达式。逻辑表达式的值是布尔类型，若逻辑条件成立，则值为 true，否则值为 false。逻辑表达式的操作数可以是 boolean 类型的常量、变量或表达式。逻辑运算符包括短路与（&&）、短路或（||）、逻辑与（&）、逻辑或（|）和逻辑非（！）。逻辑运算符与逻辑表达式见表 2-6。

表 2-6　逻辑运算符与逻辑表达式表

运算符	说明	表达式	示例
&&	短路与	操作数 && 操作数	flag = (x > y) && (z > v)
||	短路或	操作数 || 操作数	flag = (x > y) || (z > v)
&	逻辑与	操作数 & 操作数	flag = (x > y) & (z > v)
|	逻辑或	操作数 | 操作数	flag = (x > y) | (z > v)
!	逻辑非	!操作数	flag = !flag

短路与（&&）连接两个操作数的计算规则：① 先计算第一个操作数，若第一个操作数为

true，则计算第二个操作数，若第二个操作数为 true，则逻辑表达式值为 true，若第二个操作数为 false，则逻辑表达式值为 false；② 若第一个操作数为 false，则不再计算第二个表达式，逻辑表达式值为 false。

短路或（||）连接两个操作数的计算规则：① 先计算第一个操作数，若第一个操作数为 false，则计算第二个操作数，若第二个操作数为 true，则逻辑表达式值为 true，若第二个操作数为 false，则逻辑表达式值为 false；② 若第一个操作数值为 true，则不计算第二个表达式，逻辑表达式的值为 true。

逻辑与（&）、逻辑或（|）不存在这样的短路逻辑。使用逻辑与（&）运算符操作时，无论第一个操作数是否为 false，第二个操作数都要计算。使用逻辑或（|）运算符操作时，无论第一个操作数是否为 true，第二个操作数都要计算。逻辑运算符的计算规则见表 2-7。

表 2-7 逻辑运算符的计算规则

运算符	操作数 1	操作数 2	表达式	表达式值
&&	false	不计算（短路）	false&&操作数 2	false
&&	true	false	true&&false	false
&&	true	true	true&&true	true
||	false	false	false||false	false
||	false	true	false||true	true
||	true	不计算（短路）	true||操作数 2	true
&	false	false	false&false	false
&	false	true	false&true	false
&	true	false	true&false	false
&	true	true	true&true	true
|	false	false	false|false	false
|	false	true	false|true	true
|	true	false	true|false	true
|	true	true	true|true	true
!	false	无	!false	true
!	true	无	!true	false

代码 2-14 演示了逻辑运算符和逻辑表达式的使用方法。

代码 2-14 逻辑运算符与逻辑表达式的使用方法

```
1   int x = 10, y = 20, z = 1, v = 0;
2   boolean flag = false;
3   flag = (x > y) && (z > v);
4   System.out.println("flag="+flag);//输出flag=false
5   flag = (x > y) || (z > v);
6   System.out.println("flag="+flag);//输出flag=true
7   flag = (x > y) & (z > v);
8   System.out.println("flag="+flag);//输出flag=false
9   flag = (x > y) | (z > v);
10  System.out.println("flag="+flag);//输出flag=true
11  flag = !flag;
12  System.out.println("flag="+flag);//输出flag=false
13  flag = (v != 0) && (z / v > 0);
14  System.out.println("flag="+flag);//输出flag=false
```

第 3～12 行使用 5 种逻辑运算符执行运算，并把结果赋给 boolean 类型变量 flag，最后使用标准输出流对象输出 flag。第 13 行虽然除数为 0，但赋值语句是安全的，因为当除数为 0 时，短路与运算符左边的操作数 v!=0 为 false，将不计算右边关系表达式 z/v>0，整个逻辑表达式值为 false。如果把第 13 行改为 "flag=(v!=0)&(z/v>0);" 此时赋值语句存在除数为 0 的异常。虽然 v!=0 为 false，逻辑与运算符仍然要计算右边的关系表达式 z/v>0，此时将产生分母为 0 的算术异常 ArithmeticException。

2.4.5 位运算符

Java 语言提供对整型类型的位进行逐位操作的位运算符。除了按位取反为一元运算符，其他都是二元运算符。位运算符连接操作数形成的式子称为位运算表达式。常用的位运算符有按位与（&）、按位或（|）、按位异或（^）、按位取反（~）、左移（<<）、右移（>>）、无符号右移（>>>）。位运算符与位运算表达式见表 2-8。

表 2-8 位运算符与位运算表达式

运算符	说明	表达式	示例
&	按位与	操作数 & 操作数	x & y
|	按位或	操作数 | 操作数	x | y
^	按位异或	操作数 ^ 操作数	x ^ y
~	按位取反	~操作数	~x
<<	左移，右边低位补 0	操作数 << 操作数	x << y
>>	右移，左边高位按符号补齐	操作数 >> 操作数	x >> y
>>>	无符号右移，左边高位补 0	操作数 >>> 操作数	x >>> y

按位与运算规则：① 任意一个操作数为 0，值为 0；② 两个操作数同为 1，值为 1。
按位或运算规则：① 任意一个操作数为 1，值为 1；② 两个操作数同为 0，值为 0。
按位异或运算规则：① 操作数同为 0 或同为 1，值为 0；② 操作数不同，一个操作数为 0，另一个操作数为 1，值为 1。
按位取反运算规则：① 0 取反为 1；② 1 取反为 0。
移位运算规则：① 移位运算符左边的操作数是被移位的整型数，右边的操作数为移动的位数；② 右移运算后，左边空位使用符号补齐；③ 无符号右移运算后，左边空位使用 0 补齐。
位运算符的计算规则见表 2-9。

表 2-9 位运算符的计算规则

运算符	操作数	操作数	表达式	值	运算符	操作数	操作数	表达式	值
&	0	0	0&0	0	&	0	1	0&1	0
&	1	0	1&0	0	&	1	1	1&1	1
|	0	0	0|0	0	|	0	1	0|1	1
|	1	0	1|0	1	|	1	1	1|1	1
^	0	0	0^0	0	^	0	1	0^1	1
^	1	0	1^0	1	^	1	1	1^1	0
!	0	无	!0	1	!	1	无	!1	0
<<	3	2	3<<2	12	>>	10	2	10>>2	2
>>	−10	2	−10>>2	−3	>>>	−10	2	−10>>>2	1073741821

代码 2-15 演示了位运算符与位运算表达式的使用方法。

代码 2-15　位运算符与位运算表达式的使用方法

```
1   int x = 0b00000000000000000000000000101101;//x的值为45
2   int y = 0b00000000000000000000000000001100;//y的值为12
3   int z = 0b11111111111111111111111111110110;//z的值为-10
4   int v = 0;
5   v = x & y;//v的二进制值为0000 0000 0000 0000 0000 0000 0000 1100
6   System.out.println("v="+Integer.toBinaryString(v));
7   v = x | y;//v的二进制值为0000 0000 0000 0000 0000 0000 0010 1101
8   System.out.println("v="+Integer.toBinaryString(v));
9   v = ~x;//v的二进制值为1111 1111 1111 1111 1111 1111 1101 0010
10  System.out.println("v="+Integer.toBinaryString(v));
11  v = x ^ y;//v的二进制值为0000 0000 0000 0000 0000 0000 0010 0001
12  System.out.println("v="+Integer.toBinaryString(v));
13  v = x << 2;//v的二进制值为0000 0000 0000 0000 0000 0000 1011 0100
14  System.out.println("v="+Integer.toBinaryString(v));
15  v = x >> 2;//v的二进制值为0000 0000 0000 0000 0000 0000 0000 1011
16  System.out.println("v="+Integer.toBinaryString(v));
17  v = z >> 2;//v的二进制值为1111 1111 1111 1111 1111 1111 1111 1101
18  System.out.println("v="+Integer.toBinaryString(v));
19  v = z >>> 2;//v的二进制值为0011 1111 1111 1111 1111 1111 1111 1101
20  System.out.println("v="+Integer.toBinaryString(v));
```

第 1～4 行声明并初始化 4 个 int 类型变量。第 5～12 行对整型变量进行按位与、或、异或、求反操作并输出结果的二进制数形式。第 13～20 行对整型变量进行移位操作并输出结果的二进制数形式。右移运算使用符号位补齐左边空位，无符号右移运算使用 0 补齐左边空位。因此，第 17 行执行后，v 的左边最高两位为 11；第 19 行执行后，v 的左边最高两位为 00。

2.4.6　条件运算符

条件运算符（?:）是三元运算符，需要连接三个操作数形成条件表达式。使用条件表达式可以简化 if-then-else 语句。条件表达式的基本结构为"操作数 1？操作数 2：操作数 3"。操作数 1 可以是返回 boolean 类型值的常量、变量或表达式。操作数 2 和操作数 3 是可以返回指定类型值的常量、变量或表达式。条件表达式的值依赖于操作数 1，若操作数 1 为 true，则表达式取操作数 2 的值；若操作 1 为 false，则表达式取操作数 3 的值。代码 2-16 演示了条件运算符与条件表达式的使用方法。

代码 2-16　条件运算符与条件表达式的使用方法

```
1   int x = 10, y = 20, max = 0;
2   max = x > y ? x : y;//整型变量max取值为x和y中的最大值
3   System.out.println("max="+max);//输出max=20
```

第 1 行声明并初始化三个整型变量。第 2 行将条件表达式的值赋给变量 max。当 x>y 为 true 时，表达式取 x 的值；当 x>y 为 false 时，表达式取 y 的值。所以变量 max 取 x，y 两个变量中的最大值。第 3 行使用标准输出流输出 max 的值。

2.4.7　赋值运算符

赋值运算符"="连接两个操作数，属于二元运算符。赋值运算符左边的操作数只能是变量，不能是常量或表达式，右边的操作数可以是常量、变量，也可以是表达式。程序执行赋值操作，就是将赋值运算符右边的值赋给左边的变量。例如，表达式 x=y=z 的执行顺序等价于 x=(y=z)，先将 z 的值赋给变量 y，再将 y 的值赋给变量 x。赋值运算符左边不能是常量。使用赋值运算符为变量赋值时，如果右边操作数不能转换为左边变量的类型，将产生编译时错误。赋值符号也可以和前面讲到的算术运算符、位运算符、字符串连接符结合形成复合赋值运算符。常用赋值运算符与复合赋值运算符见表 2-10。

表 2-10 赋值运算符与复合赋值运算符

运算符	说明	赋值表达式	等价赋值表达式
=	简单赋值运算符	x = y + z	x = y + z;
*=	与乘法运算符结合的复合赋值运算符	x *= y + z;	x = x * (y+z)
/=	与除法运算符结合的复合赋值运算符	x /= y + z;	x = x / (y+z)
%=	与求余法运算符结合的复合赋值运算符	x %= y + z;	x = x % (y+z)
+=	与加法运算符结合的复合赋值运算符 与字符串连接符结合的复合赋值运算符	x += y + z;	x = x + (y+z)
-=	与减法运算符结合的复合赋值运算符	x -= y + z;	x = x - (y+z)
<<=	与左移法运算符结合的复合赋值运算符	x <<= y + z;	x = x << (y+z)
>>=	与右移法运算符结合的复合赋值运算符	x >>= y + z;	x = x >> (y+z)
>>>=	与无符号右移运算符结合的复合赋值运算符	x >>>= y + z;	x = x >>> (y+z)
&=	与与运算符结合的复合赋值运算符	x &= y + z;	x = x & (y+z)
^=	与异或运算符结合的复合赋值运算符	x ^= y + z;	x = x ^ (y+z)
|=	与或运算符结合的复合赋值运算符	x |= y + z;	x = x | (y+z)

代码 2-17 演示了赋值运算符与赋值表达式的使用方法。

代码 2-17 赋值运算符与赋值表达式的使用方法

```
1  int x = 2, y = 1, z = 2, v = 0;
2  String s = "hello,";
3  v = 100; v += x + y; //变量v的值为103
4  v = 100; v -= x + y; //变量v的值为97
5  v = 100; v *= x + y; //变量v的值为300
6  v = 100; v /= x + y; //变量v的值为33
7  v = 100; v %= x + y; //变量v的值为1
8  v = 100; v <<= x + y; //变量v的值为800
9  v = 100; v >>= x + y; //变量v的值为12
10 v = 100; v >>>= x + y; //变量v的值为12
11 v = 100; v &= x + y; //变量v的值为0
12 v = 100; v |= x + y; //变量v的值为103
13 s += "wang"+"wu"; //变量s指向字符常量"hello,wangwu"
```

第 1，2 行使用赋值运算符为基本数据类型和引用数据类型变量赋值。第 3~13 行使用复合赋值运算符为变量赋值。

2.4.8 语句与语句块

语句是一个完整的执行单位。Java 语言中的语句分为三类：表达式语句、声明语句和控制流语句。表达式语句是表达式（赋值表达式、自增自减表达式、方法调用表达式和对象创建表达式）后接分号的语句。声明语句用于变量声明，也以分号结尾。控制流语句将在第 3 章中讲解，主要包括 if 语句、switch 语句、for 语句、while 语句、do-while 语句、continue 语句和 break 语句。下面的代码段显示了部分类型的语句。

```
1  int x = 10, y = 20, z= 0;//声明语句
2  z = x + y;//赋值语句
3  x++;//自增语句
```

```
4    --y;//自减语句
5    String str = new String("zhangsan");//对象创建语句
6    System.out.println(str);//方法调用语句
7    if(x > y) {//控制流语句
8        System.out.println("x > y");
9    }else {
10       System.out.println("x <= y");
11   }
```

语句块是使用一对花括号包含零行、一行或多行语句的代码段。语句块可以放置于语句存在的位置。语句块可以将语句分成不同的作用域。语句块内定义的变量只在块内可见。语句块可嵌套使用。以下 main 方法给出了语句块的示例。

```
1    public static void main(String[] args) {
2        int x = 10;
3        {//语句块 1 开始
4            int y = 20;
5            {//语句块 2 开始
6                int z = 30;
7                if(x > y) {//语句块 3 开始
8                    System.out.println("x > y");
9                }//语句块 3 结束
10               else{//语句块 4 开始
11                   System.out.println("x <= y");
12               }//语句块 4 结束
13               System.out.println(x+","+y+","+z);
14           }//语句块 2 结束
15           System.out.println(x+","+y);
16           //System.out.println(z);
17       }//语句块 1 结束
18       System.out.println(x);
19       //System.out.println(y);
20   }
```

第 2 行定义变量 x 并初始化为 10。变量 x 的作用范围从第 2 行开始到第 19 行结束。第 3～17 行定义语句块 1。语句块 1 内定义变量 y（见第 4 行）和语句块 2（见第 5～14 行）。变量 y 在第 4～16 行可见。语句块 2 内定义变量 z（见第 6 行）和 if-else 语句。if-else 语句执行流程：条件成立执行语句块 3 中的语句（见第 7～9 行），条件不成立执行语句块 4 中的语句（见第 10～12 行）。第 13，15，18 行语法都正确，因为这些变量在对应位置都可见。语句块 2 外变量 z 不可见，语句块 1 外变量 y 不可见，所以第 16，19 行都有语法错误。

2.5 Java 编程规范

计算机编程语言都有一套自己的编程规则和命名系统。Java 面向对象高级程序设计语言也有自己的编程规范。程序在调试、测试、重构、软件质量保证、系统维护、系统功能梳理、人员流动、业务学习等情况下，都有可能被开发人员自己或他人阅读。良好的编程规范与编程习惯有助于提高代码的可读性，减少不必要的人力和时间开支。

2.5.1 注释

注释可以增加代码的可读性但不影响程序的执行结果。编译时，编译器会识别并忽略代码中的注释。在类定义、接口定义、关键变量定义、关键方法定义和关键语句块前都可以增加对该部分代码的文字描述。Java 语言包含三种类型的注释。

（1）单行注释

使用单行注释符"//"开始的一行内容都属于注释（不含行尾的回车换行符）。单行注释不能嵌套，在单行注释内不会将多行注释符或文档注释符解释为特殊字符。例如：

```
1  // end-of-line comment
2  // end-of-line comment//hello/*world*/
```

第1行是一个单行注释，从注释符"//"开始到行尾所有内容都被视为注释。第2行从第一个注释符"//"开始到当前行尾的所有字符也被视为注释。其中虽然包含有单行注释符"//"和多行注释符"/**/"，但都作为注释内容，不会被解释为注释符。

（2）多行注释

多行注释符"/**/"包含的一行或多行字符都属于注释（包含每行行尾的回车换行符）。和单行注释一样，多行注释也不能嵌套。包含在多行注释符内的单行注释符只能被理解为注释内容，不会被解释为特殊字符。例如：

```
1  /*traditional comment //hello /*world/** still a single comment*/
2  /*
3   * traditional comment
4   * 1. the first line
5   * 2. the second line
6   */
```

第1行使用多行注释符定义了一个单行注释，包含在注释符"/**/"内的单行注释符"//"、多行注释符"/*"和文档注释符"/**"都不被解释为注释符号，而仅被视为注释内容。

（3）文档注释

文档注释符"/***/"以"/**"为注释开始，以"*/"为注释结尾。包含在文档注释内的内容都属于注释。文档注释除增加代码可读性外，还可以被 Java 开发工具包下的文档工具javadoc 使用。javadoc 可以从类、接口定义文件中提取位于类、接口定义前、成员变量前、成员方法前的文档注释内容，形成 HTML 格式的 Java 帮助文档。代码 2-18 定义 CommentsDemo 类演示了三种注释的使用方法。

代码 2-18 三种注释的使用方法

```
1   package edu.cdu.ppj.chapter2;
2
3   /**
4    * 描述: CommentsDemo定义了三种注释:
5    * 单行注释, 多行注释和文档注释
6    * @author Duan Lintao
7    * @version 1.0
8    */
9   public class CommentsDemo {
10      /**
11       * CommentsDemo实例的id号
12       */
13      private int id;
14
15      /**
16       * 获取最大值
17       * @param x  一个整型数
18       * @param y  另一个整型数
19       * @return  返回x,y中的一个最大值
20       */
21      public int max(int x, int y) {
22          return x > y ? x : y;
23      }
24
```

```
25      /*
26       * Java应用程序的入口方法main
27       * 字符串数组args是main方法的形式参数,用于接收控制台传入的实际参数
28       */
29      public static void main(String[] args) {
30          //定义CommentsDemo类型变量cd,保存一个CommentsDemo对象的引用
31          CommentsDemo cd = new CommentsDemo();
32          int x = 10;
33          int y = 20;
34          //调用max方法返回实际参数x和y的最大值
35          int value = cd.max(x, y);
36          System.out.println("max="+value);
37      }
38  }
```

2.5.2 空白符

空白符(空格、制表符 Tab、回车换行符、空行)的使用同样也能增加代码的可读性。代码格式要注意:① 代码对齐与缩进,同一层次的语句或语句块要左对齐,下一层次的语句或语句块要向右缩进一个制表符 Tab 位置(默认为 4 个空格位置);② 每行最多编写一条语句,一条语句结束使用回车换行符(Enter 键),一行编写多条语句虽然没有语法错误,但可能影响代码阅读;③ 增加空行,在类或接口定义、关键变量定义、关键代码段、程序不同功能区之间都可以适当增加空行以增加代码的清晰度;④ 运算符与操作数之间增加空格,例如,在条件表达式中增加空格的写法"x > y ? x : y"要比没有空格的写法"x>y?x:y"好。

下面以代码 2-18 为例讲解空白行的使用。① 需要增加空行的位置:第 1 行包定义与第 9 行类定义之间,第 13 行成员变量定义与第 21 行成员方法定义之间,第 21 行成员方法与第 29 行成员方法之间。② 需要左对齐的语句或语句块:同一层次的第 9 行与第 38 行,同一层次的第 13,21,23,29,37 行,同一层次的第 30~36 行。③ 需要向右缩进的语句或语句块:第 13,21,23,29,37 行是第 9 行类定义的下一层代码,需要相对于第 9 行向右缩进一个 Tab 键的位置;第 22 行是第 21 行方法内部语句,相对于第 21 行需要向右缩进;第 30~36 行是第 29 行 main 方法的内部语句,相对于第 29 行需要向右缩进。

2.5.3 括号

括号必须成对出现,否则编译器会报语法错误。数组使用[],方法使用(),语句块使用{}。类、接口中的成员,方法体内的语句都是包含在一对{}内。为避免写完左括号后忘记右括号,建议书写括号时,左、右括号同时写出来后,再去补充括号内的内容。

左花括号建议与它前面的语句或声明同占一行,右花括号单独占一行。例如,代码 2-18 第 9 行类定义的左花括号与类定义首部同在一行,第 21,29 行方法定义的左花括号与方法定义首部同在一行。第 23,37,38 行的右花括号都单独占一行。这样左花括号开始的位置和与其匹配的右花括号结束的位置会更清晰。左、右花括号单独占一行也是一种可取的风格。下面的写法应该避免。

```
1  public static void main(String[] args) {
2      int x = 0, y = 0, z = 0;
3      if(x > y) {
4          System.out.println("x > y");}
5      else{
6          System.out.println("x < y");
7  }}
```

第 4 行行尾的右花括号,不容易被注意到。第 7 行多一个右花括号,写在同一行中很难判

断左、右花括号的匹配关系。

2.5.4 命名规范

为常量、变量、方法、类、接口命名时，应该满足标识符命名规范。Java 标识符没有长度限制，由字母（英文字母、希腊字母、俄文字母、拼音字母、中文汉字等）、下画线（_）、数字（0~9）、货币符号（¥，$，€，£）、罗马数字（Ⅰ~Ⅻ）等组成，但第一个字符不能是数字。Java 语言提供 Character.isJavaIdentifierStart(int codePoint)方法来判断 Unicode 字符 codePoint 能否作为合法标识符的第一个字符，若能则返回 true，否则返回 false。方法 Character.isJavaIdentifierPart(int codePoint)用于判断指定 Unicode 字符 codePoint 能否作为合法标识符中的一个字符，若能则返回 true，否则返回 false。

用户自定义常量、变量、方法、类、接口名时，应避免与系统保留关键字同名（如 int，char，boolean，double，true，if，else，instanceof，break，continue 等），也不宜与系统类库中的类型同名（如 System，String，Integer，ResultSet，BufferedReader，Thread 等）。命名时，要注意 Java 对字母大小写是敏感的；尽量使用有实际意义的英文单词或词组，能一见名字就明白它的用途；避免使用中文作为标识符；拼音作为标识符虽然合法，但不推荐。

命名规范说明如下。

（1）常量名：全部字符大写，若常量名是由多个单词组成的，则每个单词之间使用下画线分隔，如 MAX_SIZE，MAX_VALUE，MIN_VALUE。

（2）变量名和方法名：若变量名或方法名是一个单词，则全部字母小写；若是由多个单词组成的，则第一个单词全部小写，其余单词首字母大写，如 size，parseXMLFile。不推荐在变量名或方法名中使用下画线。

（3）包名：全部字符小写，映射目录之间使用点号分隔，如 edu.cdu.ppj.chapter2。

（4）类名和接口名：若类名或接口名是一个单词，则首字母大写，其余字母小写；若是多个单词组成的，则所有单词首字母大写，其余字母小写，如 Employee，SensorMonitor。同样也不推荐在类名和接口名中使用下画线。

知识扩展（如果对此部分内容感兴趣，扫描本章二维码）：

（1）Unicode 字符编码规范；

（2）编码和解码问题；

（3）默认字符集设置；

（4）String、StringBuffer 与 StringBuilder；

（5）运算符优先级问题。

习题 2

（1）自定义标识符命名应该注意哪些要求？

（2）Java 基本数据类型有哪些，各占多大的存储空间？

（3）简单解释什么是类型变宽转换和类型变窄转换。

（4）定义整型变量 x 赋值为 0B10101100，使用位运算置低第 2 位和第 3 位为 00，其他位不变，运算后的结果 0B10100000 赋值给整型变量 y，最后对输出 x，y 的值进行比较。

（5）赋值语句"float f = 30.0;"是否存在语法错误，如何修改？

（6）给出下面代码段的输出结果。

```
1   int i = 1, j = 0;
2   j = i++;
3   j = j++;
```

```
4    System.out.println(i+","+j);
```
（7）给出下面代码段的输出结果。
```
1    int x = 10, y = 0, z = 0;
2    if(y != 0 && x / y > 1) {
3        z = x + y;
4    }
5    System.out.println(z);
```
（8）下面的代码段有几处语法错误？分别是什么？如何修改？
```
1    int x = 10, y = 0, z = 0;
2    if(y != 0 & x / y > 1) {
3        z = x + y;
4    }
5    System.out.println(z);
6    String str = null;
7    System.out.println(str.length());
```
（9）给出下面代码段的输出结果。
```
1    double d = 35.5;
2    d++;
3    System.out.println(d);
```
扫描本章二维码获取习题参考答案。

获取本章资源

第3章 流程控制

通常，程序按既定的语句自上向下顺序执行。但程序处理的任务可能存在决策判断、循环反复的过程，程序执行流程可能因决策条件的改变不再简单地顺序执行，而可能在多条分支下选择执行其中一条分支或循环执行一段语句或跳转到另一个流程中。这种改变程序顺序执行的语句称为流程控制语句。Java 语言提供了分支语句（if, switch）、循环语句（for, while, do-while）和跳转语句（break, continue, return）来控制程序执行流程。本章主要内容包括程序的基本结构概述、选择结构和循环结构等。

3.1 程序的基本结构概述

程序具有三种基本结构：顺序结构、选择结构和循环结构，如图 3-1 所示。图 3-1 中的语句块可能是一条语句或多条语句，也可能是一个过程。

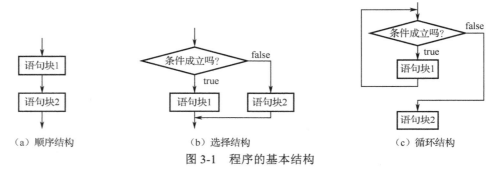

图 3-1　程序的基本结构

顺序结构：程序中的语句按出现的先后顺序由上至下依次执行。语句的执行由语句在程序中的排列顺序决定，这种具有顺序执行流程的程序结构称为顺序结构。图 3-1（a）中，语句块 1 排列在语句块 2 前，语句块 1 执行完后才能执行语句块 2。

选择结构：程序执行流程根据条件判定的不同结果选择不同的分支执行。语句的执行由条件成立与否决定，这种具有分支执行流程的程序结构称为选择结构。图 3-1（b）中，程序流程进入条件判定框，判定条件是否成立，若条件成立（值为 true），则执行语句块 1；若条件不成立（值为 false），则执行语句块 2。无论选择结构执行的是哪一条分支，最后都会回到同一出口继续向下执行。

循环结构：程序执行流程根据条件判定的不同结果决定是否循环执行语句，具有循环执行流程的程序结构称为循环结构。图 3-1（c）中，程序流程进入循环条件判定框，若条件成立（值为 true），则进入循环执行语句块 1，语句块 1 执行完继续判定循环条件；若条件不成立（值为 false），则执行语句块 2。循环流程有一个入口也有一个出口。若循环条件恒为 true，则程序在被强制中断前将一直循环执行语句块 1，这种循环结构称为无限循环或死循环。

3.2 选择结构

Java 语言提供 if 语句、switch 语句来实现程序的选择结构。

3.2.1 if 语句

if 语句通过判断条件是否成立来选择不同的分支执行。Java 语言提供了两种形式的 if 语句：if-then 语句和 if-then-else 语句。

（1）if-then 语句

if-then 直接翻译就是"如果为真则……"的意思。若 if 后的条件表达式为 true，则选择指定的语句块执行，否则跳过指定的语句块继续向后执行。if-then 语句的语法结构如下：

```
//语句块 1
if(条件表达式) {
    //语句块 2
}
//语句块 3
```

程序执行语句块 1 后，遇到 if 语句，判定条件表达式的值：如果值为真，则进入 if 语句执行语句块 2，语句块 2 执行完后退出 if 语句继续执行语句块 3；如果值为假，则跳过语句块 2 直接执行语句块 3。if-then 语句的执行流程如图 3-2 所示。代码 3-1 给出了 if-then 语句示例。第 3 行是方法 arithmeticOperator 的首部，该方法为公共方法，参数列表为空，返回类型为 void。第 4~9 行是方法体内的语句。第 4 行声明并初始化了 3 个整型变量。第 5 行是 if-then 语句，如果 y==0 成立，则进入第 6 行执行，然后执行第 8 行；如果不成立，则跳过第 6 行直接执行第 8 行。最后执行第 9 行输出变量 z 的值。

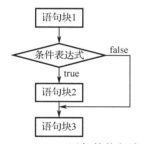

图 3-2 if-then 语句的执行流程

代码 3-1　if-then 语句示例

```
1   /* 公共方法arithmeticOperator
2   参数列表为空，返回类型为void*/
3   public void arithmeticOperator() {
4       int x = 10, y = 0, z = 0;
5       if (y == 0) {
6           y = 1;
7       }
8       z = x / y;
9       System.out.println(z);
10  }
```

if 关键字后的条件表达式必须包含在一对圆括号内。条件表达式后是一段可选的花括号，当语句块 2 内只有一条语句或为空语句时，花括号可省略不写。但当语句块 2 包含两条及以上的语句时，花括号不能省略。本书建议无论哪种情况下都要写上花括号，这样不仅不易发生错误，还能提高代码的可读性。

（2）if-then-else 语句

if-then-else 直接翻译是"如果为真则……，否则……"的意思。若 if 后的条件表达式为 true，则选择指定的分支执行，否则选择另一条分支执行，两条分支结束后都会回到同一个输出流程。if-then-else 语句的语法结构如下：

```
//语句块 1
if(条件表达式) {
    //语句块 2
} else {
    //语句块 3
}
//语句块 4
```

程序执行语句块 1 后，遇到 if 语句，判定条件表达式的值：如果值为真，则进入 if 语句执行语句块 2，否则选择 else 子句执行语句块 3。无论选择执行语句块 2 还是语句块 3，最后流程都会进入语句块 4 执行。if-then-else 语句的执行流程如图 3-3 所示,if-then-else 语句示例参见代码 3-2。第 1 行是方法 arithmeticOperator 的首部。第 2~9 行是方法体内的语句。第 2 行声明并初始化了 3 个整型变量。第 3~7 行是 if-then-else 语句,若 y==0 成立,则进入第 4 行执行,否则进入第 6 行执行。if-then-else 语句执行结束后执行第 8 行,最后执行第 9 行输出变量 z 的值。

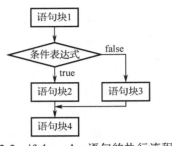

图 3-3　if-then-else 语句的执行流程

代码 3-2　if-then-else 语句示例

```
1   public void arithmeticOperator() {
2       int x = 10, y = 0, z = 0;
3       if (y == 0) {
4           y = 1;
5       } else {
6           y = y * 2;
7       }
8       z = x / y;
9       System.out.println(z);
10  }
```

当 else 分支结构中还存在其他条件需要判定时,换一种说法是,当 else 子句嵌套 if-then-else 语句时,需要使用 if-then-else 语句的第二种形式:else if 语句。if-then-else 语句嵌套可以实现多路选择结构,其语法结构如下:

```
//语句块 1
if(条件表达式 1) {
    //语句块 2
} else if(条件表达式 2){
    //语句块 3
}…else if(条件表达式 n-1){
    //语句块 n
} else {
    //语句块 n+1
}
//语句块 n+2
```

程序执行语句块 1 后,遇到 if 语句,判定条件表达式 1 的值:若为真,则进入 if 语句执行语句块 2,否则选择 else if 子句继续判定条件表达式 2 的值,若为真,则进入当前 else if 语句执行语句块 3,否则继续判定 else if 子句的其他条件是否成立,若所有条件表达式都不成立,则执行流程进入最后一个 else 子句执行语句块 n+1。多路选择结构结束后,执行语句块 n+2。if-then-else 语句嵌套的多路选择结构的执行流程如图 3-4 所示。

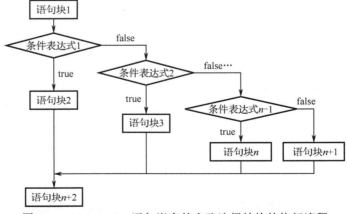

图 3-4　if-then-else 语句嵌套的多路选择结构的执行流程

某网站用户分级规则：月消费额 50 元及以下的用户为"一星级用户"，大于 50 元小于等于 80 元的用户为"两星级用户"，大于 80 元小于等于 120 元的用户为"三星级用户"，大于 120 元小于等于 150 元的用户为"四星级用户"，150 元以上的用户为"五星级用户"。代码 3-3 使用 if-then-else 语句嵌套实现多路选择，输入月消费额，输出对应等级。

代码 3-3　使用 if-then-else 语句嵌套实现多路选择

```
1  BufferedReader br = new BufferedReader( new InputStreamReader(System.in));
2  System.out.println("请输入月消费额：");
3  String line = br.readLine();
4  int cost = Integer.parseInt(line);
5  String rank = null;
6  if (cost <= 50) {
7      rank = "一星级用户";
8  } else if (cost <= 80) {
9      rank = "二星级用户";
10 } else if (cost <= 120) {
11     rank = "三星级用户";
12 } else if (cost <= 150) {
13     rank = "四星级用户";
14 } else {
15     rank = "五星级用户";
16 }
17 System.out.println("月消费额为"+cost+"元的用户是"+rank);
```

第 1 行定义带缓冲字符的输入流对象 BufferedReader。第 2 行提示用户输入月消费额。第 3，4 行接收键盘输入并转换为整型值。第 6～16 行使用 if-then-else 语句嵌套实现多路选择。第 17 行输出满足条件的用户等级。扫描本章二维码获取示例完整代码。

3.2.2　switch 语句

switch 语句也能实现多路选择结构。switch 语句的语法结构如下：

```
switch (key) {
    case value1:
        // 语句块 1
        break;
        …
    case valuen:
        // 语句块 n
        break;
    default:
        // 语句块 n+1
        break;
}
```

其中，key 是表达式，表达式返回的类型可以是 byte、short、char、int、枚举（enum）、String 类型，以及基本数据类型对应的封装类型 Byte、Short、Character 和 Integer。switch 语句块内包含 case 和 default 子句。关键字 case 后的 value1～valuen 是与 key 返回类型相同或兼容的常量。若 key 的值与某一个 case 后的常量值相等，程序流程就进入该 case 子句中的语句块执行。如果 key 不等于 case 后任何一个常量值，则流程进入 default 子句中的语句块执行。如果需要在执行过程中退出 switch 语句，则执行 break 语句。default 子句已经是 switch 语句的最后部分，所以可以不用 break。但本书建议在 default 子句中使用 break 语句，这样可以保持语法的统一性，同时也便于以后修改代码。

代码 3-4 使用 switch 语句实现多路选择。代码 3-4 包含三个静态方法：① String

getMonthName(int month)方法包含整型参数 month，用于接收数字月份，返回 String 类型，用于保存返回月份名称的引用；② int getDaysOfMonth(int month)方法包含整型参数 month，用于接收数字月份，返回该月包含的天数；③ int getDaysOfMonth(String month)方法包含字符串类型参数，用于接收输入月份，返回该月包含天数。

代码 3-4　使用 switch 语句实现多路选择

```
1   public static String getMonthName(int month) {//返回指定月份的英文名称
2       String monthName = null;
3       switch (month) {
4           case 1:
5               monthName = "January"; break;
6           case 2:
7               monthName = "February"; break;
8           case 3:
9               monthName = "March"; break;
10          case 4:
11              monthName = "April"; break;
12          case 5:
13              monthName = "May"; break;
14          case 6:
15              monthName = "June"; break;
16          case 7:
17              monthName = "July"; break;
18          case 8:
19              monthName = "August"; break;
20          case 9:
21              monthName = "September"; break;
22          case 10:
23              monthName = "October"; break;
24          case 11:
25              monthName = "November"; break;
26          case 12:
27              monthName = "December"; break;
28          default:
29              System.out.println("错误的月份！");break;
30      }
31      return monthName;
32  }
33  public static int getDaysOfMonth(int month) {//返回指定月份包含的天数
34      int days = -1;
35      switch (month) {
36          case 1: case 3: case 5: case 7:
37          case 8: case 10: case 12:
38              days = 31; break;
39          case 2:
40              days = 28;      break;
41          case 4: case 6: case 9: case 11:
42              days = 30;      break;
43          default:
44              System.out.println("错误的月份！");break;
45      }
46      return days;
47  }
48  public static int getDaysOfMonth(String month) {//返回指定月份包含的天数
49      int days = -1;
50      switch (month) {
51          case "January": case "March": case "May": case "July":
52          case "August": case "October": case "December":
```

```
53              days = 31;      break;
54          case "February":
55              days = 28;      break;
56          case "April": case "June":case "September": case "November":
57              days = 30;      break;
58          default:
59              System.out.println("错误的月份！");break;
60      }
61      return days;
62  }
```

使用 switch 语句实现多路选择时需注意：① switch 后的表达式 key 的类型在 Java SE 7.0 以后可以是 String 对象；② case 后的 value1~valuen 是常量；③ break 语句用于跳出 switch 语句，若流程进入某个 case 子句中的语句块执行且未遇到 break 语句，程序将继续在 switch 语句中执行后续语句；④ 通常，default 子句在所有取值都不满足时才会进入执行；⑤ 多个 case 关键字可以公用一个语句块。扫描本章二维码获取示例完整代码。

3.3 循环结构

Java 语言提供 for 语句、while 语句和 do-while 语句来实现程序的循环结构。

3.3.1 for 语句

Java 语言提供经典 for 语句与 for-each 语句两种形式。

（1）经典 for 语句

经典 for 语句是最通用的循环语句，其他循环语句都可以使用这种循环语句表示。经典 for 语句的语法结构如下：
```
for (表达式 1; 表达式 2; 表达式 3) {
    // 循环语句块
}
```
其中，表达式 1 用于循环变量初始化；表达式 2 表示循环条件，如果为 true，则继续循环，否则退出循环；表达式 3 用于修改循环变量，目的是退出循环。经典 for 语句的执行流程如图 3-5（a）所示。从图中可知，表达式 1 只执行一次，表达式 2 为 true 进入循环体执行循环语句块，表达式 2 为 false 退出 for 循环，表达式 3 每循环一次就会被执行一次。表达式 1 可以放到 for 语句外，表达式 3 可以放到 for 语句内，于是 for 语句可以是以下形式：
```
表达式 1;
for (; 表达式 2;) {
    // 循环语句块
    表达式 3;
}
```
表达式 1、表达式 2 和表达式 3 也可以不写，这时循环条件恒为真，for 语句无限循环。如果要从 for 循环中退出，需要在循环体中执行 break 语句。
```
for (; ;) {
    // 循环语句块
}
```

（2）for-each 语句

要遍历可迭代对象（数组、集合），可以使用 for-each 语句。for-each 语句的语法结构如下：
```
for (Object object : IterableObjects) {
    // 循环语句块
}
```
其中，IterableObjects 是实现 java.lang.Iterable 接口的可迭代对象，如数组和集合等。object

是引用可迭代对象中元素的变量。每次循环，object 变量引用可迭代对象的一个元素，直到所有元素都遍历过后，循环结束。for-each 语句的执行流程如图 3-5（b）所示。

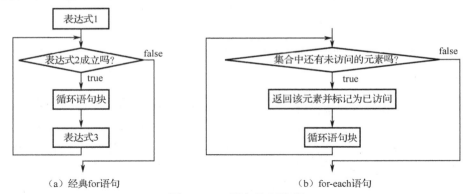

图 3-5　for 语句执行流程

代码 3-5 使用经典 for 语句实现 1 从累加到 100 的循环问题。

代码 3-5　使用经典 for 语句

```
1    public static int getSum() {//返回从1累加到100的和
2        int sum = 0;
3        for (int i = 1; i <= 100; i++) {
4            sum += i;
5        }
6        return sum;
7    }
```

第 2 行定义局部变量 sum 并初始化为 0，用于保存累加值；第 3～5 行实现从 1 累加到 100 并将累加结果保存到变量 sum 中；第 6 行返回变量 sum。具体循环过程说明如下：

① 执行表达式 1（int i=1），初始化循环变量 i=1。
② 计算表达式 2（i<=100）。
③ 如果表达式 2 为真，则进入循环体，将 i 累加到 sum 中；如果为假，则跳到第⑤步。
④ 执行表达式 3（i++），让 i 自增 1，继续第②步。
⑤ 退出 for 循环。

一维数组是用于存储多个线性元素的顺序存储结构。使用 for-each 语句可以遍历保存在数组中的元素。代码 3-6 使用 for-each 语句实现一维浮点数数组求均值。

代码 3-6　使用 for-each 语句

```
1    public double getAverage(double[] data) {
2        double sum = 0.0;
3        for (double d : data) {//for-each语句从数组data中取出元素并累加到sum中
4            sum += d;
5        }
6        return sum /data.length;
7    }
```

第 2 行定义用于保存数组元素之和的局部变量 sum 并初始化为 0.0。第 3～5 行使用 for-each 语句迭代访问数组 data 的每个元素并将其累加到 sum 中，直到 data 数组的每个元素都被访问后，结束循环。第 6 行计算并返回数组元素的平均值，数组的 length 属性可以返回数组长度。代码 3-7 使用经典 for 语句代替代码 3-6 中的 for-each 语句。

代码 3-7　使用经典 for 语句代替 for-each 语句

```
1    public double getAverage(double[] data) {
2        double sum = 0.0;
```

```
3       for (int i = 0; i < data.length; i++) {//for语句从数组data中取出元素并累加到sum中
4           sum += data[i];
5       }
6       return sum /data.length;
7   }
```

3.3.2 while 语句

while 语句的语法结构如下：
```
while (条件表达式) {
    // 循环语句块
}
```

其中，条件表达式为 boolean 类型。若条件表达式为 true，则进入循环体执行循环语句块，否则退出循环。while 语句的执行流程如图 3-6 所示。

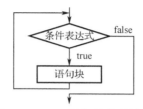

图 3-6   while 语句的执行流程

代码 3-8 给出了使用 while 语句实现从 1 累加到 100 的循环问题。

代码 3-8   使用 while 语句
```
1   public static int getSum() {
2       int i = 1, sum = 0;
3       while(i <= 100) {//若变量i小于等于100，则将i累加到sum中并让i增1
4           sum += i;
5           i++;
6       }
7       return sum;
8   }
```

第 1 行定义局部变量 i 和 sum，并分别初始化为 1 和 0。其中 i 是循环变量，用于控制循环次数，sum 用于保存累加结果。第 3～6 行 while 语句实现从 1 累加到 100 并将结果保存到变量 sum 中。第 7 行返回变量 sum 的值。具体循环过程说明如下：

① 计算条件表达式（i <= 100），若为真则进入第②步，若为假跳则到第④步。
② 将 i 的值累加到变量 sum 中。
③ 让 i 自增 1（i++），继续执行第①步。
④ 退出 while 循环。

3.3.3 do-while 语句

do-while 语句的语法结构如下：
```
do {
    // 循环语句块
} while (条件表达式);
```

其中，条件表达式的值为 boolean 类型。若条件表达式为 true，则进入循环体执行循环语句块，否则退出循环。do-while 语句与 while 语句的区别是：do-while 语句先进入循环体执行，再判断循环条件，所以进入循环体前如果条件表达式为 false，则 do-while 语执行一次循环语句块，而 while 语句不进入循环体直接退出。do-while 语句的执行流程如图 3-7 所示。

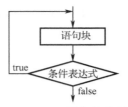

图 3-7 do-while 语句的执行流程

代码 3-9 使用 do-while 语句实现从 1 累加到 100。

代码 3-9 使用 do-while 语句

```
1   public static int getSum() {
2       int i = 1, sum = 0;
3       do{
4           sum += i;
5           i++;
6       }while(i <= 100);
7       return sum;
8   }
```

第 2 行定义局部变量 i 和 sum，并分别初始化为 1 和 0。其中，i 是循环变量，用于控制循环次数，sum 用于保存累加结果。第 3~6 行 do-while 语句实现从 1 累加 100 并将结果保存到变量 sum 中。第 7 行返回累加结果。具体循环过程说明如下：

① 进入 do-while 循环体，将 i 加到 sum 中，让 i 自增 1（i++）。
② 计算条件表达式（i <= 100），若为真则进入第①步，若为假则跳到第③步。
③ 退出 while 循环。

3.3.4 break 与 continue 语句

要改变循环体内执行流程可以使用 break 语句和 continue 语句。

（1）break 语句

break 语句用于 switch 语句让程序执行流程跳出 switch 语句。break 语句也可以用于循环语句，帮助程序在特定条件下提前退出循环。本节以在整型数组中顺序查找指定关键字为例说明 break 语句在循环语句中的应用。该示例采用顺序查找算法将关键字依次与数组元素进行比较，若找到相等元素，则执行 break 语句退出循环，数组中若还有未访问的元素也不再进行比较。若数组中不存在相等元素，则需等所有元素都与关键字比较后才退出循环。在整型数组中顺序查找关键字的流程如图 3-8 所示。

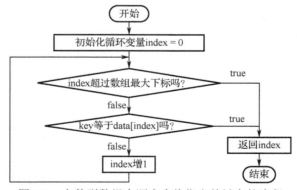

图 3-8 在整型数组中顺序查找指定关键字的流程

代码 3-10 在整型数组中顺序查找指定关键字。

代码 3-10　在整型数组中顺序查找指定关键字

```
1   /**
2    * 在长度大于0的整型数组data中查找关键字key
3    * @param data  整型数组保存数据
4    * @param key   要查找的关键字
5    * @return 若关键字key存在，则返回其在数组中的下标，否则返回数组的长度
6    */
7   public int search(int[] data, int key) {
8       int index = 0;
9       for(; index < data.length; index++) {
10          if(key == data[index]) {
11              break;
12          }
13      }
14      return index;
15  }
```

方法 search 带两个形式参数，整型数组 data 用于保存数据，整型变量 key 是要在数组 data 中查找的关键字。方法 search 实现在数组 data 中查找关键字 key，若找到，则返回关键字在数组中的下标（0～data.length-1），若找不到，则返回数组长度（data.length）。循环变量 index 初始化为 0，用于保存返回值。第 9～13 行使用 for 语句从 data 中顺序取出元素与 key 进行比较，如果相等，则执行 beak 语句退出 for 循环，否则 index 增 1，直到 data 中的所有元素都不等于 key，index 等于 data.length 时退出循环。循环结束后，若 index≤data.length-1，则表明 key 在 data 中存在，若 index=data.length，则表明 key 在 data 中不存在。第 14 行返回 index 的值。search 方法的调用者通过返回值判断关键字是否存在于数组中。

C/C++语言的 goto 语句能实现流程跳转，使程序从多层循环内直接跳转到多层循环外。Java 语言使用 break 关键字加标签替代 goto 语句。break 关键字加标签的语法结构如下：

```
标签: {
    break 标签;
}
```

标签是合法的 Java 标识符，定义在语句块前，其后跟上冒号。语句"break 标签;"放在语句块内。执行该语句后，程序流程会跳出标签所标记的语句块。如果标签定义在循环语句块前，就跳出当前循环，如果标签定义在多层循环语句前，就跳出多层循环。代码 3-11 实现了当变量 i 和 j 的积大于 10 时使用 break 语句退出最外层循环。

代码 3-11　break 关键字加标签

```
1   int product = 0, counter = 0;
2   outside:for(int i = 1; i <= 20; i++) {
3       for (int j = 1; j <= 20; j++) {
4           product = i * j;//计算变量i和j的积
5           System.out.print(product+" ");//输出变量i和j的积
6           counter ++;//计数器自增1
7           if(product > 10) {
8               break outside;//跳出标签outside标记的最外层for循环
9           }
10      }
11  }
12  System.out.println("\ncounter="+counter);
```

其中，变量 product 保存变量 i 和 j 的积，变量 counter 用于记录内部循环执行的次数。第 2 行是最外层循环，循环变量 i 初始值为 1，终止值为 20，每循环一次递增 1。第 3 行是嵌套的第二层循环，循环变量 j 初始值为 1，终止值为 20，每循环一次递增 1。第 8 行当积大于 10 时，跳出标签 outside 标记的最外层 for 循环，执行第 12 行，输出计数器的值。如果没有 break 语句，

则内循环（第 4～6 行）要执行 20×20 共 400 次。增加第 8 行后，只执行 11 次。扫描本章二维码获取示例完整代码。

（2）continue 语句

continue 语句用于循环语句，帮助程序在特定条件下结束本次循环，continue 的后续语句都会被跳过，直接进入下一次循环。不同于 break 语句直接跳出循环，continue 语句仅仅是结束一次循环。现在以计算整型数组中所有偶数之和为例说明 continue 语句在循环中的应用。该示例依次取出数组中的整型元素，若该元素是偶数，则累加到结果中并继续判断下一个元素；如果该元素不是偶数，则执行 continue 语句直接进入下一次循环。流程如图 3-9 所示。

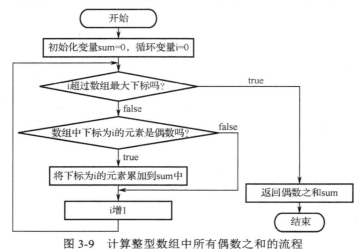

图 3-9　计算整型数组中所有偶数之和的流程

代码 3-12 使用 continue 语句计算整型数组中所有偶数之和。

代码 3-12　使用 continue 语句

```
1   /**
2    * 计算整型数组data中所有偶数之和
3    * @param data  整型数组保存数据
4    * @return data数组中所有偶数之和
5    */
6   public int sumOfEvenNumber(int[] data) {
7       int sum = 0;
8       for (int i = 0; i < data.length; i++) {
9           if(data[i] % 2 != 0) {
10              continue;
11          }
12          sum += data[i];
13      }
14      return sum;//返回变量sum中保存的数组所有偶数之和
15  }
```

方法 sumOfEvenNumber 带一个一维整型数组，用于保存数据。方法 sumOfEvenNumber 的功能是计算并返回整型数组中所有偶数之和。变量 sum 用于保存偶数的和。第 8～13 行从 data 中顺序取出下标为 i 的元素，如果 data[i]不是偶数，则执行 continue 语句结束本次 for 循环，跳过第 12 行直接进行下一次循环，如果 data[i]是偶数，则执行第 12 行将偶数加到 sum 中。每循环一次，i 增 1，直到 data 中的所有元素都访问过后，退出 for 循环。

continue 关键字加标签的语法结构如下：

```
标签: 循环语句块{
    continue 标签;
}
```

continue 关键字加标签放在标签标记的循环语句块内。该语句执行后，程序流程会跳过 continue 后的语句，结束标签所在循环的本次循环，进入下一次循环。如果标签定义在循环语句块前，就结束当前的一次循环；如果标签定义在多层循环语句前，就结束最外层循环的一次循环，进入最外层循环的下一次循环。代码 3-13 使用 continue 关键字加标签判断并打印一维整型数组中素数。素数是大于 1，且除 1 与其本身以外不能被其他整数整除的非负整数。

代码 3-13　使用 continue 关键字加标签

```
1   int[] data = {1,2,-1,3,8,0,10,11,13,51,9};//局部变量data,指向保存有11个元素的一维整型数组
2   outside:for (int i = 0; i < data.length; i++) {
3       if(data[i] <= 1) {
4           continue;
5       }
6       for (int j = 2; j < data[i]; j++) {
7           if(data[i] % j == 0) {
8               continue outside;//结束本次循环，进入outside标记的外层循环的下一次循环
9           }
10      }
11      System.out.print(data[i]+" ");
12  }
```

第 2 行 outside 标签标记外层 for 循环，循环变量 i 初始值为 0，终止值为 data.length-1，每循环一次递增 1。若数组元素小于或等于 1，就跳过后续语句直接取数组的下一个元素进行下一次循环（见第 3～5 行）。第 6～10 行是嵌套的第二层循环，循环变量 j 初始值为 2，终止值为 data[i]-1，每循环一次递增 1。若第 i 个元素能被大于 1 且小于该元素本身的其他整数整除，就结束后续语句的执行直接进入 outside 标签标记的外层循环的下一次循环（见第 7～9 行）。若第 i 个元素不能被除 1 和其本身以外的其他整数整除，则执行第 11 行，输出该元素。扫描本章二维码获取示例完整代码。

知识扩展（如果对此部分内容感兴趣，扫描本章二维码）：

（1）条件表达式与 if-then-else 语句；
（2）switch 与 break 语句；
（3）循环执行次数；
（4）无限循环。

习题 3

（1）编写方法 factorial，返回给定非负整数的阶乘。方法声明为 long factorial(int n)，其中 n 为非负整型。

（2）编写方法 max，返回三个整数的最大数。方法声明为 int max(int x, int y, int z)，其中 x、y 和 z 都是整型。

（3）编写 Java 应用程序，允许用户输入年份，程序输出该年是否是闰年。闰年定义为：能被 4 整除但不能被 100 整除或者能被 400 整除的年份。例如 1992 年、2000 年、2004 年都是闰年。

（4）将 5 位学生的成绩保存到一个一维浮点类型数组中，编写 Java 应用程序计算并打印这 5 位学生的平均成绩。

（5）编写求幂运算的方法 power。方法的声明为 long power(int x, int y)，其中 x 和 y 都是整型，方法返回 x 的 y 次方。

（6）编写 Java 应用程序，打印金字塔图案。允许用户输入金字塔层数，输出金字塔图案。例如，层数为 3 的金字塔图案如下：

```
  *
 ***
*****
```

扫描本章二维码获取习题参考答案。

获取本章资源

第4章 数　　组

数组是一种可以存储多个相同类型元素的顺序存储结构,是线性表在计算机内存中存储的一种重要形式。数组与循环语句结合可以简化批量处理多个数据元素时的程序结构。数组也是 Java 集合框架的重要基础。本章主要内容包括：数组的声明与初始化、方法调用与参数传递、数组的常见操作等。

4.1 一维数组

一维数组实现了多个数据元素在计算机内存中的顺序存储。一维数组元素之间是一对一的线性关系,除第一个元素和最后一个元素外,数组的其他元素有且仅有一个前驱和一个后继。包含 n 个元素的一维数组 a 在内存中的存储结构如图 4-1 所示。数组元素可以是基本数据类型也可以是引用数据类型。一维数组元素在内存中顺序存储,元素地址相邻。如果第一个元素首地址为 Location(0),每个元素在内存中占 size 字节,则第 $i+1$ 个元素的首地址为第一个元素首地址加前 i 个元素的存储长度,即：Location(i) = Location(0) + i×size 。

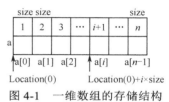

图 4-1　一维数组的存储结构

4.1.1 数组声明与初始化

Java 语言中的数组是对象,属于引用数据类型。数组类型变量是引用数据类型变量,保存指向数组对象的引用。声明一维数组类型变量的语法格式如下：
类型名[] 变量名;

类型名表示一维数组中元素的数据类型。类型名后接一对空的方括号,表示一维数组类型。变量名是合法的 Java 标识符,表示一维数组类型变量的名字。一维数组声明也可以将方括号写在变量名后,其语法格式如下：
类型名 变量名[];

下面给出 5 个一维数组变量的声明：
byte[] bytes;   //字节数组,数组元素是字节类型
int[] is;   //整型数组,数组元素是整型
double[] ds;   //浮点型数组,数组元素是浮点类型
String[] strs;   //字符串数组,数组元素是字符串类型的引用
Object[] os;   //Object 数组,数组元素是 Object 类型的引用

数组变量声明并没有创建任何数组对象或数组元素,而仅仅创建能保存数组对象引用的变量。数组类型变量声明后需要初始化才能参与表达式计算。一维数组初始化有两种方式。

（1）数组初始值设置表达式：使用一对花括号给出创建的数组对象包含的元素个数及元素值,然后返回该数组对象的引用。数组初始化值设置表达式的语法结构如下：
{元素 1, 元素 2, …, 元素 n }

（2）数组创建表达式：使用 new 关键字跟上数组类型名和数组长度或结合初始值设置表达式设置每个元素的值,最后返回创建好的数组对象的引用。数组创建表达式语法结构是：
new 数组类型[数组长度]
new 数组类型[]{元素 1, 元素 2, …, 元素 n }

创建好数组对象后,将数组对象的引用赋给数组变量完成对数组变量的初始化。数组对象

创建时，若未使用数组初始值设置表达式赋初值，则数组中各元素根据其声明类型获得一个默认值。数据类型与默认值之间的关系如表 4-1 所示。

表 4-1 数据类型与默认值

数 据 类 型	默 认 值	数 据 类 型	默 认 值	数 据 类 型	默 认 值
byte	(byte)0	short	(short)0	int	0
long	0L	float	0.0f	double	0.0
char	'\u0000'	boolean	false	引用数据类型	Null

下面给出 5 个一维数组变量的初始化语句：

```
byte[] bytes = {1,2,3}; //使用数组初始值设置表达式为字节数组变量赋值
int[] is = new int[] {1,2,3}; //使用数组创建表达式为整型数组变量赋值
double[] ds = new double[3]; //使用数组创建表达式为浮点型数组变量赋值
String[] strs = {"zhangsan","wangwu","lisi"}; //使用数组初始值设置表达式为字符串数组变量赋值
Object[] os = new Object[3]; //使用数组创建表达式为 Object 数组变量赋值
```

以上赋值语句执行后，变量 bytes 保存包含 3 个整型元素的一维数组的引用，元素值为 1，2，3。变量 is 保存长度为 3 的一维整型数组对象的引用。ds 保存长度为 3 的一维浮点型数组对象的引用，因为没有使用数组初始值设置表达式为数组元素赋初值，该元素的值为 double 类型的默认值 0.0。变量 strs 保存长度为 3 的字符串数组的引用，数组元素为字符串类型，分别保存 "zhangsan","wangwu","lisi" 这 3 个字符串常量的引用。变量 os 保存长度为 3 的一维 Object 数组的引用，数组元素为引用数据类型的默认值 null。这些变量在内存中的存储结构如图 4-2 所示。

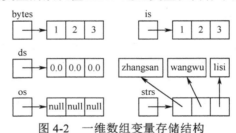

图 4-2 一维数组变量存储结构

4.1.2 数组访问

数组访问表达式用于数组元素的访问。数组访问表达式语法格式如下：

数组变量名 [索引]

数组变量名引用一个数组对象。索引取值范围在 0 到数组长度减 1 之间。索引表示数组元素在数组中的位置。数组索引也被称为数组下标。若数组对象长度为 n，则索引取值范围是 0～n-1。一维数组属性 length 可以返回数组长度。代码 4-1 实现了访问一维数组元素。

代码 4-1 访问一维数组元素

```
1  int[] is = new int[100];
2  int sum = 0;//整型变量 sum 用于保存数组元素之和
3  for(int i = 0; i < 100; i++) {//数组变量 is 指向的数组对象保存了从 1 到 100 共 100 个整型值
4      is[i] = i+1;
5  }
6  for(int element: is) {//使用 for-each 语句将数组元素累加到变量 sum 中
7      sum += element;
8  }
9  System.out.println("sum="+sum);//输出 sum=5050
```

第 1 行声明并初始化一维整型数组变量 is，保存包含 100 个初始值为 0 的一维整型数组对

象的引用。第3~5行为数组元素赋值,循环变量i从0变到99,用索引加1为对应索引的元素赋值。因此数组元素is[0]保存1,is[1]保存2,其余类推。第9行输出数组元素之和。

数组索引必须是int类型或可以隐式变宽为int类型的其他整型类型,如short、byte和char。下面代码段的第7~10行输出一维整型数组is索引为0的元素值。第11行变量1为long类型,不能隐式变窄为int类型,存在语法错误"Type mismatch: cannot convert from long to int"。

```
1   int[] is = new int[100]; //创建包含100个默认值为0的一维整型数组
2   byte b = 0;
3   short s = 0;
4   int i = 0;
5   long l = 0;
6   char c = '\u0000';
7   System.out.println(is[b]); //输出索引为0的元素值0
8   System.out.println(is[s]); //输出索引为0的元素值0
9   System.out.println(is[i]); //输出索引为0的元素值0
10  System.out.println(is[c]); //输出索引为0的元素值0
11  System.out.println(is[l]); //编译错误:long类型不能隐式变窄为int类型
```

4.2 二维数组与多维数组

二维数组是数组元素为一维数组的一维数组,三维数组是数组元素为一维数组的二维数组,而 n 维数组则可以理解为数组元素为一维数组的 $n-1$ 维数组。图4-3给出了二维数组与三维数组的逻辑结构。二维数组与三维及三维以上的多维数组都可以转换成一维数组进行线性顺序存储。例如,二维数组可以实现按行优先或按列优先的顺序存储,而三维数组则可以先按行优先或按列优先顺序存储第一层,再存储第二层,其余类推。

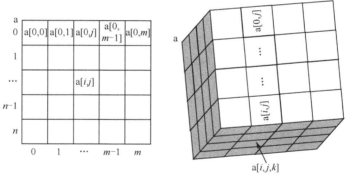

图4-3 二维数组与三维数组的逻辑结构

4.2.1 数组声明与初始化

声明二维与多维数组类型变量的语法格式如下:
类型名[][] 变量名;   //二维数组
类型名[][][] 变量名;   //三维数组
类型名[][][][] 变量名; //四维数组

类型名表示数组元素的数据类型,类型名后接方括号对的个数表示数组类型的维数,变量名是合法的Java标识符。数组类型变量可以保存数组对象的引用。声明二维与多维数组时,也可以将方括号对写在变量名后。以下给出了二维、三维和四维数组类型变量的其他声明形式:
类型名[] 变量名[];//二维数组
类型名 变量名[][];//二维数组
类型名[] 变量名[][];//三维数组

```
类型名[][] 变量名[];//三维数组
类型名 变量名[][][];//三维数组
类型名[] 变量名[][];//四维数组
类型名[][] 变量名[][];//四维数组
类型名[][][] 变量名[];//四维数组
```

以下给出了5个二维数组变量的声明：

```
byte[][] bytes;//字节二维数组，数组元素是字节类型
int[] is[];//整型二维数组，数组元素是整型
double ds[][];//浮点型二维数组，数组元素是浮点型类型
String[][] strs;//字符串二维数组，数组元素是字符串类型的引用
Object[][] os;//Object对象二维数组，数组元素是Object类型的引用
```

与一维数组类似，二维及更高维的多维数组初始化也有以下两种方式。

（1）数组初始值设置表达式：用一对花括号给出创建的数组对象包含的一维元素，几维数组就嵌套几对花括号，然后返回该数组的引用。多维数组初始化值设置表达式语法结构是：

{{{…,{ 元素1, 元素2, …, 元素n }},…,{ …,{}}},…,{ {…,{}},…,{ …,{}}}}

（2）数组创建表达式：用new关键字跟上数组类型名、方括号对（几维数组就跟几对）、数组长度（多维数组维数的设置需要满足从左至右的原则，每维的长度必须在其左边的维数确定后才能确定）或结合数组初始值设置表达式来设置每个元素的值，最后返回创建好的数组对象的引用。数组创建表达式语法格式如下：

```
new 数组类型[数组长度][]…[]
new 数组类型[][]…[]{数组初始值设置表达式}
```

创建好数组对象后，将数组对象的引用赋给数组变量完成数组变量的初始化。以下给出了5个二维数组变量的初始化语句：

```
byte[][] bytes = {{1,2,3},{4,5,6},{7,8,9}};//使用数组初始值设置表达式为二维字节数组变量赋值
int[][] is = new int[][]{{1,2,3},{4,5,6},{7,8,9}};//使用数组创建表达式为二维整型数组变量赋值
double[][] ds = new double[3][3];//使用数组创建表达式为二维浮点型数组变量赋值
//使用数组初始值设置表达式为二维字符串数组变量赋值
String[][] strs = {{"zhang","wang","li"},{"yang","zhou"},{"zheng"}};
Object[][] os = new Object[3][];//使用数组创建表达式为二维Object数组变量赋值
for(int i = 0; i < os.length; i++){
    os[i] = new Object[3];
}
```

以上赋值语句执行后，变量bytes保存包含3行3列共9个元素的二维整型数组的引用。变量is保存3行3列的二维整型数组的引用。ds保存3行3列的二维浮点型数组的引用，因为没有使用数组初始值设置表达式为各元素赋值，该数组9个元素的值为double类型的默认值0.0。变量strs保存二维字符串数组的引用，该数组包含3行，第1行有3个元素，第2行有2个元素，第3行有1个元素。每个数组元素均为字符串类型，分别保存"zhang","wang","li","yang","zhou","zheng"共6个字符串常量的引用。变量os保存3行3列的二维Object数组的引用，数组元素为引用数据类型的默认值null。这些数组变量在内存中的存储结构如图4-4所示。

以下数组声明与初始化语句都是错误的：

```
/* 128和330超出byte类型能表示的数值范围，0.0是double类型，不能隐式变窄为byte类型*/
byte[] bytes = {128,330,0.0};
/*多维数组每一维长度的确定顺序是从左至右的。若左边维的长度没有确定，则其右边维的长度不能确定。
因此二维数组行数未确定时不能确定列数*/
int[][] is = new int[][3];
/*赋值符右边返回的是3行3列的二维double类型数组的引用,但赋值符号左边却是二维float类型数组变量，double[][]不能隐式变窄为float[][]*/
float[][] fs = new double[3][3];
/*一维数组初始值设置表达式不能为二维数组赋初值*/
```

```
double[][] ds = new double[][] {1,2,3};
/*String 是 Object 的子类，它们都是引用数据类型。赋值符右边返回 2 行 2 列二维 Object 类型数组的引用，
赋值符左边是二维 String 类型数组变量。Object[][]不能隐式变窄为 String[][]*/
String[][] strs = new Object[2][2];
```

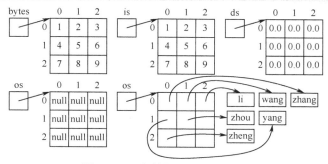

图 4-4　二维数组变量存储结构

4.2.2 数组访问

数组访问表达式用于访问数组元素。二维与多维数组访问表达式语法格式如下：

```
数组变量名 [索引][索引]
数组变量名 [索引][索引] [索引]
数组变量名 [索引][索引] [索引] [索引]
数组变量名 [索引][索引] [索引]…[索引]
```

数组变量保存数组对象的引用。索引从 0 开始到维长度减 1 结束，表示访问数组元素在当前维的位置。若二维数组对象第一维（行）长度为 n，第二维（列）长度为 m，则行索引取值范围是 $0\sim n-1$，列索引取值范围为 $0\sim m-1$。二维数组的 length 属性返回行数，二维数组某行的 length 属性返回该行的列数。代码 4-2 实现了访问二维数组元素。

代码 4-2　访问二维数组元素

```
1   int[][] array = {
2       {1,7,5},
3       {4,2,3},
4       {8,9,6}
5   };
6   int max = Integer.MIN_VALUE;//定义整型变量 max 并赋值为 int 类型能保存的最小整数
7   for (int i = 0; i < array.length; i++) {//array.length 表示 array 变量引用的二维数组的行数
8       for (int j = 0; j < array[i].length; j++) {//array[i].length 表示 array[i]引用的第 i 行一维数组的列数
9           if(max < array[i][j]) {
10              max = array[i][j];
11          }
12      }
13  }
14  System.out.println("max="+max);//输出 max=9
```

第 1~5 行声明并初始化二维整型数组变量 array，保存 3 行 3 列二维整型数组的引用。第 7~13 行嵌套 for 循环语句从 array 数组中查找最大值。外循环控制行索引从 0 递增到行长度减 1，内循环控制列索引从 0 递增到该行的列数减 1。若当前 max 比二维数组 array 的第 i 行第 j 列元素小，则将第 i 行第 j 列元素赋给 max，以保证 max 始终是已比较过元素中的最大值（见第 9~11 行）。第 14 行输出数组最大值。一般地，访问三维数组可以嵌套 3 层循环，访问四维数组可以嵌套 4 层循环，其余类推。循环嵌套层次越多，程序执行需要消耗的内存越多，系统性能会受影响。在多数情况下，我们只处理一层或二层循环，对于更高维的数组，可以通过降维或转换为一维数组进行访问。

4.3 方法调用与参数传递
4.3.1 方法

Java 中的方法都属于类或对象。方法都应在类或接口内部进行声明与定义。方法通过方法体完成功能，体现类或对象对外担负的职责。Java 方法定义语法格式如下：

访问控制符 [static|final] 返回类型 方法名(参数列表){//方法首部
　　//方法体
}

方法声明只给出方法首部而无方法体。方法声明后还需要在子类或实现类中进行定义，否则这些方法无法被具体对象调用。方法声明语法格式如下：

访问控制符 [static|final] 返回类型 方法名(参数列表);//首部后接分号，无方法体

Java 方法的访问控制修饰符有 4 种：① public：关键字 public 修饰的方法为公共方法，该方法的作用范围可以扩展到当前类以外的其他位置。在当前类、当前类所在包以及其他包内都可见、可访问。② protected：关键字 protected 修饰的方法为受保护方法，该方法的作用范围可以扩展到当前类的子类。在当前类、当前类的子类内部都可见、可访问。③ private：关键字 private 修饰的方法为私有方法，被修饰的方法作用范围被限制在当前类内部，类外不可见、不可访问。④ default：方法定义前访问控制修饰符为空，表示包一级默认访问控制，方法的作用范围可以扩展到当前类所在的包内。public 修饰的方法作用范围最宽，private 修饰的方法作用范围最窄。

关键字 static 和 final 是可选修饰符。static 修饰的方法称为静态方法或类方法。没有 static 修饰的方法称为非静态方法或实例方法。静态方法属于类，直接用类名调用。实例方法属于对象，创建类的实例后由实例调用。final 修饰的方法称为终极方法，终极方法不能被当前类的子类重写。若希望方法不允许被修改，就将其定义为 final 方法。没有被 final 修饰又在子类中可见的方法才能被子类重写。

返回类型是方法执行结束后返回数据的类型，若方法没有返回值，则返回类型为空 void。方法返回类型有 void、基本数据类型和引用数据类型三类。

方法名需要满足 Java 标识符命名规则。例如，getName、setTime 等都是合法的方法名。方法名后的圆括号内是方法参数列表。方法参数称为形式参数（简称形参）。若方法没有形参，则参数列表为空。若有形参，则参数列表的语法格式如下：

数据类型 参数 1[, 数据类型 参数 2, …[, 数据类型…参数 n]]

多个参数之间使用逗号分隔，每个参数都需要给出参数类型和参数名。最后一个参数可以是可变参数。可变参数"数据类型…参数 n"可以替代一维数组参数"数据类型[] 参数 n"。

方法定义与方法声明的区别在于：方法定义在方法首部后紧跟一对花括号，花括号内由零行、一行或多行语句组成方法体，方法体内的语句给出了方法的具体实现；方法声明中没有方法的具体实现。下面看几个具体的方法定义示例。

（1）打印 Hello World 字符串的 Java 应用程序的入口方法

```
1  public static void main(String[] args) {//公共静态方法带一个字符串数组参数
2      System.out.println("Hello World");//输出字符串"Hello World"
3  }
```

（2）求两个整数最大值的方法

```
1  protected int getMax(int x, int y) {//受保护实例方法 getMax
2      return x > y ? x : y;//条件表达式返回形参 x，y 的最大值
3  }
```

（3）求一维数组元素之和的方法

```
1  private int getSum(int[] array) {//私有实例方法 getSum
```

```
2        int sum = 0;
3        for (int i = 0; i < array.length; i++) {//形参 array 的每个元素累加到变量 sum 中
4            sum += array[i];
5        }
6        return sum;//返回形参 array 所有元素之和
7    }
```

（4）在一维数组中查找指定关键字的方法

```
//公共终结方法 search 带两个形参，参数 key 表示查找关键字，可变参数 values 表示数据所在的数组
1    public final int search(int key, int... values) {
2        int i = 0;
3        for (; i < values.length; i++) {
4            if(key == values[i]) {
5                return i;
6            }
7        }
8        return i;
9    }
```

方法体使用 for 循环依次对比 values 中的每个元素，直到找到关键字并返回其在数组中的下标。如果未找到，则返回可变参数 values 的长度。

4.3.2 参数类型

方法被调用能体现其担负的职责和具有的功能。存在 a、b 两个方法，a 方法调用了 b 方法，称方法 a 为调用方法，方法 b 为被调用方法。方法首部的参数列表中的参数称为方法的形式参数，简称形参。方法被调用时，由调用方法传递给被调用方法的数据称为实际参数，简称实参。代码 4-3 使用形参与实参实现了被调用方法与调用方法的参数传递。

代码 4-3   使用形参与实参

```
1    public class TwoDimArray {
2        //方法 getSum 的形参可以接收调用方法传递的二维浮点型数组的引用
3        public static double getSum(double[][] array) {//计算形参 array 所有元素之和
4            double sum = 0.0;
5            for (int i = 0; i < array.length; i++) {//for 循环嵌套计算 array 指向的二维数组元素之和
6                for (int j = 0; j < array[i].length; j++) {
7                    sum += array[i][j];
8                }
9            }
10           return sum;
11       }
12       public static void main(String[] args) {//入口方法 main
13           double[][] array = {{23,12.5},{2.0,10.2}};//局部变量 array 指向 2 行 2 列的二维数组
14           double sum = 0.0;
15           sum = getSum(array);//实参 array 传递给被调用方法 getSum 的形参 array
16           System.out.println("sum="+sum);//输出 sum=47.7
17       }
18   }
```

第 15 行调用类的静态方法 getSum 时，无须创建 TwoDimArray 对象。main 方法将实参 array 传递给 getSum 方法的形参 array。getSum 方法计算二维数组所有元素之和并返回结果给局部变量 sum。调用方法 main 与被调用方法 getSum 内定义有同名变量 sum 和 array，它们虽然同名但却是不同的变量，存在的时间和作用范围都不同。第 15 行的变量 array 是 main 方法的局部变量，作用范围是第 12~17 行。第 3 行形参 array 是 getSum 方法的局部变量，作用范围是第 3~11 行。代码 4-3 的执行流程如图 4-5 所示。

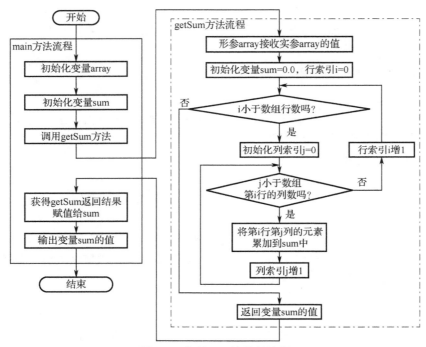

图 4-5 代码 4-3 的执行流程

调用 main 方法时，JVM 实例在栈中为其分配帧用于存储方法的局部变量、操作数、中间结果和返回值等数据。同样，调用 getSum 方法时，JVM 实例也会为 getSum 方法分配帧空间。方法调用结束后，分配给方法的帧会被回收，存储在帧内的局部变量会被撤销。局部变量的生命周期随方法调用的结束而终止。如图 4-6 所示为代码 4-3 执行过程中方法栈的状态。图 4-6'（a）和（b）分别给出了 getSum 方法调用过程中和调用结束后方法栈的状态。从图 4-6 可以看出：① JVM 实例为被调用方法分配帧空间存储各自的局部变量和形参。② main 方法的实参 array 保存一个二维数组的引用。main 方法调用 getSum 方法时，将该数组的引用传给 getSum 方法的形参 array。因此，getSum 方法的形参 array 也指向同一个数组。③ getSum 方法对其内部的局部变量 sum 的访问不会影响 main 方法中的同名局部变量 sum。④ 参数 args 是 main 方法的形参，指向长度为 0 的字符串数组 String[0]。⑤ getSum 方法调用结束后，其所在帧被回收，程序返回 main 方法继续执行。getSum 方法的返回值 47.7 赋给 main 方法的局部变量 sum。

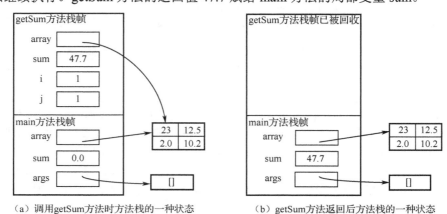

（a）调用getSum方法时方法栈的一种状态　　（b）getSum方法返回后方法栈的一种状态

图 4-6 代码 4-3 执行过程中方法栈的状态

4.4 数组常见操作

数组常见操作，以整型数组为例，根据特定场景也可替换为其他基本数据类型或引用数据类型。学习泛型后，本节方法中的整型替换为泛型能适用于更一般的情况。

4.4.1 插入与删除

（1）插入元素

一维数组是线性表的顺序存储结构，插入元素时需要将插入位置及其后续的元素依次向后移动一个位置，然后将待插入元素放入插入位置。代码4-4实现了向一维数组指定位置插入元素。插入方法声明"public int insert(int[] array, int length, int element, int position);"输入一维数组的引用、数组元素个数、插入元素和插入位置、输出插入的元素个数。此处数组元素个数是由参数传递获取的。数组完成插入元素操作后，元素个数要增加，但代码4-4无法通过形参length反映出来。

代码4-4　向一维数组指定位置插入元素

```
1   /**
2    * 在有 length 个元素的一维数组 array 中索引为 position 的位置插入元素 element
3    * @param array 一维整型数组对象的引用
4    * @param length 一维数组中元素个数
5    * @param element 要插入的元素值
6    * @param position 要插入的索引位置
7    * @return 插入到数组中的元素个数
8    */
9   public int insert(int[] array, int length, int element, int position) {
10      if(array==null || length < 0 || length >= array.length || position < 0 || length < position) {
11          return 0;
12      }
13      for(int i = length-1; i >= position; i--) {//从 position 到 length-1 的元素顺序向后移一个位置
14          array[i+1] = array[i];
15      }
16      array[position] = element;//将 element 插入 position 位置
17      return 1;
18  }
```

（2）删除元素

删除元素时，需要将待删除元素所在位置以后的元素依次向前移动一个位置。代码4-5实现了按位置删除一维数组中元素。方法声明"public int remove(int[] array, int length, int position);"输入一维数组的引用、删除元素位置，输出删除元素个数。与插入元素操作类似，删除操作减少的元素个数无法通过形参length反映出来。在讲了面向对象知识后，可以将length作为成员变量，完成对元素个数的修改。

代码4-5　按位置删除一维数组中元素

```
1   /**
2    * 删除有 length 个元素的一维数组 array 中索引为 position 位置的元素
3    * @param array 一维数组对象的引用
4    * @param length 一维数组元素个数
5    * @param position 要删除元素的索引
6    * @return 删除元素的个数
7    */
8   public int remove(int[] array, int length, int position) {
9       if(array == null|| length <= 0 || length > array.length || position < 0 || position >= length) {
10          return 0;
11      }
```

```
12      for (int i = position; i < length-1; i++) {//从position+1 到length-1 的元素依次向前移一个位置
13          array[i] = array[i+1];
14      }
15      return 1;
16  }
```

4.4.2 遍历

（1）一维数组的遍历

一维数组的长度属性 length 与循环语句结合可以访问数组中的每个元素。代码 4-6 实现了遍历一维数组。

代码 4-6　遍历一维数组

```
1   /**
2    * 遍历一维数组 array 中的元素，输出元素之间使用空格分隔
3    * @param array 一维数组对象的引用
4    */
5   public void traverse(int[] array) {
6       for (int i = 0; i < array.length; i++) {
7           System.out.print(array[i]+" ");
8       }
9   }
```

（2）二维数组的遍历

二维数组的长度属性 length 返回数组行数，二维数组每行的长度属性 length 返回该行的列数。代码 4-7 实现了使用两层循环遍历二维数组。

代码 4-7　遍历二维数组

```
1   /**
2    * 遍历二维数组 array 中的元素，列元素使用空格分隔，每输出一行打印换行符
3    * @param array 二维数组对象的引用
4    */
5   public void traverse(int[][] array) {
6       for (int i = 0; i < array.length; i++) {
7           for (int j = 0; j < array[i].length; j++) {
8               System.out.print(array[i][j]+" ");
9           }
10          System.out.println();
11      }
12  }
```

4.4.3 合并

将 a，b 两个数组中的元素合并到第三个数组 c 中，或将 b 数组中的元素合并到数组 a 中或将 a 数组中的元素合并到数组 b，这三种情况均称数组合并。代码 4-8 中的方法 "public int[] merge1(int[] a, int alength, int[] b, int blength);" 将数组 a 和数组 b 合并到第三个新数组中，并且原数组不受影响。方法返回新数组的引用。方法 "public int[] merge2(int[] a, int alength, int[] b, int blength);" 实现数组 b 合并到数组 a 中，方法返回数组 a 的引用。

代码 4-8　数组合并

```
1   /**
2    * 数组 a 和数组 b 合并到新数组中并返回新数组的引用
3    * @param a 一个数组对象的引用
4    * @param alength 数组 a 要合并的元素个数
5    * @param b 一个数组对象的引用
6    * @param blength 数组 b 要合并的元素个数
```

```
7    * @return 合并后新数组的引用,原数组a,b不受影响
8    */
9   public int[] merge1(int[] a, int alength, int[] b, int blength) {
10      int[] c = new int[alength+blength];
11      int i = 0;
12      for(; i < alength; i++) {
13          c[i] = a[i];
14      }
15      for(; i < alength+blength; i++) {
16          c[i] = b[i-alength];
17      }
18      return c;
19  }
20  /**
21   * 数组b合并到数组a中并返回合并后数组a的引用
22   * @param a 一个数组对象的引用
23   * @param alength 数组a要合并的元素个数
24   * @param b 一个数组对象的引用
25   * @param blength 数组b要合并的元素个数
26   * @return 若合并后的元素个数超过数组a的长度则返回空,若合并成功则返回数组a的引用
27   */
28  public int[] merge2(int[] a, int alength, int[] b, int blength) {
29      if(a.length< alength + blength) {
30          return null;
31      }
32      for(int i = alength; i < alength+blength; i++) {
33          a[i] = b[i-alength];
34      }
35      return a;
36  }
```

4.4.4 动态扩展

数组创建后,长度就固定不变了。例如,创建长度为10的一维整型数组,该对象最多存放10个整型元素,长度无法动态增加。当遇到数组长度无法满足数据存储需求时,就需要对数组长度进行动态扩展。数组动态扩展的思路如图4-7所示。

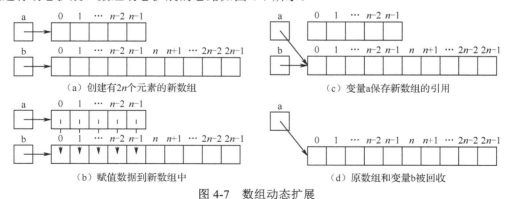

图4-7 数组动态扩展

长度为 n 的一维数组 a 动态扩展为原来长度2倍的过程如下:

(1)创建一个长度为 $2n$ 的新数组,返回数组引用给变量b,如图4-7(a)所示。

(2)将原数组索引 $0 \sim n-1$ 的元素值复制到新数组中索引为 $0 \sim n-1$ 的元素位置,如图4-7(b)所示。

（3）将新数组的引用赋给变量 a，如图 4-7（c）所示。

（4）动态扩展后，局部变量 b 和原数组所占空间在特定时机相继被回收，如图 4-7（d）所示。最后，变量 a 引用的一维数组长度扩展到原来的 2 倍。具体实现见代码 4-9。

代码 4-9　动态扩展一维数组长度

```
1   /**
2    * 扩展一维数组的长度为原来的 2 倍
3    * @param a 一维数组对象的引用
4    * @return 若一维数组 a 为空则返回空，否则返回扩展后的数组的引用
5    */
6   public static int[] extendArray(int[] a) {
7       if(a != null) {
8           int[] b = new int[2 * a.length];
9           for (int i = 0; i < a.length; i++) {
10              b[i] = a[i];
11          }
12          a = b;
13      }
14      return a;
15  }
```

静态方法 extendArray 实现数组按 2 倍长度扩容的功能。第 8 行创建长度是形参数组 2 倍的新数组 b。第 9～11 行复制原数组的元素到新数组中。第 12 行将新数组的引用赋给变量 a。第 14 行返回新数组的引用。扫描本章二维码获取示例完整代码。

4.4.5　查询

在数组中查询指定关键字是常见操作。常用的查找算法有顺序查找、折半查找、索引顺序表查找、二叉排序树查找、哈希表查找等。本节以顺序查找为例来讲解数组的查询操作，关于其他查找算法，可参考数据结构与算法等相关文献。顺序查找从数组第一个元素开始依次与关键字进行比较，若关键字与当前元素相等，则表示查找成功，返回元素所在位置并停止查找。若关键字不等于当前元素，则继续比较下一个元素。数组中所有元素都不等于关键字时停止查找，表示查找不成功。代码 4-10 实现了在一维数组中顺序查找指定关键字。

代码 4-10　顺序查找

```
1   /**
2    * 在一维数组 data 中顺序查找关键字 key 并返回关键字在数组中的索引
3    * @param data 数据存储的数组的引用
4    * @param key 要查找的关键字
5    * @return 若找到，则返回数据在数组中的索引，若未找到，则返回-1
6    */
7   public int search(int[] data, int key) {
8       for (int index = 0; index < data.length; index++) {
9           if(data[index]==key) {
10              return index;
11          }
12      }
13      return -1;
14  }
```

4.4.6　排序

排序是对数组元素按指定的排序规则进行升序或降序排列的过程。常用的排序算法有插入排序、快速排序、选择排序、归并排序等。本节以冒泡排序算法为例来讲解数组的排序操作，关于其他排序算法，可参考数据结构与算法等相关文献。冒泡排序是对长度为 n 的一维数组进

行 $n-1$ 轮比较，第 i 轮排序（i 的取值范围是 $1\sim n-1$）相邻元素要进行 $n-i$ 次两两比较才能确定一个元素的最终位置，$n-1$ 轮比较后就能确定 n 个元素的最终位置。图 4-8 给出了包含 5 个元素的一维数组采用冒泡排序算法升序排列的过程。

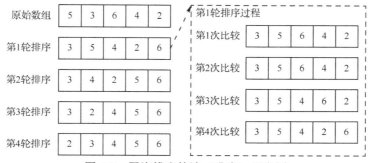

图 4-8　冒泡排序算法（升序）示意图

算法描述：包含 5 个元素的一维数组使用冒泡排序算法最多需要 4 轮比较就能确定 5 个元素的最终位置。每一轮排序将待排序的元素进行两两比较，若是升序排列，前一个数大于后一个数，则交换，否则保持两个数位置不变。若是降序排列，前一个数小于后一个数，则交换，否则保持两个数位置不变。一轮比较结束后，待排序元素中最大或最小值将移动到待排序序列的最后一个位置。待排序元素个数减 1 后，继续进行下一轮比较。如图 4-8 所示，第 1 轮排序经过 4 次两两比较，确定了待排序的 5 个元素中最大值 6 的最终位置，接着对剩下的 4 个元素进行第 2 轮 3 次两两比较，确定本轮排序元素中的最大值 5 的最终位置，依次进行 4 轮排序后，确定了 4 个元素的最终位置。由于总共只有 5 个元素，因此最后一个元素的位置在第 4 个元素确定后也就确定了其所在位置。5 个元素在 4 轮比较后成为递增序列。

在一般情况下，包含 n 个元素的序列使用冒泡排序算法最多进行 $n-1$ 轮比较。若原序列基本有序，可能在 $n-1$ 轮前就已经有序，因此冒泡排序算法应考虑每轮排序后的序列是否有序，若已经有序则应提前结束比较。代码 4-11 采用冒泡排序算法对一维数组进行升序排列。

代码 4-11　冒泡排序

```
1   /**
2    * 采用冒泡排序算法对一维整型数组 a 进行升序排列
3    * @param array 一维数组对象的引用
4    */
5   public static void bubbleSort(int[] array) {
6       boolean isSorted = true;//变量 isSorted 用来表示序列是否有序
7       for (int i = 0; i < array.length-1; i++) {//外层 for 循环控制最大比较轮数
8           isSorted = true;
9           for (int j = 0; j < array.length-i-1; j++) {//内层循环用于第 i 轮相邻元素比较
10              if(array[j] > array[j+1]) {
11                  int tmp = array[j];
12                  array[j] = array[j+1];
13                  array[j+1] = tmp;
14                  isSorted = false;
15              }
16          }
17          if(isSorted) {
18              break;
19          }
20      }
21  }
```

第 8 行在每轮比较前将 isSorted 赋为真，若经过一轮排序后其值仍为真，则说明序列已经有序，应该提前退出循环（见第 17~19 行）。相邻元素比较时，若前数大于后数则交换位置，否则保持它们的位置不变（见第 10~15 行）。扫描本章二维码获取示例完整代码。

知识扩展（如果对此部分内容感兴趣，扫描本章二维码）：
（1）数组访问越界；
（2）创建数组内存不足；
（3）一维数组与二维数组互换；
（4）参数传递。

习题4

（1）利用工具类 java.util.Arrays 实现在指定数组中查找关键字和对数组中的元素进行排序。
（2）利用方法 System.arraycopy 实现从源数组复制指定长度的数据到目标数组中。
（3）利用 Random 随机类生成 10 个 1~100 之间的整数存储到一维数组中，利用冒泡排序算法对数组进行升序排列并输出排序结果。
（4）统计整数序列 2,-10,10,-5,-10,9,10,10,100 中每个整数出现的次数。
（5）字符串数组保存有 5 个姓名，利用顺序查找算法查询指定字符串是否存在于该字符串数组中，若存在，则返回索引，否则返回-1。
（6）编写 Java 应用程序，实现矩阵相加、转置和遍历。
（7）输出指定一维数组中的最小值和最大值。

扫描本章二维码获取习题参考答案。

获取本章资源

第5章 类与对象

我们的生活中充满着具有属性和功能的各种对象。将对象的属性和功能提取并封装到类型就形成了类。类是对象的一般化，对象是类的具体化。例如，张三、李四、王五都是具有相同属性和功能的学生对象，它们被一般化后就成为学生类型。反过来，从学生类型又能具体化出张三、李四、王五学生对象。面向对象程序设计需要读者从业务需求中分析对象、属性、功能以及对象之间的相互关系，最后通过对象间的消息传递完成相应功能。本章主要内容包括：面向对象编程概述、类的定义与实例化、面向对象特性等。

5.1 面向对象编程概述

现实世界中包含着各种对象。交通工具（自行车、电动车、汽车、轮船、飞机等），学习用具（笔、书、电脑等），生活用具（锅碗瓢盆、微波炉、油烟机等），活动参与者（员工、学生、教师、医生、病人等）都可以看成具有属性和功能的对象。例如，厂家、颜色、大小是自行车对象具有的三种属性，调速、加速、减速是自行车对象具有的三种功能。属性是用于描述对象特征的数据，而功能是体现对象具有的行为与担负的职责。对象提供的功能可以访问对象自身的属性，也可以为客户提供特定的服务。

程序设计是设计能满足用户需求的可靠软件的过程。面向对象设计（Object Oriented Design，OOD）是从面向对象的角度分析与设计程序的一种方法。面向对象设计方法在分析业务需求时坚持从对象分析入手，找到问题域中包含的对象，分析对象具有的属性和功能，根据需求理清对象之间的关系，确定对象之间的协作与交互关系，明确对象在软件系统中承担的职责。OOD将对象的属性与功能封装在类和接口中，对外只提供公开的功能方法，而将具体的数据和实现隐藏在类型内部。外部的调用者调用公开的接口方法，无须关心方法内部实现。这样不但可以减轻开发人员负担，还能保证已有对象的知识产权。

对于简单问题或系统，小型团队的开发人员可以身兼需求、设计、编码和测试数职，甚至可以不进行设计就直接编码。这在资金有限、团队规模不大、开发周期短、客户需求不复杂、软件性能要求不高、开发人员有经验的情况下也许是可行的。但这样的软件可能存在结构性、可靠性、扩展性、可维护性不好的问题。因为没有软件设计过程，缺乏良好的软件结构，代码冗余度高、重用性低，可能会加重开发的难度，增加调试、测试时间，发布后的软件也难于扩展以适应新的需求。对于复杂问题或系统，应以软件工程学为指导，采用科学的管理手段、现代的分析设计方法、高效的软件开发工具，以用户需求为基础进行设计与实现。

面向对象设计方法要求开发人员在编码之前要对问题进行严格的分析与设计。分析与设计的结果需要在开发团队中进行有效的交流。统一建模语言（Unified Modeling Language，UML）为项目经理、需求分析人员、开发人员、测试人员之间沟通面向对象设计结果提供了统一的图形化表示工具。UML提供了9种用于系统建模的图形表示工具。

（1）类图（Class Diagram）：描述系统中所有类和接口的结构及其关系。类和接口的结构通过3～4层的矩形框表示，顶层是类型名，第二层是属性，第三层是功能，最下层是内部类型（若无内部类型可以隐藏这一层）。类之间存在6种关系：泛化（Generalization）、实现（Realization）、关联（Association）、聚合（Aggregation）、组合（Composition）和依赖（Dependency）。其中，泛化关系也称为继承关系，体现了类之间的一般与特殊、抽象与具体的关系。例如，食物是指一种商品，具有商品的共性又具有自己的特殊属性，商品和食物之间是一种泛化（is a）关系。实现关系是指接口与其实现类之间的关系。例如，Eatable 接口与 Food 类之间的关系，Food 类实现 Eatable 接口获得"可以吃"的特性。关联关系是类之间的一种弱包含（has a）关系，一个类可以引用被关联类的属性和功能，两个类之间的关联可以是双向的也可以是单向的。一个类也可以存在自关联关系。相关联的类不依赖于对方存在，它们之间是相互独立的。例如，学生与教师、病人与医生的关系。聚合关系是类之间比关联关系更强的包含（part a）关系，是整体与部分的拥有关系。聚合关系中，整体由部分构成，但脱离整体后部分仍然可以独立存在。换句话讲，聚合关系中的类可以不具有相同的生命周期。例如，汽车和车轮的关系。组合关系是比聚合更强的包含关系，组合关系中的整体与部分是不可分割的，离开了部分，整体就不存在，它们具有相同的生命周期。例如，人与人脑之间属于组合关系。依赖关系体现了类的调用关系，一个类通过参数、局部变量、静态方法的形式引用（use a）另一个类。例如，A 类某一方法的形参是 B 类的引用，那么 A 类依赖于 B 类，A 和 B 之间存在依赖关系。

（2）对象图（Object Diagram）：描述特定时刻系统对象及对象之间的关系模型，可以理解为在特定时间点上类的实例及其关系的快照。

（3）组件图（Component Diagram）：通过对业务功能的概要设计，可以将系统自顶向下或自底向上划分为若干子系统，子系统又可继续划分为更下一级的子系统。每个子系统在组件图中都以组件描述。组件图对系统组件进行建模，描述了各组件对外提供的接口、端口及组件之间的包含、依赖关系。

（4）部署图（Deployment Diagram）：描述软件部署的硬件环境（硬件体系结构、网络拓扑结构）以及各软件组件在程序运行环境中的布局。

（5）状态图（Statechart Diagram）：描述类所具有的状态及状态变迁的条件。

（6）活动图（Activity Diagram）：对象工作流的图形表示，支持选择、循环和并发流程。

（7）协作图（Collaboration Diagram）：描述问题域中对象之间的交互关系，强调了对象之间的消息传递，但不关心消息传递的时间先后顺序。协作图能直观地反映对象间的协作过程，是 UML 提供的一种对系统动态行为进行建模的图形工具。

（8）时序图（Sequence Diagram）：同协作图类似，时序图是 UML 提供的另一种描述对象间交互关系的图形工具。时序图更强调对象之间发送消息交互的时间顺序。

（9）用例图（Use Case Diagram）：描述系统参与者（用户、组织或外部系统）、用例（系统功能）及其关系。用例图中存在的关系有：泛化、关联、扩展、包含和依赖。用例图能够对系统功能进行建模，为项目组直观地展示系统及其子系统所具有的功能。

面向对象编程（Object Oriented Programming，OOP）是将面向对象分析与设计的成果实现为可以运行的软件系统的一种编程技术。Java 是一种面向对象的语言，根据 OOD 分析与设计的对象模型实现程序。具体步骤可以包括但不限于以下内容：① 依据业务需求，进行系统设计，确定系统功能；② 确定类及类的属性和功能；③ 确定类之间泛化、实现、关联、聚合、组合和依赖关系；④ 确定类的状态转换、工作流；⑤ 确定类之间的动态交互模型；⑥ 编码实现；⑦ 调试与测试。

5.2 类的定义与实例化

5.2.1 类路径与包

Java 为了更好地重用代码、避免命名冲突以及有效地进行访问控制，使用包来组织相关联的类与接口。包为类与接口提供访问控制权限保护和名字空间管理。Java SE 平台提供的系统类库也被组织在不同的包中。例如，基础类在 java.lang 包中，输入/输出流类在 java.io 包中，系统工具类在 java.util 包等。用户也可以创建自己的包并将类和接口组织在其中。

（1）使用包组织管理类与接口的优势

① 明确类型的相关性，将具有相关性（这些类的功能相似、所在层次相同或在软件结构中属于同一个模块等）的类型放在同一个包中，有利于代码组织与阅读。项目组成员或代码阅读人员可以快速确定类或接口的位置。

② 同名的类型组织在不同的包内可以解决命名冲突问题。包为类与接口创建名字空间，同名的类型在不同的名字空间中加以区分。例如，在包 edu.cdu.ppj.widget 和包 edu.cdu.ppj.vo 中分别定义一个类 Stack 是不冲突的，编译器允许不同的包内包含同名的类或接口。为了确保唯一性，完整类或接口名由包名和类或接口名组成。上面提到的两个 Stack 类的完整类名分别是 edu.cdu.ppj.widget.Stack 和 edu.cdu.ppj.vo.Stack。

③ 对包内的类型进行访问控制保护，包内的类型互相访问不受约束，而包外的类型互相访问会受到约束。一个类型引用同一个包中的其他类型不使用 import 关键字，但引用不同包中的类型，则需要使用 import 语句引入。在 5.2.3 节中，会提到包一级访问控制（default）只允许数据或方法在同一个包中可见。

④ 软件结构与层次更清楚。例如，数据访问对象放在 edu.cdu.ppj.dao 包中，逻辑业务对象放在 edu.cdu.ppj.service 包中，与用户接口的视图对象放在 edu.cdu.ppj.view 包中。这样软件层次清晰，便于代码复用、调试和维护。

（2）类所在的源文件

一个 Java 源文件可以定义一个 public 修饰和多个非 public 修饰的类和接口。只有 public 修饰的公共类型才能被包以外的对象访问。非 public 修饰的类和接口具有包一级的作用范围，它们只能被同一个包内的对象访问，在包外不可见。源文件名必须与 public 修饰的类或接口同名。本书建议一个源文件只定义一个外部类或接口。例如，设计具有角色（Role）和地址（Address）属性的用户（User）类，类图如图 5-1 所示，需要分别在 3 个源文件创建 3 个类。源文件 Role.java 定义角色类 Role，源文件 Address.java 定义地址类 Address，源文件 User.java 定义用户类 User。User 类封装 Role 和 Address 类型的成员变量。

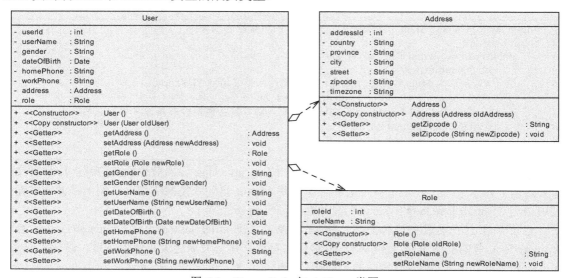

图 5-1　User、Role 与 Address 类图

（3）创建包

使用 package 语句在源文件最开始位置定义包，在 package 语句之前不能存在其他语句。一个文件中只能存在一条 package 语句。若源文件包含多个类或接口定义，则这些类型都属于同一个包。若源文件未使用 package 语句定义包，则源文件包含的类或接口属于无名的默认包（default）。这种情况虽然没有语法错误，但不推荐。本书建议，每种类型都应该属于一个有名的包，Java 源文件第一条语句都应使用 package 语句定义包名。包定义语法格式如下：

package 包名;

包名需要满足标识符命名规则，全部小写以避免与类名和接口名发生冲突。Java SE 系统类库所在包都以 java 或 javax 开头。用户为自定义包命名一般应遵循以下规则：项目组所在公司域名以"."为界反转后作为包名前缀，然后紧接项目名，最后是模块名或软件层次名。例如，公司 softcompany（域名为 softcompany.com）开发的项目 opensource 的数据访问层的类或接口所在包可命名为："com.softcompany.opensource.dao"。

（4）引入包

A 类访问另一个包的 B 类有以下 4 种方式。

① 在 A 类中引用 B 类的完整类名。若 B 的完整类名是 edu.cdu.ppj.B，则 A 类创建 B 类实例并将实例的引用赋给变量 b 的语句为 "edu.cdu.ppj.B b = new edu.cdu.ppj.B();"。

② 在 A 类 package 语句后，使用 import 语句引入 B 类。语法是：import 后跟完整类型名。例如，A 类源文件引入 B 类的语句为 "import edu.cdu.ppj.B;"。引入后，A 可以简写类名访问 B。A 类创建 B 类实例的语句可写为 "B b = new B();"。

③ 在 A 类 package 语句后，使用带通配符 "*" 的 import 语句引入 B 类所在包的所有类型。这种引入方式在 A 类用到包内较多类型时值得推荐。例如，源文件要引入包 edu.cdu.ppj 中的所有类型，使用引入语句 "import edu.cdu.ppj.*;"。

④ 在 A 类源文件中使用静态引入语句（import static）引入 B 类的某一静态成员或结合通配符引入所有静态成员。这种方式让 A 类直接使用成员名访问被引入类型的静态成员。例如，Math 类提供静态数据域 PI 和大量静态方法，使用静态引入语句后，可以不用 Math 类名直接访问 PI 和调用方法。代码 5-1 实现了静态引入 Math 类的所有静态成员后直接使用属性名 PI 和方法名 pow 计算圆的面积。

代码 5-1 静态引入

```
1   import static java.lang.Math.*; //静态引入 Math 类的所有静态成员
2   public class A {
3       public static void main(String[] args) {
4           double radius = 3;
5           //若未引入 Math 类的静态成员，则需要使用类名访问 PI 和 pow
6           //double area = Math.PI * Math.pow(radius, 2);
7           double area = PI * pow(radius, 2);//静态引入后，直接使用静态属性名和方法名
8           System.out.println(area);
9       }
10  }
```

Java 编译器为每个 Java 源文件自动引入两个包：java.lang 和当前类所在的包。Java 源文件在要访问 java.lang 和当前包的类型时，无须使用 import 语句或完整类型名。例如，源文件无须使用语句 "import java.lang.System;" 就可直接访问 System 类。

包不存在上下层级和包含关系。例如，AWT 组件库的 java.awt 包、java.awt.color 包和 java.awt.font 包的前缀都是 java.awt，但它们相互独立并无上下层级和包含关系。语句 "import java.awt.*;" 只能引入 java.awt 包中的类或接口，通配符 "*" 不能代表 java.awt.color 或 java.awt.font。源文件要引入这三个包中的类和接口，需要使用如下 import 语句分别引入：

```
import java.awt.*;
import java.awt.color.*;
import java.awt.font.*;
```

（5）源文件与字节码文件的路径

关键字 package 定义的包名在资源管理器中是与其名字对应的目录名。例如，包 com.softcompany.opensource.dao 对应的目录结构是 com/softcompany/opensource/dao/。Java 源文件和字节码文件分离存放在项目的 src 目录和 bin 目录下。例如，第 4 章的 public 类 edu.cdu.ppj.chapter4.ArrayDemo 的源文件 ArrayDemo.java 存放在 src 目录下以包名映射的目录内：D:\workspace_book\PPJ\src\edu\cdu\ppj\chapter4，字节码文件 ArrayDemo.class 存放在 bin 目录下以包名映射的目录内：D:\workspace_book\PPJ\bin\edu\cdu\ppj\chapter4。

5.2.2　数据与方法

现实世界中的对象具有体现自身特性的属性数据与体现自身价值的行为方法。我们对具有相同特性和行为的对象进行抽象形成对象的一般化概念：类。类是具有相同数据和行为的同一类具体对象的一般化，具体对象又是它们所属类型的具体化。从对象到类是从具体到抽象，从特殊到一般的过程。

Java 语言使用关键字 class 定义类，使用构造方法创建对象。类内部可以封装构造方法、初始化语句块、数据成员、成员方法和内部类型（如内部类、内部接口和内部枚举类型等）。指定数据类型的变量用于描述类具有的数据成员（包括成员变量和常量），指定功能的方法实现类具有的行为（包括成员方法）。类定义（这里指外部类或顶层类的定义，不包括内部类）语法格式如下：

```
访问控制修饰符 其他修饰符 class 类名 extends 父类名 implements 接口列表 {
    // 数据成员
    // 静态初始化语句块 static{}
    // 实例初始化语句块{}
    // 构造方法，若未显式定义，则编译器提供默认构造方法
    // 成员方法
    // 内部类型（如内部类、内部接口、内部枚举类型等）
}
```

通常，类定义包含以下 6 部分。

（1）访问控制修饰符：可以是 public 或 default（省略）修饰符（未使用 public 修饰符），约束类的作用范围。若类被定义为 public，则它所在的文件名一定要与类名一致。public 类作用范围可以扩展到包以外的区域。一个 Java 源文件内可以有多个默认类，但只能有一个公共类。

（2）其他修饰符：属于类定义的可选修饰符，包括 final 和 abstract。final 修饰符用于定义最终类（或称终结类）。最终类不允许被继承，没有子类。例如，Java SE 基础类库中的 java.lang.System、java.lang.String 和 java.lang.Math 等都属于最终类。若不希望类被修改，则可将类定义为 final 属性。abstract 修饰符用于定义抽象类，抽象类不允许实例化，其非抽象的子类才能创建对象。abstract 修饰的类要允许被继承，所以 final 修饰符和 abstract 修饰符不能同时用于类定义。

（3）类名：关键字 class 后接类名用于定义类。

（4）父类名：关键字 extends 后接父类名用于类的继承。一个类只能继承一个父类。extends 子句是可选的，若定义类时未给出 extends 子句，则当前类的默认父类是 java.lang.Object 类。

（5）接口列表：关键字 implements 后接接口名或接口列表用于类实现接口。一个类可以实现多个接口，接口名之间使用逗号分隔。若没有实现的接口，则 implements 子句不写。

（6）类体：类首部紧接的一对花括号{}是类体，用于定义类的内部结构。一般，类体包含数据成员、静态初始化语句块、实例初始化语句块、构造方法、成员方法和内部类型。数据成员和成员方法根据是否被 static 修饰分为静态成员和实例成员两类。

现以自行车为例说明类的属性与方法。自行车是自行车厂家生产的具有出厂编号、颜色和大小的代步工具。在骑行过程中通过调速装置调整转速，通过传动装置加速，通过刹车装置减速刹车。对这段文字进行名词分析，找到自行车、调速装置、传动装置和刹车装置 4 个类型。通过对自行车描述性文字的分析找到自行车具有出厂编号、颜色、大小、调速装置、传动装置和刹车装置等属性成员；通过动词分析找到调速装置具有调速功能，传动装置具有加速驱动功能，刹车转置具有刹车功能，自行车具有调速、加速、减速功能。图 5-2 给出了自行车类图。

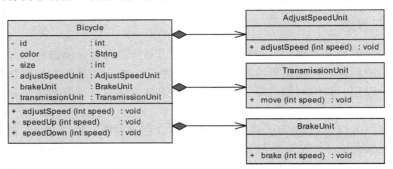

图 5-2　自行车类图

调速装置、传动转置和刹车装置是自行车不能分离的部分，它们与自行车是 1 对 1 的组合（Composition）关系，在类图中使用实心的菱形表示。一辆自行车需要配置 1 个调速装置、1 个传动装置和 1 个刹车装置。自行车类 Bicycle 具有整型的出厂编号（id），字符串类型的颜色（color），整型的大小（size），调速装置对象（adjustSpeedUnit），刹车装置对象（brakeUnit），传动装置对象（transmissionUnit）6 个属性，具有调整转速（adjustSpeed）、加速（speedUp）和减速（speedDown）三个方法。调整转速类 AdjustSpeedUnit 具有调速（adjustSpeed）方法。传动装置类 TransmissionUnit 具有驱动（move）方法。刹车装置类 BrakeUnit 具有刹车（brake）方法。代码 5-2 实现了自行车类、调速装置类、传动装置类和刹车装置类。

代码 5-2　自行车类、调速装置类、传动装置类和刹车装置类

```
1   //Bicycle.java
2   public class Bicycle {//自行车类
3       private int id; //编号
4       private String color; //自行车颜色
5       private int size; //自行车大小
6       private AdjustSpeedUnit adjustSpeedUnit; //组合一个调速装置对象
7       private TransmissionUnit transmissionUnit; //组合一个传动装置对象
8       private BrakeUnit brakeUnit; //组合一个刹车装置对象
9       public void adjustSpeed(int speed) {//调用调速装置的调速方法按指定速度 speed 调速
10          adjustSpeedUnit.adjustSpeed(speed);
11      }
12      public void speedUp(int speed) {//调用传动装置的驱动方法按指定速度 speed 移动自行车
13          transmissionUnit.move(speed);
14      }
15      public void speedDown(int speed) {//调用刹车装置的刹车方法按指定速度 speed 减速
16          brakeUnit.brake(speed);
17      }
18  }
```

```
19 //AdjustSpeedUnit.java
20 public class AdjustSpeedUnit {//调速装置类
21     public void adjustSpeed(int speed) {//对外提供调速功能
22         System.out.println("调整转速到"+speed);
23     }
24 }
25 // TransmissionUnit.java
26 public class TransmissionUnit {//传动装置类
27     public void move(int speed) {//对外提供驱动自行车移动功能
28         System.out.println("以速度"+speed+"驱动自行车移动");
29     }
30 }
31 //BrakeUnit.java
32 public class BrakeUnit {//刹车装置类
33     public void brake(int speed) {//对外提供刹车减速功能
34         System.out.println("刹车减速到速度"+speed);
35     }
36 }
```

对象的属性也称为对象的数据，使用成员变量表示。成员变量定义语法格式如下：
访问控制修饰符[private|protected|public|default] 其他修饰符[static|final] 数据类型 变量名;

访问控制修饰符约束成员变量的作用范围。static 修饰符用于定义静态成员变量。无 static 修饰的变量是对象的成员变量或称实例成员变量。final 修饰符用于定义常量，常量初始化后不允许被修改。数据类型是基本数据类型或引用数据类型。变量名是满足变量命名规范的合法标识符。例如，代码 5-2 的第 3~5 行定义了基本数据类型的成员变量，第 6~8 行定义了引用数据类型的成员变量。在一般情况下，为了保护数据，使用 private 修饰成员变量。

对象的方法也称为对象具有的功能、行为或职责。成员方法定义语法格式如下：
访问控制修饰符[private|protected|public|default] 其他修饰符[static|final] 数据类型 方法名(形参列表){
    //方法体
}

访问控制修饰符约束成员方法的作用范围。static 修饰符用于定义静态成员方法。无 static 修饰的方法是对象的成员方法或称实例成员方法。final 修饰符定义不允许子类重写的最终方法。返回类型是 void、基本数据类型或引用数据类型。方法名是自定义标识符。形参列表可以是空、一个参数、多个参数或变长参数。例如，代码 5-2 的第 9~11 行定义了带一个形参的实例成员方法 adjustSpeed。成员方法要被包外的其他对象调用应使用 public 修饰。

5.2.3 访问控制

Java 定义了 private（私有）、default（省略）、protected（受保护）和 public（公共）4 种成员访问控制修饰符，用于控制类的成员变量与成员方法在当前类、包、子类和项目 4 个层级上的可见性。

（1）private 修饰符提供类一级的访问约束，它将成员作用范围限制在当前类内部。包中的其他类或其他包中的类都不能访问当前类的 private 成员。代码 5-3 为类外访问 private 成员的错误示例。

代码 5-3 类外访问 private 成员的错误示例

```
1 //A.java
2 package edu.cdu.ppj.chapter5;
3 public class A {
4     private int data;
5 }
6 // B.java
```

```
7   package edu.cdu.ppj.chapter5;
8   public class B {
9       public static void main(String[] args) {
10          A a = new A();
11          System.out.println(a.data); //语法错误：The field A.data is not visible
12      }
13  }
```

第 4 行定义了 A 类的 private 成员变量 data，作用范围仅限于第 3～5 行。第 11 行希望在同一个包的 B 类中访问 A 类的私有数据成员。对 B 类来讲，A 类的数据成员 data 是不可见的，所以编译器报语法错误：The field A.data is not visible。

（2）protected 修饰符提供子类级的访问约束，protected 成员作用范围可以从当前类扩展到当前类的子类，当前类称为子类的父类。子类可以继承父类的 protected 成员。无论父类和子类是否在同一个包中，子类都可以访问父类的 protected 成员变量和成员方法。代码 5-4 给出了子类访问父类 protected 受保护成员的示例。

代码 5-4 protected 成员访问范围示例

```
1   //A.java
2   package edu.cdu.ppj.chapter5;
3   public class A {
4       protected int data; //受保护成员变量
5       protected void method() { }//受保护成员方法
6   }
7   //SubA.java
8   package edu.cdu.ppj.chapter5;
9   public class SubA extends A{//定义 A 的子类 SubA
10      public static void main(String[] args) {
11          A a = new A();//引用变量 a 保存 A 类实例的引用
12          System.out.println(a.data); //在 SubA 类中访问 A 类的受保护成员变量
13          a.method();//在 SubA 类中访问 A 类的受保护成员方法
14          SubA sa = new SubA();//引用变量 sa 保存 A 类的子类 SubA 实例的引用
15          System.out.println(sa.data); //在 SubA 类中访问从父类 A 继承的受保护成员变量
16          sa.method();//在 SubA 类中访问从父类 A 继承的受保护成员方法
17      }
18  }
```

第 4，5 行分别定义了 A 类的受保护成员变量和受保护成员方法。第 12，13 行在 SubA 子类中访问 A 类的受保护成员。第 15，16 行访问 SubA 子类从 A 类继承的受保护成员。

（3）public 修饰符提供项目级的访问约束，public 成员在当前类、当前类的子类、同一个包的其他类，以及不同包的其他类中都可见。public 修饰符比其他三种修饰符具有最宽的访问范围。代码 5-5 给出了在不同包内访问 public 成员的示例。

代码 5-5 public 成员访问范围示例

```
1   // A.java
2   package edu.cdu.ppj.chapter5;
3   public class A {
4       public int data; //公共成员变量
5       public void method() {   }//公共成员方法
6   }
7   // B.java
8   package cdu.test;
9   import edu.cdu.ppj.chapter5.A;
10  public class B {
11      public static void main(String[] args) {
12          A a = new A();
13          System.out.println(a.data); //在 B 类中访问 A 类的 public 成员变量
```

```
14          a.method();//在 B 类中访问 A 类的 public 成员方法
15      }
16 }
```

第 4，5 行分别定义了 A 类的公共成员变量和公共成员方法。第 13，14 行在另一个包的 B 类中访问 A 类的公共成员。

（4）default，又称包一级访问控制修饰符，这是一种在成员变量和成员方法前不使用 private、protected 和 public 修饰符的默认访问控制。具有默认访问约束的成员能在同一包的不同类中被访问，但对包外的其他类不可见。代码 5-6 给出了包一级成员访问控制的示例。

代码 5-6 包一级成员访问控制的示例

```
1  // A.java
2  package edu.cdu.ppj.chapter5;
3  public class A {
4      int data; //包一级成员变量
5      void method() { }//包一级成员方法
6  }
7  // SamePackageClass.java
8  package edu.cdu.ppj.chapter5;
9  public class SamePackageClass {
10     public static void main(String[] args) {
11         A a = new A();
12         System.out.println(a.data);
13         a.method();
14     }
15 }
16 // OtherPackageClass.java
17 package cdu.test;
18 import edu.cdu.ppj.chapter5.A;
19 public class OtherPackageClass {
20     public static void main(String[] args) {
21         A a = new A();
22         System.out.println(a.data); //语法错误：The field A.data is not visible
23         a.method();//语法错误：The method method() from the type A is not visible
24     }
25 }
```

第 4，5 行分别定义了 A 类的具有默认访问控制权限约束的包一级成员变量和成员方法。第 12，13 行在同一个包的 SamePackageClass 类中访问 A 类的包一级成员。第 22 行在另一个包的 OtherPackageClass 类中访问 A 类的成员变量 data 出现语法错误：A 类的 data 数据域不可见。同样，第 23 行调用 A 类的包一级成员方法 method 也出现语法错误：A 类的方法 method 不可见。

表 5-1 给出了 4 种访问控制修饰符的作用范围。从表中可见，private 对成员访问范围约束最强，可见范围最窄；public 对成员访问范围约束最弱，可见范围最宽；default 和 protected 修饰的成员可见范围介于 private 和 public 之间。

表 5-1 4 种访问控制修饰符的作用范围

修饰符	中文含义	当前类 （类级）	同一个包 （包级）	不同包内子类 （子类级）	不同包 （项目级）
private	私有	可见	不可见	不可见	不可见
default	默认	可见	可见	不可见	不可见
protected	受保护	可见	可见	可见	不可见
public	公共	可见	可见	可见	可见

5.2.4 方法重载

Java 语言支持方法重载（Overload），允许定义多个方法名相同但参数不同的成员方法。编译器判断方法属于重载方法的依据是，方法名必须相同，参数列表必须不同。参数列表不同体现为参数类型不同或参数个数不同。方法返回类型、访问控制修饰符、static 和 final 修饰符都不是区分不同方法的依据。如果在同一个作用范围内存在两个或以上具有相同方法名且参数相同的方法，编译器会报告同一种方法重复定义（duplicate method）的语法错误。方法调用按照方法名和传递的实参个数与类型进行区分。

以 java.lang.System 的标准输出流对象 out 的 println 方法为例说明方法重载。System.out 是字节流 java.io.PrintStream 类的一个实例。PrintStream 类重载 println 方法以满足输出不同类型参数的需要。下面给出了 PrintStream 类的 println 重载方法的首部：

```
//输出换行符，通过系统属性 line.separator 获取换行符
public void println()
//输出一个逻辑值后换行，等价于先调用 print(boolean)输出逻辑值再调用 println()换行
public void println(boolean x)
//输出一个字符后换行，等价于先调用 print(char)输出字符再调用 println()换行
public void println(char x)
//输出一个整型值后换行，等价于先调用 print(int)输出整型值再调用 println()换行
public void println(int x)
//输出一个长整型值后换行，等价于先调用 print(long)输出长整型值再调用 println()换行
public void println(long x)
//输出一个单精度浮点数后换行，等价于先调用 print(float)输出浮点数再调用 println()换行
public void println(float x)
//输出一个双精度浮点数后换行，等价于先调用 print(double)输出浮点数再调用 println()换行
public void println(double x)
//输出一个字符数组后换行，等价于先调用 print(char[])输出字符数组再调用 println()换行
public void println(char[] x)
//输出一个字符串后换行，等价于先调用 print(String)输出字符串再调用 println()换行
public void println(String x)
//输出一个对象的字符串形式后换行，等价于先调用 String.valueOf(x)将对象转换为字符串形式，
再调用//print(String)输出字符串，最后调用 println()换行
public void println(Object x)
```

5.2.5 构造方法

（1）构造方法的定义

构造方法是类用于创建对象的一种特殊方法。构造方法与成员方法的声明类似，具有访问控制修饰符、构造方法名、参数列表和构造方法体，但构造方法没有返回类型并且方法名必须与类名相同。构造方法的语法格式如下：

```
访问控制修饰符 构造方法名(参数列表){
    //构造方法体
}
```

构造方法的作用是创建类的对象并初始化对象的成员变量。包含一个带两个形参的构造方法的学生类定义如下：

```
1  public class Student{
2      private int id;
3      private String name;
4      public Student(int id, String name){//带参数的构造方法，通过形参为成员变量赋值
5          this.id = id;
6          this.name = name;
7      }
8  }
```

Student 类具有两个私有成员变量 id（编号）和 name（姓名），并包含一个带两个形参的构造方法。构造方法将形参 id 赋给成员变量 id，将形参 name 赋给成员变量 name。关键字 this 引用当前对象，符号点"."是成员操作符，this.id 表示当前对象的成员变量 id，而 this.name 表示当前对象的成员变量 name。当构造方法的形参与成员变量同名时，形参将隐藏成员变量，即在形参作用范围内访问的同名变量是形参而非成员变量。若将赋值语句"this.id = id;"改写为"id = id;"，则表示使用形参 id 为形参 id 赋值。this 关键字用于访问被隐藏的成员变量，完成形参为成员变量赋值。

定义类时源文件未显式给出构造方法，Java 编译器会为类提供不带参数的默认构造方法。默认构造方法使用默认值为成员变量赋值。例如，以下代码段中类 A 并没有显式提供构造方法，但在 main 方法中仍然可以使用 new 关键字调用默认构造方法创建 A 类的实例：

```
1  package edu.cdu.ppj.chapter5;
2  public class A {
3      public static void main(String[] args) {
4          A a = new A();//使用 new 调用 A 类默认构造方法 A()创建对象并将其引用返回给变量 a
5      }
6  }
```

在控制台上使用 javap 命令可对 A 类进行反编译：
javap -classpath D:\workspace_book\PPJ\bin\edu\cdu\ppj\chapter5 A
下面是控制台输出反编译后的内容：

```
1  Compiled from "A.java"
2  public class edu.cdu.ppj.chapter5.A {
3      public edu.cdu.ppj.chapter5.A();//编译器为 A 类提供的默认构造方法
4      public static void main(java.lang.String[]);
5  }
```

从结果可以看出，编译器为 A 类提供了不带参数的默认构造方法用于创建对象。

（2）构造方法重载

类允许构造方法重载以满足外部对象通过不同参数赋值方式调用构造方法创建对象的需要。例如，前面提到的自行车类，可以使用不带参数的构造方法创建自行车对象，各成员属性使用其对应类型的默认值完成初始化，也可以提供带参数的构造方法为对象成员变量指定特定的属性值。对 Bicycle 类增加构造方法后，Bicycle 类的部分代码如下：

```
1   public class Bicycle {
2       private int id;
3       private String color;
4       private int size;
5       private AdjustSpeedUnit adjustSpeedUnit;
6       private TransmissionUnit transmissionUnit;
7       private BrakeUnit brakeUnit;
8       public Bicycle() { }//不带参数的构造方法
9       public Bicycle(int id,String color, int size) {//带 3 个参数的构造方法
10          this.id = id;
11          this.color = color;
12          this.size = size;
13      }
14      public Bicycle(int id,String color, int size, AdjustSpeedUnit adjustSpeedUnit,
15          TransmissionUnit transmissionUnit, BrakeUnit brakeUnit) {//带 6 个参数的构造方法
16          this(id, color, size);
17          this.adjustSpeedUnit = adjustSpeedUnit;
18          this.transmissionUnit = transmissionUnit;
19          this.brakeUnit = brakeUnit;
20      }
21      …
22  }
```

第一个构造方法不带参数（见第 8 行），方法体为空。通过它创建的对象的成员变量使用默认值进行初始化。成员变量的数据类型与对应默认值如表 5-2 所示。

表 5-2 数据类型与默认值

数 据 类 型	默 认 值	数 据 类 型	默 认 值	数 据 类 型	默 认 值
Byte	(byte)0	short	(short)0	int	0
Long	0L	float	0.0f	double	0.0
char	'\u0000'	boolean	false	引用数据类型	null

第二个构造方法带 3 个参数（见第 9~13 行），方法体是 3 行赋值语句。通过它创建的对象的成员变量 id、color 和 size 通过参数进行赋值。另外 3 个引用数据类型属性 adjustSpeedUnit、transmissionUnit 和 brakeUnit 采用默认值 null。

第三个构造方法带 6 个参数（见第 14~20 行），方法体是 4 行语句。语句 this(id, color, size); 调用第二个构造方法完成对 id、color 和 size 这 3 个成员变量的赋值，后接 3 行赋值语句分别为调速装置、传动装置和刹车装置赋值。

若类已显式提供了构造方法，Java 编译器就不再提供不带参数的默认构造方法。以下代码在调用 Student 类构造方法创建实例时会产生语法错误：

```
1   public class Student{
2       private int id;
3       private String name;
4       public Student(int id, String name){//显式定义构造方法后，编译器不再提供不带参数的默认构造方法
5           this.id = id;
6           this.name = name;
7       }
8       public static void main(String[] args){
9           Student stu = new Student();//错误：未提供不带参数的构造方法
10      }
11  }
```

第 4 行显式定义了带参数的构造方法后，Java 编译器不再提供不带参数的默认构造方法。所以第 9 行调用不带参数构造方法创建实例时，编译器报告构造方法 Student() 未定义的错误。在这种情况下，若要使用不带参数的构造方法，则需要在程序中显式地定义不带参数的构造方法。增加不带参数的构造方法后的代码段如下：

```
1   public class Student{
2       private int id;
3       private String name;
4       public Student()  {  }//显式地定义不带参数的构造方法
5       public Student(int id, String name){//重载构造方法
6           this.id = id;
7           this.name = name;
8       }
9       public static void main(String[] args){
10          Student stu = new Student();//不带参数的构造方法已定义，无语法错误
11      }
12  }
```

（3）实例化对象

类定义后，程序访问对象属性和调用对象方法前，必须创建类的对象（也称实例）。从类到对象的过程称为类的实例化。Java 语言提供 new 运算符完成类的实例化。new 实例化对象主要包括三步：① 创建实例，为实例变量分配动态存储空间，使用默认值为实例变量赋值；② 调用构造方法初始化实例变量；③ 返回对象引用。new 运算表达式的语法格式如下：

```
new 类的构造方法(参数列表)
```
下面的代码段调用 Bicycle 构造方法创建了 3 个自行车实例：
```
1  Bicycle bike1 = new Bicycle();
2  Bicycle bike2 = new Bicycle(1001, "RED", 26);
3  AdjustSpeedUnit asu = new AdjustSpeedUnit();
4  TransmissionUnit tsu = new TransmissionUnit();
5  BrakeUnit bu = new BrakeUnit();
6  Bicycle bike3 = new Bicycle(1001, "RED", 26, asu, tsu, bu);
```
第 1 行调用 Bicycle 类不带参数的构造方法，创建第 1 个自行车对象，并返回对象的引用给局部变量 bike1。变量 bike1 指向自行车对象的 6 个属性都使用默认值，分别为：0，null，0，null，null，null。第 2 行调用 Bicycle 类带 3 个参数的构造方法创建第 2 个自行车对象，并返回对象的引用给局部变量 bike2。变量 bike2 指向的第 2 个自行车对象的前 3 个属性通过实参赋值，而后 3 个属性采用默认值。第 2 个自行车对象的 6 个属性值分别为：1001，RED，26，null，null，null。第 6 行调用 Bicycle 类带 6 个参数的构造方法创建第 3 个自行车对象，并返回对象的引用给局部变量 bike3。变量 bike3 指向的第 3 个自行车对象的前 3 个属性分别由实参赋值为：1001，RED，26，而后 3 个属性分别保存第 3～5 行创建的 AdjustSpeedUnit 对象、TransmissionUnit 对象和 BrakeUnit 对象的引用。

（4）构造方法调用

new 运算符调用构造方法创建实例，首先为实例分配内存用于保存实例变量，所有实例变量均初始化为与类型相关的默认值（见表 5-2）。接着，调用构造方法。在构造方法内首先使用 super 关键字调用父类的构造方法，若未显式给出父类构造方法的调用语句，则编译器会隐式地调用父类构造方法。父类构造方法执行时，会递归调用它的父类的构造方法，直到调用到 Object 的构造方法为止（Object 没有父类）。从父类构造方法返回后，执行实例变量的初始化语句（若存在）为成员变量显式地赋值，接着执行实例初始化语句（若存在），最后执行构造方法内调用父类构造方法后剩余的其他语句。代码 5-7 给出了实例创建过程。

代码 5-7　实例创建过程

```
1   //Shape.java
2   public abstract class Shape {
3       private String name;
4       private Color color=Color.BLACK;//实例变量初始化语句
5       public Shape() {  }
6   }
7   //Rectangle.java
8   public class Rectangle extends Shape {
9       private double width;
10      private double height;
11      //实例初始化语句块
12      {
13          width = 3.0;
14          height = 5.0;
15      }
16      public Rectangle() { }
17      public static void main(String[] args) {
18          Rectangle rect = new Rectangle();
19      }
20  }
```

第 18 行创建 Rectangle 实例的执行过程是：

① 为 Rectangle 实例分配内存，保存实例变量 name、color、width 和 height。

② 使用变量声明类型的默认值初始化实例变量，变量 name、color、width 和 height 的初始

值分别为 null、null、0.0 和 0.0。

③ 调用第 16 行不带参数的构造方法，该构造方法未显式调用父类构造方法，所以编译器会为其添加父类构造方法调用语句：

public Rectangle(){ super();}

执行 super()方法，流程会进入第 5 行的父类构造方法，父类构造方法体也为空，所以编译器也会为其添加调用父类构造方法的语句：

public Shape(){ super(); }

因为 Shape 的直接父类是 Object，所以流程转入 Object 的不带参数的构造方法 Object()执行。Object 构造方法执行后，执行第 4 行实例变量初始化语句将 Shape 的实例变量 color 赋值为 Color.BLACK，接着执行 Shape 构造方法 super()以后的语句。

④ Shape 构造方法执行后，执行 Rectangle 实例变量初始化语句，因为 width 和 height 都没有带初始化语句，所以继续执行第 12～15 行的 Rectangle 实例初始化语句，最后执行 Rectangle 构造方法中 super()之后的其他语句。

⑤ 实例创建并完成对实例变量初始化后，返回实例的引用给引用变量 rect。

5.2.6 static 成员

static 关键字定义的成员变量和成员方法称为类的静态成员，也称为类的成员。类的静态成员属于类，不属于对象，在类的字节码文件加载到内存中后就已经存在于内存中。静态成员可以直接使用类名引用，而无须创建实例访问这些数据和方法。例如，Math 类的静态成员属性 PI 可以直接用类名引用 Math.PI，Math 类的静态方法 abs 求-5 的绝对值可以直接写成 Math.abs(-5)。

实例成员是指没有 static 关键字修饰的成员变量与成员方法。与静态成员访问方式不同，实例成员属于对象，必须创建对象，再通过对象的引用变量进行访问。

静态成员是随类加载进入内存的，实例成员在实例创建后才存在（实例成员变量在实例创建时分配内存并完成初始化，实例成员方法对应字节码随类加载进入内存中，但对方法的引用在创建实例后才能进行）。静态成员存在于系统中的时间要先于实例成员。静态方法能访问当前类的静态成员变量和静态成员方法，却不能访问当前类的实例成员变量和成员方法。若当前类的静态方法或其他类内部需要调用当前类的实例方法，则需要先创建当前类的实例，再由实例的引用变量通过成员操作符"."完成调用。实例方法能访问实例成员变量和实例成员方法，也能访问静态成员变量和静态成员方法。代码 5-8 实现了静态成员和实例成员的访问。

代码 5-8　静态成员和实例成员的访问

```
1   public class StaticDemo {
2       private static int v1 = 10; //静态成员变量 v1
3       private int v2 = 20; //实例成员变量 v2
4       public static void method1() {//静态成员方法 method1
5           System.out.println("调用静态方法 method1");
6           System.out.println("v1="+v1); //在静态方法内能访问静态成员变量
7           System.out.println(v2); //错误，在静态方法内不能访问实例成员变量
8       }
9       public void method2() {//实例成员方法 method2
10          System.out.println("调用实例方法 method2");
11          System.out.println("v1="+v1); //在实例方法内能访问静态成员变量
12          System.out.println("v2="+v2); //在实例方法内能访问实例成员变量
13          method1();//在实例方法内能调用静态方法
14          method3();//在实例方法内能调用实例方法
15      }
16      public void method3() {//实例成员方法 method3
```

```
17            System.out.println("调用实例方法 method3");
18        }
19        public static void main(String[] args) {//静态成员方法，Java 应用程序入口方法
20            method1();//在静态方法内能调用静态方法
21            method2();//错误，在静态方法内不能调用实例方法
22            StaticDemo sd = new StaticDemo();
23            sd.method2();//在静态方法内调用实例方法需先创建对象，再由对象调用
24        }
25    }
```

类除使用 static 修饰成员变量和方法外，还可以修饰语句块。关键字 static 修饰的语句块位置与成员变量、成员方法并列，也属于类的一种静态成员，我们称之为静态初始化语句块（有的教材称为静态代码块或静态代码段）。其语法格式如下：

```
static{
    //静态初始化语句块
}
```

静态初始化语句块随类加载进入 JVM 内存区。不同于静态方法，它被加载进入内存后会马上被执行且只执行一次。通常，静态初始化语句块用于类成员被访问前的一些初始化工作。代码 5-9 给出了静态初始化语句块示例。

代码 5-9　静态初始化语句块示例

```
1    public class A {
2        static {//静态初始化语句块在类加载进入内存后就执行且只执行一次
3            System.out.println("初始化...");
4        }
5        public static void main(String[] args) {
6            System.out.println("主程序运行...");
7            System.out.println("主程序结束");
8        }
9    }
```

JVM 实例加载 A 类的字节码进入 JVM 内存区并执行 A 类的静态初始化语句块（第 2～4 行），随后进入 Java 应用程序入口方法 main 执行（第 5～8 行）。程序执行后，输出结果如下：

初始化...
主程序运行...
主程序结束

5.2.7　final 成员

修饰符 final 除了修饰最终类，也用于修饰类的成员属性和成员方法。被 final 修饰的成员属性称为常量，被 final 修饰的成员方法称为最终方法（或称为终结方法）。常量被初始化后，不允许被赋值修改，最终方法不允许被子类重写修改。代码 5-10 给出了 final 修饰符定义类的成员属性和成员方法示例。

代码 5-10　final 修饰符定义类的成员属性和方法示例

```
1    public class FinalDemo {
2        private final int MAX_VALUE = 100; //定义常量，初始化为 100
3        public final void parseInt(int value) {
4            MAX_VALUE = 200; //错误：常量不允许被修改
5            if(value <= MAX_VALUE) {
6                System.out.println("a valid number");
7            }else {
8                System.out.println("an invalid number");
9            }
10       }
11   }
```

```
12  class SubFinalDemo extends FinalDemo{
13      public void parseInt(int value) {    }//错误：子类不允许重写父类的最终方法
14  }
```

第 2 行使用 final 修饰符定义常量 MAX_VALUE 并初始化为 100。MAX_VALUE 恒为 100，首次初始化后不允许再被赋值。第 4 行为 MAX_VALUE 赋值，编译器报常量不允许被修改的语法错误。第 3 行使用 final 修饰符定义 parseInt 最终方法。第 13 行 FinalDemo 的子类 SubFinalDemo 尝试重写 parseInt 方法，编译器报子类不允许重写父类的最终方法的语法错误。

5.3 面向对象特性

5.3.1 封装

Java 语言通过类实现对数据和方法的封装（Encapsulation）。访问控制修饰符约束数据和方法的作用范围。在一般情况下，对象的数据需要隐藏，不对外公开的核心方法需要隐藏，对外提供的接口方法需要公开。所以，成员变量与不公开的方法通常使用 private 修饰符，而对外体现对象职责的成员方法使用 public 修饰符。

类对数据和方法的封装可以提高数据的安全性、方法的重用性，以及有效保护核心方法的具体实现，保护知识产权。对象之间通过公共接口方法实现交互。封装在类内的 private 数据作用范围仅限于类内部。若类外的其他对象要访问这些数据，则需要借助于为类为这些私有成员变量提供的公共的属性返回（getter）方法和属性设置（setter）方法。属性返回方法返回成员变量值，命名规则为 get 加属性名，get 小写，属性名首字母大写。属性设置方法设置成员变量值，命名规则为 set 加属性名，set 小写，属性名首字母大写。例如，属性名为 attributeName，对应的 getter 方法为 getAttributeName，setter 方法为 setAttributeName。以下给出了属性名为 attributeName 的 getter 和 setter 方法的语法格式：

```
public  数据类型  getAttributeName (){
    return this.attributeName;
}
public void setAttributeName(数据类型  形参){
    this.attributeName = 形参;
}
```

代码 5-11 给出了 Bicycle 类增加 getter 和 setter 方法后的部分代码。对象创建后，类外可以通过 getter 和 setter 方法访问 Bicycle 实例的私有成员变量。

代码 5-11　Bicycle 类的 getter 方法与 setter 方法部分代码

```
1   public class Bicycle {
2       private int id;
3       private String color;
4       private int size;
5       …
6       public int getId() {
7           return id;
8       }
9       public void setId(int id) {
10          this.id = id;
11      }
12      public String getColor() {
13          return color;
14      }
15      public void setColor(String color) {
16          this.color = color;
17      }
```

```
18      public int getSize() {
19          return size;
20      }
21      public void setSize(int size) {
22          this.size = size;
23      }
24 }
```

第 2~4 行定义了 Bicycle 类的三个私有成员变量，作用范围在该类内部。实例创建后，类外无法直接获取或设置成员变量的值。第 6~23 行为三个私有成员变量增加公共的 getter 和 setter 方法。类外通过调用 getter 和 setter 方法间接获取和设置成员变量的值。扫描本章二维码获取示例完整代码。

5.3.2 继承

定义类时，若已经存在一个包含部分相同属性和方法的类，则可以用已经存在的类来创建新类。已经存在的类称为新类的父类、基类或者超类，新类称为已经存在的类的子类、扩展类或者派生类。子类与父类的关系称为继承（inheritance）或者泛化关系，在类图中使用带空心三角箭头的实线表示。

在 Java 类继承关系模型中，除 java.lang.Object 类无父类外，其他类都有且仅有一个直接父类。在类定义时若未显式地使用关键字 extends 给出继承的父类名，则默认将 Object 类作为其直接父类。Java 类的继承关系是一种树状层次结构。一个类（除 Object 外）有且仅有一个直接父类，可能有多个间接父类（祖先类）。这个类可以从其直接或间接父类继承所有用 public 和 protected 修饰的成员变量和成员方法。同一个包内的子类也允许继承父类中具有包一级访问控制权限的成员变量和成员方法。构造方法不属于成员方法，不允许被继承，但允许在子类中使用 super 关键字被显式调用。父类的私有成员被隐藏在类内部，对子类不可见，不允许被子类继承，但子类可以通过继承访问这些私有数据的公共方法（getter 与 setter 方法），间接实现对父类私有数据的操作。如图 5-3 所示为 Java SE 类库以 Object 类为根的类继承关系模型。

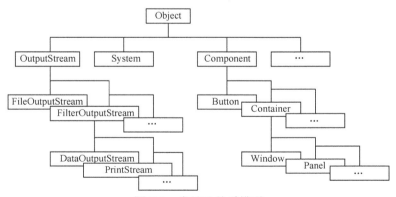

图 5-3 类继承关系模型

Object 类是类层次关系的根，它是 Java 语言中所有类的直接或间接父类。所有 Java 对象（包括数组）都可以继承或重写 Object 类的方法。

下面以订单为例说明类的继承关系。商品进销存系统的订单用于记录预定单据的编号、所属部门、总金额（忽略税率）、状态（草稿、过账）、创建时间和创建单据员工等信息。订单分为进货订单与销售订单两种类型。进货订单是指向供应商下的商品预定单据，除具有订单的基本属性外，还包括供应商编号、供应商名称和商品入库的仓库编号。销售订单是指客户预定商品的单据,除订单基本属性外,还包括客户编号、客户姓名和出库仓库编号。两种订单都提供打印单据基本信息的功能。由于进货订单和销售订单都具有订单的基本属性和打印功能,因此在设计类时,可以将订单设计为父类,进货订单和销售订单作为子类;属性定义为私有成员变量;为保证子类和其他类访问,为每个私有成员变量提供 getter 与 setter 方法;打印功能定义为公共成员方法,以保证子类继承和类外访问。订单、进货订单、销售订单三个类之间的泛化关系如图 5-4 所示。

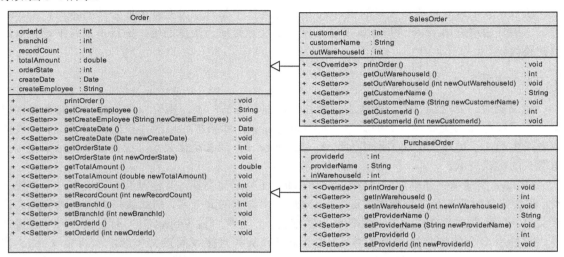

图 5-4 订单泛化关系

子类 SalesOrder 和 PurchaseOrder 继承父类 Order 的所有公共的 getter 和 setter 方法。通过 getter 和 setter 方法,子类能间接访问父类私有成员变量。子类继承父类的 printOrder 方法打印单据信息。销售订单与进货订单打印信息不同于父类,因此需要在各子类内重新定义 printOrder 方法。子类重新定义与父类同名的方法称为方法重写(Override)。子类重写父类方法要满足以下要求:① 方法名相同;② 方法参数列表相同;③ 返回类型相同;④ 访问控制修饰符不能变窄;⑤ 抛出异常范围不能变宽。

例如,下面的代码段中,子类 SalesOrder 重写父类 Order 的 printOrder 方法存在语法错误:

```
1   //Order.java
2   public class Order{
3       public void printOrder(){   }//返回类型为 void,参数为空,访问控制修饰符为 public,无抛出异常类型
4   }
5   //SalesOrder.java
6   public class SalesOrder extends Order{
7       private void printOrder(){   }//重写错误:访问控制修饰符变窄
8       public int printOrder(){   }//重写错误:返回类型不同
9       public void printOrder(int x, int y){   }//重写错误:参数列表不同
10      public void printOrder() throws Exception {   }//重写错误:抛出异常范围变宽
11  }
```

代码 5-12 创建 Order、SalesOrder 和 PurchaseOrder 三个类以实现图 5-4 的泛化关系。

代码 5-12 订单、销售订单与进货订单类

```
1   //订单类源文件 Order.java
2   public class Order {
3       private int orderId;//订单编号
4       private int branchId;//部分编号
5       private int recordCount;//订单记录条数
```

```
6      private double totalAmount;//订单金额
7      private int orderState;//订单状态：草稿或正式
8      private Date createDate;//创建时间
9      private String createEmployee;//创建员工
10     …
11     public void printOrder() {
12         System.out.println("编号： "+orderId);
13         System.out.println("订单金额："+totalAmount);
14     }
15 }
16 //销售订单类源文件 SalesOrder.java
17 public class SalesOrder extends Order{
18     private int customerId;
19     private String customerName;
20     private int outWarehouseId;
21     …
22     @Override
23     public void printOrder(){
24         System.out.println("编号："+getOrderId());
25         System.out.println("客户："+customerName);
26         System.out.println("销售订单金额："+getTotalAmount());
27     }
28 }
29 //进货订单类源文件 PurchaseOrder.java
30 public class PurchaseOrder extends Order{
31     private int providerId;//供应商编号
32     private String providerName;//供应商名字
33     private int inWarehouse;//商品入库仓库
34     …
35     @Override
36     public void printOrder() {
37         System.out.println("编号："+getOrderId());
38         System.out.println("供应商："+providerName);
39         System.out.println("进货订单金额："+getTotalAmount());
40     }
41 }
```

子类具有不同于父类打印订单的实现，所以在第 23～27 行和第 36～40 行，SalesOrder 类和 PurchaseOrder 类分别重写了父类的 printOrder 方法。子类虽然不能直接继承父类 private 成员变量，但可以通过公共的 getter 和 setter 方法访问它们（见第 24，26，37，39 行）。扫描本章二维码获取示例完整代码。

5.3.3 多态

多态（polymorphism）在生物学中指一种生物体具有多种不同的形态，在计算机编程语言中指使用一个变量符号可以表示多个具有相同超类的不同子类的实例。多态为不同类型提供统一的编程接口。类变量可以引用其自身或其子类的实例，接口变量可以引用其实现类的实例。程序运行时（run-time），Java 虚拟机按静态或动态绑定访问属性或调用方法，成员变量和静态方法属于静态绑定，实例方法属于动态绑定。编译时（compile-time），Java 编译器按变量声明类型检查语法。

（1）编译时，声明为类的引用变量保存其子类实例的引用，该变量能访问声明类型的成员变量和成员方法，但访问子类新增成员变量或新增方法时，编译器会报语法错误。下面的代码段定义 Order 类型的变量 order，保存 SalesOrder 的实例：

```
1  Order order = new SalesOrder();
2  String name = order.getCustomerName();//语法错误：Order 类中未定义 getCustomerName 方法
3  System.out.println(name);
```

使用 order 变量调用 SalesOrder 的 getCustomerName 新增方法，编译器提示 getCustomerName 在父类 Order 中未定义。编译器按变量声明类型检查语法错误。变量 order 声明为 Order 类型却调用 Order 类型中未定义的 getCustomerName 方法，从而导致语法错误。

（2）运行时，声明为类的引用变量保存其子类的引用，该变量引用的实例变量、静态变量和静态方法与变量声明类型的成员变量和静态方法进行静态绑定。变量调用的实例方法与变量实际引用实例的成员方法进行动态绑定。声明为父类类型的变量引用其子类的实例时，该变量需要先变窄为子类类型的引用才能访问子类的新增成员。举例如下：

```
1   Order order = new Order();
2   order.setOrderId(1001);
3   order.setTotalAmount(1800);
4   order.printOrder();
5   order = new SalesOrder();
6   order.setOrderId(1002);
7   order.setTotalAmount(2200);
8   ((SalesOrder)order).setCustomerName("zhangsan");
9   order.printOrder();
10  order = new PurchaseOrder();
11  order.setOrderId(1003);
12  order.setTotalAmount(3000);
13  ((PurchaseOrder)order).setProviderName("Tianfu");
14  order.printOrder();
```

同一个类型的变量 order 可以分别保存三种不同类型实例的引用（见第 1，5，10 行），这是多态性的体现。第 4，9，14 行变量 order 调用三次 printOrder 方法。结果显示，printOrder 方法是与引用变量实际引用的对象动态绑定的，即第 4 行调用的是 Order 类中定义的 printOrder 方法，第 9 行调用的是 SalesOrder 类中定义的 printOrder 方法，而第 14 行调用的是 PurchaseOrder 类中定义的 printOrder 方法。声明为 Order 类型的变量 order 要引用子类的方法，需要先显式变窄为子类后再访问（见第 8，13 行）。上述代码段执行结果如下：

```
订单信息：
编号：1001
订单金额：1800.0
销售订单信息：
编号：1002
客户：zhangsan
销售订单金额：2200.0
进货订单信息：
编号：1003
供应商：Tianfu
进货订单金额：3000.0
```

（3）引用数据类型转换问题在 2.3.2 节讨论过，从子类向父类或祖先类（这些类在类的继承关系树上位于同一个分支）转换称为隐式变宽转换。例如，声明为父类（Order）类型的引用变量保存子类（SalesOrder）实例的引用："Order order = new SalesOrder();"。反过来，从父类向其子类或子孙类转换称为显式变窄转换。例如，声明为子类（SalesOrder）类型的引用变量保存父类（Order）实例的引用："SaleOrder order = (SaleOrder)(new Order());"。

如果两个类型在类继承关系树上属于不同分支，则它们不能进行隐式或显式转换。例如，Dog 类的直接父类是 Object，Cat 类的直接父类也是 Object，下面赋值语句会存在类型转换错误。

```
Dog dog = new Cat(); //Type mismatch: cannot convert from Cat to Dog
Dog dog = (Dog)(new Cat); //Cannot cast from Cat to Dog
```

5.4 面向对象高级特性

5.4.1 枚举类型

当需要表示一组常量数据时，可以采用 enum 关键字定义枚举类型。例如，太阳系的行星（MERCURY,VENUS,EARTH,MARS,JUPITER,SATURN,URANUS,NEPTUNE），一年 4 个季节（SPRING,SUMMER,AUTUMN,WINTER），方向（NORTH,SOUTH,WEST,EAST,CENTER），一周的星期（SUNDAY,MONDAY,TUESDAY,WEDNESDAY, THURSDAY,FRIDAY,SATURDAY），一年的月份（JANUARY,FEBRUARY,MARCH,APRIL,MAY,JUNE,JULY,AUGUST,SEPTEMBER,OCTOBER,NOVEMBER,DECEMBER）等都可以定义为枚举类型。

枚举类型是特殊的类类型，用于表示一组预定义的常量。因此枚举类型的数据名都为大写，数据名之间使用逗号分隔。声明为枚举类型的变量，可以引用其中任何一个常量。通常，编译前能确定常量个数的类型都可以定义为枚举类型。代码 5-13 给出了方向枚举类型。

代码 5-13　方向枚举类型

```
1  public enum Direction {//方向枚举类型，包括 5 个常量数据域
2      NORTH,SOUTH,WEST,EAST,CENTER
3  }
```

扫描本章二维码获取示例完整代码。

枚举类型的结构与类相似，也可以包括成员变量、构造方法和成员方法。不同之处在于：① 枚举类型使用关键 enum 替代关键字 class。② 枚举类型中常量必须定义在成员变量和构造方法前，常量以逗号分隔，常量列表以分号结尾。③ 构造方法必须采用 private 或 default（默认）访问控制修饰符，只能在类型内用于常量创建。开发人员不能通过构造方法创建枚举类型的实例。④ Java 编译器为枚举类型自动增加一些特殊方法让枚举类型具有更加强大的功能，包括返回枚举类型所有常量值的 values 方法以及按字符串常量名返回枚举类型的 valueOf 方法。for-each 循环语句可以从 values 方法返回的枚举类型数组中遍历每个常量数据。

代码 5-14 以月份枚举类型为例说明包含成员变量、构造方法和成员方法的枚举类型的使用方法。Month 枚举类型包含 12 个月份常量，通过构造方法创建每个常量并为成员变量赋值，Month 类型内还提供按年份返回当前月份天数的成员方法。

代码 5-14　月份枚举类型

```
1  public enum Month {//包含常量，成员变量，构造方法和成员方法的枚举类型，是一种特殊的类类型
2      JANUARY(31), FEBRUARY(28), MARCH(31), APRIL(30), MAY(31), JUNE(30),
3      JULY(31),   AUGUST(31), SEPTEMBER(30), OCTOBER(31), NOVEMBER(30),
4      DECEMBER(31); //常量列表
5      private final int days; //成员变量
6      Month(int days){ //构造方法用于创建常量并为成员变量赋值，不允许被显式调用
7          this.days = days;
8      }
9      int getDaysOfMonth(int year){ //成员方法，返回指定年份当前月份的天数，闰年的 2 月返回 29 天
10         int days = this.days;
11         if((this==FEBRUARY) && (year%4==0&&year%100!=0)|(year%400==0)) {
12             days += 1;
13         }
14         return days;
15     }
16 }
```

扫描本章二维码获取示例完整代码。

5.4.2 抽象类

在关键字 class 前使用 abstract 修饰符可以定义抽象类。与具体类（无 abstract 修饰的类）相比，抽象类不能实例化，抽象类内可以定义未实现的（没有花括号包含的方法体）抽象方法。抽象类定义语法格式如下：

```
访问控制修饰符 abstract class 类名 extends 父类名 implements 接口列表{
    //数据成员
    //静态初始化语句块 static{}
    //实例初始化语句块{}
    //构造方法
    //成员方法（可以是具体方法也可以是抽象方法）
    //内部类型（如内部类、内部接口、内部枚举类型等）
}
```

其中访问控制修饰符可以是 public 或 default（默认）修饰符。abstract 修饰符用于抽象类定义。extends 扩展父类，父类可以是具体类也可以是抽象类，若未显式地给出 extends 子句，则抽象类的直接父类默认为 Object。implements 实现接口，接口列表中若包含多个接口，则接口之间使用逗号分隔。抽象类包含数据成员、静态初始化语句块、实例初始化语句块、构造方法、成员方法和内部类型。成员方法可以是没有实现的抽象方法，抽象方法语法格式为，将具体方法的方法体中的"{}"用分号";"替代并且在方法名前增加 abstract 修饰符。抽象方法语法格式如下：

```
访问控制修饰符 abstract 方法名(参数列表);
```

关于抽象类需要注意以下问题。

（1）抽象类不能实例化，但包含构造方法。抽象类的子类可以通过 super 关键字调用它的构造方法完成对抽象类成员变量的赋值。

（2）抽象类可以包括抽象方法，也可以没有抽象方法。一个不包括抽象方法的类可以定义为具体类，也可以定义为抽象类。

（3）抽象类的父类可以是具体类，也可以是抽象类。若父类是抽象类且具有抽象方法，则子类必须实现父类所有的抽象方法，否则子类仍然是抽象类。

（4）抽象类可以实现一个或多个接口。若一个类不能完全实现接口中的所有抽象方法，则这个类只能定义为抽象类。

抽象类示例：在一个关于形状的应用程序中，形状具有名称和颜色属性并提供计算周长和面积的功能。用户通过该应用程序可以计算并打印矩形和圆的周长与面积。第一步，通过对问题的名词分析找到颜色（Color）、形状（Shape）、矩形（Rectangle）和圆（Circle）4 个类型，其中颜色可以定义为枚举类型，形状无法给出面积和周长的计算公式可以定义为抽象类，矩形和圆除各自特有的属性外，都具有与形状相同的属性与方法，所以可以定义为形状类型的子类。第二步，通过对问题中描述性文字的分析确定形状类的属性包括名称（name）和颜色（color），矩形类的属性包括长（width）和宽（height），而圆类的属性包括半径（radius）。第三步，通过对问题中的动词分析确定各个类型具有的方法。形状类包含计算面积（area）和周长（perimeter）的方法，矩形和圆类计算面积和周长的公式不同需要重写父类方法，最后因为成员变量使用 private 修饰符被隐藏在类内部，需要为属性提供 getter 和 setter 方法。形状应用程序的类图如图 5-5 所示。扫描本章二维码获取示例完整代码。

Shape 是抽象类，Rectangle 类与 Circle 类是 Shape 的子类，它们之间存在泛化关系。Color 枚举类型是 Shape 类型的成员变量，它们之间是聚合关系。ShapeTester 类用于测试形状类型定义的正确性，在 ShapeTester 类中会访问 Shape 类，所以它们之间是依赖关系。

抽象类用于多个相关类之间共享数据和方法，它是对一种类型（包括数据与行为）的抽象，与其子类之间是泛化（is a）关系。子类是抽象类的一种具体类型，能够共享抽象类包含的所有属性和方法，同时子类能新增属性和方法，并能对抽象类的方法进行实现或重新定义。例如，Rectangle 和 Circle 都是 Shape 抽象类的子类，它们共享 Shape 的名字和颜色属性，具有 Shape 计算面积和周长的功能，并能根据自己的特性重新给出这两个功能的实现。

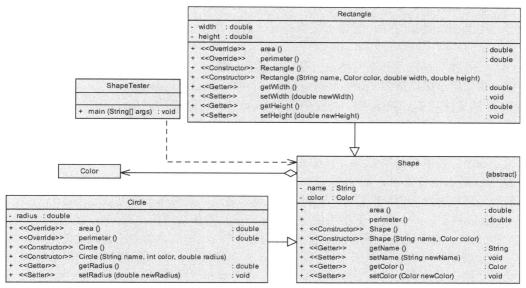

图 5-5　形状类图

5.4.3　接口

接口包括常量、方法、默认方法、静态方法和内部类型。接口除默认方法与静态方法外，其他方法都是没有实现的公共抽象方法。接口不能实例化，它必须通过实现类进行实现。接口定义语法格式如下：

```
访问控制修饰符 其他修饰符 interface 接口名 extends 接口列表{
    // 常量声明，默认为 public static final 修饰的静态常量
    // 方法声明，默认为 public abstract 修饰的抽象方法
    // 默认方法定义，default 关键字修饰的有具体实现的方法
    // 静态方法定义，static 关键字修饰的有具体实现的方法
    // 内部类型（如内部类、内部接口、内部枚举类型等），接口内部定义的其他类型
}
```

接口定义包括以下 5 个部分。

（1）访问控制修饰符可以为 public 或 default（默认）修饰符，以保证在包一级或项目内可以被其他类实现。如果定义为 private 或 protected，则编译器会报错。

（2）其他修饰符默认为 abstract，可以省略不写。

（3）interface 后跟接口名，满足接口命名规范。

（4）extends 为可选关键字，若不写则表示当前接口无父接口，若存在则后跟继承的父接口列表。一个接口可以继承一个父接口也可以继承多个父接口，多个父接口之间使用逗号分隔，这有别于 Java 类的单继承。

（5）接口体由一对花括号括起的常量、方法、默认方法、静态方法和内部类型组成。其中，常量默认为 public static final 修饰的静态常量；方法默认为 public abstract 修饰的抽象方法；默认方法和静态方法是带方法体的具体方法；内部类型可以在接口内嵌套其他类型，包括内部类、

内部接口和内部枚举类型等。

关于接口需要注意的问题如下。

（1）接口不能实例化，包含的方法除默认方法和静态方法外都属于公共抽象方法。

（2）接口可以继承一个或多个父接口。

（3）接口中的抽象方法需要类实现，实现接口的类称为接口的实现类。若类实现了接口及其父接口中的所有抽象方法，则该实现类是具体类，若只实现了部分抽象方法，则该实现类是抽象类。

（4）一个类只能继承一个父类，但可以实现多个接口。

（5）接口用于标识接口（Marker Interface）时可以不包括任何常量和方法，仅用于标识实现类是否具有某种功能。Java SE 类库中的 Cloneable（可克隆）、Serializable（可序列化）、RandomAccess（可随机访问）、Remote（可远程调用）等都属于标识接口。

接口示例：电子设备的电源包括电池和适配器两种类型。智能手机是一种以电池为电源的移动电子设备，能够处理特定的计算任务，并具有拨打和接听电话的功能。目前，针对电子设备有 DPM（动态电源管理）和 DVS（动态电压调节）两种低功耗方法节能。智能手机为提高电池续航能力可以通过 DPM 和 DVS 方法节省电能。通过以上问题分析可以定义三个类型：电子设备（ElectronicDevice）类、智能手机（Smartphone）类和低功耗（LowPower）接口。智能手机是一种（is a）电子设备，为提高手机能效，具有（has a）低功耗方法。在类设计时，具有节能功能的智能手机可以继承电子设备类并实现了低功耗接口，从而既能从电子设备继承父类的特征又能从接口中扩展功能。智能手机类、电子设备类和低功耗接口之间的关系如图 5-6 所示。继承关系使用带空心箭头的实线表示，箭头指向父类，另一端连接子类。实现关系使用带空心箭头的虚线表示，箭头指向接口，另一端连接实现类。扫描本章二维码获取示例完整代码。

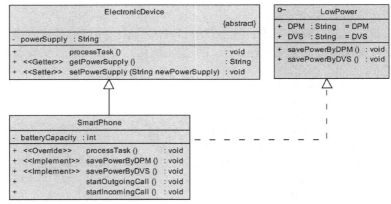

图 5-6　智能手机类、电子设备类和低功耗接口之间的关系

5.4.4　内部类

类可以嵌套定义，被嵌套的类为内部类。内部类所在的最外层类为外部类或顶层类。使用内部类的原因主要有三点：① 将逻辑结构紧密，仅存在彼此相互调用的类型划分到同一个类中定义，这样内部类可以只作为外部类的一个扩展，仅与外部类进行交互，完成外部类需要的一些辅助功能。② 增强类的封装性，内部类封装于外部类内，可以访问外部类包括 private 成员在内的所有成员，对外可以隐藏自身特性和功能。③ 提高程序结构的可读性，内部类为外部类提供增强的功能，在同一个类中定义方便代码阅读与维护。

内部类根据它所在的位置可分为静态内部类、成员内部类、局部内部类和匿名内部类 4 种。

（1）静态内部类

静态内部类的位置和定义语法类似于外部类的静态方法。静态内部类与外部类的其他静态方法一样，不能直接访问外部类的实例变量和实例方法，它们只能直接访问外部类的其他静态成员或通过外部类的实例来引用实例成员。在外部类的成员方法中可以通过内部类类名引用内部类的静态成员，也可以通过内部类的实例引用内部类实例成员。静态内部类定义语法格式如下：

```
访问控制修饰符 class OuterClass{
    访问控制修饰符 static class InnerClass{
        //静态内部类类体
    }
}
```

外部类的访问控制修饰符可以是 public 和 default（默认）修饰符，而静态内部类的访问控制修饰符可以是 public、protected、private 和 default（默认）修饰符。

（2）成员内部类

成员内部类类似于类的实例成员方法，与外部类的实例相关联，因此也可称为外部类的实例内部类。成员内部类可以直接访问外部类实例包括静态成员在内的所有成员变量和成员方法，但在其内部不能定义任何静态成员。成员内部类定义语法格式如下：

```
访问控制修饰符 class OuterClass{
    访问控制修饰符 class InnerClass{
        //成员内部类类体
    }
}
```

外部类的访问控制修饰符可以是 public 和 default（默认）修饰符，而成员内部类的访问控制修饰符可以是 public、protected、private 和 default（默认）修饰符。

（3）局部内部类

在语句块（方法体、循环体、选择语句、花括号包含的代码段）中定义的类称为局部内部类。局部内部类定义的位置类似于局部变量。与成员内部类相似，局部内部类不能定义静态成员。局部内部类可以访问外部类的成员，也可以访问所在作用域内的形参和局部变量，但是形参和局部变量必须是 final 类型（使用 final 修饰符修饰的变量）或有效的 final 类型（没有使用 final 修饰，但在作用范围内不允许被重新赋值的变量）。局部内部类定义语法格式如下：

```
访问控制修饰符 class OuterClass{
    //第一种形式：定义在方法体中，是局部内部类的常见形式
    成员方法体
    {
        修饰符 class InnerClass1{
            //成员内部类类体
        }
    }
    //第二种形式：定义在代码段中
    局部代码段{
        修饰符 class InnerClass2{
            //成员内部类类体
        }
    }
    //第三种形式：定义在选择语句中
    选择语句{
        修饰符 class InnerClass3{
            //成员内部类类体
        }
    }
    //第四种形式：定义在循环语句中
```

```
        循环体{
                修饰符  class InnerClass4{
                        //成员内部类类体
                        }
                }
        }
```

外部类的访问控制修饰符可以是 public 和 default（默认）修饰符，而局部内部类除 abstract 和 final 外不能使用其他修饰符。

（4）匿名内部类

匿名内部类是一种没有名字的局部内部类。如果只使用一次局部内部类，则无须使用 class 关键字单独定义有名字的内部类后再对内部类进行实例化，可以使用没有名字的匿名内部类。匿名内部类使代码更加简捷，声明内部类和实例化内部类在一行表达式语句中就可以完成。匿名内部类表达式语法格式如下：

```
类型名  变量名  = new  类型名(参数列表){
        //匿名内部类类体
};
```

其中，类型名可以是抽象类、具体类，也可以是接口。New 关键字用于实例创建。new 关键字后跟要继承或实现的类名和接口名。参数列表包含在一对圆括号中，表示传递给指定类型构造方法的实参，若是实现接口的匿名内部类，因为接口没有构造方法，所以参数列表为空。紧跟的一对花括号表示匿名内部类的类体，匿名内部类可以定义成员变量、重写成员方法、实现抽象方法和新增成员方法，而且还可以继续嵌套内部类，但不允许定义构造方法。

扫二维码获取内部类示例代码。

5.5 实例：图书进货管理子系统（数组）

5.5.1 问题描述

编写 Java 应用程序实现一个简易的图书进货管理子系统。该子系统是图书进销存系统的一部分，其具有基础信息维护、进货和报表功能。为了更好地理解程序构建的过程以及 Java 语言的语法，我们对子系统的功能进行了适当裁减。例如，我们省去了组织机构、仓库、订单、会计科目、应收应付、出库入库等相关操作。本系统主要针对图书进货环节。基本信息维护包括图书、用户、供应商等信息的新增、删除、修改和查询操作。进货包括进货单、进货明细两种单据操作，一次进货记录包含多条图书信息。报表提供按时间段打印进货记录、查询进货商品排行等功能。图书信息包括图书名、分类、条码、出版社、出版时间等。其中分类包括教育、小说、文艺、童书、生活、社科、科技和励志 8 种类型。用户信息包括用户名、登录密码、创建时间等。供应商信息包括供应商名、供应商地址、开户行、是否允许退换货等。进货单包括进货单编号、创建用户编号、供应商编号、记录条数、单据金额、创建时间等。进货明细包括进货单编号、进货明细编号、图书编号、图书名、进货数量、进货单价、金额、创建时间等。进货记录统计返回查询时间段内的所有图书进货单信息。图书进购排行功能允许用户按进货数量对图书排序。

5.5.2 系统功能分析

通过对问题描述的分析，图书进货管理子系统包括基础信息维护、进货、报表三个主要功能。其中，基础信息维护包括用户信息维护、供应商信息维护和图书信息维护；进货包括进货单管理和进货明细管理；报表包括进货记录报表和图书排行报表。图书进货管理子系统用例图如图 5-7 所示。

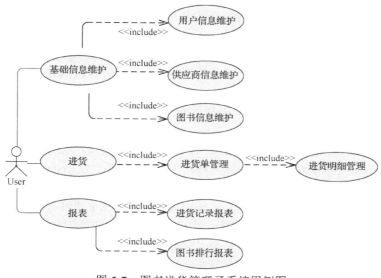

图 5-7 图书进货管理子系统用例图

5.5.3 系统设计

（1）软件结构

图书进货管理子系统采用三层结构，自上向下为视图层、业务层和数据层。视图层负责与用户交互，为用户提供使用系统的统一界面和接口，主要作用是接收用户指令和数据并传递请求给服务层，接收服务层返回数据并输出给用户。视图层主要包括界面、输入/输出相关的接口与类。业务层完成核心业务处理，例如，信息维护、进货管理、报表生成，主要包括与逻辑业务相关的业务类。数据层完成数据存储，可以选择文件、数据库来持久存储数据。因为还没有讲到文件和数据库，所以本实例选择数组存储数据（用户列表、供应商列表、图书列表、进货单列表、进货明细列表都是存储基础数据的数组），这些数据存储结构与实体对象（用户、供应商、图书、进货单、进货明细）相关联，程序退出时所有数据都会丢失。软件层次结构图如图 5-8 所示。

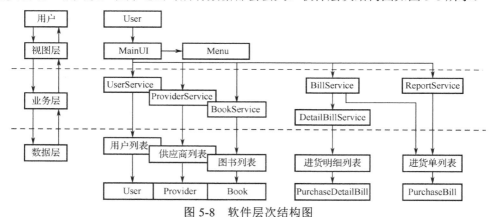

图 5-8 软件层次结构图

（2）类与对象分析

对问题分析后，我们确定以下名词作为类：用户、供应商、图书、进货单、进货明细。它们各自包含的属性说明如下。

① 用户（User）：用户编号、用户名、登录密码、创建时间。

② 供应商（Provider）：供应商编号、供应商名、供应商地址、供应商开户行、是否允许退换货。

③ 图书（Book）：图书编号、图书名、分类、条码、出版社、出版时间。

④ 进货单（PurchaseBill）：进货单编号、创建用户编号、供应商编号、记录条数、金额、创建时间。

⑤ 进货明细（PurchaseDetailBill）：进货单编号、进货明细编号、图书编号、图书名、进货数量、进货单价、金额、创建时间。

进货单与进货明细之间存在一对多的关系，所以可以在进货单类中新增保存进货明细的数组对象。所有类的属性都通过 private 修饰符封装在类内部，并通过 getter 与 setter 方法对外提供访问接口。为用户、供应商、图书和进货单设计服务类实现对信息增、删、改、查操作：用户服务（UserService）类、供应商服务（ProviderService）类、图书服务（BookService）类、单据服务（BillService）类、单据明细服务（DetailBillService）类和报表服务（ReportService）类。为实现用户交互，设计界面接口类：菜单类（Menu）、主界面类（MainUI）和主界面类的内部辅助类（InteractHelper）。图 5-9 显示了图书进货管理子系统类图。

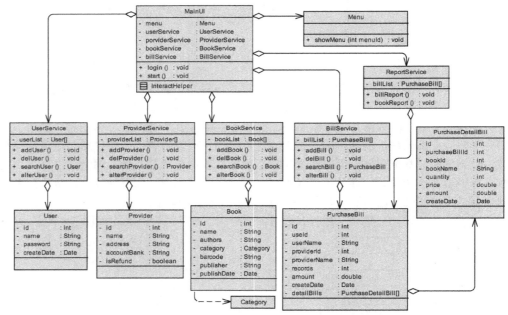

图 5-9　图书进货管理子系统类图

User、Provider、Book 和 PurchaseDetailBill 属于实体类，除属性和对应的 getter、setter 方法外没有包含任何业务逻辑。PurchaseBill 封装保存进货明细的 PurchaseDetailBill 数组和对进货明细进行增、删、改、查的方法。UserService、ProviderService、BookService、BillService 和 ReportService 属于服务类，它们都封装了用于保存实例的一维数组和对实体进行增、删、改、查的方法。MainUI 类封装 InteractHelper 类完成接收用户输入并通过封装的服务类实现数据操作。最后 InteractHelper 输出服务类处理结果。Menu 类保存交互过程中所有菜单项，提供按编号输出菜单的 showMenu 方法。

（3）部分流程

① 新增用户流程

InteractHelper 类实现新增用户信息输入，并发送 addUser 消息给 UserService 服务类。若当前用户数未超过用户列表允许的最大长度，则将新增用户插入用户列表中，否则无新增用户插入，直接返回。新增用户流程如图 5-10 所示。

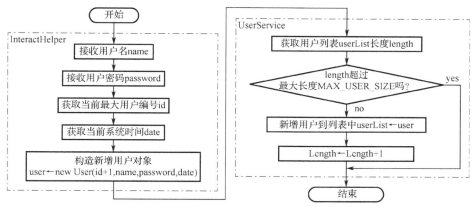

图 5-10 新增用户流程

② 新增进货单流程

InteractHelper 完成新增进货单信息（进货单编号、包含明细条数、单据总金额等）、进货明细信息（图书数量、图书单价、金额等）录入，发送 addDetail 消息给 PurchaseBill 向进货明细列表中新增进货明细，发送 addBill 消息给 BillService 服务类。若当前进货单数量未超过进货单列表允许的最大长度，则将新增的单据插入进货单列表中，否则无新增单据插入，直接返回。新增进货单流程如图 5-11 所示。

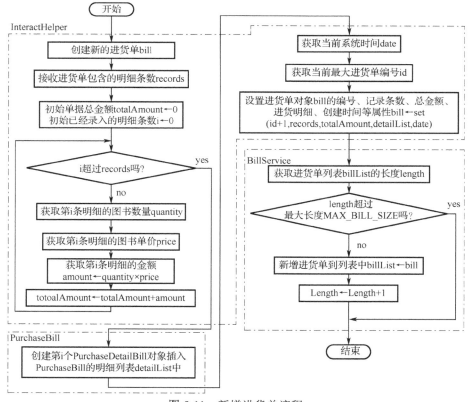

图 5-11 新增进货单流程

③ 图书排行报表流程

InteractHelper 发送 bookReport 消息给 ReportService 类，ReportService 类中封装了 BillService 和 BookService 类。通过 BillService 类返回所有进货单，进货单 PurchaseBill 可以返回图书明细，统计每个图书明细的进货数量。采用二维数组 int[][] ranks 保存每种图书的进货数量，第 i 行第 1 列 ranks[i][0] 保存第 i 条图书记录的图书编号，第 i 行第 2 列 ranks[i][1] 保存第 i 条图书记录的图书进货量。然后对 ranks 数组按进货量降序排列输出。图书排行报表流程如图 5-12 所示。

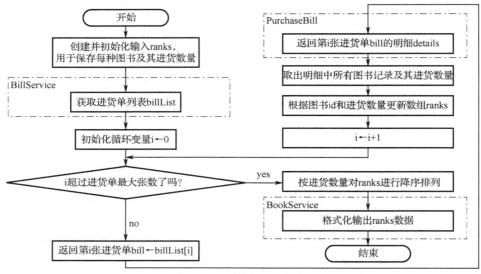

图 5-12　图书排行报表流程

5.5.4　系统实现

（1）实体类

实体类 User、Provider、Book、PurchaseBill 和 PurchaseDetailBill 的实现有相似之处，为节省版面，只给出 PurchaseBill 类的部分实现，参见代码 5-15。

代码 5-15　PurchaseBill 类的部分实现

```
1   public class PurchaseBill {
2       private PurchaseDetailBill[] detailBills;
3       ...
4       public PurchaseDetailBill[] getDetailBills() {
5           return detailBills;
6       }
7       public void setDetailBills(PurchaseDetailBill[] detailBills) {
8           this.detailBills = detailBills;
9       }
10  }
```

（2）服务类

服务类 UserService、ProviderService、BookService、BillService 和 ReportService 的实现有相似之处，为节约版面，只给出 BillService 类的部分实现，参见代码 5-16。BillService 类封装了能保存 PurchaseBill 对象的一维数组，提供增加、删除、修改和查询进货单的方法。

代码 5-16　BillService 类的部分实现

```
1   public class BillService {
2       private PurchaseBill[] billList; //进货单列表，保存系统创建的所有进货单
3       private int length;//当前保存进货单的数量
```

```
4       …
5       public void addBill(PurchaseBill bill) {//新增一张进货单
6           if(length >= PurchaseBill.MAX_SIZE) {
7               return;
8           }
9           billList[length++] = bill;
10      }
11      public int searchBill(int id) {//按编号查找进货单
12          for (int index = 0; index < billList.length; index++) {
13              if(billList[index].getId() == id) {
14                  return index;
15              }
16          }
17          return-1;
18      }
19      public void delBill(int id) {//按编号删除进货单
20          int index = searchBill(id);
21          if(index < 0) {return; }
22          if(index != length-1){
23              for (int i = index; i < billList.length; i++) {
24                  billList[i] = billList[i+1];
25              }
26          }
27          length --;
28      }
29      public void alterBill(int id, double amount) {//按编号修改进货单金额
30          int index = searchBill(id);
31          if(index < 0) {return; }
32          billList[index].setAmount(amount);
33      }
34 }
```

（3）视图层输入/输出类

视图层输入/输出类实现与用户交互，接收用户输入，向服务层发送消息，获取服务层处理结果并输出。本实例视图层包含主界面（MainUI）和菜单（Menu）两个类。MainUI 类封装 Menu 类用于菜单显示，封装 Service 类用于数据操作。代码 5-17 和代码 5-18 分别给出了 Menu 类和 MainUI 类的部分实现。

代码 5-17　Menu 类的部分实现

```
1   public class Menu {
2       public static final String m0 = "****************************\n"
3                       + " 欢迎来到简易图书进货管理系统\n"
4                       + "****************************";
5       public static final String m1 = "****************************\n"
6                       + "   简易图书进货管理系统\n"
7                       + "****************************\n"
8                       + " 1. 基础信息维护\n"
9                       + " 2. 进货\n"
10                      + " 3. 报表\n"
11                      + " 4. 密码设置\n"
12                      + " 5. 退出\n"
13                      + "****************************\n"
14                      + "请输入菜单项编号[1～5]：";
15      …
16      public String[] menus = { m0,m1,… };
17      public void showMenu(int menuId) {//按菜单编号输出菜单
18          if(menuId < 0 || menuId >= menus.length) {return;}
```

```
19          System.out.println(menus[menuId]);
20      }
21 }
```

代码 5-18　MainUI 类的部分实现

```
1  public class MainUI {
2      …
3      private boolean login() throws Exception{//显示登录界面,调用 checkUser 方法校验用户合法性
4          menu.showMenu(0);
5          System.out.println("输入用户名: ");
6          String uname = br.readLine();
7          System.out.println("输入密码: ");
8          String password = br.readLine();
9          return userService.checkUser(uname, password);
10     }
11     //启动程序显示菜单,接收用户指令并发送请求给服务类,获取服务类返回结果并输出
12     public void start() throws Exception{
13         boolean stop = false;
14         if(login()) {
15             while(!stop) {
16                 menu.showMenu(1);
17                 String command = br.readLine();
18                 switch (command) {
19                     case "1"://基础信息维护
20                         …
21                         break;
22                     case "2"://进货
23                         …
24                         break;
25                     case "3"://报表
26                         …
27                         break;
28                     case "4"://密码设置
29                         …
30                         break;
31                     case "5"://退出
32                         stop = true;
33                         break;
34                     default:
35                         System.out.println("请输入正确的指令!"); break;
36                 }
37             }
38             if(br != null) { br.close(); }//调用 close 方法释放与流对象相关的系统资源
39         }else { System.out.println("用户或密码输入错误,再见! "); }
40     }
41 }
```

扫描本章二维码获取本实例完整代码。

5.5.5　运行

（1）登录界面

程序启动后,执行 login 方法校验用户输入的用户名和密码是否合法。若合法,则显示登录成功后进入主界面,否则提示用户名或密码错误。本实例中的数据未保存到文件或数据库中,刚运行时用户列表为空,所以在 UserService 类中预存了一个默认账号（name 为 David, password 为 123）。登录成功的界面如下：

```
***************************
   欢迎来到简易图书进货管理系统
***************************
输入用户名：
David
输入密码：
123
登录成功！
```

（2）系统主界面

本实例包含4项功能：基础信息维护、进货、报表和密码设置。主界面如下：

```
***************************
   简易图书进货管理系统
***************************
 1. 基础信息维护
 2. 进货
 3. 报表
 4. 密码设置
 5. 退出
***************************
请输入菜单项编号[1～5]
```

（3）基础信息维护界面

基础信息维护包括用户管理、供应商管理、图书管理三项功能，界面如下：

```
***************************
   简易图书进货管理系统
***************************
* 当前位置：基础信息维护
* 1. 用户管理
* 2. 供应商管理
* 3. 图书管理
* 4. 返回上一级菜单
***************************
请输入二级菜单编号[1～4]:
```

当输入指令3后进入基础信息维护的图书管理菜单：

```
***************************
   简易图书进货管理系统
***************************
* 当前位置：基础信息维护\图书管理
* 1. 新增图书
* 2. 删除图书
* 3. 修改图书
* 4. 查询图书
* 5. 显示所有图书信息
* 6. 返回上一级菜单
***************************
请输入三级菜单编号[1～6]:
```

当选择指令1新增4本图书信息后，选择指令5显示所有图书记录如下：

ID	NAME	AUTHORS	PUBLISHER
1	Java	David	JIXIE GONGYE
2	C++	Jack	QINGHUA
3	Python	Lawo	QINGHUA
4	Cobol	Ruggie	JIXIE GONGYE

（4）进货单管理界面

在系统主界面中选择指令2就可以进入进货功能的二级菜单，进货功能主要包括新增、删除、修改、查询和显示进货单。

```
**************************
   简易图书进货管理系统
**************************
* 当前位置：进货
* 1. 新增进货单
* 2. 删除进货单
* 3. 修改进货单
* 4. 查询进货单
* 5. 显示所有进货单
* 6. 返回上一级菜单
**************************
请输入二级菜单编号[1～6]：
```

当我们选择指令 1 新增两张进货单（第一张进货单含 3 条记录，总金额 4299.00 元，第二张进货单含 4 条记录，总金额 10868.00 元），选择指令 5 可显示所有单据及其明细信息如下：

```
--单据(1)--
ID        RECORDS         TOTAL AMOUNT
1         3               4299.00
--明细--
ID        BOOKID      BOOKNAME      QUANTITY      PRICE       AMOUNT
1         1           Java          12            34.50       414.00
2         2           C++           3             35.00       1155.00
3         4           Cobol         6             45.50       2730.00
------------------------------
--单据(2)--
ID        RECORDS         TOTAL AMOUNT
2         4               10868.50
--明细--
ID        BOOKID      BOOKNAME      QUANTITY      PRICE       AMOUNT
1         1           Java          66            35.00       2310.00
2         2           C++           120           34.50       4140.00
3         3           Python        31            53.00       1643.00
4         4           Cobol         61            45.50       2775.50
------------------------------
```

（5）报表界面

在系统主界面中选择指令 3 就可以进入报表功能的二级菜单，报表功能主要包括进货记录报表和图书排行报表。

```
**************************
   简易图书进货系统
**************************
* 当前位置：报表
* 1. 进货记录报表
* 2. 图书排行报表
* 3. 返回上一级菜单
**************************
请输入二级菜单编号[1～3]：
```

当选择指令 2 后就可以显示按进货数量递减排列的图书信息：

```
ID     NAME        AUTHORS     PUBLISHER        QUANTITY
2      C++         Jack        QINGHUA          153
3      Python      Lawo        QINGHUA          91
1      Java        David       JIXIE GONGYE     78
4      Cobol       Ruggie      JIXIE GONGYE     61
```

知识扩展（如果对此部分内容感兴趣，扫描本章二维码）：

（1）Java 变量；
（2）this 和 super 关键字的用法；
（3）final 与 static 修饰符的用法。

习题5

（1）改写第 3 章习题 3 中的第 6 题，编写一个应用程序，打印金字塔图案。允许设置金字塔层数，输出金字塔图案。要求：① 高度作为金字塔的属性；② 允许设置高度；③ 允许设置组成金字塔的基本字符，默认为星号（*）。

（2）编写一个应用程序，判断一个整数是否为回文数。若一个整数的逆序与原数相同，这个数就是回文数，例如 12321 是回文数。要求：允许设置等待判断的整数。

（3）编写一个应用程序，分别计算矩形、圆形、正方形的周长和面积，若是矩形还要计算长宽差。要求：① 形状类是矩形和圆形的直接父类，矩形是正方形的直接父类，每个形状都有自己的名字；② 在 main 方法里输出包含在 Shape 类型数组中的每个形状的周长和面积，如果是矩形还要输出长宽差。

（4）人（Person）、鸟（Bird）、鱼（Fish）都是动物（Animal），都具有年龄（age）属性和返回自身特性（info）的方法，除此之外，人能说（talk）、鸟能飞（fly）、鱼能游（swim）。已知实现 Talkable 接口的类型就能具有说的能力、实现 Flyable 接口的类型就具有飞的能力、实现 Swimable 接口的类型就具有游的能力。请分析以上类、接口具有什么结构和关系？

扫描本章二维码获取习题参考答案。

获取本章资源

第 6 章 异 常

异常是中断程序正常执行流程的事件。异常检查与处理是 Java 应用程序的重要组成部分。Java 异常处理机制能够提高程序的可靠性，比传统异常处理方法更灵活，程序结构更清晰。本章主要介绍 Java 异常体系、异常处理机制和自定义异常类型。

6.1 Java 异常体系

程序从编辑到发布可能出现三类错误：语法错误、运行时错误和业务逻辑错误。语法错误可以通过编译器进行检查，业务逻辑错误可以遵循需求规格说明进行测试，而运行时错误多是因系统故障、API 误用、程序员人为造成的 bug 和其他不可预知的错误造成的，不能借助编译器与需求规格说明书来处理这类异常。Java 异常体系将所有程序可抛出和捕获的异常都定义为 Throwable 及其子类类型，提供了一套针对程序运行时错误的检查、处理和代码清除机制，为提高 Java 应用程序稳定性和可靠性提供了一定的保障。

下面的代码段将文件内容读入内存，可能存在文件不存在（第 3 行）、文件读写异常（第 4、7 行）、动态内存空间不足（第 5 行）、空引用变量访问实例方法（第 2 行）、数组下标越界（第 8 行）等多种运行时错误。

```
1   void readFromFile(String filename) {
2       System.out.println(filename.length());
3       FileInputStream fis = new FileInputStream(filename);
4       int size = fis.available();
5       int[] data = new int[size];
6       int i = 0, element=-1;
7       while((element = fis.read()) != -1) {
8           data[i] = element;
9           i++;
10      }
11  }
```

传统的异常处理方法是在每一条可能出现异常的语句前增加校验语句。例如，下面的代码段在每一条可以判断和处理的语句前增加 if 条件判断，只有条件合法才允许继续执行，否则流程转入对应的 else 子句执行异常处理程序。

```
1   void readFromFile(String filename) {
2       if(filename != null) {
3           System.out.println(filename.length());
4           File file = new File(filename);
5           if(file.exists()) {
6               FileInputStream fis = new FileInputStream(file);
7               if(fis != null) {
8                   int size = fis.available();
9                   int[] data = new int[size];
10                  if(data != null) {
11                      int i = 0, element = -1;
12                      while((element = fis.read()) != -1) {
13                          if(i < data.length-1) {
14                              data[i] = element;
15                          }else {     } //下标超出边界处理程序
16                          i++;
17                      }
```

```
18            }else {    } //动态内存不足处理程序
19          }else {    } //输入流对象为空处理程序
20        }else {    } //指定文件不存在处理程序
21      }else {    } //引用变量为空处理程序
22    }
```

传统的异常处理方式会在原有主流程基础上增加过多的异常检查和处理的代码。将异常检查和异常处理代码穿插在程序正常流程中，使得程序正常业务逻辑和异常检查与异常处理程序结合得过于紧密，程序结构不清晰，代码冗余度高，可读性差。Java 异常体系包括丰富的异常类型，允许用户自定义异常类型，提供成熟的异常检查、异常报告和异常处理机制，同时支持异常在方法栈中的反向传递和处理。使用 Java 异常体系可以分离主流程和异常处理程序，使程序结构更清晰。

6.1.1 Java 异常

当方法执行过程中出现异常时，方法就会创建一个异常对象并将其传递给运行时系统（Runtime System）。异常对象包含异常类型、程序当前执行状态等信息。异常对象创建并传递给运行时系统的过程称为抛出异常。

一个方法抛出异常后，运行时系统会在方法栈中反向查询异常处理程序并完成异常处理。图 6-1 显示了方法栈反向查询与异常处理。

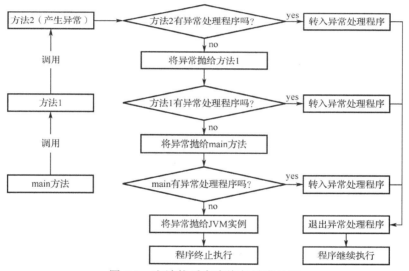

图 6-1　方法栈反向查询与异常处理

Java 应用程序从 main 方法开始执行，main 方法调用方法 1，方法 1 调用方法 2，方法 2 执行过程中抛出异常，运行系统将终止方法 2 的后续语句执行，从方法 2 开始（包含方法 2）在方法调用栈中反向查询针对方法 2 抛出异常的处理程序。若找到匹配的异常处理程序就转入执行，执行完处理程序后应用程序继续后续逻辑执行；若未找到匹配的异常处理程序，运行系统将继续在方法调用栈中反向查找。先在方法 2 中查找，若未找到，再到方法 1 中查找，如此沿方法栈反向层层查找，直到在 main 方法中也没有找到异常处理程序为止，异常就会传递给执行当前程序的 JVM 实例，JVM 最终会终止应用程序执行。

6.1.2 异常类型

Java 异常包括错误（error）、受检查异常（checked exception）和运行时异常（runtime exception）

三种类型。Throwable 是 Java 所有异常类的父类，是异常继承关系树上的根节点。Throwable 有两个直接子类：一个是 Error 类，表示不需要应用程序捕获处理，发生在应用程序外的严重系统问题；另一个是 Exception 类，表示应用程序可以捕获处理且除 RuntimeException 及其子类外都要受检查的异常类型。Exception 类的子类 RuntimeException 类，表示可以捕获处理且在编译时不受检查的异常类型。Java 异常类体系结构如图 6-2 所示。

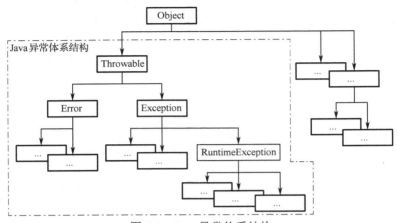

图 6-2　Java 异常体系结构

（1）错误

Java 语言使用 Error 类表示一组严重系统错误，这些错误不需要用户程序去处理。一旦出现 Error 及其子类类型的错误，应用程序可以提示用户错误信息，打印方法栈调用轨迹，但应用程序无法恢复错误。例如，IOError 属于硬件或系统故障导致的读写错误，OutOfMemoryError 属于虚拟机在内存不足时不能为新建对象分配内存抛出的虚拟机错误，StackOverflowError 是 JVM 无法继续为方法调用分配栈帧空间抛出的栈空间溢出的虚拟机错误。这些错误发生后，应用程序可以提示错误发生原因与位置，但不能进行处理和从错误中恢复，操作系统最终会接管错误并终止程序执行。Error 与它的子类都属于不受检查的异常类型，若方法中存在潜在的 Error 错误，则方法也不需要显式地使用 throws 或 try-catch-finally 进行处理。

（2）受检查异常

除 Error 类、RuntimeException 类及其子类外，其他 Exception 类及子类都属于受检查异常（checked exception）。若方法中可能存在受检查异常，编译时，编译器需要检查方法是否对这类异常进行了处理，若未处理，则编译器会报告未处理的异常类型。例如，下面的代码段，编译器会提示第 4 行存在未处理的 IOException 异常（Unhandled exception type IOException）。

```
1   public static void main(String[] args) {
2       BufferedReader br = new BufferedReader(new InputStreamReader(System.in));
3       //未处理的异常类型  IOException
4       String line = br.readLine();
5       System.out.println(line);
6   }
```

第 4 行字符流对象调用 readLine 方法从键盘读取一行字符串可能存在由于 I/O 操作中断或错误而导致的输入/输出错误，产生 IOException 类型的异常。IOException 是 Exception 类的直接子类，属于受检查异常，编译器需要检查 main 方法是否提供了异常处理方法。

再如，下面的代码段使用文件输入流 FileInputStream 类打开指定文件名的文件。

```
1   String filename = "D:\\test.txt";
2   FileInputStream fis = new FileInputStream(filename);
```

若用户提供的文件名正确,则输入流对象可以顺利地以字节为单位读取文件内容,但若指定文件名的文件不存在,则会产生 FileNotFoundException 类型的异常。FileNotFoundException 类的直接父类是 IOException 类,属于受检查异常。编译器需要检查程序中是否提供当 FileNotFountException 异常发生后的处理机制以便程序能从异常中得以恢复。同样,若未进行异常处理,则编译时会报告未处理 FileNotFoundException 异常。

(3)运行时异常

RuntimeException 及其子类类型都属于运行时异常类型。这种异常类型发生在程序内部,通常不能被预测和恢复。这些异常是程序员错误使用 API 或程序存在逻辑错误引起的。运行时异常是程序 bug 导致的,应该由程序员负责检查并避免,编译器不负责检查。例如,引用变量未指向任何实例就直接访问声明类型的数据或调用方法会产生 NullPointerException 类型的空指针异常,计算除数为零的表达式时会产生ArithmeticException类型的算术异常。NullPointerException 类和 ArithmeticException 类的直接父类是 RuntimeException 类,属于运行时不受检查的异常类型。引用变量不指向任何实例就引用实例的数据和方法,算术表达式中除数为零都属于程序 bug,需要由程序员在编写程序时检查和避免。以下的代码段给出了存在 NullPointerException 和 ArithmeticException 异常的示例。

```
1   public static void main(String[] args) {
2       int x = 1, y = 0, z = x / y;
3       String name = null;
4       if(name.length()>0) {
5           System.out.println(name);
6       }
7   }
```

第 2 行除数 y 为 0,第 4 行引用变量 name 为 null,编译时,编译器没有对其进行检查和提示,运行时,程序会抛出 ArithmeticException 异常,程序员消除第 2 行错误后,继续执行程序时会抛出 NullPointerException 异常,程序员需要继续消除第 4 行错误。从以上示例也可以这样理解,编译器认为这些运行时异常都应该是程序员编写程序时可以避免的问题,不应该由编译器来检查。

6.1.3 常见异常类

(1)常见异常类

所有 Java 异常类都是 java.lang.Throwable 的直接或间接子类。表 6-1 列举了 Java SE 系统类库中的一些常见异常类。

表6-1 常见异常类

名称	异常类型	说明
Throwable	checked	Java 语言所有错误和异常的父类,只有 Throwable 及其子类的实例才能用于 throw 和 catch 语句
Error	unchecked	Throwable 的直接子类,应用程序无须捕获和处理的严重系统错误
Exception	checked	Throwable 的另一个直接子类,应用程序可以捕获和处理的异常类的父类
IOError	unchecked	输入/输出错误,当严重的 I/O 错误发生时抛出该错误
OutOfMemoryError	unchecked	内存不足错误,因内存不足,JVM 不能为对象分配动态内存或垃圾内存收集器不能释放更多空间时抛出该错误
StackOverflowError	unchecked	栈溢出错误,当方法调用层数过深,消耗大量栈帧空间,JVM 无法为新调用方法分配栈帧空间时,抛出该错误
RuntimeException	unchecked	运行时异常,所有不受检查运行时异常的父类

续表

名 称	异常类型	说 明
NullPointerException	unchecked	空指针异常，使用空引用变量（未保存实例的引用）访问实例成员时抛出该异常
ArithmeticException	unchecked	算术运算异常，当除数为 0 时会抛出该异常
ClassCastException	unchecked	类型转换异常，将不是某类型实例的对象强制转换为这个类型时将抛出该异常，不是一个继承分支上的类型做变窄转换，都会发生 ClassCastException 异常
NumberFormatException	unchecked	数字格式化异常，当非数字字符串转换为数值类型时抛出该异常，例如 Integer.parseInt("ab21");
IndexOutOfBoundsException	unchecked	索引超出边界异常，当数组、字符串、Vector 或 ArrayList 索引超出边界时抛出该异常
ArrayIndexOutOfBoundsException	unchecked	IndexOutOfBoundsException 的一个直接子类，数组索引越界异常，当数组索引超出边界时抛出该异常
StringIndexOutOfBoundsException	unchecked	IndexOutOfBoundsException 的另一个直接子类，字符串索引越界异常，当字符串索引超出边界时抛出该异常
NegativeArraySizeException	unchecked	数组大小为负值异常，当创建长度为负值的数组时抛出该异常
SQLException	checked	数据库访问异常，数据集关闭后继续访问数据库，将抛出该异常
InterruptedException	checked	中断异常，当处于可中断的阻塞状态（如执行 join 方法等待、执行 sleep 方法睡眠）的线程被中断时抛出该异常。调用 Thread.interrupted 方法可以测试当前线程是否被中断
FileNotFoundException	checked	文件未找到异常，当指定路径的文件不存在或不可访问时抛出该异常
IOException	checked	输入/输出异常，当文件读写错误、读写时流对象已经关闭或其他 I/O 错误发生时抛出该异常
IllegalAccessException	checked	非法访问异常，当方法不能访问指定的类、数据成员、成员方法或构造方法时抛出该异常
AWTException	checked	抽象窗口工具包（AWT）中的异常
EOFException	checked	到达文件的末尾或输入流的末尾

（2）异常类型的主要方法

Throwable 是所有错误和异常的父类，包含在其中的方法可以被其子类继承。下面给出了 Throwable 的部分构造方法与常见成员方法的介绍。

public Throwable(String message)：创建带 message 消息的可抛出对象，形参 message 可以使用 getMessage 方法返回。在 Java 异常体系中可以通过异常链来表示异常之间的因果关系，一个异常产生后可以触发其他异常。关于异常链的详细讲解见 6.2.5 节。创建异常对象后可以调用 initCause 方法为其设置触发异常。

public Throwable(String message, Throwable cause)：创建带 message 消息和 cause 触发异常的可抛出对象。注意，触发异常的消息不会和当前创建异常的消息合并，创建可抛出对象后，可以通过 getCause 方法返回其触发异常对象。

public Throwable(Throwable cause)：创建具有触发异常的可抛出对象，该对象的消息 message 取形参 cause 的字符串表示形式，即 message = cause==null ? null : cause.toString()。

protected Throwable(String m, Throwable c, boolean enableS, boolean writableST)：创建指定消息 m，指定触发异常 c，指定是否开启抑制异常，是否允许方法栈跟踪信息可写的可抛出对象。enableS 设置为 false 表示关闭抑制异常，writableST 设置为 false 表示方法栈跟踪信息不可写。

public Throwable getCause()：返回异常链中引起当前异常的触发异常。当前异常对象的触发异常可以通过构造方法设置，也可以通过异常对象的 initCause 方法设置。当未设置时返回 null。

public Throwable initCause(Throwable cause)：初始化当前异常对象的触发异常。这个方法可以在构造方法中调用，也可以在异常对象创建后调用，但只能执行一次。如果创建对象已经通过构造方法指定了触发异常，程序就不能再调用该方法，否则运行时将抛出 IllegalStateException 异常，提示不能重写当前异常对象的触发异常。

public String getMessage()：返回当前异常对象的消息，当未设置时返回 null。

public StackTraceElement[] getStackTrace()：返回异常发生时方法栈跟踪信息到 StackTraceElement 数组，数组中的每个元素代表了用于方法调用的一个栈帧。下标为 0 的元素是栈顶，存储最近一次的方法调用信息。数组的最后一个元素是栈底，存储第一次方法调用信息。StackTraceElement 类型元素表示的方法调用信息主要包括类名、方法名、文件名、异常发生的行号。getStackTrace 方法有助于应用程序使用日志记录异常信息。

public final void addSuppressed(Throwable exception)：追加异常到抑制异常列表中。该方法是线程安全的，在 try-with-resource 语句中是被隐式自动调用的。如果构造方法中关闭抑制异常行为，该方法将不能追加异常。

public final Throwable[] getSuppressed()：返回所有被抑制异常。例如，在 try-with-resource 语句中资源关闭方法抛出的异常会被 try 语句中的异常抑制，通过 getSuppressed 方法可以返回所有被抑制异常，保证所有的异常信息都不丢失，有助于程序调试。

public void printStackTrace()：使用 System.err 标准错误输出流打印异常发生时的方法栈跟踪信息。方法栈跟踪信息包括方法栈从栈顶到栈底的方法调用信息。先输出栈顶方法（最近调用的方法），然后依次反向输出栈中的其他方法，直到栈底方法（最先调用的 main 方法）为止。如果当前异常存在被抑制异常和触发异常，还会输出抑制异常列表中所有抑制异常和异常链中所有异常的跟踪信息。

public void printStackTrace(PrintWriter s)：使用指定的输出流对象 s 打印当前异常对象和异常产生时的方法栈跟踪信息。

6.2 异常处理机制

异常处理有两种方式，一种是消极的异常处理，另一种是积极的异常处理。消极异常处理方式是在方法首部使用 throws 子句显式地声明方法可能抛出的异常类型。积极异常处理方式是使用 try-catch-finally 语句主动检测和处理异常。

6.2.1 throws 子句

不在方法体内捕获与处理异常，而将方法可能产生的异常类型通过 throws 子句在方法首部进行声明的处理方式为消极异常处理方式。throws 子句由 throws 关键字加可抛出的异常列表组成，异常列表中的异常类型名之间使用逗号分隔。若当前方法希望更上层的调用方法使用 try-catch-finally 语句积极处理异常，则需要使用 throws 子句进行消极异常处理，将异常类型抛到方法栈中。throws 子句位于方法参数列表与方法体的花括号之间。采用异常消极处理机制的方法定义语法格式如下：

```
修饰符 返回类型 方法名(参数列表) throws 异常列表{
    方法体;
}
```

用于方法定义的修饰符可以是 public、protected、default、private、abstract、static 和 final

等；返回类型是基本数据类型或引用数据类型；参数列表中的形参之间用逗号分隔；异常列表中的异常类型用逗号分隔。例如，下面的代码段演示了 readFromFile 方法采用消极异常处理方式将 FileNotFoundException 和 IOException 异常抛给调用方法。

```
1   public void readFromFile(String filename) throws FileNotFoundException, IOException {
2       FileInputStream fis = new FileInputStream(filename);
3       int data = -1;
4       while((data = fis.read()) != -1) {
5           System.out.print(data);
6       }
7   }
```

FileNotFoundException 是 IOException 类的直接子类，表示异常范围比 IOException 类窄，即 IOException 类比 FileNotFoundException 类表示异常范围更宽，所以第 1 行抛出的两种异常类型可以只保留抛出 IOException 异常，方法首部改写如下：

```
public void readFromFile(String filename) throws IOException {
    // 方法体同上
}
```

若方法体存在不受检查的运行时异常，则编译器不强制程序使用 throws 关键字抛出该异常。在一般情况下，程序员不应该寄希望于异常处理机制来帮助自己处理运行时异常，而应该从根本上解决程序中存在的 bug。例如，数组下标越界是需要程序员自行解决的程序 bug，不能简单地使用 throws 子句将 ArrayIndexOutofException 异常抛给它的调用者。

6.2.2 try-catch-finally 语句

若异常发生后，方法栈中所有方法都采用消极异常处理机制将异常抛给调用者，则最终结果是，JVM 实例接收到异常并终止程序执行。为了更有效地捕获和处理异常，在应用程序退出之前，方法栈中需要存在某个方法能使用 try-catch-finally 语句对异常进行积极捕获和处理。try-catch-finally 异常处理程序的基本结构如下：

```
try{
    //可能有异常发生的语句；
}catch(异常类型名 变量名){
    //与 catch 的异常类型匹配的异常出现后执行的处理程序；
}finally{
    //异常处理程序的退出语句，可用于恢复或释放资源；
}
```

try 语句块包含可能发生异常的语句。如果一个连续的代码段有多条语句都可能产生异常，可以为每条语句增加一个 try 语句块，对每行语句的异常单独进行处理，也可以将这段代码包含在一个 try 语句块中，多条语句的异常在一个 try 语句块中处理。

catch 语句块包含当异常发生后要执行的异常处理程序，除了可以提示异常信息、打印出错方法调用轨迹，还可以恢复程序。如果 try 语句块中产生了异常，运行系统会终止 try 语句块后续语句的执行，在 try 语句块后查找与抛出异常类型匹配的 catch 语句，最后执行与产生异常匹配的 catch 语句块。try 语句块内，产生一种类型的异常其后就跟一个处理这种异常的 catch 语句块。若 try 语句块内产生多种异常，则其后可以跟一个能捕获这些异常类型的父类类型的 catch 语句块，多种异常类型公用一个 catch 语句块，也可以跟多个分别处理这些异常的 catch 语句块，进行更有针对性的异常处理。例如，从指定文件中读取数据并存入长度为 10 的整型数组的 readFromFile 方法可能存在三种异常：打开文件时，可能产生文件不存在异常 FileNotFoundException；读文件时，可能产生输入/输出异常 IOException；存入数组时，可能产生数组下标越界异常 ArrayIndexOutOfBoundsException。

（1）使用一个 catch 语句块为 readFromFile 方法处理异常的示例如下：

```
1   public void readFromFile(String filename){
2       try {
3           FileInputStream fis = new FileInputStream(filename);
4           int[] data = new int[10];
5           int i = 0,element=-1;
6           while((element = fis.read())!=-1) {
7               data[i] = element;
8               i++;
9           }
10      }catch(Exception e){
11          System.out.println("readFromFile 方法出错！");
12      }
13  }
```

第 3 行可能产生 FileNotFoundException 异常，第 6 行可能产生 IOException 异常，第 7 行可能产生 ArrayIndexOutOfBoundsException 异常。第 10 行 catch 后的圆括号内的 Exception 表示该 catch 语句块能处理的异常类型，Exception 类型引用变量 e 保存产生的异常对象的引用。Exception 类是 FileNotFoundException、IOException 和 ArrayIndexOutOfBoundsException 类的父类，表示的异常范围更宽。当 try 语句块中产生异常（无论是以上三种异常的哪一种）后，Exception 类型都能与其匹配，第 10 行的 catch 语句都能处理。这里只用到一对 try-catch 语句块，程序结构简捷，但很难为不同的错误提供不同的处理方法。

（2）使用多个 catch 语句块为 readFromFile 方法处理异常的示例如下：

```
1   public void readFromFile(String filename){
2       try {
3           FileInputStream fis = new FileInputStream(filename);
4           int[] data = new int[10];
5           int i = 0,element=-1;
6           while((element = fis.read())!=-1) {
7               data[i] = element;
8               i++;
9           }
10      }catch(ArrayIndexOutOfBoundsException e){
11          System.out.println("数组下标越界！");
12      }catch (FileNotFoundException e) {
13          System.out.println("文件不存在！");
14      } catch (IOException e) {
15          System.out.println("读文件错误！");
16      }
17  }
```

以上代码中，try 语句块后紧跟 3 个 catch 语句块分别处理 3 种不同类型的异常。当第 3 行抛出异常时，系统终止 try 的后续语句执行，在 try 语句块后查找匹配 FileNotFoundException 类型的 catch 语句块，第 12 行 catch 语句块被选中，引用变量 e 指向第 3 行抛出的异常实例，流程转入第 13 行执行，输出"文件不存在！"。类似地，当第 6 行产生 IOException 异常时，第 14 行局部变量 e 保存该异常实例的引用，流程转入第 15 行输出"读文件错误！"。当第 7 行产生 ArrayIndexOutOfBoundsException 异常时，第 10 行局部变量 e 保存该异常实例的引用，流程转入第 11 行输出"数组下标越界！"。这种为每种类型的异常提供单独的异常处理程序的异常处理方式，更明确更有效。

（3）Java SE 7 及其以后版本允许多种不存在继承关系的异常类型公用一个 catch 语句块，异常类型之间使用竖线"|"分隔，这样可以避免重复书写 catch 语句块，又可以让异常处理更有针对性。一个 catch 语句块处理多种异常类型的示例如下：

```
1  public void readFromFile(String filename){
2      try {
3          FileInputStream fis = new FileInputStream(filename);
4          int[] data = new int[10];
5          int i = 0,element=-1;
6          while((element = fis.read())!=-1) {
7              data[i] = element;
8              i++;
9          }
10     }catch(ArrayIndexOutOfBoundsException|IOException e){
11         System.out.println(e);
12     }
13 }
```

第 10 行这一个 catch 语句块可以处理两种类型的异常，异常类型之间使用竖线"|"分隔。这个例子中，IOException 类是 FileNotFoundException 类的父类，表示的异常范围更宽，在 catch 语句块中已经捕获和处理了父类 IOException，其子类 FileNotFoundException 就不能再出现，否则编译器会提示 FileNotFoundException 异常已经被 IOException 异常捕获（the exception FileNotFoundException is already caught by the alternative IOException）。

finally 语句块的作用是在异常处理程序执行后恢复与回收资源。无论 try 语句块是否有异常发生，finally 语句块中的语句都会执行。即使没有异常发生，将资源恢复与回收的语句放在 finally 语句块中也是一种好的编程习惯。例如，下面代码段的 try 语句块内，若没有异常产生，输入流对象还未关闭，程序执行流程就已经通过 return 语句跳转到了调用方法。

```
1  public void readFromFile(String filename){
2      FileInputStream fis = null;
3      try {
4          fis = new FileInputStream(filename);
5          int[] data = new int[10];
6          int i = 0,element=-1;
7          while((element = fis.read())!=-1) {
8              data[i] = element;
9              i++;
10         }
11         return;
12     }catch(ArrayIndexOutOfBoundsException|IOException e){
13         System.out.println(e);
14     }
15     if(fis != null) {
16         try {
17             fis.close();
18         } catch (IOException e) {
19             e.printStackTrace();
20         }
21     }
22 }
```

如果第 4～10 行没有产生异常，则程序执行第 11 行返回调用方法，流程因为 return 发生转移而无法执行第 15～21 行，不能完成输入流对象关闭和回收系统资源工作。除 return 语句外，在程序执行过程中，try 语句块还可能因 break 和 continue 等语句导致流程转移，这时位于 try 语句块外的其他语句将无法执行。为了确保无论异常是否产生都要执行代码清除（Cleanup）操作，需要将代码清除操作放到 finally 语句块中。下面代码段给出了 try-catch-finally 语句联合使用的示例。

```
1  public void readFromFile(String filename){
2      FileInputStream fis = null;
3      try {
```

```
4            fis = new FileInputStream(filename);
5            int[] data = new int[10];
6            int i = 0,element=-1;
7            while((element = fis.read())!=-1) {
8                data[i] = element;
9                i++;
10           }
11           return;
12       }catch(ArrayIndexOutOfBoundsException|IOException e){
13           System.out.println(e);
14       }finally{
15           if(fis != null) {
16               try {
17                   fis.close();
18               } catch (IOException e) {
19                   e.printStackTrace();
20               }
21           }
22       }
23   }
```

第 15～21 行的文件输入流对象关闭操作放在第 14～22 行 finally 语句块中，无论 try 语句块中是否产生异常都会执行。

使用 try-catch-finally 异常处理语句时要注意：

（1）try 语句块可以单独与 catch 语句块结合使用，也可以单独与 finally 语句块结合使用，try、catch 和 finally 三个语句块也可同时联合使用。

（2）try-catch-finally 异常处理语句可以嵌套使用。

（3）一个 try 语句块连接多个 catch 语句块时，catch 捕获的异常类型必须按从窄到宽的顺序排列。例如，当 try 语句块中可能有 FileNotFoundException 和 IOException 两种异常时，可以先写捕获 FileNotFoundException 的 catch 子句后再写捕获 IOException 的 catch 子句。

（4）try-catch-finally 存在两种可能的执行流程。第一种流程：产生异常时，流程从 try 语句块跳出，进入与抛出异常类型匹配的 catch 子句执行，catch 子句退出后进入 finally 语句块执行；第二种流程：未产生异常时，流程执行完 try 语句块中的语句后进入 finally 语句块执行。

6.2.3 try-with-resource 语句

一个实现了 java.lang.AutoCloseable 或者 java.io.Closeable 接口的对象可以被看作一种可回收的资源。这些对象创建后占有一些系统资源，关闭后会释放资源。例如，输入/输出流对象（InputStream、OutputStream、Reader、Writer），套接字对象（ServerSocket、Socket），JDBC 数据库连接对象（Connection、Statement、ResultSet）等在创建后都保持着一定的系统资源（如打开的文件、建立的套接字连接、建立的数据库连接等），它们都实现了 AutoCloseable 接口。我们可以使用 try-with-resource 语句在 try 语句中声明和打开这些输入/输出流、套接字和数据库连接对象，在 try-with-resource 语句执行结束后自动调用对象的 close 方法释放这些对象保持的资源。这种语法可以快速释放系统资源，有效避免系统资源泄漏的异常和错误发生。try-with-resource 语句的语法格式如下：

```
try (声明并创建实现了 AutoCloseable 接口或 Closeable 接口的资源对象列表){
    //try-with-resource 语句块
}
```

try 关键字后的括号内可以包含多个资源的定义，每个资源之间使用分号分隔。若包含多个资源，则退出 try 语句时需要按照声明资源的逆序调用对象 close 方法释放资源。下面的代码段给出了 try-with-resource 语句与 catch 语句块结合使用的示例。

```
1   public void readFromFile(String filename){
2       try (FileInputStream fis = new FileInputStream(filename)){
3           int[] data = new int[10];
4           int i = 0,element=-1;
5           while((element = fis.read())!=-1) {
6               data[i] = element;
7               i++;
8           }
9       }catch(ArrayIndexOutOfBoundsException|IOException e){
10          System.out.println(e);
11      }
12  }
```

第 2 行在 try 关键字后的一对括号内创建可被关闭资源类型 FileInputStream 的实例，在 try-with-resource 语句块内使用该实例完成读文件操作。若第 3～8 行产生异常，则程序执行流程退出 try 语句块前要先调用 FileInputStream 实例的 close 方法完成输入流对象关闭与相关系统资源回收，之后才进入匹配的 catch 语句块执行。try-with-resource 语句除与 catch 语句结合使用外，还可以与 finally 语句结合使用。同样，程序执行完 try 语句块后要先调用 close 方法完成资源回收才会进入 finally 语句块执行。代码 6-1 给出了 try-with-resource 语句与 catch 和 finally 语句块结合使用的示例。

代码 6-1　try-with-resource 语句与 catch 和 finally 语句块结合使用示例

```
1   public void readFromFile(String filename){
2       try (FileInputStream fis = new FileInputStream(filename)){
3           int[] data = new int[10];
4           int i = 0, element=-1;
5           while((element = fis.read())!=-1) {
6               data[i] = element;
7               i++;
8           }
9           System.out.println("in try-with-resource block");
10      }catch(ArrayIndexOutOfBoundsException|IOException e){
11          System.out.println("in catch block");
12      }finally {
13          System.out.println("in finally block");
14      }
15  }
```

第 2～10 行 try-with-resource 语句块使用文件输入流对象从指定文件中读取数据保存到长度为 10 的整型数组中。若文件长度超过 10 字节，则第 6 行产生数组下标越界异常，系统停止执行 try 语句块的后续语句并调用文件输入流对象的 close 方法回收与输入流相关的系统资源，然后转入第 11 行执行 catch 语句块，异常处理程序执行结束后进入第 13 行执行 finally 语句块。若文件内容未超过 10 字节，则 try-with-resource 语句块中不会产生异常，try-with-resource 语句块执行结束后调用 fis.close 方法关闭输入流，随后执行 finally 语句块。扫描本章二维码获取示例完整代码。

在 Java SE 7 之前，try-catch-finally 异常处理程序中的 try 和 finally 语句块都有异常抛出时，finally 语句块抛出的异常将会抑制 try 语句块中的异常，即 finally 语句块中的异常会在方法栈中传播，而 try 语句块中的异常会被屏蔽丢弃。在 try-with-resource 语句中，try 语句块中的语句与资源关闭如果都抛出了异常，try 语句块中的异常将抑制资源关闭异常。为了记录程序执行过程中产生的所有异常，try-with-resource 语句自动调用 addSuppressed 方法将被抑制异常保存到抑制异常列表中，程序可以通过异常对象的 getSuppressed 方法返回所有被抑制异常。代码 6-2 给出了使用 getSuppressed 方法返回被抑制异常的示例。

代码 6-2　返回被抑制异常示例

```
1   package edu.cdu.ppj.chapter6;
2   class MyResource implements AutoCloseable{
3       int counter = 0;
4       @Override
5       public void close() throws Exception {
6           if(counter < 10) {
7               System.out.println("resource is closed");
8           }else {
9               throw new Exception("resource close exception occurs");
10          }
11      }
12  }
13  public class ExceptionSuppressionDemo {
14      public void suppress() throws Exception{
15          try(MyResource mr = new MyResource()){
16              int[] data = new int[10];
17              while(true) {
18                  data[mr.counter]=10;
19                  mr.counter++;
20              }
21          }
22      }
23      public static void main(String[] args) {
24          ExceptionSuppressionDemo se = new ExceptionSuppressionDemo();
25          try {
26              se.suppress();
27          } catch (Exception e) {
28              e.printStackTrace();
29              Throwable[] supps = e.getSuppressed();
30              System.err.println("被抑制异常条数："+supps.length);
31              for (Throwable supp : supps) {
32                  System.err.println(supp);
33                  StackTraceElement[] stes = supp.getStackTrace();
34                  for (StackTraceElement ste : stes) {
35                      String cn = ste.getClassName();
36                      String mn  = ste.getMethodName();
37                      String fn = ste.getFileName();
38                      int ln = ste.getLineNumber();
39                      System.err.println(cn+"."+mn+"("+fn+":"+ln+")");
40                  }
41              }
42          }
43      }
44  }
```

第 2～12 行定义实现 AutoCloseable 接口的资源类 MyResource，close 方法在成员变量大于等于 10 时抛出 Exception 异常。第 15～21 行使用 try-with-resource 语句块创建 MyResource 对象并向长度为 10 的一维数组中存放数据。第 21 行退出 try 语句块自动执行 close 方法。第 18 行当 counter 大于或等于 10 时，抛出数组下标越界异常 ArrayIndexOutOfBoundsException。第 26 行调用 suppress 方法。程序执行到 counter 等于 10 时，第 18 行产生异常，try 语句块后续语句被终止执行，流程转入第 5 行执行 MyResource 的 close 方法完成资源释放。此时 counter 不小于 10，所以执行第 9 行创建并抛出一个新异常，但 try 语句块中第 18 行产生的异常将抑制资源关闭时第 9 行产生的异常。第 18 行产生的异常进入方法栈传递以便能被异常处理程序捕获和处理，而第 9 行产生的异常通过 addSuppressed 方法被增加到了抑制异常列表中。第 27 行捕获到方法栈

传递的第 18 行产生的异常后,转入第 28~41 行执行,输出方法栈跟踪信息和被抑制的异常信息。程序执行结果如下:

```
java.lang.ArrayIndexOutOfBoundsException: 10
at edu.cdu.ppj.chapter6.ExceptionSuppressionDemo.suppress(ExceptionSuppressionDemo.java:21)
at edu.cdu.ppj.chapter6.ExceptionSuppressionDemo.main(ExceptionSuppressionDemo.java:30)
Suppressed: java.lang.Exception: resource close exception occurs
at edu.cdu.ppj.chapter6.MyResource.close(ExceptionSuppressionDemo.java:11)
at edu.cdu.ppj.chapter6.ExceptionSuppressionDemo.suppress(ExceptionSuppressionDemo.java:24)
      ...1 more
被抑制异常条数:1
java.lang.Exception: resource close exception occurs
edu.cdu.ppj.chapter6.MyResource.close(ExceptionSuppressionDemo.java:11)
edu.cdu.ppj.chapter6.ExceptionSuppressionDemo.suppress(ExceptionSuppressionDemo.java:24)
edu.cdu.ppj.chapter6.ExceptionSuppressionDemo.main(ExceptionSuppressionDemo.java:30)
```

6.2.4 throw 语句

使用异常处理机制处理异常前提是方法中能产生异常。Java 语言使用 throw 语句在方法中产生异常。throw 语句可以存在于用户自定义的方法中,也可以存在于 Java SE 系统库中,也可以存在于其他人开发的第三方库中。产生异常的语句格式如下:

throw Throwable 及其子类的实例

throw 关键字后的异常实例是可抛出的异常对象,即 Throwable 及其子类的实例。这些异常可以是 Java 异常体系中的异常类,也可以是用户扩展 Exception 的自定义异常类。例如,创建能存储整型数的顺序表 MyList,向顺序表中新增元素时,若没有空闲空间则抛出异常,否则将元素加到列表中并让元素个数加 1。包含新增方法的 MyList 类定义参见代码 6-3。

代码 6-3　MyList 类定义

```
1   public class MyList {
2       private int[] data;
3       private int length;
4       public void setData(int[] data) {
5           this.data = data;
6       }
7       public void add(int element) throws Exception{
8           if(length >= data.length) {
9               throw new Exception("list is full!");
10          }
11          data[length++] = element;
12      }
13  }
```

第 2 行成员变量 data 指向存储数据的一维数组。第 3 行成员变量 length 表示数组中存放的元素个数。第 7~12 行 add 方法将元素 element 增加到数组 data 中。当 data 已经没有空闲空间时,使用 throw 语句抛出一个 Exception 类型的异常实例(见第 9 行),否则将新增元素放入 data 中并将长度增 1(见第 11 行)。因为 Exception 属于受检查异常,所以要在方法首部使用 throws 子句对异常进行消极异常处理。扫描本章二维码获取示例完整代码。

throw 语句与 throws 子句的区别是:throw 子句在方法体内抛出异常实例,后接 Throwable 及其子类的实例;throws 子句用在方法首部表示方法可能抛出的异常类型,后接异常类型。throw 子句当某个条件满足时产生一个异常实例,throws 子句是消极异常处理方法,通知方法栈的其他方法调用自己时需要处理异常。

6.2.5 异常链

异常对象 A 可以触发另一个异常对象 B，我们称 A 是 B 的触发异常，B 是 A 的被触发异常。Java 语言可以通过构造方法或者 initCause 方法为异常对象设置触发异常。异常对象因为触发关系形成的链接结构称为异常链。异常链可以帮助程序员找到产生异常的原因。Java 语言提供 getCause 获取异常的触发异常。代码 6-4 给出了异常链示例。

代码 6-4　异常链示例

```
1   public class ChainedException {
2       public int[] readFromFile(String filename) throws IOException{
3           int[] data = null;
4           try(FileInputStream fis = new FileInputStream(filename)){
5               int b = -1, counter = 0;
6               data = new int[fis.available()];
7               while((b = fis.read())!=-1) {
8                   data[counter++] = b;
9               }
10          }
11          return data;
12      }
13      public void read(String filename) throws Exception{
14          int[] data = null;
15          try {
16              data = readFromFile(filename);
17              for (int i = 0; i < data.length; i++) {
18                  System.out.print((char)data[i]);
19              }
20          } catch (IOException e) {
21              throw new Exception("read file exception occurs",e);
22          }
23      }
24  }
```

第 2～12 行定义 ChainedException 类的成员方法 readFromFile 用于从指定文件中读取数据保存到整型数组中并返回该数组的引用。readFromFile 方法使用 try-with-resource 语句块创建输入流对象，try 语句结束后自动调用 close 方法关闭流对象。第 7～9 行循环读取文件并存入数组 data 中，第 11 行返回 data 数组的引用。readFromFile 方法可能产生的异常有：FileNotFoundException（第 4 行）、IOException（第 4 和 7 行）、ArrayIndexOutOfBoundsException（第 8 行），因为 ArrayIndexOutOfBoundsException 是不受检查异常，不进行异常处理，编译器不会报告错误。FileNotFoundException 是 IOException 的子类，所以在第 2 行中只抛出 IOException。第 13～23 行的 read 方法调用 readFromFile 方法并输出数组内容。第 20～22 行异常处理语句以 readFromFile 方法抛出的异常实例为触发异常创建并抛出一个新 Exception 实例。扫描本章二维码获取示例完整代码。

6.3 自定义异常

如果需要使用区别于 Java SE 系统库异常和第三方库异常的异常类型时，可以继承 Throwable 及其子类，创建自定义异常。Throwable 的直接子类 Error 表示会停止 JVM 执行的严重系统错误，所以用户自定义异常类型通常继承 Throwable 的另一个直接子类 Exception。例如，为了支持循环队列的入队和出队操作，可以自定义队列异常类型 QueueException。满队列时的入队操作和空队列时的出队操作都会抛出该异常。循环队列空队列和满队列状态如图 6-3 所示。

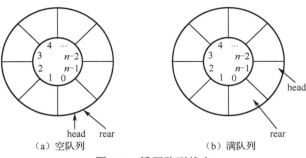

图 6-3 循环队列状态

循环队列包含 n 个元素，索引范围为 $0\sim n-1$，设置队列头指针 head 指向队首元素位置，尾指针 rear 指向队尾元素的后一个节点位置。队列操作规则：队首新增元素，队尾删除元素。初始化 head 和 rear 为 0。要新增元素，先让 head 向前移动一个位置，再将元素存入 head 指向的单元中。要删除元素，先让 rear 向前移动一个位置，再将 rear 指向的元素返回。当 head 和 rear 指向同一个单元时，表示当前队列为空；当 head 指向 rear 的后一个单元时，表示队列为满。这种循环队列始终有一个单元未被利用。自定义队列异常 QueueException 用于循环队列入队和出队操作的示例参见代码 6-5。

代码 6-5 自定义队列异常示例

```
1   // QueueException.java
2   package edu.cdu.ppj.chapter6;
3   public class QueueException extends Exception {//QueueException 是 Exception 的子类，属于受检查异常
4       public QueueException(Throwable cause) {
5           super(cause);
6       }
7       public QueueException(String message, int head, int rear) {
8           super(message+"("+head+","+rear+")");
9       }
10      public QueueException(String message, int head, int rear,Throwable cause) {
11          super(message+"("+head+","+rear+")", cause);
12      }
13      public QueueException(String message, int head, int rear,Throwable cause,
14              boolean enableSuppression, boolean writableStackTrace) {
15          super(message+"("+head+","+rear+")", cause, enableSuppression, writableStackTrace);
16      }
17  }
18  //Queue.java
19  package edu.cdu.ppj.chapter6;
20  public class Queue {//循环队列
21      private int[] data;//使用一维整型数组存储队列元素
22      private int head;//队首指针
23      private int rear;//队尾指针
24      public Queue(int size) {//构造队列时为数组分配包含 size 个整型元素的动态内存
25          data = new int[size];
26      }
27      public void inQueue(int element) throws QueueException{//入队列
28          if((head+1)%data.length == rear) {//若当前队列为满队列，则抛出自定义异常
29              throw new QueueException("full queue",head,rear);
30          }
31          head = (head+1)%data.length;
32          data[head] = element;
33      }
34      public int outQueue() throws QueueException{//出队列
```

```
35            if(head == rear) {//若当前队列为空队列，则抛出自定义异常
36                throw new QueueException("empty queue",head,rear);
37            }
38            rear = (rear+1)%data.length;
39            return data[rear];
40        }
41        public static void main(String[] args){//Java 应用程序入口方法
42            Queue fqe = new Queue(2);//创建包含两个元素的循环队列
43            try {
44                fqe.inQueue(1);     System.out.println(fqe.outQueue());
45                fqe.inQueue(2);     System.out.println(fqe.outQueue());
46                System.out.println(fqe.outQueue());//空队列执行出队操作会抛出 QueueException 异常
47            }catch(QueueException e) {
48                e.printStackTrace();
49            }
50        }
51    }
```

入队 inQueue 方法先判断 head 是否指向 rear 的后一个单元，若是，则表示满队列，抛出 QueueException 异常（见第 28～30 行），否则将 head 向前移动一个位置，存入新增元素（见第 31，32 行）。出队 outQueue 方法先判断 head 是否和 rear 指向同一个单元，若是，则表示空队列，抛出 QueueException 异常（见第 35～37 行），否则将 rear 向前移动一个位置并返回 rear 指向的元素（见第 38，39 行）。第 44，45 行入队和出队操作后，head 和 rear 重新指向索引为 0 的单元。第 46 行出队时，队列为空，产生并抛出 QueueException 异常，流程转入第 47～49 行异常处理语句，输出方法栈跟踪信息。程序执行结果如下：

```
1
2
edu.cdu.ppj.chapter6.QueueException: empty queue(0,0)
    at edu.cdu.ppj.chapter6.Queue.outQueue(Queue.java:18) //18 为文件 Queue.java 中的行号
    at edu.cdu.ppj.chapter6.Queue.main(Queue.java:28) //28 为文件 Queue.java 中的行号
```

6.4 日志

在异常处理程序 catch 语句块内使用异常对象的 printStackTrace 方法可以将异常发生时的方法栈跟踪信息送指定输出流输出。java.util.logging 包中的日志类 Logger 能将 getStackTrace 方法返回的方法栈跟踪信息按照自定义格式记录到日志文件。

（1）日志类常用方法

public static Logger getLogger(String name)：getLogger 方法返回一个日志对象，其中 name 是日志名称，通常为用点号分隔的包名或类名。若系统中已经存在指定名称的日志对象，则直接返回，否则创建一个新的日志对象返回。

public void addHandler(Handler handler) throws SecurityException：增加接收日志信息的处理器，其中 handler 是一个指定的日志处理器。Logger 对象常用的处理器有：ConsoleHandler（将日志信息送标准错误输出流 System.err）、FileHandler（将日志信息送指定文件）、MemoryHandler（将日志信息送内存的循环缓冲区）、SocketHandler（将日志信息送一个网络连接对象）等。

public void setLevel(Level newLevel) throws SecurityException：指定日志对象的日志级别。若消息级别低于这里指定的级别，将被丢弃。若指定 newLevel 为 Level.OFF，将关闭日志。

public void log(Level level, String msg)：若当前日志对象允许记录指定级别 level 的日志信

息，则指定的信息 msg 将被送到使用 addHandler 设置的日志处理器中。

（2）日志级别

每一个日志对象都有一个日志级别（java.util.logging.Level），反映日志对象记录的信息的类型，用于控制日志的输出。若日志对象未指定日志级别，它将从父类继承这个属性。表 6-2 给出了日志对象可以设置的日志级别。

表 6-2 日志级别

OFF	关闭日志功能
SEVERE	表示严重故障信息
WARNING	表示潜在的错误信息
INFO	表示消息信息，如对终端用户和管理员比较重要的、可以写入控制台的信息
CONFIG	表示静态配置信息，如 CPU 类型、GUI 外观等
FINE	表示最重要的跟踪信息
FINER	表示比 FINE 级别更详细的跟踪信息
FINEST	表示最详细的跟踪信息
ALL	表示所有信息

（3）文件处理器

文件处理器 FileHandler 允许将日志信息送到指定文件，其常用构造方法如下所示：

public FileHandler(String pattern)：创建指定文件名的文件处理器，允许写入文件中的数据大小不受限制。其中，文件名 pattern 可以包含以下特殊字符：路径分隔符"/"；当前系统临时目录"%t"；当前用户家目录"%h"；日志文件编号"%g"；处理冲突的统一编码"%u"；字符串"%%"用于输出特殊字符"%"。文件名指定"%g"后，一个日志文件大小超过指定大小会被关闭，而另一个新日志文件会被打开，被关闭的日志文件使用从 0 开始的整型数进行编号。

public FileHandler(String pattern, boolean append)：以追加的模式将日志信息记录到指定名字的文件中。

public FileHandler(String pattern,int limit,int count)：创建可以将日志信息写入多个文件中的文件处理器。当文件大小到达给定限制 limit 后，另一个文件将被打开。其中 pattern 为输出文件的名字，limit 为允许写入的最大字节数，limit 必须大于 0，count 表示最大使用的日志文件个数，count 不能小于 1。

public FileHandler(String pattern, int limit, int count, boolean append)：以追加的模式将日志信息记录到指定名字、限定大小和指定个数的日志文件中。

（4）将异常跟踪信息记录到日志文件中

使用日志对象对代码 6-5 的 main 方法进行改写，将异常跟踪信息记录到文件 log.txt。修改后的 main 方法参见代码 6-6。

代码 6-6　将异常跟踪信息记录到日志文件中示例

```
1    public static void main(String[] args){
2        Queue fqe = new Queue(2);
3        try {
4            fqe.inQueue(1);        System.out.println(fqe.outQueue());
5            fqe.inQueue(2);        System.out.println(fqe.outQueue());
6            System.out.println(fqe.outQueue());
7        }catch(QueueException e) {
```

```
8        Logger logger = Logger.getLogger("edu.cdu.ppj.chapter6");//创建日志对象
9        logger.setLevel(Level.ALL);//设置日志级别
10       FileHandler handler = null;
11       try {
12           handler = new FileHandler("%tlog%g.txt",1024,3,true);
13           logger.addHandler(handler);
14           StackTraceElement[] stes = e.getStackTrace();//返回异常发生时的方法栈跟踪信息
15           for (StackTraceElement ste : stes) {
16               String cn = ste.getClassName();
17               String mn = ste.getMethodName();
18               String fn = ste.getFileName();
19               int ln = ste.getLineNumber();
20               String msg = cn+"."+mn+"("+fn+":"+ln+")";
21               logger.log(Level.WARNING, msg);//记录栈跟踪信息到日志文件中
22           }
23       } catch (SecurityException | IOException e1) {
24           e1.printStackTrace();
25       }
26   }
27 }
```

第 8,9 行创建名为 edu.cdu.ppj.chapter6 的日志对象并设定记录的日志级别为 Level.ALL。第 12 行创建文件处理器,%t 表示当前用户临时目录,%g 表示多个日志文件编号,1024 表示最大写入字节数,3 表示允许创建的日志文件数,true 表示日志文件写操作采用追加模式。第 13 行设置当前日志对象的处理器为文件处理器,以后该日志的所有信息都可以输出到指定文件中。第 14 行返回方法栈跟踪信息。第 15~22 行获取每个栈帧中的类名、方法名、文件名、异常发生行号等信息并以 Level.WARNING 级别记录到日志文件中。程序执行后,在当前用户的临时目录 temp 中找到日志文件 log0.txt,其内容如下:

```
1  <?xml version="1.0" encoding="UTF-8" standalone="no"?>
2  <!DOCTYPE log SYSTEM "logger.dtd">
3  <log>
4      <record>
5          <date>2019-04-01T12:51:31</date>
6          <millis>1554094291358</millis>
7          <sequence>0</sequence>
8          <logger>edu.cdu.ppj.chapter6</logger>
9          <level>WARNING</level>
10         <class>edu.cdu.ppj.chapter6.Queue</class>
11         <method>main</method>
12         <thread>1</thread>
13         <message>edu.cdu.ppj.chapter6.Queue.outQueue(Queue.java:27)</message>
14     </record>
15     <record>
16         <date>2019-04-01T12:51:31</date>
17         <millis>1554094291403</millis>
18         <sequence>1</sequence>
19         <logger>edu.cdu.ppj.chapter6</logger>
20         <level>WARNING</level>
21         <class>edu.cdu.ppj.chapter6.Queue</class>
22         <method>main</method>
23         <thread>1</thread>
24         <message>edu.cdu.ppj.chapter6.Queue.main(Queue.java:38)</message>
25     </record>
26 </log>
```

从文件内容可以看出,两条异常跟踪信息分别以 record 记录的形式被保存到日志文件中,一条信息指示在 Queue.java 文件中调用 outQueue 方法执行到第 27 行时产生了异常,另一条信

息指示在 Queue.java 文件中调用 main 方法执行到第 38 行时抛出了异常。从日志文件中还可以获得每条日志记录的创建时间、日志对象名称和日志级别等信息。

知识扩展（如果对此部分内容感兴趣，扫描本章二维码）：

（1）异常处理语句；

（2）throw 与 throws；

（3）Exception 与 RuntimeException。

习题 6

（1）自定义年龄异常类型，当设置用户年龄超过 0～200 岁的范围时，抛出该异常类型。

（2）使用 try-with-resource 语句创建 BufferedReader 对象从键盘读取数据并显示到屏幕上。

（3）分析下面的方法可能存在哪些异常。

```
1  public void findException(int[] data) {
2      for (int i = 0; i <= data.length; i++) {
3          int element = Integer.MAX_VALUE/data[i];
4          System.out.println(element);
5      }
6  }
```

扫描本章二维码获取习题参考答案。

获取本章资源

第 7 章 集 合 框 架

为了提高接口、类和方法应用的普适性以及提高类型转换的安全性,引入了泛型,同一个泛型接口、泛型类和泛型方法具有处理不同数据类型的能力。泛型能约束数据类型的范围,并能将运行时类型转换异常提前到编译时进行检查。Java 集合框架提供了一组泛型集合接口、泛型集合类、泛型集合方法以及支持泛型的集合工具。用户使用集合框架中的对象可以对数据集进行各种操作。本章主要介绍泛型、Java 集合框架体系、常用集合对象、集合工具类等基础知识,同时基于 Java 集合框架实现图书销售管理子系统。

7.1 泛型

泛型是类型的参数化,允许泛型代表不同数据类型参与操作。泛型的引入既能提高接口、类与方法的普适性,又能提高类型转换的安全性。在 Java 集合框架体系中引入泛型还能有效避免烦琐的类型显式变窄转换。类型显式变窄转换可能出现因开发人员失误引起的运行时异常 ClassCastException。下面的代码段定义希望仅存储 Cat 实例的集合对象 list,但多增加了一个 Dog 实例。当从集合 list 取出 Object 类型元素并强制转化为 Cat 类型时将抛出类型转换异常。

```
1  ArrayList list = new ArrayList();
2  list.add(new Cat());
3  list.add(new Dog());
4  list.add(new Cat());
5  for (Object o : list) {
6      Cat c = (Cat)o;
7  }
```

第 1 行未定义泛型的 ArrayList 允许保存 Object 类型的元素。for-each 语句返回的元素需要进行类型显式变窄转换才能赋给 Cat 类型的引用变量(见第 6 行)。如果在 ArrayList 集合中不小心放入了 Dog 实例(见第 3 行),当取出集合第二个元素,执行第 6 行类型转换时,会出现异常。若能指定集合允许放入的数据类型,每次从集合中取出的对象一定是提前知道的类型,就能避免烦琐的类型转换以及因类型显式变窄转换出现的运行时异常。

将以上代码段改为支持泛型的集合类后,list 只允许存放 Cat 类型的实例。第 1 行声明泛型类 ArrayList 变量和创建 ArrayList 实例时出现在尖括号内的 Cat 称为实际类型参数。第 4 行从集合 list 中取出的元素就是实际类型参数指定的类型,无须进行类型显式转换。

```
1  ArrayList<Cat> list = new ArrayList<Cat>();
2  list.add(new Cat());
3  list.add(new Cat());
4  for (Cat c : list) {   }
```

7.1.1 泛型类

泛型声明语法为:使用一对尖括号包含形式类型参数。形式类型参数名可以是任意合法标识符,但为了与其他类型进行区别,通常使用单个大写字母表示,如:T、S、E、K、V 等。形式类型参数类似于成员方法和构造方法使用的形式参数。泛型被调用时,实际类型参数将取代形式类型参数,类似于方法调用时,实际参数为形式参数赋值。定义泛型的类是泛型类。泛型类内可以直接使用类首部声明的形式类型参数。下面代码段定义了名为 Generics 的泛型类。

```
1  public class Generics<T> {//定义泛型 T 的泛型类 Generics,调用类时实际类型将取代泛型 T
2      private T key;//定义类型为 T 的成员变量 key
```

```
3       public Generics(T key) {
4           this.key = key;
5       }
6       public void setKey(T key) {
7           this.key = key;
8       }
9       public T getKey() {
10          return key;
11      }
12  }
```

一对尖括号给出 Generics 类使用的形式类型参数 T。第 6,9 行分别定义成员变量 key 的 setter 和 getter 方法，这两个方法都使用了泛型 T。在创建 Generics 实例时，必须为形式类型参数 T 指定实际类型参数。实际类型参数在程序运行前取代形式类型参数。下面的代码创建能处理 Integer、Double、String 类型数据的 Generics 实例。

```
1   Generics<String> g1 = new Generics<>("zhangsan");
2   Generics<Integer> g2 = new Generics<>(5);
3   Generics<Double> g3 = new Generics<>(2.0);
4   System.out.println(g1.getKey()); //输出 zhangsan
5   System.out.println(g2.getKey()); //输出 5
6   System.out.println(g3.getKey()); //输出 2.0
```

第 1～3 行分别创建处理 String、Integer 和 Double 类型的泛型类实例。声明泛型类变量时，必须指定实际类型参数。调用泛型类构造方法时，可以不写实际类型参数。编译时实际类型参数（String、Integer、Double）会取代形式类型参数（T）。所以，第 4～6 行输出的 key 分别是字符串类型、整型和浮点型。泛型类可以定义多个泛型，泛型之间使用逗号分隔。泛型类定义语法格式如下：

```
[public] class 类名<泛型列表> [extends 父类] [implements 接口列表]{
    /*泛型类类体，在类体中可以直接访问泛型列表中的泛型。声明和定义泛型类实例时，实际
      类型会替换泛型列表中的泛型*/
}
```

7.1.2 泛型接口

接口定义时也可以指定泛型（形式类型参数）。定义有形式类型参数的接口称为泛型接口。下面给出泛型接口 java.util.List 的部分代码。

```
1   package java.util;
2   public interface List<E> extends Collection<E> {
3       Iterator<E> iterator();
4       boolean add(E e);
5       E get(int index);
6       //...
7   }
```

与泛型类相似，泛型接口使用一对尖括号定义形式类型参数。接口内可以使用形式类型参数声明变量和方法。第 2 行定义泛型接口 List 继承父接口 Collection，两个接口可以处理同一种形式类型参数 E。第 3 行声明 iterator 方法返回访问泛型集合类 List<E>的迭代器。第 4 行声明向集合新增元素的 add 方法。第 5 行声明返回元素的 get 方法。泛型类 ArrayList、LinkedList 和 Vector 都实现了 List 泛型接口，它们的声明如下：

```
public class ArrayList<E> extends AbstractList<E> implements List<E>
public class LinkedList<E> extends AbstractSequentialList<E> implements List<E>
public class Vector<E> extends AbstractList<E> implements List<E>
```

声明泛型接口时需要为泛型指定实际参数类型。接口变量保存接口实现类的引用，泛型接口变量保存泛型接口实现类的引用。下面的代码段定义了三个 List 泛型接口变量，分别保存 List

接口实现类（ArrayList、LinkedList 和 Vector）实例的引用。new 关键字调用构造方法创建实例时，尖括号内的实际类型参数可以省略。

```
List<String> l1 = new ArrayList<>();
List<Integer> l2 = new LinkedList<>();
List<Double> l3 = new Vector<>();
```

泛型接口也可以定义用逗号分隔的多个泛型，其定义语法格式如下：

```
[public] interface 接口名<泛型列表> [extends 父接口列表]{
    /*泛型接口体，在接口体中可以直接访问泛型列表中的泛型。声明泛型接口变量时，实际
      类型会替换泛型列表中的形式类型*/
}
```

泛型类可以继承另一个泛型类和实现多个泛型接口。代码 7-1 给出了泛型接口和泛型类示例。

代码 7-1　泛型接口和泛型类示例

```
1   interface Generator<T>{
2       void add(T t);
3       T get(int index);
4   }
5   public class SubGenerics<T,S> extends Generics<T> implements Generator<S>{
6       private static final int SIZE = 10;
7       private Object[] data = new Object[SIZE];
8       private int length;
9       public SubGenerics(T t) {//定义带泛型的构造方法
10          super(t);//显式调用父类构造方法
11      }
12      @Override
13      public void add(S s) {
14          if(length >= SIZE) {
15              return;
16          }
17          data[length++] = s;
18      }
19      @Override
20      public S get(int index) {
21          if(index < 0 || index >= length) {
22              return null;
23          }
24          return (S)data[index];
25      }
26  }
```

第 1～4 行定义泛型接口 Generator，提供对 T 类型的数据进行新增和返回操作的接口方法。第 5～26 行定义泛型类 SubGenerics 继承泛型类 Generics 并实现泛型接口 Generator。在 SubGenerics 类中定义了两个泛型 T 和 S。第 13～18 行实现泛型接口 Generator 中的 add 方法，向 data 数组中新增元素。第 20～25 行实现泛型接口 Generator 中的 get 方法，返回指定位置的元素。扫描本章二维码获取示例完整代码。

7.1.3 泛型方法

定义有泛型的方法称为泛型方法。泛型方法的语法为：在方法返回类型前使用一对尖括号跟上泛型列表，列表中的泛型之间使用逗号分隔。泛型方法可以是声明在接口或抽象类中的抽象方法，也可以是定义在具体类中具体方法。带方法体的泛型方法语法格式如下：

```
[public|protected|private] [static|final] <泛型列表> 返回类型 方法名(参数列表){
    //方法体，方法体可以使用泛型列表中的泛型
}
```

泛型方法需要给出形式类型参数的定义，所以泛型方法既可以定义在泛型类或泛型接口中，也可以定义在普通类或接口中。代码 7-2 给出了普通类中定义泛型方法示例。

代码 7-2　普通类中定义泛型方法示例

```
1   public class GenericsDemo {
2       public <T> void genericsMethod(T[] ts) {
3           for (T t : ts) {
4               System.out.print(t+" ");
5           }
6           System.out.println();
7       }
8   }
```

泛型方法 genericsMethod 返回类型前的<T>表示该方法定义的泛型 T。在返回类型前使用尖括号定义了泛型的方法属于泛型方法，否则不是泛型方法。genericsMethod 方法可以输出指定 Object 类型数组中的元素值。扫描本章二维码获取示例完整代码。

泛型方法与普通方法的区别在于是否在方法首部定义形式类型参数。代码 7-1 的第 13 行 add 方法和第 20 行 get 方法的返回值、参数都是泛型类型，这表示它们使用了泛型，但没有定义泛型，所以它们都不属于泛型方法。

7.1.4　通配符类型

实际类型参数具有继承关系的泛型类之间不存在继承关系。例如，存放 Object 类型的集合与存放 String 类型的集合之间不存在继承关系。我们不能凭直觉认为 Collection<Object>类型的变量可以引用 Collection<String>类型的实例。下面代码段的赋值操作存在语法错误。

```
1   Collection<Object> co = new ArrayList<Object>();
2   Collection<String> cs = new ArrayList<String>();
3   co = cs;
```

第 1 行定义引用数据类型变量 co，保存存放 Object 类型数据的集合对象的引用。第 2 行定义引用数据类型变量 cs，保存存放 String 类型数据的集合对象的引用。第 3 行使用保存 Object 数据的集合引用变量指向保存 String 数据的集合对象，编译器报类型不匹配错误（Type mismatch: cannot convert from Collection<String> to Collection<Object>）。因为 Collection<Object>不是 Collection<String>的父类，所以不能进行类型隐式变宽转换。

如何定义引用变量让它可以引用包含任意类型数据的集合对象呢？Java 语言提供通配符类型"?"表示任意数据类型。通配符类型也可以称为未知类型（unknown type），与 Object、String 和 Integer 等类型一样属于一种具体数据类型，可以作为实际类型参数替代形式类型参数。实际类型参数为通配符类型的集合变量可以引用任意类型的集合对象。以上代码段修改为如下形式就没有语法错误了。

```
1   Collection<?> co = new ArrayList<Object>();
2   Collection<String> cs = new ArrayList<String>();
3   co = cs;
```

第 1 行 Collection<?>表示可以保存任意数据类型数据的集合类，"?"表示通配符类型，可以表示 Object、String、Integer 等任意 Java 引用数据类型。因此，变量 co 可以保存元素为 Object 类型的集合的引用（见第 1 行），也可以保存元素为 String 类型的集合的引用（见第 3 行）。

有界通配符可以限定通配符表示类型的范围。若已知要处理的元素是 A 类型及其子类类型，则可以使用有界通配符，将通配符类型限定在类型 A 表示的范围以内。该有界通配符的定义是："? extends A"，其中符号"?"表示通配符类型，关键字 extends 后的 A 决定通配符能表示类型的上界。下面的 processShapes 方法可以处理元素为 Shape 及其子类类型的集合对象。

```
1  public static void processShapes(Collection<? extends Shape> shapes) {
2      for (Shape shape : shapes) {
3          double area = shape.area();
4          double perimeter = shape.perimeter();
5          System.out.println(shape.getName()+":"+area+","+perimeter);
6      }
7  }
```

形式参数 shapes 声明为"Collection<? extends Shape>"，表示 shapes 可以引用任意 Shape 及其子类类型的集合对象，下面的代码段给出了 main 方法调用 processShapes 方法的示例。

```
1  public static void main(String[] args) {
2      Collection<Rectangle> s1 = new ArrayList<>();
3      s1.add(new Rectangle("RECT", 10, 2));
4      s1.add(new Square("SQUARE", 3));
5      processShapes(s1);
6      /*输出 RECT:20.0,24.0
7            SQUARE:9.0,12.0*/
8      Collection<Object> s2 = new ArrayList<>();
9      //编译错误，Collection<Object>实际参数不能为 Collection<? extends Shape>形式参数赋值
10     processShapes(s2);
11 }
```

有界通配符限定形式参数 shapes 只能引用元素类型是 Shape 及其子类类型的集合对象。所以第 5 行能正确输出两种形状的面积和周长。第 10 行实际参数 s2 是元素为 Object 类型的集合对象的引用，Object 是 Shape 的父类，超过有界通配符能表示的类型范围，编译器提示 Collection<Object>实际参数不能给 Collection<? extends Shape>形式参数赋值。

关键字 extends 除可以限定通配符类型的边界外，还可以限定形式类型参数的边界。下面的代码段演示了 extends 关键字在泛型类、泛型接口和泛型方法中的应用。

```
1  public class Generics<T extends Shape> {    }
2  interface Generator<T extends Shape>{    }
3  public <T extends Shape> void genericsMethod(T[] ts) {    }
```

第 1~3 行定义的泛型 T 的上边界被限定为 Shape 类型，即声明泛型类或泛型接口变量、创建泛型类对象、调用泛型方法时，指定的实际类型参数只能是 Shape 及其子类类型。

7.2 集合框架体系

7.2.1 集合概述

数组用于存储多个相同类型的数据元素，例如，整型数组可以保存多个整型值，字符串数组可以保存多个字符串对象的引用。数组为数据集中处理提供了有效的线性存储结构。但单纯使用数组存储与处理数据存在以下问题：

（1）数组大小固定。当数组初始化后，大小不能改变，若待存储的数据个数超过数组长度，就会出现数据不能存储或者旧数据被覆盖等问题。

（2）数组仅实现了线性表的顺序存储，并未提供任何在该数据结构上的操作。为了完成对数组元素的新增、删除、修改和查询等操作，开发人员必须重新编写方法。

（3）数组不能直接表示栈、队列这样的常用线性结构。开发人员需要单独封装数组，实现具有先进先出、先进后出的特殊线性结构。

（4）数组不具有支持多线程并发执行的同步机制。

（5）数组不能直接用于保存键值对，需要开发人员封装数组实现键值的映射关系。

集合也称容器，可以包含具有相同意义的一组数据。例如，字母表（字母的集合）、邮箱（邮件的集合）等。Java 集合框架提供了一组接口、接口实现类、工具类以及针对集合元素的有用

操作。Java 集合框架能对集合数据进行有效的存储、组织和管理。集合封装动态扩容的数组、链表用于数据存储，提供新增、删除、修改和查询等方法用于数据管理。图 7-1 给出了 Java 集合框架体系结构。

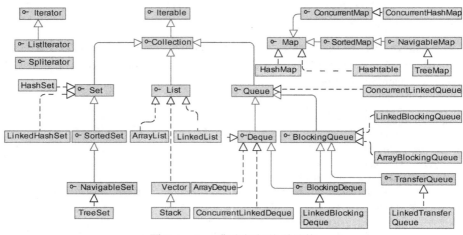

图 7-1　Java 集合框架体系结构

7.2.2　常用接口与实现类

（1）接口

Iterable：实现 Iterable 接口的类型允许使用 for-each 语句迭代访问其中的数据元素。

Iterator：迭代器 Iterator 和循环语句可以用于集合遍历。Iterator 接口声明了三个重要方法：hasNext、next 和 remove。其中，hasNext 方法判断是否还有元素未访问，next 方法返回下一个未访问的元素，remove 方法删除最近使用 next 方法返回的元素。

ListIterator：Iterator 的子接口，允许对 List 集合进行双向访问和修改等操作。

Spliterator：可分割迭代器，利用它可以将数据集划分为多个数据子集。为每个数据子集提供一个线程完成操作，实现多线程对数据集的并行访问。

Collection：集合框架的根接口。Java SE 没有提供直接实现该接口的实现类，但其子接口的实现类可以用于保存多个数据元素。Collection 的子接口有的允许保存重复元素，有的不允许有重复元素，有的允许元素无序存放，有的要求元素按指定规则排序。

Set：Set 接口是对数学集合概念的一个抽象。实现 Set 接口的类不允许包含重复元素，集合中任意两个元素 e1 和 e2 都不相等。

SortedSet：该集合中的元素为按自然顺序或比较器（Comparator）指定规则排列的有序序列。迭代器按升序遍历 SortedSet 集合中的元素。

NavigableSet：在 SortedSet 有序序列基础上扩展了导航方法，可以返回集合中最接近给定参数的元素。这些导航方法包括 lower、floor、ceiling 和 higher。

List：表示元素可重复的线性表，可以通过索引访问集合元素。List 接口提供一种特殊的迭代器 ListIterator 对集合元素进行插入、替换和双向访问操作。

Queue：除具有 Collection 基本方法外，Queue 接口还提供支持先进先出（First In First Out，FIFO）队列的插入、提取和检查等操作。

Deque：Deque 是 double ended queue 的缩写，表示双端队列，支持在队列两端进行插入和删除操作，既支持 FIFO 队列的先进先出操作，也支持 LIFO（Last In First Out）栈的后进先出操作。

BlockingQueue：表示线程安全的阻塞队列。线程从空阻塞队列中获取数据会被阻塞，直到队列非空为止。线程向满阻塞队列中放入数据会被阻塞，直到队列有空闲空间为止。BlockingQueue 提供阻塞式插入和删除元素的方法，可用于生产者/消费者线程共享缓冲池的同步与互斥操作。

BlockingDeque：表示线程安全的阻塞双端队列，提供在队列头和队列尾进行阻塞式插入和删除的方法，也可以使用 BlockingDeque 实现一个阻塞队列。

TransferQueue：表示一种阻塞队列，它是 BlockingQueue 的子接口。在生产者和消费者场景下，生产者线程可以采用阻塞方式向消费者线程发送数据，只有数据被消费者获取后，生产者线程才能返回。TransferQueue 也提供非阻塞式的数据发送方式，将数据发送给等待的消费者线程后返回，若无等待的消费者线程，则生产者线程不放数据到队列中便直接返回。

Map：保存键值映射的对象。其中键不能重复且一个键只能映射一个值。Map 接口取代了 Dictionary 抽象类。

SortedMap：按键排序的 Map 子接口。SortedMap 的键值对可以根据键的自然顺序排列，也可以根据比较器（Comparator）指定规则排列。

NavigableMap：SortedMap 的子接口。提供返回最接近给定键的 Map.Entry 对象，按键升序或降序遍历键值对等功能。

ConcurrentMap：支持多线程并发访问的 Map 子接口。

（2）实现类

HashSet：Set 接口的实现类，封装 HashMap 实例存放不重复数据。通过 hashCode 方法和 equals 方法判断集合是否存在相同元素。若两个对象的 hash 值不同，则表示它们是不同对象。若 hash 值相同，则继续比较 equals 方法的返回值，若 equals 方法返回真则表示相同，否则表示不同。

LinkedHashSet：扩展 HashSet 并实现 Set 接口，使用双向链表存储集合元素。它和 HashSet 一样没有提供同步机制，在多线程下需要额外增加同步方法保证线程安全。例如，使用工具类 Collections 的 synchronizedSet 方法封装 LinkedHashSet，可以构造线程安全的集合对象。

Vector：List 接口实现类，使用可增长的对象数组存放数据。Vector 提供使用索引访问元素的方法。Vector 类实现了同步机制，支持在多线程环境中并发访问。在单线程环境中可以使用 ArrayList 取代 Vector。

ArrayList：List 接口实现类，使用数组存放数据。ArrayList 未实现同步机制，在多线程环境中不安全。Collections 的 synchronizedList 方法封装 ArrayList 返回线程安全的 List 对象。

LinkedList：List 和 Deque 接口的实现类，使用双向链表存储集合元素。

Stack：Vector 类的子类，实现了 LIFO 的栈存储结构，提供 push 入栈操作、pop 出栈操作，以及 peek 返回栈顶元素、empty 判断栈为空、search 查询栈等方法。Deque 接口及其实现类提供更完整的 LIFO 栈操作，所以推荐使用 Deque 实现类来代替 Stack 类。

SynchronousQueue：同步队列，没有内部缓冲空间，是 BlockingQueue 接口的实现类，可以实现线程间同步发送和接收消息。多个发送和接收线程设置公平策略 fair 为 true，可以保证多线程在同步队列上按 FIFO 顺序发送和接收消息。

LinkedBlockingQueue：BlockingQueue 实现类，实现了 FIFO 的链式阻塞队列。队首返回元素，队尾插入元素，所以队首的元素在队列中的时间最久，队尾的元素在队列中的时间最短。

LinkedTransferQueue：TransferQueue 接口实现类，表示没有边界限制的 FIFO 结构的链式传输队列 TransferQueue。

ArrayDeque：Deque 接口实现类，表示大小可动态扩展的数组双端队列。数组双端队列不支持多线程同步访问，作为栈使用，效率高于 Stack 类；作为队列使用，效率高于 LinkedList。

LinkedBlockingDeque：BlockingDeque 接口实现类，表示有界链式双端阻塞队列，若未指定大小，则有界链式双端阻塞队列的最大存储容量为 Integer.MAX_VALUE。

Hashtable：继承 Dictionary 抽象类并实现 Map 接口，表示保存键值对的哈希表。任何非空对象都可以作为哈希表的键或值。键不允许重复，作为键的对象必须实现 hashCode 和 equals 方法以便区分不同对象。Hashtable 区分键是否相同的原则是：若 hashCode 返回的 hash 值不同，则是不同对象；若 hash 值相同，则再判断 equals 方法的返回结果。若 equals 方法返回 true，则表明是相同对象，否则是不同对象。Hashtable 是线程安全的哈希表，其同步实现机制效率不高。单线程环境推荐使用 HashMap，多线程环境需要高并发访问哈希表时推荐使用 ConcurrentHashMap。

HashMap：Map 接口实现类，提供键值对存储结构，允许 null 作为键值。但不支持多线程并发访问。当多线程并发访问时，可以通过 Collections 类的 synchronizedMap 方法封装 HashMap 实例创建一个支持线程并发访问的 Map 对象。

LinkedHashMap：HashMap 子类，实现双向链表保存键值对。与 HashMap 类似，LinkedHashMap 对象也不支持多线程并发访问，也可以通过 Collections.synchronizedMap 方法构造线程安全的 Map 对象。

TreeMap：NavigableMap 实现类。使用红黑树（Red Black Tree）存储结构保存有序键值对。排序规则依赖于键的自然顺序或比较器指定规则。该类型不支持多线程并发访问，可以通过 Collections 类的 synchronizedSortedMap 方法封装 TreeMap 实例构造线程安全的 SortedMap 对象。

ConcurrentHashMap：ConcurrentMap 实现类，支持多线程并发访问的键值对存储结构。ConcurrentHashMap 与 Hashtable 都是线程安全的集合类，但 ConcurrentHashMap 的效率优于 Hashtable，在高并发环境中，ConcurrentHashMap 类的性能也优于 Collections.synchronizedMap 方法封装的同步集合对象。

7.3 集合对象

7.3.1 Set 接口及实现类

Set 是 Collection 的子接口，允许存放多个不重复元素。Set 接口主要包括两个实现类：HashSet 和 LinkedHashSet。

（1）Set 接口方法

boolean add(E e)：新增不重复元素 e。若集合中已经存在相同元素，则取消新增返回 false。

boolean remove(Object o)：删除指定元素 o。若删除成功，则 remove 方法返回 true。

boolean contains(Object o)：判断集合是否存在指定元素 o。若存在则返回 true，否则返回 false。

Iterator<E> iterator()：返回迭代器，利用迭代器可以遍历和删除集合元素。

Object[] toArray()：返回集合所有元素到数组中，对数组元素的操作不影响原集合元素。该方法实现从集合到数组的转换。

boolean isEmpty()：判断集合是否为空。若为空则返回 true，否则返回 false。

int size()：返回集合元素个数。若集合元素个数超过 Integer.MAX_VALUE，则返回 Integer.MAX_VALUE，这时 size 方法不能准确表示集合元素个数。

boolean containsAll(Collection<?> c)：判断集合是否包含集合 c 的所有元素。若包含则返回 true，否则返回 false。若集合 c 也是 Set 对象，那么当且仅当 c 是当前集合的子集时，该方法才返回 true，否则返回 false。

boolean addAll(Collection<? extends E> c)：将集合 c 的所有元素增加到当前集合中。若原集合元素个数有变化则返回 true，否则返回 false。若 c 也是 Set 对象，则返回两个 Set 集合的并集。

boolean retainAll(Collection<?> c)：删除当前集合中不在集合 c 中的元素。若 c 也是 Set 对象，则 retainAll 方法保留当前集合和集合 c 的交集。

boolean removeAll(Collection<?> c)：从当前集合删除集合 c 中的所有元素。若 c 也是 Set 对象，则 removeAll 方法保留当前集合和集合 c 的差集。

<T> T[] toArray(T[] a)：返回集合所有元素到一个数组对象中。当数组 a 的类型与集合元素类型匹配并且长度不小于集合元素个数时，集合所有元素将返回到参数 a 引用的数组中，否则创建新数组保存集合的所有元素。

void clear()：删除当前集合所有元素。clear 方法返回后，集合为空。

boolean equals(Object o)：判断指定对象是否与当前集合相等。若 o 是与当前集合大小相同的集合且每个元素都能在当前集合找到相同元素，则返回 true，否则返回 false。

int hashCode()：获取当前集合对象的哈希值。集合哈希值被定义为集合所有元素哈希值之和。若元素是 null，则哈希值为 0。

default Spliterator<E> spliterator()：返回可分割迭代器。

（2）HashSet 常用构造方法

public HashSet()：创建初始容量为 16，负载因子为 0.75（默认值）的空集合对象。

public HashSet(Collection<? extends E> c)：创建包含指定集合中所有不重复元素的新集合对象，该对象负载因子为 0.75，初始容量能包含指定集合的所有元素。

public HashSet(int initialCapacity)：创建初始容量为 initialCapacity，负载因子为 0.75 的空集合对象。

public HashSet(int initialCapacity, float loadFactor)：创建初始容量为 initialCapacity，负载因子为 loadFactor 的空集合对象。

（3）LinkedHashSet 常用构造方法

public LinkedHashSet()：创建初始容量为 16，负载因子为 0.75 的空链式 HashSet 对象。

public LinkedHashSet(Collection<? extends E> c)：创建包含指定集合 c 中所有不重复元素的链式集合对象，初始容量等于集合 c 的元素个数，负载因子为 0.75。

public LinkedHashSet(int initialCapacity)：创建指定初始容量的空链式 HashSet 对象，负载因子为 0.75。

public LinkedHashSet(int initialCapacity, float loadFactor)：创建指定初始容量和负载因子的空链式集合对象。

（4）示例

创建员工 Employee 类，封装编号 id、姓名 name、出生日期 dateOfBirth 等为私有数据，为成员变量提供 getter 和 setter 方法，重写 Object 类的 toString 方法返回员工基本信息。将多名员工实例放入一个 HashSet 集合中，使用 for-each 语句遍历集合中的员工。本示例的 Employee 类还会用于本章其他示例。HashSet 示例参见代码 7-3。

代码 7-3　HashSet 示例

```
1   //Employee.java
2   public class Employee {
3       private int id;
4       private String name;
5       private Date dateOfBirth;
6       public Employee(int id, String name, Date dateOfBirth) {
7           this.id = id;
8           this.name = name;
9           this.dateOfBirth = dateOfBirth;
10      }
11      @Override
12      public String toString() {
13          SimpleDateFormat sdf = new SimpleDateFormat("yyyy-MM-dd");
14          return id+":"+name+":"+sdf.format(dateOfBirth);
15      }
16      …
17  }
18  //HashSetDemo.java
19  public class HashSetDemo {
20      public static void main(String[] args) {
21          Set<Employee> employees = new HashSet<>();//创建 HashSet 实例,初始容量 16,负载因子 0.75
22          Calendar cal = Calendar.getInstance();//返回日历类实例的引用给变量 cal
23          cal.set(1978, 7, 9); //设置日历时间为 1978 年 8 月 9 日
24          Employee e1 = new Employee(1001, "zhang", cal.getTime());
25          cal.set(1980, 2, 6); //设置日历时间为 1980 年 3 月 6 日
26          Employee e2 = new Employee(1002, "wang", cal.getTime());
27          cal.set(1990, 5, 16); //设置日历时间为 1990 年 6 月 16 日
28          Employee e3 = new Employee(1003, "li", cal.getTime());
29          employees.add(e3); //调用 add 方法向集合中新增三个员工对象
30          employees.add(e2);
31          employees.add(e1);
32          for (Employee employee : employees) {//使用 for-each 语句遍历 employees 集合元素
33              System.out.println(employee);
34          }
35      }
36  }
```

程序执行结果如下：

1002:wang:1980-03-06
1003:li:1990-06-16
1001:zhang:1978-08-09

从结果可知，HashSet 包含的元素是无序的。将代码 7-3 中的第 25，26 行修改为：

```
25  cal.set(1978, 7, 9);
26  Employee e2 = new Employee(1001, "zhang", cal.getTime());
```

程序执行结果如下：

1001:zhang:1978-08-09
1003:li:1990-06-16
1001:zhang:1978-08-09

两位员工的 id、name 和 dateOfBirth 都相同，却能保存到要求元素不能重复的 HashSet 中，这是为什么呢？HashSet 使用 add 方法新增元素时，需要判断集合中是否存在相同元素。若存在相同元素，则 add 方法不影响集合内容直接返回，否则将新增元素增加到集合中。判断是否存在相同元素，需先判断新增元素的 hash 值是否与集合元素的 hash 值相同。若 hash 值不同，则说明没有相同元素存在。若 hash 值相同，则再使用 equals 方法判断新增元素是否与集合中已有元素相等。若 equals 方法返回 true，则表示已存在相同元素，否则表示不存在相同元素。对象的 hash

值是通过 hashCode 方法获取的，Object 类的 hashCode 方法默认将对象地址转换为整型值返回。所以变量 e1 和 e2 虽然指向的对象具有相同的数据成员（1001:zhang:1978-08-09），但却是两个不同的实例，具有不同的地址，它们的 hash 值不同，被作为不同对象插入 HashSet 集合中。为解决这个问题，可以在 Employee 类中重写父类 Object 的 hashCode 方法，只要员工 id 不同，就认为是不同员工。如果 hash 值相同，则再通过 equals 方法做进一步判断。因此在 Employee 类中还需要重写 equals 方法。修改后的 Employee 类参见代码 7-4。

代码 7-4 Employee 类示例

```
1   public class Employee {
2       ...
3       @Override
4       public int hashCode() {
5           return id;
6       }
7       @Override
8       public boolean equals(Object obj) {
9           if(obj instanceof Employee) {
10              Employee e = (Employee)obj;
11              if(e.id==id) {
12                  return true;
13              }
14          }
15          return false;
16      }
17  }
```

Employee 类修改后，e1 和 e2 就会被作为相同的对象。在 HashSet 中增加 e1 后，e2 作为重复元素不能增加到集合中。扫描本章二维码获取示例完整代码。

7.3.2 SortedSet 接口及实现类

SortedSet 是 Set 的子接口，允许存放多个不重复元素，元素通过自然顺序（natural order）或比较器（Comparator）指定规则在集合中有序排列。NavigableSet 是 SortedSet 的子接口，提供 lower、floor、ceiling 和 higher 等方法返回集合中最接近指定参数的元素，也提供升序和降序遍历集合的新功能。NavigableSet 接口的实现类是 TreeSet。

（1）SortedSet 接口方法

Comparator<? super E> comparator()：返回当前集合对象用于元素排序的比较器。如果当前集合使用元素自然顺序排列，则返回 null。

SortedSet<E> subSet(E fromElement, E toElement)：返回当前集合中从 fromElement（包含）开始到 toElement（不包含）结束的子集的引用。如果 fromElement 等于 toElement，则返回的子集为空。返回子集发生变动会影响原集合数据，反过来，原集合元素变动也会影响子集。如果 fromElement 大于 toElement 或 fromElement、toElement 落到了集合边界外，将抛出 IllegalArgumentException。

SortedSet<E> headSet(E toElement)：返回集合中 toElement 元素（不包含）之前的所有元素组成的子集的引用。返回的子集是原集合的一个视图，对返回子集的修改会影响原集合，对原集合的修改也会影响子集内容。toElement 超出边界会引起 IllegalArgumentException。

SortedSet<E> tailSet(E fromElement)：返回从 fromElement 元素（包含）开始的子集引用，返回的子集是原集合的视图，所以对子集数据的修改会直接影响原集合，反之亦然。当 fromElement 超出集合边界时，抛出 IllegalArgumentException。

E first()：返回当前有序集合中第一个元素。若集合为空则抛出 NoSuchElementException。

E last()：返回当前有序集合中最后一个元素。若集合为空则抛出 NoSuchElementException。

（2）NavigableSet 接口方法

E lower(E e)：返回有序序列中小于元素 e 的最大元素。若不存在则返回 null。

E floor(E e)：返回有序序列中小于或等于元素 e 的最大元素。若不存在则返回 null。

E ceiling(E e)：返回有序序列中大于或等于元素 e 的最小元素。若不存在则返回 null。

E higher(E e)：返回有序序列中大于元素 e 的最小元素。若不存在则返回 null。

E pollFirst()：返回并删除有序序列中第一个元素。若集合为空则返回 null。

E pollLast()：返回并删除有序序列中最后一个元素。若集合为空则返回 null。

Iterator<E> iterator()：返回集合的迭代器，用于升序遍历集合元素。

NavigableSet<E> descendingSet()：返回原集合的逆序视图。返回视图依赖于原集合，对返回视图的修改会影响原集合，反之亦然。

Iterator<E> descendingIterator()：返回逆序视图迭代器，等价于逆序视图调用 Iterator 方法 descendingSet().iterator()。

（3）TreeSet 常用构造方法

public TreeSet()：构造新的空集合对象，集合元素按元素自然顺序排列。自然顺序规则由元素所属类型实现 Comparable 接口确定。使用 TreeSet 构造方法创建有序集合对象，增加到该集合中的元素类型必须实现 Comparable 接口，给出元素排序规则。

public TreeSet(Comparator<? super E> comparator)：构造新的空集合对象，集合元素按比较器指定规则进行排序。所有集合元素都能使用比较器提供的 compare 方法进行大小比较，按比较器指定规则进行排序。

public TreeSet(Collection<? extends E> c)：构造包含集合 c 中所有元素的新 TreeSet 对象。集合采用集合元素所属类型的自然顺序进行排列。

public TreeSet(SortedSet<E> s)：构造包含集合 s 所有元素且与 s 采用相同排序规则的集合对象。

（4）示例 1

对代码 7-3 进行改进，要求员工放入 TreeSet 集合中，集合采用 Employee 类型的自然顺序排序。排序规则：先按员工姓名升序排序，若姓名相同则按员工生日升序排序，若生日也相同再按员工 id 升序排序。要实现按自然顺序排序需要 Employee 类实现 Comparable 接口。Comparable 接口用于对象比较的抽象方法 compareTo 的说明如下。

int compareTo(T o):比较当前对象与指定对象 o。该方法返回负数、0 或正数分别表示当前对象小于、等于或大于指定对象。实现 compareTo 方法时可以返回-1、0、1 来表示小于、等于和大于的关系。Java 基础类库有部分类已经实现了 Comparable 接口。开发人员调用这些类的 compareTo 方法就能比较它们的大小。

代码 7-5 给出增加按自然顺序排序的 Employee 类示例。因为 String 和 Date 都实现了 Comparable 接口，所以代码 7-5 进行姓名和出生日期比较时直接调用了 compareTo 方法。

代码 7-5 提供按自然顺序排序的 Employee 类

```
1   public class Employee implements Comparable<Employee>{
2       …
3       @Override
4       public int compareTo(Employee o) {
5           int rs = this.name.compareTo(o.name);//先比较当前员工与指定员工的姓名
6           if(0 == rs) { //姓名相同，再比较两个员工的出生日期
7               rs = this.dateOfBirth.compareTo(o.dateOfBirth);
8               if(0 == rs) {//出生日期相同，再比较两个员工的 id
```

```
9                rs = this.id - o.id;
10           }
11       }
12       //比较结果：0 表示相等，正数表示当前员工比指定员工大，负数表示比指定员工小
14       return rs;
15   }
16 }
```

代码 7-6 在 TreeSet 对象中存入多个 Employee 对象，使用 for-each 语句输出集合元素。观察输出结果是否为按 Employee 类的自然顺序升序排序加到 TreeSet 中的元素。

代码 7-6   TreeSet 集合按自然顺序升序排序

```
1  Calendar cal = Calendar.getInstance();
2  cal.set(1978, 7, 9);
3  Employee e1 = new Employee(1001, "zhang", cal.getTime());
4  cal.set(1976, 3, 20);
5  Employee e2 = new Employee(1002, "zhang", cal.getTime());
6  SortedSet<Employee> employees = new TreeSet<>();//采用 Employee 自然顺序排列集合元素
7  employees.add(e1);//调用 add 方法将员工加到 TreeSet 集合中
8  employees.add(e2);
9  for (Employee employee : employees) {//for-each 语句有序输出集合中员工
10     System.out.println(employee);
11 }
```

扫描本章二维码获取示例完整代码。

（5）示例 2

创建指定比较器（Comparator）的 TreeSet 集合对象，员工对象按比较器指定规则有序存放。Comparator 实现类给出员工排序的比较规则：先比较出生日期；出生日期相同，再比较姓名；姓名相同，再比较员工 id。Comparator 接口用于对象比较的方法 compare 的说明如下。

int compare(T o1, T o2)：比较两个对象 o1 和 o2，返回值为负数、0 或正数分别表示 o1 小于、等于或大于 o2。

代码 7-7 定义 Comparator 接口的实现类 EmployeeComparator 用于 Employee 类排序。Employee 类沿用代码 7-5 中的定义。员工比较器示例如代码 7-7 所示。

代码 7-7   员工比较器

```
1  class EmployeeComparator implements Comparator<Employee>{
2      @Override
3      public int compare(Employee o1, Employee o2) {
4          int rs = o1.getDateOfBirth().compareTo(o2.getDateOfBirth());//先比较 o1 与 o2 的出生日期
5          if(0 == rs) {//出生日期相同，再比较两个员工的姓名
6              rs = o1.getName().compareTo(o2.getName());
7              if(0 == rs) {//姓名相同，再比较两个员工的 id
8                  rs = o1.getId() - o2.getId();
9              }
10         }
11         //比较结果：0 表示相等，正数表示 o1 比 o2 大，负数表示 o1 比 o2 小
12         return rs;
13     }
14 }
```

扫描本章二维码获取示例完整代码。

（6）示例 3

TreeSet 默认按自然顺序或比较器指定规则升序排列元素。使用 TreeSet 的 descendingSet 方法返回逆序视图可以降序输出集合元素。逆序输出 TreeSet 集合元素示例参见代码 7-8。

代码 7-8　逆序输出 TreeSet 集合元素

```
1   Calendar cal = Calendar.getInstance();
2   Employee e1 = new Employee(1001, "zhang", cal.getTime());
3   Employee e2 = new Employee(1002, "zhang", cal.getTime());
4   NavigableSet<Employee> es = new TreeSet<>(new EmployeeComparator());//使用指定比较器的 TreeSet 对象
5   es.add(e1);
6   es.add(e2);
7   NavigableSet<Employee> descEmployees = es.descendingSet();//返回逆序视图
8   for (Employee employee : descEmployees) {//逆序输出 TreeSet 集合中的元素
9       System.out.println(employee);
10  }
```

扫描本章二维码获取示例完整代码。

7.3.3　List 接口及实现类

List 是 Collection 的子接口，允许存放重复元素，能按索引插入和访问元素。List 接口提供 ListIterator 迭代器对集合元素进行插入、替换和双向访问操作。List 接口还提供查询、插入、删除等方法。List 接口主要的实现类有：Vector、Stack、ArrayList 和 LinkedList。

（1）List 接口方法

boolean add(E e)：在列表尾增加元素 e。

void add(int index, E element)：在集合 index 位置插入元素 element，index 及其后续位置的元素依次向右移动一个位置。index 超出边界将抛出 IndexOutOfBoundsException 异常。

E remove(int index)：删除指定索引位置的元素，后续元素依次向左移动一个位置。

boolean remove(Object o)：从集合中删除首次找到的指定元素。

int indexOf(Object o)：返回元素 o 首次出现的位置。若指定元素不存在则返回-1。

int lastIndexOf(Object o)：返回元素 o 最后一次出现的位置，若指定元素不存在则返回-1。

E get(int index)：返回指定位置元素。index 超过边界将抛出 IndexOutOfBoundsException。

E set(int index, E element)：使用元素 element 取代指定索引 index 位置的元素。index 超出边界将抛出 IndexOutOfBoundsException 异常。

int size()：返回集合元素个数。若元素个数超过 int 能表示的最大整数，则 size 方法返回 Integer.MAX_VALUE。

boolean isEmpty()：判断集合是否为空。若集合为空则返回 true，否则返回 false。

boolean contains(Object o)：判断是否包含指定元素。若包含则返回 true，否则返回 false。

Object[] toArray()：返回集合所有元素到一个新数组中。对数组元素的操作不会影响原集合元素。这个方法是集合与数组之间转换的桥梁。

<T> T[] toArray(T[] a)：返回集合所有元素到数组中。若数组 a 能保存所有元素，则集合元素返回到参数 a 引用的数组中，否则重新创建一个新数组存放返回的集合元素。

List<E> subList(int fromIndex, int toIndex)：返回从 fromIndex（包含）到 toIndex（不包含）的子列表。若 fromIndex 等于 toIndex 则返回空。若 fromIndex<0 或者 toIndex>list.size 或者 fromIndex>toIndex，则程序运行时抛出 IndexOutOfBoundsException 异常。

boolean containsAll(Collection<?> c)：若集合中包含指定集合 c 中所有元素则返回 true。

boolean addAll(Collection<? extends E> c)：将指定集合 c 中的元素追加到当前列表表尾。

boolean addAll(int index, Collection<? extends E> c)：将指定集合 c 中所有元素插入当前集合指定索引 index 位置，原来 index 位置及其以后的元素统一向右移动。index 超过边界将抛出 IndexOutOfBoundsException 异常。

boolean removeAll(Collection<?> c)：从集合中删除集合 c 中的所有元素。
boolean retainAll(Collection<?> c)：保留集合中在集合 c 中出现过的元素。
void clear()：删除集合所有元素。clear 方法调用后，集合成为空集。
Iterator<E> iterator()：返回集合迭代器。
ListIterator<E> listIterator()：返回列表迭代器。
ListIterator<E> listIterator(int index)：返回列表迭代器，索引 index 对应的元素是迭代器开始遍历的第一个元素。即：首次调用 next 方法返回 index 索引位置的元素，首次调用 previous 方法返回 index 索引前一个位置的元素。

（2）ListIterator 接口常用方法

列表迭代器使用游标双向访问集合元素。基本原理是，迭代器游标在集合元素之间的位置活动。若集合有 n 个元素，游标的取值就有 $n+1$ 个，游标位置可以在第一个元素前，在第一个和第二个元素之间，……，在最后一个元素之后。游标位置及其双向移动示意如图 7-2 所示。

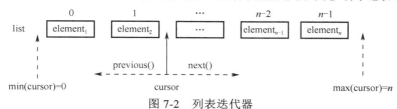

图 7-2 列表迭代器

若集合包含 n 个元素，则元素的索引取值范围为 $0\sim n-1$，列表迭代器中游标的取值范围为 $0\sim n$。ListIterator 接口实现类提供 previous 方法让游标向前移动一个位置并返回当前游标为索引的元素值，next 方法返回以当前游标值为索引的元素值并让游标向后移动一个位置。从图 7-2 可知，游标可以指向第一个元素之前或者最后一个元素之后，也可指向集合元素之间。借助 ListIterator 可以实现集合元素的双向遍历。

boolean hasNext()：列表迭代器向后遍历是否还有下一个元素，即迭代器的游标 cursor 是否不等于 n。若 cursor 不等于 n，则表明还有下一个元素，返回 true；否则返回 false。

E next()：返回下一个元素并将游标 cursor 向后移动一个位置。若迭代器没有下一个元素，则抛出 NoSuchElementException 异常。

boolean hasPrevious()：列表迭代器向前遍历是否还有下一个元素，即迭代器的游标 cursor 是否不等于 0。若 cursor 不等于 0，则表明还有下一个元素，返回 true；否则返回 false。

E previous()：返回列表中的前一个元素并将游标 cursor 向前移动一个位置。若迭代器没有前一个元素，则抛出 NoSuchElementException 异常。

void remove()：删除最近 next 或 previous 方法调用返回的元素。调用 next 或 previous 方法后，remove 方法才能调用且仅能调用一次，否则抛出 IllegalStateException 异常。

void set(E e)：使用指定元素 e 替换最近 next 或 previous 方法调用返回的元素。

void add(E e)：在集合中插入指定元素 e。新元素被插在游标 cursor 前，因此插入新元素后可以直接使用 previous 方法将其返回。

（3）Vector 常用构造方法

public Vector()：创建初始容量为 10，增量为 0 的空 Vector 向量。当容量不足（不能新增元素）时，向量大小自动按增量大小扩展。若增量为 0，则按两倍于现有容量的大小扩展。

public Vector(Collection<? extends E> c)：创建包含指定集合 c 中所有元素的 Vector 向量。

public Vector(int initialCapacity)：创建一个指定初始容量，增量为 0 的空 Vector 向量。初始容量为负数将抛出 IllegalArgumentException 异常。

public Vector(int initialCapacity, int capacityIncrement)：创建指定初始容量和增量的空 Vector 向量。增量是每次当 Vector 对象空间不足时自动扩展的容量大小。初始容量为负数将抛出 IllegalArgumentException 异常。

（4）Stack 常用构造方法

public Stack()：创建一个空栈。

（5）ArrayList 常用构造方法

public ArrayList()：创建初始容量为 10 的空顺序表。当顺序表容量不足时，集合会按原来容量的 1.5 倍进行扩容。

public ArrayList(int initialCapacity)：创建指定初始容量的空顺序表。初始容量为负数将抛出 IllegalArgumentException 异常。

public ArrayList(Collection<? extends E> c)：创建包含集合 c 中所有元素的顺序表。

（6）LinkedList 常用构造方法

public ArrayList()：创建初始容量为 10 的空双向链表。

public ArrayList(int initialCapacity)：创建指定初始容量的双向链表。

public ArrayList(Collection<? extends E> c)：创建包含集合 c 中所有元素的双向链表。

（7）示例

对比只能单向遍历集合的 Iterator 迭代器和可以双向遍历集合的 ListIterator 迭代器。本示例创建包含多个员工的 ArrayList 顺序表，使用列表迭代器双向遍历集合元素。ArrayList 顺序表示例参见代码 7-9。

代码 7-9　ArrayList 顺序表

```
1   List<Employee> employees = new ArrayList<>();//创建初始容量为 10 的顺序表
2   employees.add(new Employee(1001, "zhang", new Date()));//顺序表中保存 3 个员工对象
3   employees.add(new Employee(1002, "wang", new Date()));
4   employees.add(new Employee(1003, "li", new Date()));
5   ListIterator<Employee> listItr = employees.listIterator();//返回顺序表的列表迭代器
6   for(;listItr.hasNext();) {//正向输出员工信息
7       System.out.println(listItr.next());
8   }
9   for(;listItr.hasPrevious();) {//反向输出员工信息
10      System.out.println(listItr.previous());
11  }
```

扫描本章二维码获取示例完整代码。

7.3.4　Queue 接口及实现类

Queue 是 Collection 的子接口，允许队列按照先进先出（FIFO）的顺序存放重复元素。队列在队尾插入元素，在队首删除元素。BlockingQueue 是 Queue 的子接口，是允许阻塞式访问的队列。线程向满队列中存放数据会被阻塞，直到队列有空闲空间为止，从空队列中取数据也会被阻塞，直到有数据到达队列为止。TransferQueue 是 BlockingQueue 的子接口。当生产者与消费者线程基于 TransferQueue 同步时，生产者线程在数据被消费者线程取走后才能返回，消费者线程在取到数据后才能返回。它们的实现类主要包括：ConcurrentLinkedQueue、LinkedBlockingQueue、ArrayBlockingQueue、LinkedTransferQueue。

（1）Queue 接口方法

boolean add(E e)：向队列中插入元素。若成功则返回 true，否则抛出 IllegalStateException 异常。

boolean offer(E e)：向队列中插入元素。若成功则返回 true，否则返回 false。
E remove()：返回并删除队首元素。若队列为空则抛出 NoSuchElementException 异常。
E poll()：返回并删除队首元素。若队列为空则返回 null。
E element()：仅返回队首元素。若队列为空则抛出 NoSuchElementException 异常。
E peek()：仅返回队首元素。若队列为空则返回 null。

（2）BlockingQueue 接口方法

void put(E e)：向队列中插入元素 e。若队列为满队列，则阻塞线程，直到队列再次有空闲空间为止。若被阻塞的线程在等待空闲空间过程中被中断，将抛出 InterruptedException 异常。

boolean offer(E e, long timeout, TimeUnit unit)：向队列中插入元素 e。若没有空闲空间，则阻塞线程。在等待指定时间 timeout 后，若仍然没有空闲空间，则被阻塞线程直接被唤醒并返回。参数 unit 是阻塞时间的单位。若插入成功则返回 true，否则返回 false。和 put 方法一样，线程在等待过程中被中断，会抛出 InterruptedException 异常。

E take()：返回并删除队首元素。若没有元素，则阻塞线程，直到队列有数据为止。若被阻塞线程在等待数据过程中被中断，将抛出 InterruptedException 异常。

E poll(long timeout, TimeUnit unit)：返回并删除队首元素。若无数据，则阻塞线程。在等待指定时间 timeout 后，若仍然没有可用数据，则被阻塞线程直接被唤醒并返回。参数 unit 是阻塞时间的单位。若成功则返回队首元素，否则返回 null。和 take 方法一样，线程在等待过程中被中断，会抛出 InterruptedException 异常。

boolean contains(Object o)：判断队列中是否包含指定元素。

（3）TransferQueue 接口方法

boolean tryTransfer(E e)：传输数据 e 给等待接收数据的消费者线程（如消费者线程正在执行 BlockingQueue.take()或 BlockingQueue.poll()方法处于阻塞状态）。若数据传输成功则返回 true，若没有等待接收数据的消费者线程，则数据 e 会被丢弃，tryTransfer 方法返回 false。

void transfer(E e)：传输数据 e 给消费者线程。若没有等待接收数据的消费者线程，则生产者线程将被阻塞，直到有消费者线程调用 BlockingQueue.take()或 BlockingQueue.poll()方法为止。生产者线程在等待过程中被中断，将抛出 InterruptedException 异常，数据 e 将被丢弃。

boolean tryTransfer(E e, long timeout, TimeUnit unit)：传输数据 e 给消费者线程。若数据传输成功则返回 true。若没有消费者线程等待接收数据，则生产者线程阻塞指定时间。若 timeout 时间到后还没有消费者线程接收数据，就返回 false，数据 e 被丢弃。生产者线程在阻塞过程中被中断，将抛出 InterruptedException 异常。

boolean hasWaitingConsumer()：若存在至少一个消费者线程执行 BlockingQueue.take()或 BlockingQueue.poll()方法等待生产者发送数据，则该方法返回 true，否则返回 false。

int getWaitingConsumerCount()：返回执行 BlockingQueue.take()或 BlockingQueue.poll()方法等待数据的消费者线程个数。

（4）ConcurrentLinkedQueue 常用构造方法

public ConcurrentLinkedQueue()：创建线程安全的链式空队列。

public ConcurrentLinkedQueue(Collection<? extends E> c)：创建包含指定集合元素的链式队列。

（5）LinkedBlockingQueue 常用构造方法

public LinkedBlockingQueue()：创建容量为 Integer.MAX_VALUE 的链式阻塞队列。

public LinkedBlockingQueue(int capacity)：创建指定容量的链式阻塞队列。

public LinkedBlockingQueue(Collection<? extends E> c)：创建包含指定集合元素的，容量

为 Integer.MAX_VALUE 的链式阻塞队列。

（6）ArrayBlockingQueue 常用构造方法

public ArrayBlockingQueue(int capacity)：创建指定容量和默认访问策略的阻塞队列。容量参数小于 1 将抛出 IllegalArgumentException 异常。

public ArrayBlockingQueue(int capacity, boolean fair)：创建指定容量和指定访问策略的阻塞队列。若参数 fair 设置为 true，则队列按 FIFO 的顺序访问。容量 capacity 小于 1，将抛出 IllegalArgumentException 异常。

public ArrayBlockingQueue(int capacity, boolean fair, Collection<? extends E> c)：创建包含集合 c 中所有元素，并且指定容量和访问策略的阻塞队列。初始容量 capacity 小于指定集合的大小或小于 1 将抛出 IllegalArgumentException 异常。

（7）LinkedTransferQueue 常用构造方法

public LinkedTransferQueue()：创建空链式传输队列。

public LinkedTransferQueue(Collection<? extends E> c)：创建包含集合 c 中所有元素的链式传输队列。

（8）示例

生产者线程基于链式传输队列 LinkedTransferQueue 将随机数发送给消费者线程。链式传输队列 LinkedTransferQueue 示例参见代码 7-10。

代码 7-10　链式传输队列

```
1   class Producer extends Thread{//生产者线程
2       TransferQueue<Integer> queue;
3       public Producer(TransferQueue<Integer> queue) {//用形参 queue 为成员变量 queue 赋值
4           this.queue = queue;
5       }
6       @Override
7       public void run() {//生产者线程不断地产生随机数并发送给消费者线程
8           Random random = new Random();
9           while(true) {
10              int num = random.nextInt(100); //产生 100 以内的随机整数
11              try {
12                  System.out.println("sending message:"+num);
13                  //生产者线程向消费者线程发送数据 num，若没有消费者线程则阻塞
14                  queue.transfer(num);
15              } catch (InterruptedException e) {
16                  e.printStackTrace();
17              }
18          }
19      }
20  }
21  class Consumer extends Thread{//消费者线程
22      TransferQueue<Integer> queue;
23      public Consumer(TransferQueue<Integer> queue) {//用形参 queue 为成员变量 queue 赋值
24          this.queue = queue;
25      }
26      @Override
27      public void run() {//消费者线程不断接收生产者线程传递的数据并显示
28          while(true) {
29              try {
30                  //从生产者线程接收数据，若没有生产者线程则阻塞
31                  int num = queue.take();
32                  System.out.println("receiving message:"+num);
33              } catch (InterruptedException e) {
```

```
34                        e.printStackTrace();
35                    }
36                }
37            }
38  }
```

第 7~19 行在生产者线程的执行方法 run 中，调用 Random 类的 nextInt 方法生成 100 以内随机整数（见第 10 行），在控制台上输出发送给消费者线程的随机整数（见第 12 行），调用链式传输队列的 transfer 方法将随机整数发送给消费者线程。若无消费者线程接收数据，则生产者线程一直等待，直到有消费者线程执行 take 或 poll 方法，或者有其他线程中断当前生产者线程抛出 InterruptedException 异常为止（见第 14~17 行）。第 27~37 行在消费者线程的执行方法 run 中，调用 take 方法取出生产者线程发送的数据（见第 31 行）。若无生产者线程发送数据，消费者线程将被阻塞，直到生产者线程执行 transfer 方法或其他线程中断消费者线程抛出 InterruptedException 异常为止（见第 33~35 行）。消费者线程接收生产者传输的随机整数后将其输出到控制台上（见第 32 行）。扫描本章二维码获取示例完整代码。

7.3.5 Deque 接口及实现类

Deque 被称为双端队列，它是 Queue 的子接口，允许在队列的两端插入和删除元素。Deque 接口提供在队首的插入和删除方法，也提供在队尾的插入和删除方法。每种方法都提供了两种实现，一种实现是操作失败后抛出异常，一种实现是操作失败后返回特定的值（null 或 false）。Deque 可以被用于 FIFO 结构的队列 Queue，也可以被用于 LIFO 结构的栈 Stack。BlockingDeque 是 BlockingQueue 和 Deque 的子接口，允许阻塞式访问的双端队列。线程向满双端队列中存放数据会被阻塞，直到有空闲空间为止，从空双端队列中取数据会被阻塞，直到有数据到达为止。Deque 和 BlockingDeque 的主要实现类包括：ArrayDeque、ConcurrentLinkedDeque 和 LinkedBlockingDeque。

（1）Deque 接口方法

void addFirst(E e)：在队首插入元素。若无足够空间则抛出 IllegalStateException 异常。

void addLast(E e)：在队尾插入元素。若无足够空间则抛出 IllegalStateException 异常。

boolean offerFirst(E e)：在队首插入元素。若插入成功则返回 true，否则返回 false。该方法执行结果可以通过 boolean 值返回，要优于使用 addFirst 方法。

boolean offerLast(E e)：在队尾插入元素。若插入成功则返回 true，否则返回 false。该方法执行结果可以通过 boolean 值返回，要优于使用 addLast 方法。

E removeFirst()：返回并删除队首元素。若队列为空则抛出 NoSuchElementException 异常。

E removeLast()：返回并删除队尾元素。若队列为空则抛出 NoSuchElementException 异常。

E pollFirst()：返回并删除队首元素。若队列为空则返回 null。

E pollLast()：返回并删除队尾元素。若队列为空则返回 null。

boolean removeFirstOccurrence(Object o)：删除队列首次出现的元素 o。

boolean removeLastOccurrence(Object o)：删除队列最后一次出现的元素 o。

void push(E e)：双端队列作为栈 Stack 使用时，push 方法将元素 e 压入栈，即在双端队列队首插入元素，等价于 addFirst 方法。该方法操作失败将返回异常。

E pop()：双端队列作为栈 Stack 使用时，pop 方法弹出栈顶元素，即在双端队列队首返回和删除元素，等价于 removeFirst 方法。该方法操作失败将返回异常。

boolean contains(Object o)：判断双端队列是否包含元素 o。若包含则返回 true，否则返回 false。

int size()：返回队列包含元素个数。
Iterator<E> iterator()：返回双端队列从队首到队尾的迭代器。
Iterator<E> descendingIterator()：返回双端队列从队尾到队首逆序迭代器。

（2）BlockingDeque 接口方法

void putFirst(E e)：在队首插入元素。若无空闲空间则阻塞，在阻塞过程中被中断，将抛出 InterruptedException 异常。

void putLast(E e)：在队尾插入元素。若无空闲空间则阻塞，在阻塞过程中被中断，将抛出 InterruptedException 异常。

boolean offerFirst(E e, long timeout, TimeUnit unit)：在队首插入元素。若无空闲空间则阻塞线程。等待指定时间后，若仍无空闲空间则唤醒线程并返回。unit 为时间单位。线程在阻塞过程中被中断将抛出 InterruptedException 异常。

boolean offerLast(E e, long timeout, TimeUnit unit)：在队尾插入元素。若无空闲空间则阻塞线程。等待指定时间后，若仍无空闲空间则唤醒线程并返回。unit 为时间单位。线程在阻塞过程中被中断将抛出 InterruptedException 异常。

E takeFirst()：返回并删除队首元素。若无可用数据则阻塞，阻塞过程被中断将抛出 InterruptedException 异常。

E takeLast()：返回并删除队尾元素。若无可用数据则阻塞，阻塞过程被中断将抛出 InterruptedException 异常。

E pollFirst(long timeout, TimeUnit unit)：返回并删除队首元素。若无可用元素则阻塞指定时间，阻塞过程被中断将抛出 InterruptedException 异常。

E pollLast(long timeout, TimeUnit unit)：返回并删除队尾元素。若无可用元素则阻塞线程指定时间，阻塞过程被中断将抛出 InterruptedException 异常。

void put(E e)：向队尾插入元素。若无可用空间则阻塞线程，阻塞过程被中断将抛出 InterruptedException 异常。

boolean offer(E e, long timeout, TimeUnit unit)：向队尾插入元素。若无可用空间则阻塞线程指定时间，阻塞过程被中断将抛出 InterruptedException 异常。

E take()：返回并删除队首元素。若无可用数据则阻塞线程，阻塞过程被中断将抛出 InterruptedException 异常。

E poll(long timeout, TimeUnit unit)：返回并删除队首元素。若无可用数据则阻塞线程指定时间，阻塞过程被中断将抛出 InterruptedException 异常。

（3）ArrayDeque 常用构造方法

public ArrayDeque()：创建初始容量为 16 的数组双端队列。
public ArrayDeque(int numElements)：创建指定初始容量的数组双端队列。
public ArrayDeque(Collection<? extends E> c)：创建包含指定集合元素的数组双端队列。

（4）ConcurrentLinkedDeque 常用构造方法

public ConcurrentLinkedDeque()：创建线程安全的链式双端队列。
public ConcurrentLinkedDeque(Collection<? extends E> c)：创建包含指定集合元素的线程安全的链式双端队列。

（5）LinkedBlockingDeque 常用构造方法

public LinkedBlockingDeque()：创建容量为 Integer.MAX_VALUE 的链式阻塞双端队列。
public LinkedBlockingDeque(int capacity)：创建指定容量的链式阻塞双端队列。指定容量 capacity 小于 1 将抛出 IllegalArgumentException 异常。

public LinkedBlockingDeque(Collection<? extends E> c)：创建容量为 Integer.MAX_VALUE 的链式阻塞双端队列，保存集合 c 中的所有元素。

（6）示例

将数组双端队列 ArrayDeque 作为栈，输出指定目录及其子目录下的所有文件名。基于栈的目录遍历流程是：① 先将当前目录压入栈；② 判断栈是否为空，若为空则跳到第⑤步，否则取出栈顶目录；③ 返回栈顶目录中包含的所有文件，依次判断每个文件类型，若是普通文件则输出文件名，若是目录则压入栈；④回到第②步；⑤退出程序。使用数组双端队列 ArrayDeque 遍历目录示例参见代码 7-11。

代码 7-11　数组双端队列 ArrayDeque 示例

```
1   public void printFilesName(File file) {//ArrayDeque 作为栈递归遍历指定目录下的所有文件
2       ArrayDeque<File> deque = new ArrayDeque<>();//创建数组双端队列
3       if(file.isDirectory()) {
4           deque.offerFirst(file); //若 file 是目录则调用 offerFirst 压入栈
5           File childFile = null;
6           //调用 pollFirst 出栈，若栈为空，则表明遍历完毕退出循环，否则进入循环
7           while((childFile = deque.pollFirst()) != null) {
8               File[] files = childFile.listFiles();//返回 childFile 目录下的所有文件
9               //循环访问 childFile 下所有文件，判断它们是目录还是文件
10              for(File f : files) {
11                  if(f.isDirectory()) {//若 f 是目录则调用 offerFirst 压入栈
12                      deque.offerFirst(f);
13                  }else {//否则打印文件名
14                      System.out.println(f.getAbsolutePath());
15                  }
16              }
17          }
18      }else {
19          System.out.println(file.getAbsolutePath());
20      }
21  }
```

本示例使用了 ArrayDeque 的两个重要方法：入栈 offerFirst（见第 4，12 行）和出栈 pollFirst（见第 7 行）。这两个方法对队列的同一端进行插入和删除操作。扫描本章二维码获取示例完整代码。

7.3.6　Map 接口及实现类

Map 允许存放多个键值对数据，其中键不允许重复。Map 接口主要包括两个实现类：Hashtable 和 HashMap。

（1）Map 接口方法

int size()：返回键值对个数。若超过 int 能表示的最大整数，则返回 Integer.MAX_VALUE。

boolean isEmpty()：判断 Map 对象是否为空。若为空则返回 true，否则返回 false。

boolean containsKey(Object key)：判断是否包含指定键。若包含则返回 true，否则返回 false。

boolean containsValue(Object value)：判断是否包含指定值。若包含则返回 true，否则返回 false。

V get(Object key)：返回指定键对应的值。若不存在对应的键则返回 null。

V put(K key, V value)：保存键值对。若键 key 已经存在，则使用指定的值 value 代替原来与 key 关联的值。

V remove(Object key)：删除指定键的键值对。若键 key 在 Map 对象中存在，则返回与其关

联的值，否则返回 null。

void putAll(Map<? extends K,? extends V> m)：复制指定 Map 对象的所有键值对到当前 Map 对象中。

void clear()：删除所有键值对。

Set<K> keySet()：将所有键返回到 Set 集合中。返回的集合元素依赖于原 Map 对象，所以对返回 Set 的修改将影响原 Map 对象，反之亦然。

Collection<V> values()：将当前 Map 对象的所有值返回到一个集合对象中。返回集合元素依赖于原 Map 对象，所以对返回 Collection 的修改将影响原 Map 对象，反之亦然。

Set<Map.Entry<K,V>> entrySet()：将当前 Map 对象的所有键值对返回到 Set 集合中。Set 集合中的每个元素均为保存有键值对的 Map.Entry 对象。利用 Map.Entry 对象的 getKey 和 getValue 方法可以返回保存在其中的键和值。

（2）Hashtable 常用构造方法

public Hashtable()：创建初始容量为 11，负载因子 0.75 的空哈希表。

public Hashtable(int initialCapacity)：创建指定初始容量，负载因子 0.75 的空哈希表。初始容量为负数将抛出 IllegalArgumentException 异常。

public Hashtable(int initialCapacity, float loadFactor)：创建指定容量和指定负载因子的空哈希表。初始容量小于 0 或负载因子非正值将抛出 IllegalArgumentException 异常。

public Hashtable(Map<? extends K,? extends V> t)：创建包含指定 Map 对象所有键值对的新哈希表。新建哈希表容量能存放指定的 Map 对象元素，负载因子为 0.75。

（3）HashMap 常用构造方法

public HashMap()：创建初始容量 16，负载因子 0.75 的空 HashMap 对象。

public HashMap(int initialCapacity)：创建指定初始容量，负载因子为 0.75 的空 HashMap 对象。初始容量为负数将抛出 IllegalArgumentException 异常。

public HashMap(int initialCapacity, float loadFactor)：创建指定初始容量和指定负载因子的空 HashMap 对象。初始容量或负载因子为负将抛出 IllegalArgumentException 异常。

public HashMap(Map<? extends K,? extends V> m)：创建包含指定 HashMap 所有键值对的新 HashMap 对象。新建对象容量能存放指定 HashMap 对象的键值对，负载因子为 0.75。

（4）示例

使用 HashMap 保存员工 id 为键，员工对象为值的键值映射关系。存在三种方式遍历 Map 中的键值对。方法 1：使用 Map.entrySet 方法返回所有键值对到 Set 集合中，再用 for-each 语句遍历集合中的每个 Map.Entry 类型元素，从而获得键值数据。方法 2：调用 Map.keySet 方法返回所有键到 Set 集合中，再用 for-each 语句遍历集合中的每个键，最后用 Map.get 方法按键返回值。方法 3：调用 Map.values 方法返回所有值到 Collection 集合中，再用 for-each 语句遍历集合中的每个值。遍历 HashMap 键值映射关系的示例参见代码 7-12。

代码 7-12　遍历 HashMap 键值对

```
1   Map<Integer, Employee> maps = new HashMap<>();//创建空 HashMap 对象
2   …//省略存入 id 和员工对象的键值映射关系到 Map 对象中的语句
3   //方法 1：调用 entrySet 方法返回键值对集合
4   for (Map.Entry<Integer, Employee> entry : maps.entrySet()) {
5       int key = entry.getKey();
6       Employee value = entry.getValue();
7       System.out.println(key+"("+value+")");
8   }
9   //方法 2：调用 keySet 返回所有的键，再调用 get 方法按键返回值
```

```
10 for (int key : maps.keySet()) {
11     Employee value = maps.get(key);
12     System.out.println(key+"("+value+")");
13 }
14 //方法 3：调用 values 方法返回所有的值，再调用 Employee 对象的 getId 返回键
15 for (Employee value : maps.values()) {
16     int key = value.getId();
17     System.out.println(key+"("+value+")");
18 }
```

扫描本章二维码获取示例完整代码。

7.3.7 SortedMap 接口及实现类

SortedMap 是 Map 的子接口，允许存放多个不重复键且键通过自然顺序或比较器指定规则在 Map 对象中有序排列。用户可以通过 entrySet、keySet 和 values 方法返回有序的键值数据到集合中。NavigableMap 是 SortedMap 的子接口，提供 lowerEntry、floorEntry、ceilingEntry 和 higherEntry 方法，能返回所有键值对中最接近指定键的 Map.Entry 对象，另外还提供按键升序和降序遍历 Map 对象的新功能。NavigableMap 接口实现类是 TreeMap。

（1）SortedMap 接口方法

Comparator<? super K> comparator()：返回用于键排序的比较器。若未采用比较器，则键通过实现 Comparable 接口采用自然顺序返回 null。

SortedMap<K,V> subMap(K fromKey, K toKey)：返回从 fromKey（包含）到 toKey（不包含）的 Map 视图。对返回的视图修改会影响原 Map 对象的值，反之亦然。fromKey 和 toKey 超出边界或 fromKey 大于 toKey，将抛出 IllegalArgumentException 异常。

SortedMap<K,V> headMap(K toKey)：返回 toKey 键（不含）之前的 Map 视图，返回的视图与原 Map 对象之间存在依赖关系。toKey 超出边界将抛出 IllegalArgumentException 异常。

SortedMap<K,V> tailMap(K fromKey)：返回 fromKey 键（含）之后的 Map 视图，返回的视图与原 Map 对象之间存在依赖关系。fromKey 超出边界的抛出 IllegalArgumentException 异常。

K firstKey()：返回 Map 对象的第一个键，为空将抛出 NoSuchElementException 异常。

K lastKey()：返回 Map 对象的最后一个键，为空将抛出 NoSuchElementException 异常。

Set<K> keySet()：返回所有升序排列的键到 Set 集合中，返回的集合和原 Map 对象有依赖关系。

Collection<V> values()：返回所有升序排列的键对应的值到 Collection 集合中，返回的集合与原 Map 对象有依赖关系。

Set<Map.Entry<K,V>> entrySet()：返回所有按键升序排列的键值对到 Set 集合中，返回的集合和原 Map 对象有依赖关系。

（2）NavigableMap 接口方法

Map.Entry<K,V> lowerEntry(K key)：返回小于指定键 key 的最大键值对。

K lowerKey(K key)：返回小于指定键 key 的最大键。

Map.Entry<K,V> floorEntry(K key)：返回小于或等于指定键 key 的最大键值对。

K floorKey(K key)：返回小于或等于指定键 key 的最大键。

Map.Entry<K,V> ceilingEntry(K key)：返回大于或等于指定键 key 的最小键值对。

K ceilingKey(K key)：返回大于或等于指定键 key 的最小键。

Map.Entry<K,V> higherEntry(K key)：返回大于指定键的最小键值对。

K higherKey(K key)：返回大于指定键的最小键。

Map.Entry<K,V> firstEntry()：返回第一个键值对。若为空则返回 null。
Map.Entry<K,V> lastEntry()：返回最后一个键值对。若为空则返回 null。
Map.Entry<K,V> pollFirstEntry()：返回并删除第一个键值对。若为空则返回 null。
Map.Entry<K,V> pollLastEntry()：返回并删除最后一个键值对。若为空则返回 null。
NavigableMap<K,V> descendingMap()：返回 Map 对象的逆序视图。
NavigableSet<K> navigableKeySet()：返回所有键到一个可导航的 Set 集合中。
NavigableSet<K> descendingKeySet()：返回所有键的逆序到一个可导航的 Set 集合中。

（3）TreeMap 常用构造方法

public TreeMap()：创建一个使用自然顺序排列键值对的 Map 对象。所有插入 TreeMap 中的键必须实现 Comparable 接口。

public TreeMap(Comparator<? super K> comparator)：创建一个使用比较器指定规则排列键值对的 Map 对象。变量 comparator 保存 Comparator 实现类的引用。

public TreeMap(Map<? extends K,? extends V> m)：创建包含指定 Map 对象中所有键值对的新 TreeMap 对象。TreeMap 对象的键使用自然排序规则排序，必须实现 Comparable 接口。

public TreeMap(SortedMap<K,? extends V> m)：创建包含指定 Map 对象所有键值对的 TreeMap 对象。TreeMap 对象使用与参数 m 相同的排序规则。

（4）示例

使用 TreeMap 对象存放员工 id 为键，员工对象为值的键值映射关系。其中，员工 id 为 Integer 类型，已经实现了 Comparable 接口，所有插入 TreeMap 对象中的键值对都按员工 id 升序排序。代码 7-13 给出了使用 TreeMap 逆序输出员工信息的示例。

代码 7-13　TreeMap 使用示例

```
1  NavigableMap<Integer, Employee> maps = new TreeMap<>();//创建空 TreeMap 对象
2  …
3  //返回 TreeMap 对象的逆序视图，键值对按 id 降序排列
4  NavigableMap<Integer, Employee> descMaps = maps.descendingMap();
5  for (Map.Entry<Integer, Employee> entry : descMaps.entrySet()) {//遍历逆序视图中的键值对
6      int key = entry.getKey();
7      Employee value = entry.getValue();
8      System.out.println(key+"("+value+")");
9  }
```

第 1 行定义 NavigableMap 接口实现类 TreeMap 的实例。TreeMap 的键值映射将按键的自然顺序或比较器指定的规则完成升序排序。加入 Map 对象中的员工按 id 升序排序。第 4 行调用 descendingMap 方法返回原 Map 对象的逆序视图，变量 descMaps 引用按键降序排序的 TreeMap 对象。第 5～9 行遍历由 entrySet 方法返回的键值对集合。程序逆序输出三位员工键值信息。扫描本章二维码获取示例完整代码。

7.4　集合工具类

7.4.1　Arrays

Arrays 类为数组对象提供了大量有用的静态方法。例如，数组排序、查找、赋值和将数组转换成集合对象等。这些方法在传递的实参为空时都会抛出 NullPointerException 异常。Java SE 8.0 以后还引入了数组并行操作的相关方法，例如，并行排序 parallelSort 方法。

（1）Arrays 类常用方法

public static <T> List<T> asList(T… a)：返回固定大小的 List 对象。该方法可以将数组对

象转换为集合对象。

public static void sort(int[] a)：使用双轴快速排序（Dual-Pivot Quicksort）算法升序排列指定整型数组。双轴快速排序算法要优于传统的单轴快速排序（One-Pivot Quicksort）算法。

public static void sort(Object[] a)：使用元素自然顺序升序排列指定数组元素。指定数组元素必须实现 Comparable 接口。该方法采用归并排序算法和 ComparableTimSort 算法，其中 ComparableTimSort 排序算法是对 Tim Peter 的列表排序算法 TimSort 的改进。

public static <T> void sort(T[] a, Comparator<? super T> c)：使用比较器指定规则对指定数组排序。该方法采用归并排序和 ComparableTimSort 算法完成排序。

public static void parallelSort(int[] a)：按升序排序指定整型数组。该并行排序算法将数组分解为多个子集，多个线程为子集并行排序，之后再由线程完成各子集的归并排序。若每个子集的长度均小于指定阈值，则使用 Arrays.sort 方法完成子集排序。在数组元素个数较多时，并行排序方法的性能优于串行排序 sort 方法。

public static <T extends Comparable<? super T>> void parallelSort(T[] a)：按照元素的自然顺序升序排列指定数组。数组元素必须实现 Comparable 接口。该并行排序算法将待排序数组分解为多个子集，多个线程为子集并行排序，之后再由线程完成各子集的归并排序。若每个子集的长度均小于指定阈值，则使用 Arrays.sort 方法完成子集排序。

public static <T> void parallelSort(T[] a, Comparator<? super T> cmp)：使用多线程按比较器指定规则对指定数组 a 分解的多个子集进行升序排序，之后再对各有序子集进行归并排序。

public static void parallelPrefix(int[] array, IntBinaryOperator op)：使用给定函数 op 并行计算指定数组 array 的每个元素。若指定数组或函数为空则抛出 NullPointerException 异常。

public static int binarySearch(int[] a, int key)：使用二分查找算法在数组 a 中查找关键字 key。调用方法前，数组 a 应是有序数组。若找到则返回它在数组中的索引，否则返回负数。

public static int binarySearch(Object[] a, Object key)：使用二分查找算法在数组 a 中查找关键字 key。数组 a 中的元素是按自然顺序排列的有序序列。若查询到关键字则返回其在数组中的索引，否则返回负数。

public static <T> int binarySearch(T[] a, T key, Comparator<? super T> c)：使用二分查找算法在数组 a 中查找关键字 key。数组 a 是按比较器 c 指定规则排序的有序序列。若查找成功则返回关键字在数组中的索引，否则返回负数。

public static boolean equals(int[] a, int[] a2)：判断两个数组是否相等。若相等则返回 true，否则返回 false。两个整型数组相等是指元素个数相同且对应索引的值相等。

public static boolean equals(Object[] a, Object[] a2)：判断两个数组是否相等。若相等则返回 true，否则返回 false。数组元素是引用数据类型，因此两个数组相等是指元素个数相等且数组中对应元素调用 equals 方法都返回 true。

public static void fill(int[] a, int val)：将整型值 val 赋给数组 a 中的每个元素。

public static void fill(Object[] a, Object val)：将引用变量 val 赋给数组 a 中的每个元素。若引用变量 val 指向实例的类型与数组类型不匹配则抛出 ArrayStoreException 异常。

public static <T> T[] copyOf(T[] original, int newLength)：复制原数组 original 到长度为 newLength 的新数组中。若 newLength 小于原数组长度则对原数组进行删减，反之则对原数组进行扩展。扩展后的新数组中索引大于等于原数组长度的元素使用 null 初始化。

public static int[] copyOf(int[] original, int newLength)：复制原整型数组 original 到长度为 newLength 的新整型数组中。若 newLength 大于元素长度，则新增元素使用 0 初始化。

public static <T> T[] copyOfRange(T[] original, int from, int to)：复制原数组 original 指定范围的数据到长度为 to-from 的新数组中。索引大于等于 original.length-from 的元素使用 null 初始化。其中，from 只能是大于等于 0 且小于等于 original.length 的值，否则运行时将抛出 ArrayIndexOutOfBoundsException 异常；to 只能大于等于 from，否则运行时将抛出 IllegalArgumentException 异常。

public static int[] copyOfRange(int[] original, int from, int to)：复制原数组指定范围的数据到长度为 to-from 的新数组中。索引大于等于 original.length-from 的元素使用 0 初始化。

public static <T> void setAll(T[] array, IntFunction<? extends T> generator)：使用给定函数计算给定数组的元素值。

public static <T> void parallelSetAll(T[] array, IntFunction<? extends T> generator)：以并行方式使用指定函数为指定数组中的每个元素赋值。

public static void setAll(int[] array, IntUnaryOperator generator)：使用给定函数为指定数组中的每个元素赋值。其中 generator 接收每个元素的索引并完成计算。

public static void parallelSetAll(int[] array, IntUnaryOperator generator)：以并行方式为指定数组中的每个元素使用指定的函数赋值。

public static <T> Spliterator<T> spliterator(T[] array)：返回数组的可分割迭代器 Spliterator。

（2）Spliterator 接口常用方法

Spliterator 迭代器可以遍历和划分保存在数组、集合或流对象中的数据元素。Spliterator 迭代器可以对单个元素执行指定操作（tryAdvance 方法），也可为对迭代器中所有元素执行指定操作（forEachRemaining 方法），还可以将迭代器中的元素进行划分（trySplit 方法）用于并行操作。Spliterator 迭代器对数据集的划分可以让多个线程并发处理单个数据子集，提高数据的处理效率。

boolean tryAdvance(Consumer<? super T> action)：若迭代器存在下一个未遍历的元素，则对该元素执行 action 操作并返回 true，否则返回 false。若 action 操作为空，则运行时抛出 NullPointerException 异常。

default void forEachRemaining(Consumer<? super T> action)：对迭代器剩余的每个元素执行 action 操作。若 action 操作为空，则运行时抛出 NullPointerException 异常。

Spliterator<T> trySplit()：若迭代器可分割，则 trySplit 方法可以平均分割 Spliterator 迭代器元素。返回迭代器包含原数据集一半的元素，原迭代器包含另一半的元素。数据分割有利于多线程较为均衡地并行处理不同的数据子集。

（3）示例 1

调用 Arrays.setAll 方法将斐波那契数列前 20 项数字保存到指定数组中，再输出数组元素。示例参见代码 7-14。

代码 7-14　Arrays 工具类示例

```
1   int[] array = new int[20];
2   Arrays.setAll(array, new IntUnaryOperator() {
3       @Override
4       public int applyAsInt(int index) {
5           if(0 == index || 1 == index) {//斐波那契数列前两项为 1
6               return 1;
7           }else {//从第三项开始每项是前两项之和
8               return array[index-2]+array[index-1];
9           }
10      }
11  });
12  for (int i : array) {//for-each 语句输出保存在数组中的斐波那契数列前 20 项数据
```

13	System.out.print(i+" ");
14	}

第 2 行调用 Arrays.setAll 方法使用同一个操作为数组 array 中的每个元素赋值。该操作是 IntUnaryOperator 接口的匿名内部实现类的实现方法 applyAsInt。applyAsInt 方法以数组元素的索引为参数，第 5～9 行按照斐波那契数列特点（前两项为 1，以后各项是其前两项之和）给索引为 index 的元素赋值。扫描本章二维码获取示例完整代码。

（4）示例 2

创建一个包含 20 个年份的整型数组，利用可分割迭代器使用两个线程并行判断它们是否是闰年并打印最后的判定结果。示例如代码 7-15 所示。

代码 7-15　Spliterator 示例

1	public class ParallelYearDecisionMaker{
2	private ConcurrentLinkedQueue<Integer> leapYears;//链式队列用于存储闰年年份
3	private int[] years;
4	private Spliterator<Integer> spliter;
5	ParallelYearDecisionMaker(int[] years){
6	this.years = years;
7	spliter = Arrays.spliterator(this.years);//返回数组的可分割迭代器用于并行处理
8	leapYears = new ConcurrentLinkedQueue<>();
9	}
10	class YearDecisionWorker extends Thread{//线程类对迭代器中包含的年份进行闰年判断
11	private Spliterator<Integer> spliter;
12	YearDecisionWorker(Spliterator<Integer> spliter){
13	this.spliter = spliter;
14	}
15	@Override
16	public void run() {
17	String threadName = Thread.currentThread().getName();
18	if(spliter != null) {
19	spliter.forEachRemaining(new Consumer<Integer>() {
20	@Override
21	public void accept(Integer t) {
22	System.out.println(threadName+" processing:"+t);
23	if(isLeapYear(t)) {
24	leapYears.offer(t);
25	}
26	try {
27	Thread.sleep(100);
28	} catch (InterruptedException e) {
29	e.printStackTrace();
30	}
31	}
32	});
33	}
34	}
35	}
36	private boolean isLeapYear(int year) {//判断是否为闰年，若是则返回 true，否则返回 false
37	if(((year % 4 == 0) && (year % 100 != 0)) || (year % 400 == 0)) {
38	return true;
39	}
40	return false;
41	}
42	public void printLeapYears() {//打印所有的闰年年份
43	for (Integer year : leapYears) {
44	System.out.print(year+" ");
45	}
46	}

```
47      public static void main(String[] args) throws Exception{
48          int[] years = {1770,1840,1884,1990,1991,1998,2001,2002,2006,2008,
49                      2009,2010,2011,2012,2015,2016,2017,2018,2019,2020};
50          ParallelYearDecisionMaker pydm = new ParallelYearDecisionMaker(years);
51          Spliterator<Integer> childSpliter = pydm.spliter.trySplit();//对原始迭代器数据进行平均分割
52          Thread worker1 = pydm.new YearDecisionWorker(childSpliter);//一份数据集交 worker1 处理
53          Thread worker2 = pydm.new YearDecisionWorker(pydm.spliter);//剩余数据集交 worker2 处理
54          worker1.start();//启动 worker1 和 worker2
55          worker2.start();
56          worker1.join();//主线程等待 worker1 和 worker2 执行结束再继续执行
57          worker2.join();
58          pydm.printLeapYears();//worker1 和 worker2 结束后，主线程打印所有检测出的闰年
59      }
60  }
```

第 51 行调用 Spliterator.trySplit 方法将原数据集平均分割为两部分，一部分通过返回的迭代器传给线程 worker1（见第 52 行），剩下的部分通过原迭代器传给线程 worker2（见第 53 行）。这两个线程在系统中并发执行，判断各自处理的数据集中的年份是否为闰年。线程调用 offer 方法将闰年年份保存到 ConcurrentLinkedQueue 队列中（见第 23～25 行）。扫描本章二维码获取示例完整代码。

7.4.2 Collections

Collections 提供大量静态方法完成对集合对象的各种操作。

（1）Collections 类常用方法

public static <T extends Comparable<? super T>> void sort(List<T> list)：按元素的自然顺序对 list 集合元素升序排序。所有集合元素必须实现 Comparable 接口。

public static <T> void sort(List<T> list, Comparator<? super T> c)：使用比较器指定规则对 list 集合元素升序排序。

public static <T> int binarySearch(List<? extends Comparable<? super T>> list, T key)：使用二分查找算法在集合中查找指定关键字。调用该方法前 list 集合中的元素必须实现 Comparable 接口并且已经有序。

public static <T> int binarySearch(List<? extends T> list, T key, Comparator<? super T> c)：使用二分查找算法在指定集合中查找关键字。调用该方法前，list 集合必须是按比较器指定规则升序排列的有序集合。

public static void reverse(List<?> list)：反转集合元素的顺序。

public static void shuffle(List<?> list)：随机打乱集合元素的顺序。

public static void swap(List<?> list, int i, int j)：交换集合中指定位置的元素。

public static <T> void fill(List<? super T> list, T obj)：使用指定元素替换集合中的所有元素。

public static <T> void copy(List<? super T> dest, List<? extends T> src)：复制源集合 src 中的所有元素到目标集合 dest 中。dest 集合的长度必须大于等于 src 集合的长度，否则运行时会抛出 IndexOutOfBoundsException 异常。源集合中的元素将被复制到目标集合中对应的索引位置。

public static <T> T min(Collection<? extends T> coll, Comparator<? super T> comp)：返回按比较器指定规则排序的集合 coll 中的最小元素。集合为空将抛出 NoSuchElementException。

public static <T> T max(Collection<? extends T> coll, Comparator<? super T> comp)：返回按比较器指定规则排序的集合 coll 中的最大元素。集合为空将抛出 NoSuchElementException。

public static void rotate(List<?> list, int distance)：按指定长度 distance 旋转集合 list 中的元

素。调用该方法后，原来索引为 i 的元素会被交换到索引为(i+distance) % list.size()的位置。rotate 方法仅仅改变元素的位置，并不影响集合的大小。

public static <T> boolean replaceAll(List<T> list, T oldVal, T newVal)：将集合中的所有 oldVal 替换为 newVal。

public static int indexOfSubList(List<?> source, List<?> target)：返回目标集合在源集合中首次出现的位置。若未出现过则返回-1。

public static int lastIndexOfSubList(List<?> source, List<?> target)：返回目标集合在源集合中最后一次出现的位置。若未出现过则返回-1。

public static <T> Collection<T> unmodifiableCollection(Collection<? extends T> c)：返回集合 c 不可修改的集合视图。返回的集合只能读，不能对元素进行修改，否则运行时会抛出 UnsupportedOperationException。

public static <T> Collection<T> synchronizedCollection(Collection<T> c)：返回线程安全的同步集合。

public static <K,V> Map<K,V> synchronizedMap(Map<K,V> m)：返回线程安全的同步 Map 对象。

public static <T> Comparator<T> reverseOrder()：返回按集合元素自然顺序逆序排的比较器。

public static <T> Comparator<T> reverseOrder(Comparator<T> cmp)：返回按比较器指定规则逆序排序的比较器。

public static int frequency(Collection<?> c, Object o)：返回指定元素在集合中的个数。

public static boolean disjoint(Collection<?> c1, Collection<?> c2)：若两个集合没有共同元素则返回 true，否则返回 false。

public static <T> boolean addAll(Collection<? super T> c, T… elements)：将元素 elements 全部增加到集合 c 中。

（2）示例 1

使用集合工具类 Collections 对保存在 List 集合中的员工按比较器指定规则升序排序，并通过 Collections.reverseOrder 方法实现员工按比较器指定规则降序排序。示例参见代码 7-16。

代码 7-16 Collections 类实现集合排序

```
1   public class CollectionsSortDemo {
2       //遍历并输出集合 list 中的元素信息
3       private static void print(List<? extends Employee> list) {
4           for (Employee employee : list) {
5               System.out.println(employee);
6           }
7       }
8       public static void main(String[] args) {
9           List<Employee> employees = new ArrayList<>();
10          …
11          EmployeeComparator ec = new EmployeeComparator();
12          Collections.sort(employees, ec); //按比较器指定规则升序排序集合中的元素
13          print(employees);
14          Collections.sort(employees, Collections.reverseOrder(ec)); //按逆序比较器降序排序
15          print(employees);
16      }
17  }
```

第 11 行创建代码 7-7 定义的员工比较器 EmployeeComparator 的实例。比较器规则是，先比较出生日期，出生日期相同再比较姓名，姓名相同再比较 id。第 12 行按员工比较器排序指定集

合。第 14 行使用 Collections.reverseOrder 返回员工比较器的逆序比较器,再使用逆序比较器排序集合中的员工数据。扫描本章二维码获取示例完整代码。

(3) 示例 2

使用 Java 集合框架中的相关类(Arrays、Collections、List、TreeSet)统计并输出任意给定一维整型数组中每个数字出现的次数。示例参见代码 7-17。

代码 7-17 Collections 统计元素在集合中出现的次数

```
1  Integer[] a = {-100,3,2,10000,3,4,2,43,4,0,10000,3,3,4,3};//指定包含任意整型数的数组
2  List<Integer> list = Arrays.asList(a); //将数组转换为集合
3  Set<Integer> b = new TreeSet<>(list); //封装成 TreeSet 对象,过滤相同元素并按元素大小升序排序
4  for(int element : b) {
5      //显示指定元素 element 在集合 list 中出现的次数
6      System.out.print("("+element+":"+Collections.frequency(list, element)+")");
7  }
```

扫描本章二维码获取示例完整代码。

7.5 实例:图书销售管理子系统(集合)

7.5.1 问题描述

5.5 节使用数组存储数据实现了图书进货管理子系统。现在使用 Java 集合框架存储数据实现图书销售管理子系统。该系统具有基础信息维护、销售和信息统计等功能。与 5.5 节的进货管理类似,为更好地理解程序构建过程以及 Java 集合框架的应用,省去了组织机构维护、会计科目维护、销售订单管理、应收应付管理等功能。5.5 节针对图书的进货环节,而本系统主要针对图书的销售环节。其中基本信息维护包括针对用户、客户、图书和仓库等信息的新增、修改、删除和查询操作。销售功能包括销售单、销售明细两种单据。销售单记录销售的表头信息(例如,用户、客户、仓库、明细条数、单据总金额、创建时间等数据),销售明细记录对应销售单销售的多条图书信息(例如,图书、单价、金额等)。销售过程会影响库存,因此需要使用图书库存余额记录仓库中余留图书的数量、单价和金额等信息。报表功能提供指定时间段销售记录统计、销售图书排行记录统计等。与 5.5 节一样,图书信息包括图书名、分类、图书条码、出版社、出版时间,其中分类主要有教育、小说、文艺、童书、生活、社科、科技和励志 8 种类型。用户信息包括用户名、密码、创建时间等。客户和供应商类似,包括客户名、地址、开户银行、是否允许退换货等。第 12 章会将客户和供应商合并为往来单位。仓库信息包括仓库编号、仓库名、备注等。销售单包括单据编号、创建用户编号、客户编号、明细条数、单据金额、创建时间等。销售明细包括销售单编号、销售明细编号、图书编号、图书名称、图书数量、销售单价、销售金额、创建时间等。将图书销售给客户会导致图书库存余额发生变化,图书库存余额包括库存余额编号、图书编号、仓库编号、数量、单价、金额等信息。销售记录统计返回查询时间段内所有图书销售信息。销售图书排行功能允许按销售数量和库存余额对图书排序。

7.5.2 系统功能分析

通过对问题描述的分析,图书销售子系统包括基础信息维护、销售和报表三个主要功能。其中,基础信息维护包括用户信息维护、客户信息维护、仓库信息维护和图书信息维护;销售包括销售单管理和销售明细管理;报表包括销售记录报表和图书销售排行报表;图书销售排行报表可按销售额和库存量排序。图书销售管理子系统的用例如图 7-3 所示。

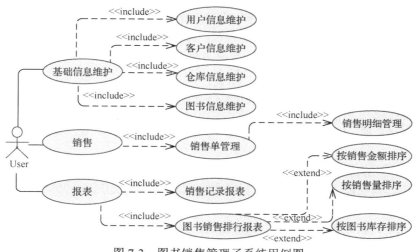

图 7-3 图书销售管理子系统用例图

7.5.3 系统设计

（1）软件结构

图书销售管理子系统采用三层结构，从上到下为视图层、业务层和数据层。不同于 5.5 节图书进货管理子系统的地方在于，本实例数据层用 Java 集合框架替代数组临时保存用户列表、客户列表、图书列表、仓库列表、销售单列表、销售明细列表、图书库存余额列表等数据。这些数据存储结构与实体对象用户、客户、图书、仓库、销售单、销售明细、图书库存余额相关联。和数组一样，保存到集合中的数据在程序退出时都会丢失。图书销售管理子系统软件层次结构如图 7-4 所示。

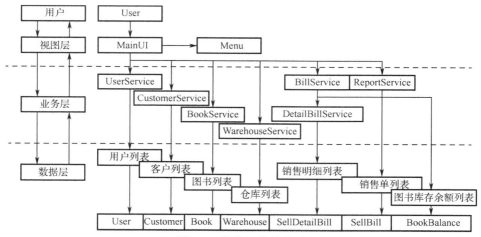

图 7-4 软件层次结构图

（2）类与对象分析

对问题进行分析后，我们确定以下名称作为实体类：用户、客户、图书、仓库、销售单、销售明细、图书库存余额。它们各自包含的属性说明如下。

① 用户（User）：用户编号、用户名、登录密码、创建时间。

② 客户（Customer）：客户编号、客户名、客户地址、客户开户行、是否允许退换货。

· 157 ·

③ 图书（Book）：图书编号、图书名、分类、条码、出版社、出版时间。
④ 仓库（Warehouse）：仓库编号、仓库名、仓库备注。
⑤ 销售单（SellBill）：销售单编号、创建用户编号、客户编号、记录条数、单据总金额、创建时间。
⑥ 销售明细（SellDetailBill）：销售单编号、销售明细编号、图书编号、图书名、图书数量、图书单价、金额、创建时间。
⑦ 图书库存余额（BookBalance）：库存余额编号、图书编号、仓库编号、图书数量、图书单价、金额。

销售单与销售明细之间是一对多的关系，所以可以在销售单类中新增保存销售明细的集合对象。所有类中的属性都通过 private 修饰符封装在类内部，为了让类外其他对象访问私有数据，需要为这些私有成员变量提供 getter 与 setter 方法。为了对用户、客户、图书、仓库、销售单和图书库存余额信息进行维护（新增、删除、修改、查找等操作），分别为它们提供服务类：用户服务类（UserService）、客户服务类（CustomerService）、图书服务类（BookService）、仓库服务类（WarehouseService）、单据服务类（BillService）、单据明细服务类（DetailBillService）、图书库存余额服务类（BookBalanceService）和报表服务类（ReportService）。新增销售单会影响图书库存，所以在 BillService 类中会封装图书库存余额服务类。为了与用户交互，需要提供界面接口类：菜单（Menu）类、主界面（MainUI）类和主界面类的内部辅助（InteractHelper）类。图 7-5 显示了图书销售管理子系统的类图。

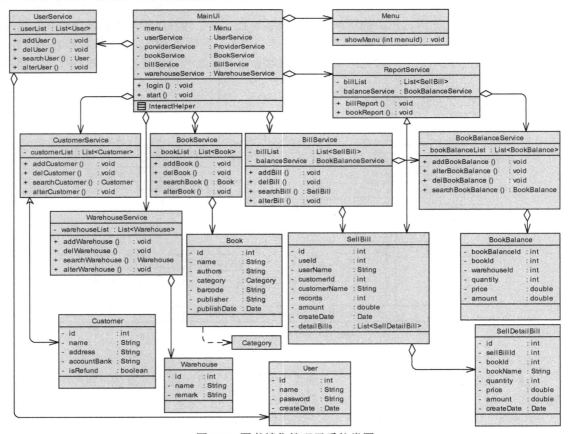

图 7-5　图书销售管理子系统类图

User、Customer、Book、Warehouse、BookBalance 和 SellDetailBill 属于实体类，除属性和对应的 getter、setter 方法外没有包含其他业务功能。销售单中包含销售明细，所以 SellBill 中包含保存销售明细的 SellDetailBill 集合，我们将对销售明细的增、删、改、查方法放到销售单类 SellBill 中。UserService、ProviderService、BookService、BillService、BookBalanceService 和 ReportService 属于服务类，每个服务类中分别包含用于保存 User、Customer、Book、Warehouse、BookBalance 和 SellDetailBill 等实体的集合对象，利用集合完成实体对象的新增、删除、修改、查询等操作。主界面类（MainUI）封装内部辅助类（InteractHelper）完成接收用户输入并通过封装的服务类实现实例的增、删、改、查操作。最后 InteractHelper 将服务类返回的处理结果输出到控制台上。菜单类 Menu 中保存交互过程中所有菜单项，MainUI 发送 showMenu 消息就可以在用户界面上打印指定菜单编号的菜单。

（3）部分主要流程

① 新增客户流程

主界面 MainUI 类的内部辅助类 InteractHelper 接收新增客户信息并创建新增客户对象，发送 addCustomer 消息给 CustomerService 服务类将新增客户对象插入客户列表中。新增客户流程如图 7-6 所示。

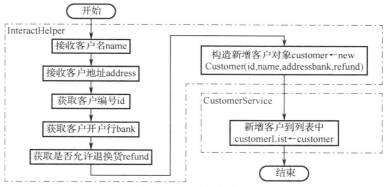

图 7-6　新增客户流程

② 新增仓库流程

MainUI 类的 InteractHelper 类接收新增仓库信息并创建新增仓库对象，发送 addWarehouse 消息给 WarehouseService 类将新增仓库插入仓库列表中。新增仓库流程如图 7-7 所示。

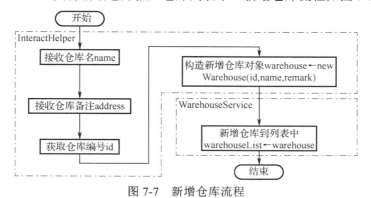

图 7-7　新增仓库流程

③ 新增销售单流程

MainUI 类的 InteractHelper 类完成新增销售单信息（销售单编号、客户、仓库、包含明细条数、单据总金额、创建用户、创建时间等）、销售明细信息（销售明细编号、图书编号、图书数量、图书单价、金额等）录入，发送 alterBalance 消息给 BookBalanceService 类更新销售图书的库存余额，发送 addDetail 消息给 SellBill 类新增单据到销售明细列表中，发送 addBill 消息给 BillService 类新增单据到销售单列表中。新增销售单流程如图 7-8 所示。

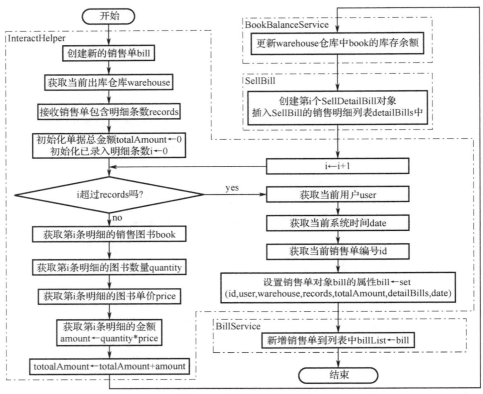

图 7-8　新增销售单流程

④ 更新图书库存余额流程

进货和销售都会影响图书库存余额。新增进货单，图书入库后图书库存会增加，新增销售单，图书出库后图书库存会减少。在销售环节，更新图书库存余额需要指定销售图书所在仓库（出库仓库），若图书销售数量 sell 大于图书库存数量 quantity 将产生异常销售流程终止，否则新库存数量为原库存数量减掉销售数量（quantity-sell），接着用原图书库存余额 amount 减去销售图书金额来计算新图书库存余额（amount-price*quantity），最后更新出库后的新图书单价 (amount-price*quantity) / (quantity-sell)。更新图书库存余额流程如图 7-9 所示。

⑤ 销售记录报表

按单据总金额降序排列并输出所有销售单。首先获取保存销售单列表 billList，然后使用指定比较器规则对其中元素按金额降序排列，最后格式化输出销售记录信息。销售记录报表流程如图 7-10 所示。

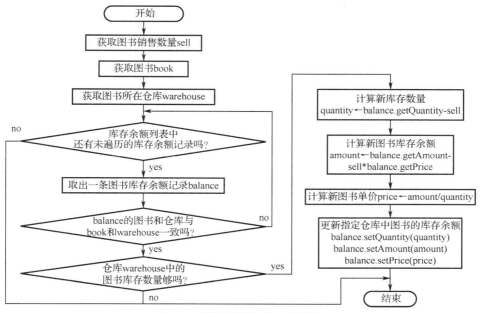

图 7-9　更新图书库存余额流程

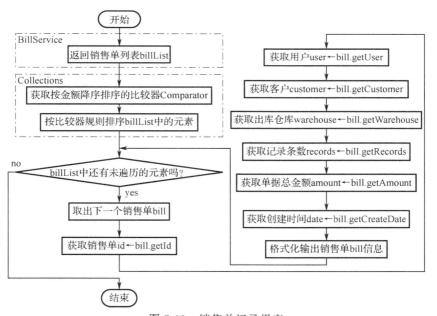

图 7-10　销售单记录报表

⑥ 图书销售排行流程

ReportService 类中封装了 BillService、BookService 和 BookBalanceService 类。通过 BillService 类返回所有销售单，销售单 SellBill 可以返回图书销售明细，统计每个图书销售明细中的销售数量。通过 BookBalanceService 类返回指定图书在仓库中的库存数量和销售余额，然后用户可按销售数量、销售金额和库存数量等信息排序图书记录。图书销售排行流程如图 7-11 所示。

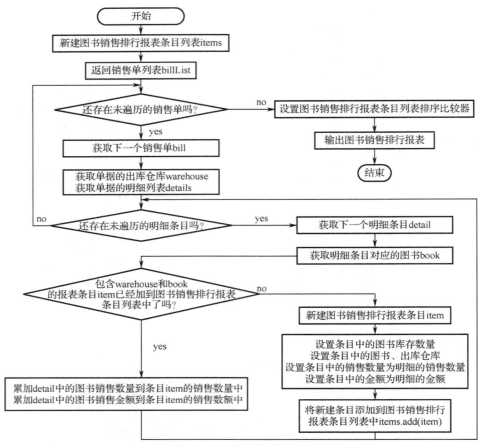

图 7-11 图书销售排行流程

⑦ 密码修改流程

返回保存在 MainUI 类中的当前用户 currentUser，通过 InteractHelper 类接收用户输入的当前用户旧密码，以及两次输入的新密码，若两次输入的密码一致且旧密码与 currentUser 中的密码一致，就更新 currentUser 密码为新密码。密码修改流程如图 7-12 所示。

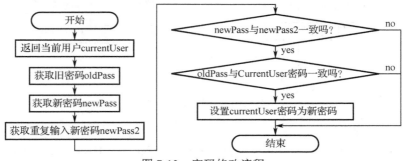

图 7-12 密码修改流程

7.5.4 系统实现

（1）实体类

实体类 User、Customer、Book、Warehouse、BookBalance、SellBill 和 SellDetailBill 的实现

有相似之处，为了节约版面，代码 7-18 给出了销售单类的部分代码，其他实体类的代码大家可以模仿编写。与 5.5 节使用数组实现的进货单对比，销售单使用集合对象保存销售明细。

代码 7-18　销售单类

```
1   public class SellBill {
2       private List<SellDetailBill> detailBills;//使用集合对象保存销售明细
3       private int id;//销售单 id
4       private User user;//经手人
5       private Customer customer;//客户
6       private Warehouse warehouse;//出库仓库
7       private int records;//明细条数
8       private double amount;//销售单总金额
9       private Date createDate;//销售单创建时间
10      public SellBill() {
11          detailBills = new ArrayList<>();//使用数组列表存放销售明细
12      }
13      public SellBill(List<SellDetailBill> detailBills, int id, User user, Customer customer,
14              Warehouse warehouse, int records, double amount, Date createDate) {
15          …
16      }
17      public void addDetail(SellDetailBill detail) {//新增销售明细到列表中
18          detailBills.add(detail);
19      }
20      …
21  }
```

（2）服务类

服务类 UserService、CustomerService、BookService、WarehouseService、BookBalanceService、BillService 和 ReportService 的实现有相似之处，而且 5.5 节介绍过单据服务类 BillService，为节省版面，这里只给出图书库存余额服务类 BookBalanceService 的部分代码，参见代码 7-19。BookBalanceService 封装了可以保存多个 BookBalance 对象的集合，提供对图书库存余额进行增加和修改的方法。

代码 7-19　图书库存余额服务类

```
1   public class BookBalanceService {
2       private List<BookBalance> bookBalanceList;//使用集合对象保存图书库存余额
3       private void initBookBalance() {//初始化图书库存余额
4           Book book1 = new Book(1, "JAVA", "DUAN", Category.EDUCATION,
5                   "6632","DIANZI",new Date());
6           Book book2 = new Book(2, "PYTHON", "WANGE", Category.EDUCATION,
7                   "1234","QINGHUA",new Date());
8           Warehouse house1 = new Warehouse(1, "CHANGYI", "HONGPAIDIAN");
9           BookBalance bb1 = new BookBalance(1, book1, house1, 560, 49.00, 560*49);
10          BookBalance bb2 = new BookBalance(2, book2, house1, 660, 79.00, 660*79);
11          bookBalanceList.add(bb1);
12          bookBalanceList.add(bb2);
13      }
14      public BookBalanceService() {
15          bookBalanceList = new ArrayList<>();
16          initBookBalance();
17      }
18      public void add(BookBalance balance) {//新增图书库存余额到图书库存余额列表
19          bookBalanceList.add(balance);
20      }
21      /*更新图书库存余额，若库存数量小于销售数量将抛出 IllegalArgumentException 异常，
22      否则库存数量减少，库存余额减少，最后使用最新库存余额和库存数量更新单价*/
```

```
23      public void alterBalance(Book book, Warehouse house, int sell) {
24          for (BookBalance balance : bookBalanceList) {
25              if(balance.getBook().getId() == book.getId() &&
26                      balance.getWarehouse().getId() == house.getId()) {
27                  if(balance.getQuantity() < sell) {
28                      throw new IllegalArgumentException();
29                  }
30                  int quantity = balance.getQuantity()-sell;
31                  double amount = balance.getAmount() - sell * balance.getPrice();
32                  double price = amount / quantity;
33                  balance.setQuantity(quantity);
34                  balance.setPrice(price);
35                  balance.setAmount(amount);
36                  break;
37              }
38          }
39      }
40      …
41 }
```

(3) 视图层输入/输出类

视图层输入/输出类用于用户交互，接收用户输入，发送消息给服务层，获取服务层处理结果并输出显示。视图层包含主界面（MainUI）类和菜单（Menu）类。MainUI 类利用 Menu 类提供的 showMenu 方法按菜单 id 显示菜单，利用 Service 类完成对数据集合的操作。代码 7-20 给出了 Menu 类的部分代码。

代码 7-20　Menu 类部分代码

```
1  public class Menu {
2      //省略部分菜单项
3      public static final String m1 = "******************************\n"
4                     + "       简易图书销售系统\n"
5                     + "******************************\n"
6                     + " 1. 基础信息维护\n"
7                     + " 2. 销售\n"
8                     + " 3. 报表\n"
9                     + " 4. 密码设置\n"
10                    + " 5. 退出\n"
11                    + "******************************\n"
12                    + "请输入菜单项编号[1～5]：";
13     …//省略部分菜单项
14     public String[] menus = {
15         m1,…
16     };
17     public void showMenu(int menuId) {//按指定菜单编号显示菜单
18         if(menuId < 0 || menuId >= menus.length) {return;}
19         System.out.println(menus[menuId]);
20     }
21 }
```

代码 7-21 给出了 MainUI 类的部分代码。

代码 7-21　MainUI 类部分代码

```
1  public class MainUI {
2      …
3      private User login() throws Exception{//若登录成功则返回当前用户，否则返回 null
4          menu.showMenu(0);
5          System.out.println("输入用户名：");
6          String uname = br.readLine();
```

```
7          System.out.println("输入密码：");
8          String password = br.readLine();
9          return userService.checkUser(uname, password);
10      }
11      …
12      public void processPassword() throws Exception{//密码修改处理方法
13          System.out.println("请输入旧密码：");
14          String opasswd = br.readLine();
15          System.out.println("请输入新密码：");
16          String npasswd1 = br.readLine();
17          System.out.println("请再输入一次新密码：");
18          String npasswd2 = br.readLine();
19          if(!npasswd1.equals(npasswd2)) {
20              System.out.println("两次密码输入不一致，密码设置不成功！");
21          }else if(!opasswd.equals(currentUser.getPassword())){
22              System.out.println("旧密码输入错误！");
23          }else {
24              userService.alterUser(currentUser, npasswd1);
25              System.out.println("密码设置成功！");
26          }
27      }
28      public void start() throws Exception{
29          boolean stop = false;
30          if((currentUser=login()) != null) {//登录成功返回当前用户
31              while(!stop) {
32                  menu.showMenu(1);
33                  String command = br.readLine();
34                  switch (command) {
35                      case "1":// 基本数据维护
36                          …
37                          break;
38                      case "2"://销售单
39                          …
40                          break;
41                      case "3"://报表
42                          …
43                          break;
44                      case "4"://密码修改
45                          …
46                          break;
47                      case "5":
48                          stop = true;
49                          break;
50                      default:
51                          System.out.println("请输入正确的指令[1～5]!"); break;
52                  }
53              }
54              if(br != null) {
55                  br.close();
56              }
57          }else {
58              System.out.println("用户或密码输入错误，再见！");
59          }
60      }
61      public static void main(String[] args){ //创建 MainUI 对象，调用 start 方法启动
62          MainUI mui = new MainUI();
63          try {
```

```
64                mui.start();
65          } catch (Exception e) {
66                System.out.println("有异常产生，请检查数据录入格式！");
67          }
68     }
69     …
70 }
```

扫描本章二维码获取本实例完整代码。

7.5.5 运行

（1）系统主界面

本实例共包含 4 项基本功能：基础信息维护、销售、报表和密码设置。登录界面与 5.5 节的图书进货管理子系统类似。登录成功后的主界面如下：

```
***************************
   简易图书销售系统
***************************
 1. 基础信息维护
 2. 销售
 3. 报表
 4. 密码设置
 5. 退出
***************************
请输入菜单项编号[1～5]：
```

（2）基础信息维护界面

基础信息维护功能包括用户管理、客户管理、图书管理、仓库管理 4 项，界面如下：

```
***************************
   简易图书销售系统
***************************
* 当前位置：基础信息维护
* 1. 用户管理
* 2. 客户管理
* 3. 图书管理
* 4. 仓库管理
* 5. 返回上一级菜单
***************************
请输入二级菜单编号[1～5]：
```

输入指令 4，进入基础信息维护功能的仓库管理菜单：

```
***************************
   简易图书销售系统
***************************
* 当前位置：基础信息维护\仓库管理
* 1. 新增仓库
* 2. 删除仓库
* 3. 修改仓库
* 4. 查询仓库
* 5. 显示所有仓库信息
* 6. 返回上一级菜单
***************************
请输入三级菜单编号[1～6]：
```

（3）销售管理界面

在主界面中输入指令 2，进入销售功能的二级菜单，主要包括新增、删除、修改、查询和显示所有销售单。
****
　简易图书销售系统
****
* 当前位置：销售
* 1. 新增销售单
* 2. 删除销售单
* 3. 修改销售单
* 4. 查询销售单
* 5. 显示所有销售单
* 6. 返回上一级菜单
****
请输入二级菜单编号[1~6]：

　　输入指令 1，新增 5 张销售单（第一张销售单 2 条记录，总金额 14880.00 元；第二张销售单 3 条记录，总金额 7578.00 元；第三张销售单 4 条记录，总金额 10620.00 元；第四种销售单 4 条记录，总金额 16206.00 元；第五张销售单 2 条记录，总金额 2700.00 元）。指令 5 可显示所有销售单及其对应的销售明细信息：

```
--单据(1)--
ID   USER    WAREHOUSE   CUSTOMER    RECORDS         TOTALAMOUNT
1    David   CHANGYI     JACK        2               14880.00
--明细--
ID   BOOKID  BOOKNAME        QUANTITY        PRICE           AMOUNT
1    1       JAVA            120             58.00           6960.00
2    2       PYTHON          88              90.00           7920.00
-------------------------
--单据(2)--
ID   USER    WAREHOUSE   CUSTOMER    RECORDS         TOTALAMOUNT
2    David   CHANGYI     TOMMY       3               7578.00
--明细--
ID   BOOKID  BOOKNAME        QUANTITY        PRICE           AMOUNT
1    1       JAVA            33              62.00           2046.00
2    3       C++             66              52.00           3432.00
3    4       COBOL           30              70.00           2100.00
-------------------------
--单据(3)--
ID   USER    WAREHOUSE   CUSTOMER    RECORDS         TOTALAMOUNT
3    David   CHANGYI     PETER       4               10620.00
--明细--
ID   BOOKID  BOOKNAME        QUANTITY        PRICE           AMOUNT
1    3       C++             66              45.00           2970.00
2    5       MATLAB          100             45.00           4500.00
3    6       DELPHI          30              45.00           1350.00
4    1       JAVA            30              60.00           1800.00
-------------------------
--单据(4)--
ID   USER    WAREHOUSE   CUSTOMER    RECORDS         TOTA AMOUNT
4    David   CHANGYI     JERRY       3               16206.00
--明细--
ID   BOOKID  BOOKNAME        QUANTITY        PRICE           AMOUNT
1    2       PYTHON          60              92.00           5520.00
2    4       COBOL           120             72.00           8640.00
3    1       JAVA            33              62.00           2046.00
-------------------------
--单据(5)--
ID   USER    WAREHOUSE   CUSTOMER    RECORDS         TOTALAMOUNT
```

```
5    David      CHANGYI     TOMMY          2                    2700.00
--明细--
ID   BOOKID     BOOKNAME    QUANTITY       PRICE        AMOUNT
1    2          PYTHON      15             100.00       1500.00
2    3          C++         20             60.00        1200.00
---------------------------
```

（4）报表界面

在主界面中输入指令 3，进入报表功能的二级菜单，主要包括销售记录和图书排行。

```
****************************
    简易图书销售系统
****************************
* 当前位置：报表
* 1. 销售记录
* 2. 图书排行
* 3. 返回上一级菜单
****************************
```

输入指令 1，显示按销售单金额降序排列的销售记录信息：

```
ID   USER       CUSTOMER    WAREHOUSE      RECORDS      AMOUNT       CREATEDATE
4    David      JERRY       CHANGYI        3            16206.00     2019-04-21
1    David      JACK        CHANGYI        2            14880.00     2019-04-21
3    David      PETER       CHANGYI        4            10620.00     2019-04-21
2    David      TOMMY       CHANGYI        3            7578.00      2019-04-21
5    David      TOMMY       CHANGYI        2            2700.00      2019-04-21
```

输入指令 2，显示图书排行报表三级菜单：

```
****************************
    简易图书销售系统
****************************
* 当前位置：报表\图书排行
* 1. 按销售数量排序（降序）
* 2. 按销售金额排序（降序）
* 3. 按库存数量排序（升序）
* 4. 返回上一级菜单
****************************
```
请输入二级菜单编号[1~4]：

输入指令 1 显示按图书销售数量降序排列的图书信息：

```
NAME     AUTHORS    WAREHOUSE       SELLQUANTITY     SELLAMOUNT    REMAINQUANTITY
JAVA     DUAN       CHANGYI         216              12852.00      344
PYTHON   WANG       CHANGYI         163              14940.00      497
C++      LI         CHANGYI         152              7602.00       108
COBOL    ZHANG      CHANGYI         150              10740.00      610
MATLAB   TANG       CHANGYI         100              4500.00       360
DELPHI   WAN        CHANGYI         30               1350.00       770
```

输入指令 3 显示按图书库存数量升序排列的图书信息：

```
NAME     AUTHORS    WAREHOUSE       SELLQUANTITY     SELLAMOUNT    REMAINQUANTITY
C++      LI         CHANGYI         152              7602.00       108
JAVA     DUAN       CHANGYI         216              12852.00      344
MATLAB   TANG       CHANGYI         100              4500.00       360
PYTHON   WANG       CHANGYI         163              14940.00      497
COBOL    ZHANG      CHANGYI         150              10740.00      610
DELPHI   WAN        CHANGYI         30               1350.00       770
```

知识扩展（如果对此部分内容感兴趣，扫描本章二维码）：

（1）数组和集合之间的转换；

（2）整型数组降序排列；

（3）过滤集合重复元素。

习题7

（1）将指定数组中的所有元素复制到大小为其两倍的新数组中。新数组中新增的元素使用与元素类型相关的默认值进行初始化。

（2）编写一个 Java 应用程序，只支持 1 位非负整数进行加（+）、减（-）、乘（*）、除（/）四则运算。注意用户录入的表达式中除+、-、*、/和=以外不能包含其他运算符或非法字符，同时操作数只能为 1 位非负整数，否则运行时将抛出 IllegalArgumentException 异常。若用户输入 5-2*5=，程序应该输出 5-2*5=-5。

扫描本章二维码获取习题参考答案。

获取本章资源

第 8 章 I/O 流与文件

  Java I/O 流连接数据源端与目的端，实现源端与目的端之间的数据传输功能。开发人员利用 I/O 流对象可以简化数据读写。数据通过输入流对象以字节或字符为单位从源端读入，再通过输出流对象以字节或字符为单位写出到目的端。为了扩展数据读写功能，Java SE 对原始字节流类进行扩展，提供大量功能更强大的 I/O 流类。本章主要介绍 I/O 流基本概念、Java I/O 流体系结构、常用 I/O 流类、文件操作，同时基于文件 I/O 流为图书信息维护子系统提供文件存储功能。

8.1 流的基本概念

  Java 语言中的流是指数据序列，该序列连接两端，数据流出的一端称为源端，数据流入的一端称为目的端。以字节为基本单位的数据序列称为字节流，以字符为基本单位的数据序列称为字符流。数据流连接的源端与目的端可以是文件、设备或内存。若以内存为基准，凡从源端读入的数据序列都称为输入流，凡向目的端写出的数据序列都称为输出流。Java 数据流结构如图 8-1 所示。

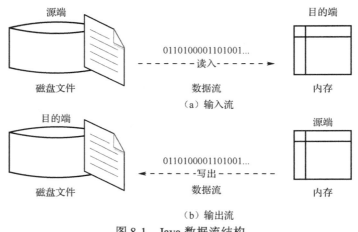

图 8-1 Java 数据流结构

  为简化数据流读写，Java SE 提供字节流和字符流对数据流进行封装并提供数据读写方法。字节流提供最原始的字节读写方法，字符流依赖字节流，字符输入流处理的字符流是对字节输入流对象读入字节流按指定字符集解码后的 Unicode 字符流数据，字符输出流类将输出的字符流按指定字符集编码后送字节输出流对象以字节为单位输出。InputStream 与 OutputStream 是 Java 语言提供的两个最基本的字节流抽象类。InputStream 可以从源端以字节为单位读入数据到内存中，OutputStream 可以将存放在内存中的数据以字节为单位写出到目的端。Reader 和 Writer 是 Java 语言所有字符流类的抽象父类。Reader 类依赖于 InputStream 类，将字节输入流对象读入的字节数据解码为 Unicode 字符再存入内存；Writer 类依赖于 OutputStream 类，将要写出的字符编码为字节再送字节输出流对象写出到目的端。起搭建字节输入流和字符流入流桥梁作用，实现读入字节并解码成 Unicode 字符的输入流类是 InputStreamReader；起搭建字节输出流和字符输出流桥梁作用，实现对输出字符编码成字节并写出的输出流类是 OutputStreamWriter。

通过扩展 InputStream/OutputStream 字节流类和 Reader/Writer 字符流类，Java 语言提供了大量效率更高、功能更强的 I/O 流类。例如，支持缓冲的 I/O 流（字节流 BufferedInputStream/BufferedOutputStrea 和字符流 BufferedReader/BufferedWriter）、支持格式化文本的 I/O 流（字节流 PrintStream 和字符流 PrintWriter）、支持基本数据类型读写的 I/O 流（字节流 DataInputStream/DataOutputStream）、支持对象读写的 I/O 流（字节流 ObjectInputStream/ObjectOutputStream）等。图 8-2 给出了 Java 常用 I/O 流类及其继承关系。

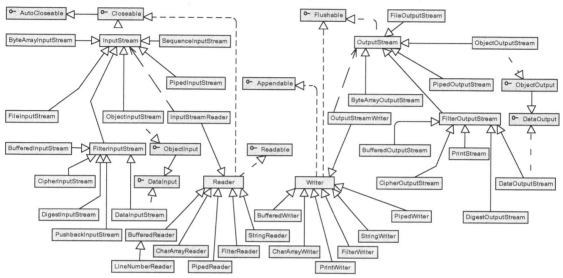

图 8-2　Java 常用 I/O 流类及其继承关系

8.2　字节 I/O 流

字节流类处理的数据基本单位是 8 位的字节数据。所有字节流类的父类是 InputStream 和 OutputStream 类。因为字节 I/O 流类使用的方法相似，以下仅介绍常用字节流类的特点和它们常用的方法。

8.2.1　InputStream 类和 OutputStream 类

（1）InputStream 类

InputStream 属于抽象类，它是所有字节输入流类的父类，提供按字节读的抽象方法。InputStream 常用方法说明如下。

public int available()：返回从输入流中能读取的字节数的估计值。该方法不能准确地表示输入流最终能读取的全部字节数。流关闭后调用该方法将抛出 IOException 异常。

public abstract int read()：从输入流中读下 1 字节。若已到文件尾则返回-1，否则将输入流读到的字节数据保存到整型数低 8 位中，然后返回。子类必须提供该方法的具体实现。

public int read(byte[] b)：从输入流中读取最多 b.length 字节存入字节数组 b 中。返回读到数组 b 中的字节数。若已经到文件尾未能读取数据则返回-1。

public int read(byte[] b, int off, int len)：从输入流中读取最多 len 字节到 b 数组从 off 索引开始的单元中。off、len 为负或 len>b.length-off 将抛出 IndexOutOfBoundsException 异常。

public long skip(long n)：从当前读写位置跳过 n 字节。

public void close()：关闭输入流并释放与该输入流相关的系统资源。

public void mark(int readlimit)：标记输入流的当前位置，和 reset 方法结合使用可以重新定位读写指针位置。参数 readlimit 表示在标记失效前最大允许读的字节数。若输入流提供的缓冲数组大小超过 readlimit，则缓冲数组的大小是标记失效前最大允许读取的字节数。

public void reset()：重新定位输入流读指针到最近一次 mark 方法标记的位置。

public boolean markSupported()：测试当前输入流对象是否支持 mark 和 reset 方法。

（2）OutputStream 类

OutputStream 属于抽象类，是所有字节输出流类的父类，提供按字节写的抽象方法。OutputStream 常用方法说明如下。

public abstract void write(int b)：将整数 b 的低 8 位写到输出流中，子类提供具体实现。

public void write(byte[] b)：将数组中 b.length 个元素写到输出流中。

public void write(byte[] b, int off, int len)：将数组 b 从 off 索引开始长度 len 字节写出。

public void flush()：刷新缓冲区将所有缓冲数据写出到目的端。

public void close()：关闭输出流并释放与该输出流相关的系统资源。

8.2.2　FileInputStream 类和 FileOutputStream 类

（1）FileInputStream 类

FileInputStream 是 InputStream 的子类，支持以字节为单位从文件中读取数据。其主要构造方法说明如下。

public FileInputStream(String name)：创建连接到文件的文件输入流对象。文件名包含文件系统中该文件的路径名，路径可以是从当前项目目录开始的相对路径，也可以是从磁盘根目录开始的绝对路径。文件不存在或文件是目录将抛出 FileNotFoundException 异常。

public FileInputStream(File file)：创建连接到指定文件的文件输入流对象。file 参数指定要连接到的文件对象。文件不存在或文件是目录将抛出 FileNotFoundException 异常。

（2）FileOutputStream 类

FileOutputStream 是 OutputStream 的子类，提供以字节为单位向文件写数据的方法。其主要构造方法说明如下。

public FileOutputStream(String name)：创建连接到文件的文件输出流对象。文件是目录或无法创建将抛出 FileNotFoundException 异常。参数 name 是输出流连接的目的端文件。

public FileOutputStream(String name, boolean append)：创建连接到文件的文件输出流对象。参数 append 为 true 表示以追加模式写，即每次打开文件连接进行写操作时都在文件尾新增内容，文件原有内容不会被覆盖，否则原有内容会被新增内容覆盖。文件是目录或无法创建将抛出 FileNotFoundException 异常。

public FileOutputStream(File file)：其与 FileOutputStream(String name)构造方法的区别仅在于其使用 File 对象表示文件。文件是目录或无法创建将抛出 FileNotFoundException 异常。

public FileOutputStream(File file, boolean append)：其与 FileOutputStream(String name, boolean append)构造方法区别在于其使用 File 对象表示文件。文件是目录或无法创建将抛出 FileNotFoundException 异常。

（3）示例

在指定源文件每行前增加指定符号后写入指定的目标文件。使用文件输入流建立与源文件的连接并以字节为单位读取源文件内容，再通过文件输出流对象写出到目标文件中。首次写入或遇到回车换行符时，要先写入指定字符到目标文件中。代码 8-1 复制源文件到目标文件中，并在文件每行文本前增加指定字符。

代码 8-1　复制源文件到目标文件中

```
1   public static void copyFile(String srcFilename,String targetFilename,char inset) throws IOException{
2       //try-with-resource 语句创建文件输入流和文件输出流对象
3       try(FileInputStream fis = new FileInputStream(srcFilename);
4       FileOutputStream fos = new FileOutputStream(targetFilename)){
5           int b = -1;//接收输入流对象从文件读入的字节数据，保存到整型数 b 的低 8 位中
6           fos.write(inset);//首行开始前先写指定字符 inset
7           boolean newline = false;//判断是否开始一个新行
8           while((b=fis.read())!=-1) {//读下 1 字节，若返回-1 则表示读文件结束
9               if(b==10 || b==13) {// 10 表示换行符，13 表示回车符
10                  newline = true;
11              }else {
12                  if(newline) {//若开始新行，则在行首写入指定字符 inset
13                      fos.write(inset);
14                      newline = false;
15                  }
16              }
17              fos.write(b);
18          }
19      }
20  }
```

copyFile 将文件 srcFilename 每行前增加指定字符 inset 后写到文件 targetFilename 中。第 3 行使用 try-with-resource 语句创建可自动关闭的文件输入流和文件输出流对象，try 语句块执行后自动调用 close 方法完成流对象关闭和相关资源释放。第 6 行首次写入时，先向目标文件中写入字符 inset。第 8 行从输入流中读入字节数据，若到文件尾则返回-1。操作系统对行分隔的实现有所区别，换行符（Unicode 码为'\000A'），回车符（Unicode 码为'\000C'）在第 9 行中都进行了判断。若读到这两个字符之一且下 1 字节是其他字符，表示开始一个新行。第 12～15 行表示开始新行，先在行首写入指定字符 inset。第 17 行向输出流写入从输入流读取的字节。扫描本章二维码获取示例完整代码。

8.2.3　DataInputStream 类和 DataOutputStream 类

（1）DataInputStream 类

DataInputStream 是 FilterInputStream 的子类，实现 DataInput 接口。DataInputStream 类支持对封装的输入流按基本数据类型读入。其主要构造方法和成员方法说明如下。

public DataInputStream(InputStream in)：使用字节输入流对象 in 构造 DataInputStream 对象。新构造的输入流对象除具有原输入流 in 的功能外，还扩展了对基本数据类型的读功能。

public final int readInt()：从输入流连续读取 4 字节，解析成一个整型数。完成读取 4 字节前已经到达文件尾将抛出 EOFException 异常。

public final double readDouble()：从输入流连续读取 8 字节，解析成一个双精度浮点数。完成读取 8 字节前已经到达文件尾将抛出 EOFException 异常。

public final String readUTF()：从输入流读取 Unicode 字符串。完成读操作前已到文件尾将抛出 EOFException 异常。

（2）DataOutputStream 类

DataOutputStream 是 FilterOutputStream 的子类，实现 DataOutput 接口。DataOutputStream 类允许将按基本数据类型写出数据到指定输出流。通过 DataOutputStream 按基本数据类型写出的数据可以使用 DataInputStream 按基本数据类型读入。DataOutputStream 主要构造方法和成员方法说明如下。

public DataOutputStream(OutputStream out)：使用字节输出流 out 构造 DataOutputStream 对象。新的输出流对象除具有原输出流 out 的功能外，还新增了对基本数据类型的写功能。

public final void writeInt(int v)：向输出流写连续 4 字节的整型数。

public final void writeDouble(double v)：先调用 Double.doubleToLongBits 将参数 v 转换为长整型，然后将长整型数按 8 字节写出到输出流。

public final void writeUTF(String str)：向输出流写字符串。

（3）示例

将集合中的学生记录使用数据输入流（DataInputStream）写到文件中，每个学生记录占一行。然后使用数据输出流（DataOutputStream）读取并输出文件内容。代码 8-2 使用数据 I/O 流读、写学生记录。

代码 8-2　使用数据 I/O 流读、写学生记录

```
1  class Student{//学生类包含编号、姓名与体重三个数据成员
2      private int id;
3      private String name;
4      private double weight;
5      public Student(int id, String name, double weight) {
6          this.id = id;
7          this.name = name;
8          this.weight = weight;
9      }
10     …
11 }
12 public class StudentRecordsHandler {
13     //将集合 c 中所有学生记录写到文件 filename 中
14     public static void save(String filename, Collection<? extends Student> c) throws IOException{
15         //try-with-resource 语句创建可自动关闭的输出流对象
16         try(FileOutputStream fis = new FileOutputStream(filename);
17             DataOutputStream dos = new DataOutputStream(fis)){
18             for (Student student : c) {
19                 //按数据类型向输出流写学生 id，name 和 weight 属性
20                 dos.writeInt(student.getId());
21                 dos.writeUTF(student.getName());
22                 dos.writeDouble(student.getWeight());
23             }
24         }
25     }
26     //输出文件 filename 中保存的学生信息
27     public static void print(String filename) throws IOException{
28         //try-with-resource 语句创建可自动关闭的输入流对象
29         try(FileInputStream fis = new FileInputStream(filename);
30             DataInputStream dis = new DataInputStream(fis)){
31             //不断从文件 filename 中输出学生信息，直到读指针到达文件尾
32             while(true) {
33                 try {
34                     //按数据类型从输入流读学生数据
35                     int id = dis.readInt();
36                     String name = dis.readUTF();
37                     double weight = dis.readDouble();
38                     //格式化输出学生信息
39                     System.out.format("%-10d%-10s%-10.2f%n", id,name,weight);
40                 }catch(EOFException e) {
41                     break;//读文件结束退出循环
42                 }
43             }
```

```
44        }
45    }
46 }
```

第 14～25 行定义 save 方法将集合中所有学生记录写到文件中。第 27～45 行定义 print 方法将指定文件中的学生信息格式化输出。扫描本章二维码获取示例完整代码。

8.2.4 BufferedInputStream 类和 BufferedOutputStream 类

（1）BufferedInputStream 类

BufferedInputStream 是 FilterInputStream 的子类，对封装的输入流提供缓冲功能，支持标记（mark）和重置（reset）读指针等方法。BufferedInputStream 类主要构造方法说明如下。

public BufferedInputStream(InputStream in)：由一个已经存在的字节输入流对象创建一个新的带缓冲数组的缓冲字节输入流对象。新创建输入流对象不但具有字节输入流 in 的功能，还扩展了缓冲功能。

public BufferedInputStream(InputStream in, int size)：由一个已经存在的字节输入流对象创建一个新的指定缓冲数组大小的缓冲字节输入流对象。新创建输入流对象不但具有字节输入流 in 的功能，还扩展了缓冲功能。

（2）BufferedOutputStream 类

BufferedOutputStream 是 FilterOutputStream 的子类，这个类实现了带缓冲的字节输出流。输出数据可以先保存到缓冲中，缓冲满或数据流关闭或强制刷新缓冲区时，才将缓冲区中的数据写出到目的端。若目的端是文件，则可以减少磁盘 I/O 次数，提高系统性能。BufferedInputStream 类主要构造方法和成员方法说明如下。

public BufferedOutputStream(OutputStream out)：使用已经存在的字节输出流对象创建一个新的带缓冲的字节数据流对象。新创建对象调用 flush 方法可强制将缓冲区数据写出。

public BufferedOutputStream(OutputStream out, int size)：使用已经存在的字节输出流对象创建一个带指定大小的缓冲区的字节输出流对象。新创建对象调用 flush 方法可强制将缓冲区数据写出。

（3）示例

使用 BufferedInputStream 输入流对象从 src.txt 文件中重复读取 3 次"file input stream"并写到文件 repeat.txt 中。本示例可以利用 skip 方法先移动读指针跳过 17 字节，再使用 mark 方法在缓冲数组中标记当前位置，接着调用 read 方法读取"file input stream".length 字节后，通过 reset 方法重置读指针，在 mark 标记未失效时又可重复读取"file input stream"。使用带缓冲字节流重复读取数据示例参见代码 8-3。

代码 8-3　使用带缓冲字节流重复读取数据示例

```
1  public class BufferedStreamDemo {
2      public static void main(String[] args) throws Exception{
3          //try-with-resource 语句创建可自动关闭的缓冲 I/O 流对象
4          try(FileInputStream fis = new FileInputStream("src.txt");
5              BufferedInputStream bis = new BufferedInputStream(fis);
6              FileOutputStream fos = new FileOutputStream("repeat.txt");
7              BufferedOutputStream bos = new BufferedOutputStream(fos)){
8              int size = "file input stream".length();
9              byte[] bulk = new byte[size];//创建可以存放"file input stream"的字节数组
10             bis.skip("copy file using".length()+2);//跳过 17 字节
11             bis.mark(bulk.length);//在缓冲数组第 18 字节位置做标记
12             for(int i = 0; i < 3; i++) {
13                 bis.read(bulk);
```

```
14                    bos.write(bulk);
15                    bis.reset();//读指针重置缓冲数组中的标记位置
16                }
17            }
18        }
19 }
```

第 4~7 行使用 try-with-resource 语句创建带缓冲数组的字节 I/O 流对象，分别封装文件 I/O 流对象对源文件 src.txt 的读和对目标文件 repeat.txt 的写。第 8 行获取要读取字符串长度。第 9 行创建存放字符串的字节数组。第 10 行让读指针定位到"file input stream"的第一个位置。第 11 行在当前位置做标记。第 12~16 行重复 3 次读取"file input stream"到字节数组 bulk 中，并将其从字节数组 bulk 写到文件中。代码 8-3 执行结果如图 8-3 所示。

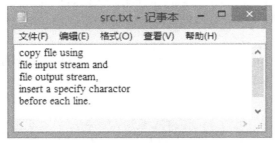

（a）源文件

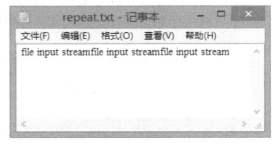

（b）目标文件

图 8-3　代码 8-3 执行结果

8.2.5　ByteArrayInputStream 类和 ByteArrayOutputStream 类

（1）ByteArrayInputStream 类

ByteArrayInputStream 是 InputStream 的子类，该对象从内部封装的字节数组缓冲区中读取数据，提供内部计数器跟踪下一个读取字节的位置。ByteArrayInputStream 主要构造方法说明如下。

public ByteArrayInputStream(byte[] buf)：使用指定字节数组 buf 作为缓冲数组构造字节数组输入流对象，读指针初始位置为 0，输入流从源端 buf 中读取字节数据。

public ByteArrayInputStream(byte[] buf, int offset, int length)：使用指定字节数组 buf 作为缓冲数组构造字节数组输入流对象，读指针初始位置为 offset，输入流从源端 buf 的 offset 位置开始最多能读入 length 字节数据。

（2）ByteArrayOutputStream 类

ByteArrayOutputStream 是 OutputStream 子类，该对象向内部封装的字节数组缓冲区中写入数据，字节数组的大小随着写入数据动态扩充大小。写到字节输出流中的数据可通过 toByteArray 和 toString 方法返回。ByteArrayOutputStream 主要构造方法和成员方法说明如下。

public ByteArrayOutputStream()：创建初始容量为 32 字节的字节数组输出流对象。
public ByteArrayOutputStream(int size)：创建指定初始容量的字节数组输出流对象。
public byte[] toByteArray()：返回字节数组输出流的缓冲数组内容到新字节数组中。
public String toString()：使用平台默认数据集解码缓冲数组内容。
public String toString(String charsetName)：使用指定字符集解码缓冲数组内容。

（3）示例

利用字节数组输入流从指定缓冲数组读取数据并使用指定字符集解码字节流，通过字节数组输出流输出到字节数组输出流内置的字节缓冲区中，最后通过 toString 方法返回并输出缓冲数据。字节数组 I/O 流使用示例参见代码 8-4。

代码 8-4　字节数组 I/O 流使用示例

```
1   String str = "你好，Java！";
2   try {
3       //使用 UTF-8 字符集编码的字符串变量 str 存入新建字节数组 buf 中
4       byte[] buf = str.getBytes("UTF-8");
5       //使用 try-with-resource 语句创建可自动关闭的字节数组 I/O 流对象
6       try(ByteArrayInputStream bais = new ByteArrayInputStream(buf);
7         ByteArrayOutputStream baos = new ByteArrayOutputStream()){
8           int b = -1;
9           while((b=bais.read())!=-1) {//从字节数组缓冲中按字节读入数据，直到返回-1 为止
10              baos.write(b); //读出 1 字节就写出到字节数组输出流内置缓冲数组中
11          }
12          String original = baos.toString("UTF-8");//使用 UTF-8 字符集解码缓冲数组内容
13          System.out.println(original); //程序执行输出结果：你好，Java！
14      }
15  } catch (IOException e) {
16      e.printStackTrace();
17  }
```

8.2.6　PipedInputStream 类和 PipedOutputStream 类

（1）PipedInputStream 类

PipedInputStream 是 InputStream 的子类，建立与管道输出流的连接后，可以实现读写线程之间基于管道的数据通信。写线程利用管道输出流对象向管道输入流内置缓冲区写数据，读线程利用管道输入流对象从内置缓冲区读数据，从而实现读写线程数据交换。PipedInputStream 主要构造方法与成员方法说明如下。

public PipedInputStream()：创建管道输入流对象。使用前须建立与管道输出流的连接。

public PipedInputStream(int pipeSize)：创建指定内置缓冲大小的管道输入流对象。使用前必须建立与管道输出流的连接。

public PipedInputStream(PipedOutputStream src)：创建管道输入流对象并建立与指定管道输出流的连接。

public PipedInputStream(PipedOutputStream src, int pipeSize)：创建指定内置缓冲大小的管道输入流对象，并建立于与指定管道输出流的连接。

public void connect(PipedOutputStream src)：让管道输入流对象连接指定输出流。若当前管道输入流已经连接其他管道输出流，程序运行时将抛出 IOException 异常。

（2）PipedOutputStream 类

PipedOutputStream 是 OutputStream 的子类，建立与管道输入流的连接后，可以实现读写线程之间基于管道的数据通信。写线程可以利用管道输出流对象实现向管道中以字节为单位写数据。PipedOutputStream 主要构造方法与成员方法说明如下。

public PipedOutputStream()：创建管道输出流对象。使用前必须连接管道输入流。

public void connect(PipedInputStream snk)：创建连接指定管道输入流的管道输出流对象。若管道输出流已经连接其他管道输入流，程序运行时将抛出 IOException 异常。

public void flush()：刷新缓冲区，强制将缓冲数据写出，这个操作可以通知等待从管道输入流读取数据的读线程。

（3）示例

读写线程利用管道 I/O 流实现基于管道的数据通信。写线程负责重复产生 128 以内的随机

数并利用管道输出流写到内置缓冲区中,读线程负责重复从内置缓冲区中读取数据。管道 I/O 流示例参见代码 8-5。

代码 8-5　管道 I/O 流示例

```
1  class Reader extends Thread{//读线程封装管道输入流对象
2      private PipedInputStream pis;
3      public Reader(PipedInputStream pis) {
4          this.pis = pis;
5      }
6      @Override
7      public void run() {
8          System.out.println("Receiver: "+Thread.currentThread().getName()+" is running…");
9          while(true) {
10             try {
11                 System.out.println("Receiver received: "+pis.read());//从内置缓冲区中读字节数据
12                 Thread.sleep(100);
13             } catch (IOException|InterruptedException e) {
14                 e.printStackTrace();
15             }
16         }
17     }
18     public void setPis(PipedInputStream pis) {
19         this.pis = pis;
20     }
21 }
22 class Writer extends Thread{//写线程封装管道输出流对象
23     private PipedOutputStream pos;
24     public Writer(PipedOutputStream pos) {
25         this.pos = pos;
26     }
27     @Override
28     public void run() {
29         System.out.println("Sender: "+Thread.currentThread().getName()+" is running…");
30         Random random = new Random();//创建随机数对象
31         while(true) {
32             try {
33                 int b = random.nextInt(128);//产生 128 以内的随机数
34                 pos.write(b);//向内置缓冲区写随机数
35                 System.out.println("Sender sent: "+b);
36                 //pos.flush();//若调用 flush,将强制刷新缓冲并通知等待读数据的读线程
37                 Thread.sleep(100);
38             } catch (IOException|InterruptedException e) {
39                 e.printStackTrace();
40             }
41         }
42     }
43 }
44 public class ReaderWriterDemo {
45     public static void main(String[] args) {
46         …
47         pis.connect(pos);//建立管道输入流与管道输出流的连接
48         Reader reader = new Reader(pis);
49         Writer writer = new Writer(pos);
50         reader.start();//启动读写线程
51         writer.start();
52         …
53     }
54 }
```

读线程负责从内置缓冲区中读取字节数据（见第 11 行）。写线程负责产生 128 以内的随机整数（见第 33 行）并写入管道输入流的内置缓冲区中（见第 34 行）。读写线程完成读写后执行 Thread.sleep 方法（见第 12，37 行）转入等待，以便操作系统重新调度，让其他等待线程有机会获得处理器。第 47 行建立管道输入流与管道输出流的连接。第 48～50 行创建并启动基于管道的读写线程。扫描本章二维码获取示例完整代码。

8.2.7 ObjectInputStream 类和 ObjectOutputStream 类

对象序列化是将对象转换为字节序列的过程，反序列化是对象序列化的逆操作，是将字节序列重构为对象的过程。对象序列化有助于发送者保存对象状态并以字节序列的形式在网络上传输或在文件中持久存储，对象反序列化有助于接收者读取字节序列并恢复对象及其状态。类要能被序列化，需要实现 Serializable 或 Externalizable 接口。Serializable 是标识接口，不包含任何抽象方法。实现 Serializable 接口的对象能通过 ObjectOutputStream 输出流类序列化为字节流。对象封装的非瞬态（transient）和非静态（static）成员都要能支持序列化，这些成员对应类型中封装的非瞬态和非静态成员也要能支持序列化，这是一个递归的过程。例如，对象 A 包含对象 B 的引用，对象 B 又包含对象 C 的引用，那么为支持 A 序列化，B 和 C 都需要实现 Serializable 接口。若对象的成员不希望被序列化，则可以使用 transient 关键字将其定义为瞬态成员变量或使用 static 关键字定义为静态成员变量。Externalizable 是 Serializable 的子接口，包含 readExternal 和 writeExternal 两个抽象方法，允许用户自定义对象中要序列化为字节流的成员。序列化类实现 readExternal 方法时，利用基本数据类型读和对象读可以从字节流中恢复对象被序列化的数据成员。序列化类实现 writeExternal 方法时，利用基本数据类型写和对象写可以将对象指定数据成员序列化为字节流。

每个序列化类都包含一个长整型静态常量 serialVersionUID，即序列版本号。序列版本号可以由用户显式地定义，也可以由系统隐式地提供默认值。serialVersionUID 用于反序列化时校验字节流中的类型是否与当前保存的类型匹配，若不匹配将抛出 InvalidClassException 异常。系统提供的默认序列版本号依赖于类的内部结构和 Java 编译器的具体实现，所以可能出现同一个类在不同编译器下生成不同的序列版本号的情况。为了避免 InvalidClassException 异常，强烈建议用户显式地给出序列版本号的定义。

（1）ObjectInputStream 类

ObjectInputStream 是 InputStream 的子类，实现 ObjectInput 接口。对象输入流提供 readObject 方法用于读入对象输出流序列化写出的字节数据，并对读入的字节数据进行反序列化操作重构对象。ObjectInputStream 主要构造方法与成员方法说明如下。

public ObjectInputStream(InputStream in)：使用已经存在的字节输入流对象构造对象输入流。对象输入流从指定输入流中读入字节序列并重构为对象。构造方法会读入并校验输入流头信息。若输入流头不正确，将抛出 StreamCorruptedException 异常。该构造方法将阻塞，直到对象输出流 ObjectOutputStream 写出序列化的字节流头信息。

public final Object readObject()：从输入流中读取字节序列并重构对象。

protected Object resolveObject(Object obj)：在 readObject 方法返回重构对象前使用该方法可以使用一个对象替换反序列化得到的对象。若用户需要干预反序列化过程，则可以重写该方法对重构的对象进行处理或替换后再返回。

（2）ObjectOutputStream 类

ObjectOutputStream 是 OutputStream 子类，实现 ObjectOutput 接口。对象输出流提供 writeObject 方法用于序列化对象并写出序列化字节流数据。能被序列化的对象必须实现

Serializable 或 Externalizable 接口。ObjectOutputStream 主要构造方法与成员方法说明如下。

public ObjectOutputStream(OutputStream out)：使用已经存在的字节输出流构造对象输出流，构造方法写序列化字节流头信息到指定输出流中，以便对象输入流构造时能正确读出字节流头信息。

public final void writeObject(Object obj)：序列化对象并将对象的字节流数据写出。

protected Object replaceObject(Object obj)：使用新对象替换被序列化的对象，干预对象序列化过程。

（3）示例

序列化用户对象并持久存储到文件中，再从文件中读取用户对象并格式化输出到控制台上。为支持对象序列化，用户类需要实现 Serializable 接口。定义封装文件 I/O 流的对象流可以建立与文件的连接，实现将对象序列化字节数据持久存储到文件中，并从文件中读取字节流重构恢复对象。使用对象 I/O 流实现序列化与反序列化示例参见代码 8-6。

代码 8-6　序列化与反序列化示例

```
1   //Address.java
2   class Address implements Serializable{//地址类允许序列化
3       /*显式地定义序列版本号用于反序列化时的类型校验,若当前保存的类型与
4       字节流中的类型不匹配将抛出 InvalidClassException 异常*/
5       private static final long serialVersionUID = 697207108347783181L;
6       private int id;//编号
7       private String country;//国家
8       private String province;//省
9       private String city;//城市
10      private String street;//街道
11      private String zipcode;//邮编
12      …
13  }
14  //User.java
15  //用户类允许序列化,其包含的非静态与非瞬态成员都要允许序列化
16  public class User implements Serializable{
17      //显式地定义序列版本号用于反序列化时的类型校验
18      private static final long serialVersionUID = -4401416875435929749L;
19      private int id;//编号
20      private String name;//姓名
21      private transient String password;//密码,密码不允许序列化,被定义为瞬态 transient 变量
22      private Address homeAddress;//地址,地址允许序列化,需要实现 Serializable 接口
23      …
24  }
25  //ObjectSerializeDemo.java
26  public class ObjectSerializeDemo {
27      //序列化用户对象 user 并将字节序列保存到指定文件中
28      public static void serialize(String filename,User user) throws IOException{
29          try(FileOutputStream fos = new FileOutputStream(filename);
30              ObjectOutputStream oos = new ObjectOutputStream(fos);){
31              oos.writeObject(user);
32          }
33      }
34      //反序列化用户对象,从指定文件中读取字节序列并恢复用户对象
35      public static User deserialize(String filename) throws IOException, ClassNotFoundException{
36          try(FileInputStream fis = new FileInputStream(filename);
37              ObjectInputStream ois = new ObjectInputStream(fis);){
38              Object o = ois.readObject();
```

39	return (User)o;
40	}
41	}
42	}

User 类允许序列化为字节流后在网络上传输或在文件中持久保存，其所有的非静态和非瞬态数据成员都要允许序列化。因此 Address 类需要实现 Serializable 接口。ObjectOutputStream 类的 writeObject 方法可以将对象转换为字节流并写到文件中（见第 31 行），ObjectInputStream 类的 readObject 方法可以读取文件数据并恢复对象（见第 38 行）。扫描本章二维码获取示例完整代码。

8.2.8 CipherInputStream 类和 CipherOutputStream 类

（1）CipherInputStream 类

CipherInputStream 是 FilterInputStream 的子类，包括一个输入流和一个提供加/解密功能的密码类 Cipher。密码输入流对象从指定输入流中读取字节数据并使用 Cipher 提供的算法进行处理。例如，Cipher 初始化为解密模式，密码输入流对象的 read 方法读取字节并应用 Cipher 对象解密。CipherInputStream 主要构造方法说明如下。

public CipherInputStream(InputStream is, Cipher c)：用字节输入流 is 构造密码输入流并指定加解密的密码对象 c。输入流 is 或密码对象 c 为空将抛出 NullPointerException 异常。

（2）CipherOutputStream 类

CipherOutputStream 是 FilterOutputStream 的子类，包括一个输出流和一个提供加/解密功能的密码类 Cipher。密码输出流先对指定数据应用 Cipher 的加/解密功能，然后将处理后的字节流写出。CipherOutputStream 主要构造方法说明如下。

public CipherOutputStream(OutputStream os, Cipher c)：用字节输出流 os 构造密码输出流并指定加/解密的密码对象 c。输出流 os 或密码对象 c 为空将抛出 NullPointerException 异常。

（3）示例

使用 DES 算法加密和解密文件示例参见代码 8-7。

代码 8-7　使用 DES 算法加密和解密文件示例

1	//DES 算法使用秘钥 key 加密指定 plainFile 文件并将密文保存到 cipherFile 文件中
2	public static void encryptDES(String plainFile,String cipherFile,Key key) throws Exception{
3	//获取采用 DES 算法的 Cipher 实例，设置加密模式并指定加密秘钥
4	Cipher c = Cipher.getInstance("DES");
5	c.init(Cipher.ENCRYPT_MODE,key);
6	//try-with-resource 语句创建可自动关闭的密码输出流对象
7	try(FileInputStream fis = new FileInputStream(plainFile);
8	FileOutputStream fos = new FileOutputStream(cipherFile);
9	CipherOutputStream cos = new CipherOutputStream(fos, c);){
10	int b = -1;
11	//从明文中读 1 字节，使用密码输出流指定 Cipher 对象进行加密并写出密文
12	while((b=fis.read())!=-1) {
13	cos.write(b);
14	}
15	}
16	}
17	//DES 算法使用秘钥 key 解密 cipherFile 文件并将解密后的内容保存到 plainFile 文件中
18	public static void decryptDES(String cipherFile,String plainFile,Key key) throws Exception{
19	//获取采用 DES 算法的 Cipher 实例，设置解密模式并指定解密秘钥
20	Cipher c = Cipher.getInstance("DES");
21	c.init(Cipher.DECRYPT_MODE,key);
22	//try-with-resource 语句创建可自动关闭的密码输入流对象

```
23      try(FileInputStream fis = new FileInputStream(cipherFile);
24          CipherInputStream cis = new CipherInputStream(fis, c);
25          FileOutputStream fos = new FileOutputStream(plainFile);){
26          int b = -1;
27          //从密文中读 1 字节，使用密码输入流指定 Cipher 对象进行解密并写出明文
28          while((b=cis.read())!=-1) {
29              fos.write(b);
30          }
31      }
32  }
```

扫描本章二维码获取示例完整代码。

8.3 字符 I/O 流

字符流类处理的数据基本单位是 16 位的 Unicode 字符。所有字符流类的父类是 Reader 和 Writer 类。因为字符 I/O 流类使用方法相似，以下仅介绍主要字符流的特点和它们常用的方法。

8.3.1 Reader 类和 Writer 类

（1）Reader 类

Reader 是字符输入流抽象类，它是所有字符输入流类的父类，子类需要实现 read(char[], int, int)和 close()两个抽象方法。Reader 常用方法说明如下。

public int read()：从输入流中读取一个字符。若已到输入流尾则返回-1。

public int read(CharBuffer target)：读字符到指定的字符缓冲中。若已到输入流尾则返回-1。

public int read(char[] cbuf)：从输入流读字符数据到数组 cbuf 中。若已到输入流尾则返回-1，否则返回读取的字符个数。

public abstract int read(char[] cbuf, int off, int len)：从输入流读最大 len 个字符到数组索引 off 开始的位置。若已到输入流尾则返回-1，否则返回读取的字符个数。该抽象方法需要 Reader 的子类实现。

public long skip(long n)：跳过 n 个字符。若 n 为负，将抛出 IllegalArgumentException 异常。

public boolean ready()：判断输入流读操作是否就绪。返回 true 表示调用 read 方法不会被阻塞。

public boolean markSupported()：判断当前输入流是否支持标记（mark）操作。当且仅当输入流支持标记操作时才返回 true。子类可以重写该方法。

public void mark(int readAheadLimit)：标记输入流当前读指针位置，参数 readAheadLimit 表示在标记失效前最大允许读入的字符个数。

public void reset()：重置输入流读指针到上一次使用 mark 标记的位置。当出现输入流还未被标记或标记已经失效或当前输入流不支持 reset 方法等情况时，抛出 IOException 异常。并不是所有的字符输入流都支持 reset 和 mark 方法。

public abstract void close()：关闭输入流以及与该输入流相关的系统资源。该抽象方法需要 Reader 的子类实现。

（2）Writer 类

Writer 是字符输出流抽象类，它是所有字符输出流类的父类。子类需要实现 write(char[], int, int)、flush()和 close()三个抽象方法。Writer 常用方法说明如下。

public void write(int c)：将整型变量 c 低 16 位作为字符写到输出流中。

public void write(char[] cbuf)：将字符数组 cbuf 中的字符数据写到输出流中。

public abstract void write(char[] cbuf, int off, int len)：将字符数组 cbuf 中从 off 开始共 len 个字符写到输出流中。

public void write(String str)：将字符串写到输出流中。

public Writer append(CharSequence csq)：向输出流追写指定的字符序列。若 csq 为空，则字符串"null"会被写到输出流中。

public Writer append(char c)：向输出流追写一个字符。

public abstract void flush()：刷新缓冲区，强制输出缓冲字符数据。该抽象方法需要 Writer 的子类实现。

public abstract void close()：刷新缓冲区并关闭输出流。输出流关闭后调用 write 或 flush 方法将抛出 IOException 异常。该抽象方法需要 Writer 的子类实现。

8.3.2 InputStreamReader 类和 OutputStreamWriter 类

（1）InputStreamReader 类

InputStreamReader 是字符输入流 Reader 的子类，是从字节输入流到字符输入流转换的桥梁。该类从输入流读取字节序列并使用指定字符集将其解码为字符序列。InputStreamReader 常用构造方法和成员方法说明如下。

public InputStreamReader(InputStream in)：使用默认字符集和字节输入流 in 构造字符流 InputStreamReader 对象。

public InputStreamReader(InputStream in, String charsetName)：使用指定字符集和字节输入流 in 构造字符流 InputStreamReader 对象。若系统不支持给定字符集 charsetName，程序运行时将抛出 UnsupportedEncodingException 异常。

public InputStreamReader(InputStream in, Charset cs)：使用指定字符集和字节输入流 in 构造字符流 InputStreamReader 对象。

public InputStreamReader(InputStream in, CharsetDecoder dec)：使用字符集解码器 dec 和字节输入流 in 构造字符流 InputStreamReader 对象。字符集解码器将字节序列按指定字符集解码成 16 位 Unicode 字符序列。

public String getEncoding()：返回编码字符集的名字。若输入流已关闭则返回 null。

（2）OutputStreamWriter 类

OutputStreamWriter 是字符输出流 Writer 的子类，可以将字符序列按指定字符集编码为字节序列输出，起到连接字节输出流与字符输出流的桥梁作用。OutputStreamWriter 常用构造方法和成员方法说明如下。

public OutputStreamWriter(OutputStream out)：使用默认编码字符集和字节输出流 out 构造字符流 OutputStreamWriter 对象。

public OutputStreamWriter(OutputStream out, String charsetName)：使用指定字符集和字节输出流 out 构造 OutputStreamWriter 对象。若指定名字的编码字符集不存在，程序运行时将抛出 UnsupportedEncodingException 异常。

public OutputStreamWriter(OutputStream out, Charset cs)：使用指定字符集和字节输出流 out 构造字符流 OutputStreamWriter 对象。

public OutputStreamWriter(OutputStream out, CharsetEncoder enc)：使用字符集编码器 enc 和字节输出流 out 构造 OutputStreamWriter 对象。字符集编码器将 16 位 Unicode 字符序列按指定字符集编码为字节序列。

public String getEncoding()：返回编码字符集名称。若输出流关闭则返回 null。

8.3.3 FileReader 类和 FileWriter 类

（1）FileReader 类

FileReader 是 InputStreamReader 的子类，提供以字符为单位读取文本文件的操作，但若要以字节为单位读取文件内容，可以使用 FileInputStream 字节输入流对象。FileReader 常用构造方法说明如下。

public FileReader(String fileName)：创建指定文件名的字符输入流。若文件名表示的文件不存在或文件名表示的文件是目录，程序运行时将抛出 FileNotFoundException 异常。

public FileReader(File file)：创建指定文件的字符输入流。文件不存在或文件是目录将抛出 FileNotFoundException 异常。

（2）FileWriter 类

FileWriter 是 OutputStreamWriter 的子类，提供以字符为单位写文件的功能，但若要以字节为单位写文件可以构造 FileOutputStream 字节输出流。FileWriter 常用构造方法说明如下。

public FileWriter(String fileName)：创建指定文件名的文件输出流对象。若存在文件是目录、文件不允许被创建、文件不允许被打开等，程序运行时将抛出 IOException 异常。

public FileWriter(String fileName,boolean append)：创建指定文件名和追加模式的文件输出流对象。参数 append 为 true 表示以追加方式写。若存在文件是目录、文件不允许被创建、文件不允许被打开等，程序运行时将抛出 IOException 异常。

public FileWriter(File file)：创建指定文件的文件输出流对象。若存在文件是目录、文件不允许创建、文件不允许打开等，程序运行时将抛出 IOException 异常。

public FileWriter(File file, boolean append)：创建向指定文件按指定模式写的文件输出流对象。参数 append 为 true 表示以追加方式写。若存在文件是目录、文件不允许创建、文件不允许打开等，程序运行时将抛出 IOException 异常。

（3）示例

编写一个 Java 方法将文本文件由 FileReader 输入流以字符为单位读入，并由 FileWriter 输出流以字符为单位写出。以字符为单位的文件读写示例参见代码 8-8。

代码 8-8　以字符为单位的文件读写示例

```
1   /**
2    *  文件输入流读源文件内容并由文件输出流写到目标文件中
3    *  @param src  源文件
4    *  @param target  目标文件
5    *  @throws IOException
6    */
7   public static void copy(String src, String target) throws IOException{
8       //try-with-resource 语句创建可以自动关闭的文件 I/O 流对象
9       try(FileReader fr = new FileReader(src); FileWriter fw = new FileWriter(target);){
10          int c = -1;
11          //文件输入流对象以字符为单位读文件，文件输出流对象以字符为单位写文件
12          while((c=fr.read())!=-1) {
13              fw.write(c);
14          }
15      }
16  }
```

8.3.4 BufferedReader 类和 BufferedWriter 类

（1）BufferedReader 类

BufferedReader 是字符流 Reader 的子类，从字符输入流中读取文本信息，为输入流数据提供缓冲功能，支持字符序列和文本行的读操作。用 BufferedReader 封装文件输入流对象，为文件读提供缓冲功能，可以有效提高文件读的效率。BufferedReader 常用构造方法和成员方法说明如下。

public BufferedReader(Reader in)：创建包含默认大小内置缓冲数组的字符输入流对象。

public BufferedReader(Reader in, int sz)：创建包含指定大小内置缓冲数组的字符输入流对象。指定大小 sz 为负数将抛出 IllegalArgumentException 异常。

public String readLine()：读取一行文本数据。行分隔符包含换行符（\n）、回车符（\r）和回车符紧跟换行符(\r\n)。方法返回不包括行分隔符的一行文本数据，若已到文件尾则返回 null。读过程中出现 I/O 错误将抛出 IOException 异常。

（2）BufferedWriter 类

BufferedWriter 是字符流 Writer 的子类，内置缓冲数组，向一个字符流中写入文本数据。若 BufferedWriter 封装文件输出流，写出的内容先写到内置缓冲中，待缓冲满或需要时从缓冲写到文件中。这样可以减少 I/O 中断次数，提高文件读写效率。BufferedWriter 常用构造方法和成员方法说明如下。

public BufferedWriter(Writer out)：创建包含默认大小的内置缓冲数组的字符输出流对象。

public BufferedWriter(Writer out, int sz)：创建包含指定大小的内置缓冲数组的字符输出流对象。指定大小为负数将抛出 IllegalArgumentException 异常。

public void newLine()：写行分隔符。

public void flush()：刷新缓冲区。

public void write(String s, int off, int len)：从字符串的 off 索引开始共写 len 个字符。

（3）示例

利用 BufferedReader 从文本文件中读取数据并为每行增加行号后由 BufferedWriter 写出到另一个文本文件中。内置缓冲数组的字符 I/O 流示例参见代码 8-9。

代码 8-9　文件每行增加行号后写出到另一个文件中示例

```
1    //为源文件每行增加行号后写到目标文件中
2    public static void addLineNumber(String src, String target) throws IOException{
3        //try-with-resource 语句创建可自动关闭的缓冲 I/O 流对象
4        try(BufferedReader br = new BufferedReader(new FileReader(src));
5        BufferedWriter bw = new BufferedWriter(new FileWriter(target));){
6            String line = null;
7            int lineNumber = 1;//行号初始化为 1
8            while((line = br.readLine()) != null) {//循环从源文件中读一行文本数据
9                bw.write(lineNumber+"\t"+line);//在每行前增加行号后写到目标文件中
10               bw.newLine();//写换行符
11               lineNumber ++;//行号增 1
12           }
13       }
14   }
```

第 4，5 行在 try-with-resource 语句中创建内置缓冲数组的字符 I/O 流，封装连接磁盘文件的文件 I/O 流对象。第 8～12 行使用 BufferedReader 从源文件中读取文本行一直到文件尾。第 9 行向目标文件中写带行号的文本数据。扫描本章二维码获取示例完整代码。

8.4 文件系统

文件系统是操作系统用于文件管理的一组系统程序。文件系统规定了文件的逻辑结构和物理存储结构，使用目录可以有效地组织和管理文件，使用文件访问控制表可以约束文件读、写和执行权限，使用路径可以创建链接共享文件，同时文件系统为系统用户提供了对文件进行新增、查询、打开、读写、关闭、删除和遍历的一组操作。利用文件系统，操作系统可以安全高效地管理文件资源并向用户提供文件操作的接口，开发人员无须了解文件系统内部实现细节，只需要调用操作系统向上公开的访问接口就可以完成对文件的各种操作，这种方式简化了文件操作，提高了开发效率。

8.4.1 文件相关接口与类

Java 语言提供 java.io.File 类表示文件系统中指定路径下的文件，可以表示一个目录，也可以表示一个普通文件。File 对象一旦创建就不能被修改。为了支持对文件系统文件的操作，Java SE 在 java.nio.file 包中定义了能够访问文件、文件属性和文件系统的相关接口和类。这些访问接口可以有效地克服 java.io.File 类的不足。File 对象的 toPath 方法可以返回表示文件路径的 Path 对象，java.noi.file.Files 类能为 Path 表示的文件提供更多更有效的操作。

（1）CopyOption：配置复制或移动文件选项。

（2）StandardCopyOption：是 CopyOption 的子接口，定义标准复制选项，主要包括 ATOMIC_MOVE（移动文件作为原子操作），COPY_ATTRIBUTES（复制属性到新文件中），REPLACE_EXISTING（替换已经存在的文件）。

（3）DirectoryStream：是 Closeable 和 Iterable 接口的子接口，用于遍历目录的迭代器。

（4）DirectoryStream.Filter：用于目录条目过滤的功能接口。Filter 过滤器可以传递给 Files.newDirectoryStream(Path, DirectoryStream.Filter)方法，从而在遍历目录时过滤目录条目。

（5）Path：是 Comparable、Iterable 和 Watchable 接口的子接口，表示文件路径，用于定位文件系统中的一个文件。Path 接口的主要方法说明如下。

Path getFileName()：返回文件或目录名。

Path getParent()：返回上一级目录路径。

Path getRoot()：返回根目录。

Path subpath(int beginIndex, int endIndex)：返回相对路径。

Path resolve(Path other)：解析路径，返回当前路径与给定路径拼接后的路径。例如，当前路径为"D:\a\b"，给定路径为"c\d"，那么返回的解析路径为"D:\a\b\c\d"。

Path relativize(Path other)：构造路径，返回当前路径和给定路径之间的相对路径。例如，当前路径为"D:\a\b"，给定路径为"D:\a\b\c\d"，那么该方法返回的相对路径为"c\d"。

Path toAbsolutePath()：返回当前路径的绝对路径。

（6）FileVisitor：文件访问接口，它的实现类用于 Files.walkFileTree 方法，可以递归访问指定路径下的每个文件。FileVisitor 接口的主要抽象方法说明如下。

FileVisitResult preVisitDirectory(T dir, BasicFileAttributes attrs)：在进入目录 dir 之前对目录进行预处理。参数 attrs 表示目录基本属性。若方法返回 FileVisitResult.CONTINUE，将访问目录中的文件；若方法返回 FileVisitResult.SKIP_SUBTREE 或 FileVisitResult. SKIP_SIBLINGS，目录及其子目录内的文件都不会被访问。

FileVisitResult visitFile(T file, BasicFileAttributes attrs)：访问目录中的文件。参数 attrs 是文件的基本属性，产生 I/O 错误将抛出 IOException 异常。

FileVisitResult postVisitDirectory(T dir, IOException exc)：在目录及其子目录中所有文件都被访问后，调用该方法完成目录访问之后的处理。当 visitFile 方法返回 SKIP_SIBLINGS 或在目录迭代过程中产生 IOException 异常时，该方法也会被调用。参数 exc 保存方法执行过程中抛出异常的引用。若无异常发生则 exc 为 null。

FileVisitResult visitFileFailed(T file, IOException exc)：当文件 file 不能被访问时，调用该方法。导致文件不能被访问的情况包括文件属性不能读、文件是目录但不能打开等。参数 exc 保存导致文件不能读的异常对象的引用。

（7）OpenOption：配置如何打开或创建文件选项接口。

（8）StandardOpenOption：标准打开选项枚举类型，实现了 OpenOption 接口，主要选项有：APPEND（追加），CREATE（创建一个新文件），DELETE_ON_CLOSE（关闭时删除），READ（只读），WRITE（只写），TRUNCATE_EXISTING（将 WRITE 模式打开的已存在文件长度截断为 0，若是 READ 模式打开的文件则该选项会被忽略）。

（9）PathMatcher：路径匹配器接口，用于判断指定路径是否与匹配器模式相匹配。

（10）File：文件对象，表示文件系统中的一个目录或普通文件。

（11）Files：包含操作文件和目录的各种静态方法。例如，Files 提供复制文件、删除文件、创建目录和遍历目录等操作。Files 类的常用方法说明如下。

public static Path copy(Path source, Path target, CopyOption…options)：复制文件。参数 source 为复制源文件，target 为复制目标文件，options 是文件复制选项。

public static void delete(Path path)：删除文件。文件不存在将抛出 NoSuchFileException 异常。文件是目录且不为空将抛出 DirectoryNotEmptyException 异常。

public static Stream<String> lines(Path path)：使用 UTF-8 字符集解码从文件中读取的所有行数据。该方法等价于 Files.lines(path, StandardCharsets.UTF_8)。

public static Path move(Path source, Path target, CopyOption…options)：移动或重命名文件。参数 source 为源文件，target 为移动到的目标文件，options 为文件移动选项。

public static BufferedReader newBufferedReader(Path path)：返回读取指定文件的带缓冲的字符输入流对象。将从文件中读取的字节流使用 UTF-8 字符集解码成字符流。

public static DirectoryStream<Path> newDirectoryStream(Path dir, DirectoryStream.Filter<? super Path> filter)：返回 DrectoryStream 对象，用于遍历指定目录。

public static InputStream newInputStream(Path path, OpenOption…options)：返回读取指定文件的字节输入流对象。若 options 选项省略，则默认以 READ 模式打开文件。

public static OutputStream newOutputStream(Path path, OpenOption…options)：返回连接指定文件的字节输出流对象。若 options 选项省略，则默认以 CREATE，TRUNCATE_EXISTING，WRITE 模式打开文件。

public static byte[] readAllBytes(Path path)：从指定文件中读取所有字节数据。该方法能将文件内容读取到字节数组中，但不适合大文件。若内存没有足够空间分配给数组，将抛出 OutOfMemoryError 错误。

public static List<String> readAllLines(Path path)：从指定文件中读取所有行数据并使用默认字符集 UTF-8 进行解码。该方法等价于 readAllLines(path, StandardCharsets.UTF_8)。

public static Path walkFileTree(Path start, FileVisitor<? super Path> visitor)：递归遍历目录。参数 start 是开始遍历的目录，visitor 是访问每个文件时要调用的文件访问器。该方法等价于 walkFileTree(start,EnumSet.noneOf(FileVisitOption.class),Integer.MAX_VALUE, visitor)，其中 EnumSet.noneOf(FileVisitOption.class)是遍历配置选项，默认为空文件访问选项集合，即不访问

符号链接文件。Integer.MAX_VALUE 是遍历目录的最大层数，默认为最大正整数。

public static Path write(Path path, byte[] bytes, OpenOption…options)：将指定字节数组中的数据写到指定文件中。若 options 选项省略，则默认以 CREATE，TRUNCATE_EXISTING，WRITE 模式打开文件。

public static Path write(Path path, Iterable<? Extends CharSequence> lines, OpenOption…options)：使用 UTF-8 字符集编码文本行数据并写到指定文件中。该方法等价于 write(path, lines, StandardCharsets.UTF_8, options)。

（12）FileStore：文件存储器，可以表示一个存储池、设备、分区、卷、具体的文件系统或文件存储器的其他特定的实现。getFileStore 方法可以返回文件保存的存储器对象。

（13）SimpleFileVisitor：一个简单的文件访问器，是 FileVisitor 接口的实现类。

8.4.2 文件操作示例

示例 1：返回并在控制台上输出指定目录及其子目录下的所有 Java 源文件。本示例使用 Files.walkFileTree 方法递归遍历指定路径下扩展名为.java 的文件。walkFileTree 方法使用 FileVisitor 文件访问器作为参数。递归遍历指定路径示例参见代码 8-10。

代码 8-10　递归遍历指定路径示例

```
1   //遍历目录 dir 及其目录下所有扩展名为.java 的文件并返回它们的路径
2   public static List<Path> listFiles(Path dir) throws IOException{
3       List<Path> list = new ArrayList<>();
4       Files.walkFileTree(dir, new SimpleFileVisitor<Path>() {
5           public FileVisitResult visitFile(Path file, BasicFileAttributes attrs) throws IOException {
6               if(file.getFileName().toString().endsWith(".java")) {//文件扩展名.java，加到集合中
7                   list.add(file);
8               }
9               return FileVisitResult.CONTINUE;
10          };
11          @Override
12          public FileVisitResult visitFileFailed(Path file, IOException exc) throws IOException {
13              return FileVisitResult.CONTINUE; //当前文件访问出错，继续遍历后续的文件
14          }
15      });
16      return list;
17  }
```

扫描本章二维码获取示例完整代码。

示例 2：备份源目录及其子目录到指定目标目录下。使用 Files.walkFileTree 递归遍历源目录，FileVisitor 访问目录文件，Files.copy 复制文件。目录备份示例参见代码 8-11。

代码 8-11　目录备份示例

```
1   public static void copyDirectory(Path src, Path target) throws IOException {//复制 src 目录到 target 目录中
2       Files.walkFileTree(src, new SimpleFileVisitor<Path>() {
3           @Override
4           public FileVisitResult preVisitDirectory(Path dir, BasicFileAttributes attrs) throws IOException {
5               Path targetdir = target.resolve(src.relativize(dir)); //生成目标目录路径
6               try {
7                   Files.copy(dir, targetdir);//复制目录（不含普通文件）
8               }catch(FileAlreadyExistsException e) {
9                   if(!Files.isDirectory(targetdir)) {
10                      throw e;
11                  }
12              }
13              return FileVisitResult.CONTINUE;
```

```
14          }
15          @Override
16          public FileVisitResult visitFile(Path file, BasicFileAttributes attrs) throws IOException {
17              Path targetfile = target.resolve(src.relativize(file));//生成目标文件路径
18              Files.copy(file, targetfile,StandardCopyOption.REPLACE_EXISTING);//复制普通文件
19              return FileVisitResult.CONTINUE;
20          }
21          @Override
22          public FileVisitResult visitFileFailed(Path file, IOException exc) throws IOException {
23              return FileVisitResult.CONTINUE;//遍历出现异常，不中断遍历，继续后续文件遍历
24          }
25      });
26  }
```

扫描本章二维码获取示例完整代码。

8.4.3 随机访问文件类

（1）RandomAccessFile 类

随机访问文件类（java.io.RandomAccessFile）提供对文件进行随机读写的方法。随机访问文件类的读操作从文件指针（file-pointer）位置开始读取文件字节数据，写操作从文件指针位置开始写入字节数据。RandomAccessFile 类实现了 DataOutput 和 DataInput 接口，提供按基本数据类型读写文件的方法，同时还实现了 Closeable 接口可以用于 try-with-resource 语句。RandomAccessFile 类包含 getFilePointer 和 seek 方法用于文件指针操作：getFilePointer 方法返回文件指针位置，seek 方法设置文件指针位置。随机访问文件类借助文件指针可以从文件任意指定位置（file-pointer>=0）读写数据。RandomAccessFile 类常用构造方法与成员方法使用说明如下。

public RandomAccessFile(File file, String mode)：创建一个随机访问文件对象，与指定文件对象建立连接，参数 mode 指定文件打开模式。文件打开模式 mode 可能取值有：r（只读）、rw（读写）、rws（读写模式并同步文件内容和元数据到本地存储设备中）和 rwd（读写模式并同步文件内容到本地存储设备中）。若打开模式非以上值，将抛出 IllegalArgumentException 异常。若以读方法打开不存在的文件，将抛出 FileNotFoundException 异常。

public RandomAccessFile(String name, String mode)：创建一个随机访问文件对象，与指定文件名的文件建立连接，文件打开模式 mode 需设置为 r、rw、rws 或 rwd，否则将抛出 IllegalArgumentException 异常。若以读方法打开不存在的文件，将抛出 FileNotFoundException 异常。

public long getFilePointer()：返回当前文件指针位置，即当前读写指针距离文件开始位置的偏移量，下次读写操作就从当前文件指针位置开始。

public void seek(long pos)：设置文件指针距离文件开始位置的偏移量。若参数 pos 小于 0，将抛出 IOException 异常。

public int read()：该方法类似于 InputStream.read 方法，返回从指定文件中读取的 1 字节数据。若已经读到文件尾则返回-1。

public final int readInt()：从指定文件中读取 32 位有符号整数。若读取 32 位数据之前就已经到达文件尾，将抛出 EOFException 异常。

public final String readUTF()：从指定文件读取使用 UTF-8 解码的字符串数据。若已经到达文件尾，将抛出 EOFException 异常。

public void write(int b)：在文件指针位置写入 1 字节数据。

public final void writeInt(int v)：在文件指针位置写入 4 字节的整型数。
public final void writeUTF(String str)：在文件指针位置写入字符串 str 的 UTF-8 编码的字节序列。

（2）示例

使用 RandomAccessFile 类的 writeInt 方法向指定文件存储 1~100 之间的 100 个整型数，利用 seek 方法定位偶数位置并使用 readInt 方法读取并输出这些位置上的整型数。RandomAccessFile 类示例参见代码 8-12。

代码 8-12　RandomAccessFile 类示例

```
1   File file = new File("random.txt");
2   /*使用 try-with-resource 语句创建随机访问文件对象,以读写模式访问项目目录下的 random.txt
3   文件。try 语句块结束后自动调用 close 方法关闭随机文件访问对象并释放相关系统资源*/
4   try (RandomAccessFile raf = new RandomAccessFile(file, "rw");){
5       for(int i = 1; i <= 100; i++) {//调用 writeInt 方法向文件中写入 100 个整数
6           raf.writeInt(i);
7       }
8       int counter = 1;
9       while(true) {
10          try {
11              /*设置文件指针到距离文件开始位置有 counter*Integer.BYTES 字节偏移量的位置,
12              即文件指针从文件开始位置跳过 counter 个整型数的位置*/
13              raf.seek(counter * Integer.BYTES);
14              System.out.println(raf.readInt());//读取文件指针所在位置的偶数并输出
15              counter+=2; //counter 用于控制文件指针跳过的整型数个数
16          }catch(EOFException e) {
17              break; //若已到文件尾,readInt 方法将抛出 EOFException 异常,退出循环
18          }
19      }
20  }
```

扫描本章二维码获取示例完整代码。

8.5　实例：图书信息维护子系统（文件）

本实例是图书进销存系统中基础信息维护的一部分。在 5.5 节和 7.5 节，我们使用数组和集合框架对图书、用户、客户、供应商、仓库等基础信息实现了在内存中的存储。但这些信息在计算机系统断电后都会丢失。文件提供了一种可以持久存储数据的方式。为了让代码简捷易懂，本节以图书信息维护子系统为例讲解如何在文件中持久存储图书的基础信息。

8.5.1　问题与系统功能描述

与 5.5 节和 7.5 节中对基础信息维护功能需求类似，图书信息维护子系统为用户提供图书信息的新增、删除、修改、查询和排序等功能。不同之处在于，本实例使用文件存储图书信息。系统启动后，首先通过初始化过程将保存在文件中的图书信息导入图书列表中；系统退出时，再通过保存功能将图书列表中的图书信息保存到指定的图书文件中。下面是各功能的描述。

（1）系统加载功能：从文件中加载图书信息到图书列表中并返回最大图书编号，用于生成新增图书编号。新增图书编号是最大图书编号加 1。

（2）新增图书：接收用户输入图书信息，构造图书对象加入图书列表中并同步存储到文件中。

（3）删除图书：接收用户输入删除图书关键字，然后在图书列表中查找。若找到满足条件的图书，则将其从列表中删除并同步删除对应的图书文件，否则直接返回。

（4）修改图书：接收用户输入修改图书关键字，然后在图书列表中查找。若找到满足条件的图书，则对其指定属性进行修改并设置内存与文件数据不一致标志，否则直接返回。

（5）查询图书：接收用户输入查询图书关键字，然后在图书列表中查找。若找到满足条件的图书，则加入列表中，最后返回满足条件的所有图书。

（6）退出保存功能：退出系统时，将所有未更新到文件系统中的图书数据写回到文件中。

8.5.2 系统设计

（1）软件层次结构

图书信息维护软件采用三层结构，从上到下为视图层、业务层和数据层。在 5.5 节和 7.5 节的基础上，数据层用文件存储图书信息。图书信息维护子系统软件层次结构如图 8-4 所示。其中 MainUI 和 Menu 属于视图层，用于与用户交互时接收用户输入，发送请求到业务层和返回业务层输出结果。Menu 保存各级菜单。MainUI 负责与用户交互，接收用户指令和各种输入参数，根据指令调用 BookService 相应方法并收集 BookService 处理后的结果返回给用户。BookService 属于业务层，用于各种业务逻辑处理（本例中 Service 类实现图书在图书列表中增删改查操作），接收来自 MainUI 的消息并调用 BookDao 完成数据访问，最后将数据访问结果返回给 MainUI。BookDao 属于数据层，用于数据访问，包含图书在文件中的增删改查操作，负责根据 BookService 发送的消息选择对应的方法完成文件操作，并将操作结果返回给 BookService。从层次结构可以看出，上层类型使用下层类型提供的各种接口完成相应的操作，下层类型的功能对上层透明，上层类型无须关心下层类型的具体实现。

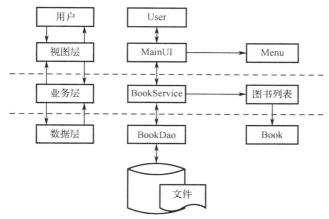

图 8-4 图书信息维护子系统软件层次结构

（2）类与对象分析

通过问题分析，我们确定包含图书实体类在内的 5 个外部类，它们的详细描述如下。

① 图书（Book）类：表示图书实体，包括图书编号、图书名、图书分类、条形码、出版社、出版时间、一致性标志等属性。其中，一致性标志用于表示图书在内存中的数据是否与文件数据一致，若因修改操作导致内存中的数据与文件不一致，则程序退出时需要重写文件。

② 图书分类（Category）类：表示图书类型，包括教育、小说、文艺、童书、生活、社科、科技和励志 8 种。

③ 菜单（Menu）类：定义和显示系统菜单。Menu.showMenu 用于在控制台上显示字符菜单。

④ 主界面（MainUI）类：用于与用户交互，接收用户输入与返回输出结果。其中，封装

Menu 类，用于调用 Menu.showMenu 显示菜单；封装 BookService 类用于调用 BookService 的相关方法完成业务处理；封装内部类 InteractHelper 用于提示用户输入信息和显示输出结果；成员方法 init 用于系统初始化；成员方法 start 用于启动程序。

⑤ 图书服务（BookService）类：用于业务处理，向上提供图书信息的逻辑业务功能。其中，封装图书列表用于在内存中存储图书信息；封装 BookDao 用于完成图书信息在文件中的各种操作；addBook 方法用于新增图书的业务处理；delBook 方法用于删除图书的业务处理；searchBook 方法用于查询图书业务处理；alterBook 方法用于修改图书信息业务处理；loadBooks 方法用于系统启动时加载图书业务处理；saveBooks 方法用于保存图书业务处理。

⑥ 图书数据访问（BookDao）类：用于访问文件系统中的图书信息，向上提供图书信息在文件中的操作。其中，addBook 方法用于将新增文件信息保存到文件中；delBook 方法删除文件；alterBook 方法修改文件；loadBooks 方法从文件中加载图书信息到内存；saveBooks 方法将内存中的图书信息保存到文件中。

如图 8-5 所示为图书信息维护子系统的类图。

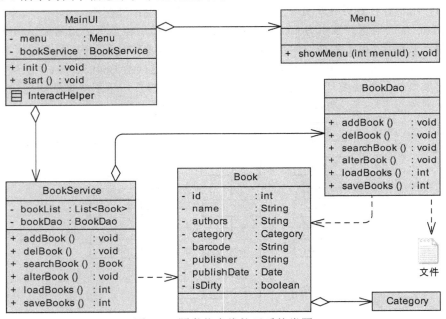

图 8-5 图书信息维护子系统类图

（3）部分主要流程

① 新增图书流程

MainUI 类的 InteractHelper 类接收新增图书信息（包括获取新增图书编号、图书名、图书作者、图书分类、条形码、出版社和出版日期）并创建新增图书对象，设置内存与文件数据一致性标志 dirty 为 false（dirty 为 false 表示内存和文件数据一致，为 true 表示内存数据修改后还未同步更新到文件中导致内存与文件数据不一致），发送 addBook 消息给 BookService 服务类。BookService 服务类发送 addBook 消息给 BookDao 数据访问类，将新增图书对象存储到文件中并将新增图书对象插入图书列表中。新增图书流程如图 8-6 所示。

② 获取新增图书编号流程

本例中所有图书都保存在图书目录中，以图书编号为文件名。为获得新增图书编号，需要遍历图书目录，解析所有图书的文件名以获得它们的图书编号，然后找到最大的图书编号，最后将最大图书编号加 1 作为新增图书编号返回。获取新增图书编号流程如图 8-7 所示。

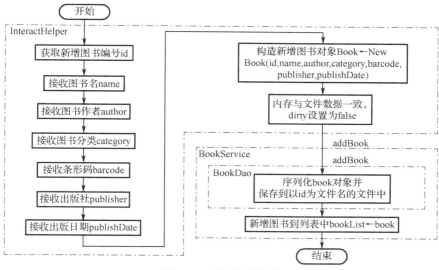

图 8-6 新增图书流程

③ 删除图书流程

MainUI 类的 InteractHelper 类接收要删除的图书编号 id，发送 delBook 消息给 BookService 服务类。BookService 服务类按 id 在图书列表中查找图书。若找到图书则发送 delBook 消息给 BookDao 数据访问类，删除图书对应的文件，最后删除图书在图书列表中的记录，以保证图书列表和图书目录数据的一致性。删除图书流程如图 8-8 所示。

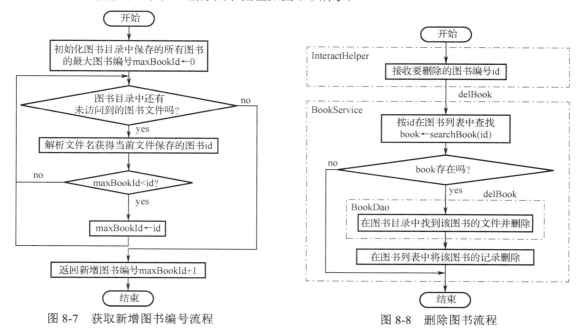

图 8-7 获取新增图书编号流程　　　　　　图 8-8 删除图书流程

④ 修改图书流程

MainUI 类的 InteractHelper 类接收要修改的图书编号 id，以及要修改的属性和要修改为的值，发送 searchBook 消息给 BookService 类，在图书列表中查找对应的图书记录。若图书存在发送

· 193 ·

alterBook 消息给 BookService 类，完成对图书指定属性的修改并将 dirty 标志修改为 true，表示此时内存中该图书的数据与文件的不一致。若图书不存在，则直接返回。修改图书流程如图 8-9 所示。

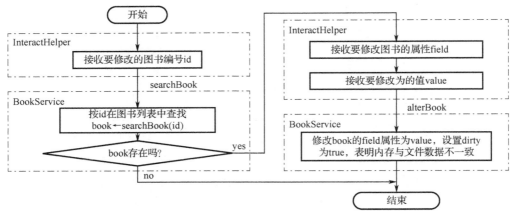

图 8-9　修改图书流程

⑤ 查询图书流程

采用模糊查询，只要文件名中包含输入的查询关键字就将其返回。MainUI 类的 InteractHelper 类接收要查询的图书名关键字 name，发送 searchBook 消息给 BookService 服务类，返回图书列表中所有文件名中包含查询关键字 name 的文件，并调用 InteractHelper.displayBooks 方法在控制台上显示。查询图书流程如图 8-10 所示。

⑥ 加载图书流程

系统启动后，首先将图书目录下的所有图书文件反序列化为图书对象，加载到内存中。调用 Files.newDirectoryStream 方法返回所有图书文件的路径到 DirectoryStream 对象中，然后遍历所有文件并反序列化重构图书对象增加到图书列表中。加载图书流程如图 8-11 所示。

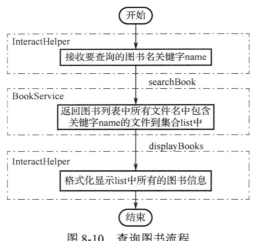

图 8-10　查询图书流程

⑦ 保存图书流程

修改图书操作仅对图书列表中对应图书的属性值进行了修改，这个修改并未同步更新到文件中。为了保持文件与内存数据一致性，我们为每个图书对象设置了一致性标志 dirty。若图书对象仅在内存中修改而未更新到文件中，就将 dirty 设置为 true，表明内存中的图书对象已经做了修改，程序退出时需要将图书列表中所有 dirty 为 true 的图书对象重写到文件中。而 dirty 为 false 的图书对象在内存中的数据与文件一致，无须重写到文件中。图书保存到文件中的具体流程是遍历图书目录中的所有文件，若一致性标志为真，则序列化该图书对象并存储到文件中。保存图书流程如图 8-12 所示。

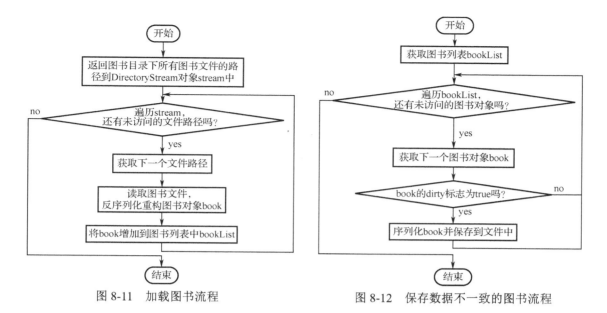

图 8-11 加载图书流程　　　　图 8-12 保存数据不一致的图书流程

8.5.3 系统实现

（1）实体类

图书（Book）类包含图书编号（id）、图书名（name）、图书作者（authors）、图书分类（category）、条形码（barcode）、出版社（publisher）、出版日期（publishDate）和一致性标志（isDirty）8 个数据成员。其中，图书分类是枚举类型，包括教育（EDUCATION）、小说（NOVEL）、文艺（ART）、童书（CHILDREN）、生活（HOME）、社科（SOCIAL）、科技（TECHNOLOGY）和励志（ENCOURAGEMENT）8 种。Book 类要实现序列化持久存储到文件中，需要实现 Serializable 接口并为其生成序列版本号。代码 8-13 给出了 Book 类的部分代码。

代码 8-13　Book 类的部分代码

```
1   enum Category {//保存8种图书分类的枚举类型
2       EDUCATION,NOVEL,ART,CHILDREN,HOME, SOCIAL,TECHNOLOGY,ENCOURAGEMENT
3   }
4   public class Book implements Serializable{//Book 类实现 Serializable 接口以支持序列化持久存储
5       private static final long serialVersionUID = 2608485353295629222L;
6       private int id;
7       private String name;
8       private String authors;
9       private Category category;
10      private String barcode;
11      private String publisher;
12      private Date publishDate;
13      private boolean isDirty;
14      …
15  }
```

（2）数据访问类

数据访问（BookDao）类用于图书数据在文件中的访问，主要包括：新增图书（addBook）、删除图书（delBook）、加载图书到图书列表中（loadBooks）、保存数据不一致的图书对象到文件中（saveBooks）以及返回最大图书编号（getMaxBookId）等方法。代码 8-14 给出了 BookDao 类的部分代码。

代码 8-14　图书数据访问类 BookDao

```java
public class BookDao {
    private int maxBookId;  //最大图书编号
    private File bookHome;  //图书目录，所有图书文件都保存在此目录下
    ...
    public void addBook(Book book) throws Exception{       //以图书编号为文件名保存图书
        File bookFile = new File(bookHome,book.getId()+".txt");
        try(FileOutputStream fos = new FileOutputStream(bookFile);
            ObjectOutputStream oos = new ObjectOutputStream(fos);){
            oos.writeObject(book);
        }
    }
    public void delBook(Book book) throws Exception{       //删除图书文件
        Path path = Paths.get(bookHome.getAbsolutePath(), book.getId()+".txt");
        Files.deleteIfExists(path);
    }
    public List<Book> loadBooks() throws Exception{        //将图书目录中的所有图书加载到内存中
        List<Book> list = new ArrayList<>();
        DirectoryStream<Path> stream = Files.newDirectoryStream(bookHome.toPath(),
            new DirectoryStream.Filter<Path>() {
                public boolean accept(Path entry) throws IOException {
                    String filename = entry.getFileName().toString();
                    if(filename.endsWith(".txt")) {
                        try{
                            int id = Integer.parseInt(filename.substring(0,filename.length()-".txt".length()));
                            if(id > maxBookId) {
                                maxBookId = id;
                            }
                            return true;
                        }catch(Exception e) {
                            return false;
                        }
                    }
                    return false;
                };
            });
        for(Path path : stream) {
            try(FileInputStream fis = new FileInputStream(path.toFile());
                ObjectInputStream ois = new ObjectInputStream(fis);){
                Book book = (Book)(ois.readObject());
                list.add(book);
            }catch(Exception e) {
                continue;
            }
        }
        return list;
    }
    public void saveBooks(List<Book> list) throws Exception{   //将修改过的数据写回文件
        for(Book book : list) {
            if(book.isDirty()) {  //isDirty返回true，表示图书在内存中修改过，应写回文件
                addBook(book);
            }
        }
    }
    public int getMaxBookId(){  //返回最大图书编号，用于生成新增图书编号
        return maxBookId;
    }
}
```

（3）服务类

图书服务（BookService）类调用 BookDao 类的方法实现加载、新增、删除和修改图书等操作。其中，新增和删除操作实现了内存与文件数据的同步更新。修改操作并未更新文件，只对内存数据进行修改并设置一致性标志 isDirty 为 true，程序退出时才回写文件。BookService 类的部分代码参见代码 8-15。

代码 8-15　BookService 类的部分代码

```
1  public class BookService {
2      private static int maxBookId;//最大图书编号
3      private List<Book> bookList;//图书列表
4      private BookDao bookDao;//图书访问对象
5      public void loadBooks() {//加载图书到图书列表中并获取最大图书编号
6          try {
7              bookList = bookDao.loadBooks();
8              maxBookId = bookDao.getMaxBookId();
9          } catch (Exception e) {
10             e.printStackTrace();
11         }
12     }
13     public void saveBooks() {//保存图书列表中的所有修改过的图书对象
14         try {
15             bookDao.saveBooks(bookList);
16         } catch (Exception e) {
17             e.printStackTrace();
18         }
19     }
20     public int getNextBookId() {//生成新增图书编号，即最大图书编号加 1
21         return ++maxBookId;
22     }
23     public boolean addBook(Book book) {//新增图书对象保存到文件中并更新图书列表
24         try {
25             bookDao.addBook(book);
26             bookList.add(book);
27             return true;
28         }catch(Exception e) {
29             return false;
30         }
31     }
32     public List<Book> searchBook(String name){//按书名模糊查找图书
33         List<Book> list = new ArrayList<>();
34         for(Book book : bookList) {
35             if(book.getName().contains(name)) {
36                 list.add(book);
37             }
38         }
39         return list;
40     }
41     public boolean delBook(int id) {//按编号删除图书
42         Book book = searchBook(id);
43         if(book != null){
44             try {
45                 bookDao.delBook(book);
46                 bookList.remove(book);
47                 return true;
48             }catch(Exception e) {
49                 return false;
50             }
```

```
51          }
52          return false;
53      }
54      public void alterBook(Book book, String field, String value) {//按指定属性修改图书
55          switch(field) {
56              case "name":
57                  book.setName(value);
58                  book.setDirty(true);
59                  break;
60              …
61              case "publisher":
62                  book.setPublisher(value);
63                  book.setDirty(true);
64                  break;
65              default:
66                  break;
67          }
68      }
69      …
70  }
```

（4）视图层输入/输出类

视图层输入/输出类用于用户交互，接收用户输入，发送消息给服务层，获取服务层处理结果并输出显示。本例中视图层包含主界面（MainUI）类和菜单（Menu）类。MainUI 类利用 Menu 类提供的 showMenu 方法显示菜单，利用 Service 类完成对图书数据的操作。代码 8-16 给出了 Menu 类的代码。

代码 8-16   Menu 类的代码

```
1   public class Menu {
2       public static final String m1 = "*****************************\n"
3                                     + "         图书信息维护子系统\n"
4                                     + "*****************************\n"
5                                     + " 1. 新增图书\n"
6                                     + " 2. 删除图书\n"
7                                     + " 3. 修改图书\n"
8                                     + " 4. 查询图书\n"
9                                     + " 5. 退出\n"
10                                    + "*****************************\n"
11                                    + "请输入菜单项编号[1~5]: ";
12      public void showMenu() {
13          System.out.println(m1);
14      }
15  }
```

代码 8-17 给出了 MainUI 类及其内部辅助类 InteractHelper 的部分代码。

代码 8-17   MainUI 类及 InteractHelper 类的部分代码

```
1   public class MainUI {
2       private Menu menu;//封装菜单对象
3       private BookService bookService;//封装图书服务对象
4       private BufferedReader br;//封装带缓冲的字符输入流对象
5       …
6       private void init() {//调用图书服务类对象的 loadBooks 方法从文件中加载图书到内存中
7           bookService.loadBooks();
8       }
9       private void save() {//调用图书服务类对象的 saveBooks 保存在内存中修改过的图书对象
10          bookService.saveBooks();
```

```java
11      }
12      //启动程序，显示功能菜单，接收用户指令并发送请求给图书服务类完成相应操作
13      public void start() throws Exception{
14          boolean stop = false;
15          InteractHelper interactHelper = new InteractHelper();
16          while(!stop) {
17              menu.showMenu();
18              String command = br.readLine();
19              switch (command) {
20                  case "1": //新增图书
21                      interactHelper.addBook(); break;
22                  case "2"://删除图书
23                      interactHelper.delBook(); break;
24                  case "3"://修改图书
25                      interactHelper.alterBook(); break;
26                  case "4"://查询图书
27                      interactHelper.searchBook(); break;
28                  case "5"://保存内存中修改过的图书对象后退出程序
29                      save(); stop = true; break;
30                  default:
31                      System.out.println("请输入正确的指令[1~5]!"); break;
32              }
33          }
34          if(br != null) {
35              br.close();//关闭输入流对象，释放相关系统资源
36          }
37      }
38      private class InteractHelper{//内部类负责与用户交互，接收用户输入，显示服务层的输出
39          public void addBook() throws Exception{//新增图书
40              Book book = new Book();
41              book.setId(bookService.getNextBookId());
42              ...
43              book.setDirty(false);
44              bookService.addBook(book);
45          }
46          public void delBook() throws Exception{//删除图书
47              System.out.println("输入要删除的图书 id: ");
48              bookService.delBook(Integer.parseInt(br.readLine()));
49          }
50          public void alterBook() throws Exception{//修改图书
51              System.out.println("输入要修改图书 id: ");
52              id = Integer.parseInt(br.readLine());
53              Book book = bookService.searchBook(id);
54              System.out.println("输入修改的字段编号（1:书名,2:作者,3:分类,4:出版社）:");
55              String fieldid = br.readLine();
56              switch(fieldid) {
57                  case "1":
58                      System.out.println("原书名:"+book.getName()+",输入修改后的书名:");
59                      bookService.alterBook(book, "name", br.readLine());
60                      break;
61                  ...
62                  case "4":
63                      System.out.println("原出版社:"+book.getPublisher()+",请输入修改后的出版社:");
64                      bookService.alterBook(book, "publisher", br.readLine());
65                  default:
66                      break;
67              }
```

```
68              }
69          public void searchBook() throws Exception{//查询图书
70              System.out.println("输入查询图书名：");
71              List<Book> list = bookService.searchBook(br.readLine());
72              …
73          }
74      }
75      …
76  }
```

扫描本章二维码获取本实例完整代码。

8.5.4 运行

（1）系统主界面

本实例共包含 6 项基本功能：加载图书信息、新增图书、删除图书、修改图书、查询图书和保存数据不一致图书对象。其中加载图书信息是在系统启动后调用 BookDao.loadBooks 方法完成的，保存数据不一致图书对象是在系统退出前调用 BookDao.saveBooks 方法完成的。运行系统加载图书信息到图书列表中，显示系统主界面如下：

```
****************************
  图书信息维护子系统
****************************
 1. 新增图书
 2. 删除图书
 3. 修改图书
 4. 查询图书
 5. 退出
****************************
请输入菜单项编号[1~5]:
```

（2）新增图书界面

在主界面中输入菜单编号 1 进入新增图书功能，MainUI 类的 InteractHelper 类负责接收用户从控制台输入的图书基本数据，构造图书对象并调用 BookService.addBook 保存它。新增图书界面如下：

```
请输入菜单项编号[1~5]: 1
输入图书名：JAVA PROGRAMMING
输入作者：DUAN LINTAO
输入图书分类：EDUCATION
输入图书条形码：12345
输入出版社：DIANZIGONGYE
输入出版时间(yyyy-MM-dd)：2019-01-01
```

（3）删除图书界面

在主界面中输入菜单编号 2 进入删除图书功能，提示输入待删除图书编号，调用 BookService.delBook 删除图书。新增图书和删除图书都会同时更新图书列表和文件。

（4）修改图书界面

在主界面中选择菜单编号 3 进入修改图书功能，提示输入待修改图书编号，修改图书属性和数据，调用 BookService.alterBook 修改图书。本例修改图书操作只对图书列表中的图书对象做修改，并不会同步到文件中，所有在内存中修改的图书对象在系统退出前都会回写到文件中。

修改图书界面如下：

```
请输入菜单项编号[1~5]: 3
输入要修改图书编号：1
输入要修改的字段编号（1：书名，2：作者，3：分类，4：出版社）：1
原书名：JAVA PROGRAMMING, 请输入修改后的书名：JAVA
```

（5）查询图书界面

在主界面中选择菜单编号 4 进入查询图书界面，提示输入要查询的图书名关键字，调用 BookService.searchBook 方法查询图书。用户输入为空，将返回所有图书，输入不为空，将返回所有图书名中包含该关键字的图书信息。以下是输入关键字 system 后的查询结果：

```
请输入菜单项编号[1~5]：4
输入查询图书名：SYSTEM
ID    NAME                      AUTHORS        PUBLISHER
3     OPERATION SYSTEM          TANG           XIANDIANZI
4     MOBILE SYSTEM             JACK           SPRINGER
```

知识扩展（如果对此部分内容感兴趣，扫描本章二维码）：

（1）遍历目录树；

（2）序列化与反序列化；

（3）格式化输出。

习题 8

编写一个 Java 应用程序，实现返回指定路径下指定扩展名的所有文件名。

扫描本章二维码获取习题参考答案。

获取本章资源

第 9 章 多 线 程

处理器从单核、多核到众核的快速发展为操作系统在核心态支持多线程、多进程并发执行提供了硬件支持。多线程的引入可以提高程序并发执行能力，提高系统资源利用效率，对于规模大、复杂度高的任务可以明显缩短处理时间。多线程程序能利用处理器与操作系统的多线程特性提高其并发处理能力。本章主要介绍多线程的基本概念、多线程库、线程控制、线程同步、线程互斥、线程间通信和死锁等内容，最后以作业调度器为例讲解如何利用多线程库实现 Java 多线程应用程序。

9.1 线程的基本概念

前面给出的示例代码在一个主线程中串行执行，本章的示例代码利用 Java SE 的多线程库在主线程执行时创建多个子线程实现多线程并发执行。现代操作系统都支持多进程、多线程的程序并发执行方式。

进程是程序执行的一个实例，具有从创建、执行到消亡的完整生命周期。操作系统必须为程序创建进程后，程序才能执行，换言之，一道程序的执行过程对应了一个进程。为了保证操作系统利用进程对程序执行过程进行管理和控制，进程实例包含进程控制块（Process Control Block，PCB）用于记录进程标识符、进程名、进程继承关系、进程执行程序的入口地址、程序执行过程中所访问的资源地址、进程状态、处理器现场等与程序执行相关的重要信息。多道程序设计环境中引入进程可以保障多个程序在系统中并发执行（共享系统软/硬件资源，交替执行。若为多处理器系统或单处理器多核系统，则多道程序可以实现同时并行执行）。当进程数大于处理单元数时，没有被分配处理单元的进程只能处于就绪或阻塞状态；当系统资源再次可用或处理器空闲时，才能再次获得被调度和执行的机会。图 9-1 显示了在进程生命周期内的进程各种可能状态的变迁过程。

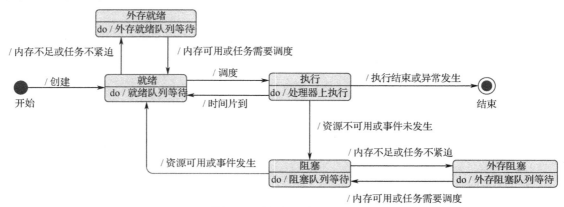

图 9-1 进程状态变迁过程

进程创建后进入内存就绪队列，排队等待系统调度，操作系统根据调度策略与调度算法在调度时机到达时，从就绪队列中挑选合适的进程并为其分配处理器。被调度和指派了处理器的进程从就绪状态转入执行状态；在执行过程中，进程遇到异常或正常执行结束，该进程会因被撤销而转入消亡状态；执行状态的进程会因访问的资源不可用或等待的事件未发生而转入阻塞状态；执行状态的进程也会因为分配的处理器时间片到而转入就绪状态；处于阻塞状态的进程等待的资源可用或事件发生会被唤醒到就绪状态；处于内存就绪或阻塞状态的进程都有可能因为系统内存不足或暂时不需要执行而被调离内存转入外存就绪或外存阻塞状态，当系统内存再次可用或系统需要任务被调度执行时会从外存调入内存重新进入内存就绪或内存阻塞状态。

进程保证了多道程序在系统中并发执行，不但提高了系统资源（处理器、内存、I/O 等）的利用率，还提高了程序执行的效率。但进程作为系统资源分配和处理器调度的基本单位，在进程调度过程中需要消耗较多的系统时间进行进程上下文切换。为进一步提高系统并发度和程序执行效率，现代操作系统引入了线程。线程是轻量级的进程，共享父进程所申请到的系统资源。作为处理器调度的基本单位，线程调度比进程调度效率更高。现代操作系统中的进程至少包含一个线程。一个应用程序可以创建多个线程，不同线程完成不同的任务。例如，字处理软件、网络游戏、浏览器等启动后都会创建多个线程并发执行，为用户提供更高质量的用户体验。Java 语言为开发人员提供了用于创建线程、控制线程、线程通信、线程同步与互斥的多线程库。

9.2 线程控制

与进程类似，线程也包括就绪、执行和阻塞三种基本状态。刚创建的线程进入就绪队列处于就绪状态。就绪线程被调度分配处理器进入执行状态。执行线程因为等待资源、等待事件发生转入阻塞状态，因为分配的时间片到而转入就绪状态。本节主要介绍 Java 多线程库对线程状态转换的控制。

9.2.1 线程创建与启动

Java 语言提供 Thread 类表示线程，开发人员可以通过创建 Thread 对象来构造自己的线程。每个线程都具有一个优先级，高优先级的线程能优先被调度。新创建的线程默认与父线程具有相同的优先级，以后开发人员可以通过 setPriority 和 getPriority 方法设置和返回线程优先级。Java 提供两种创建可执行线程对象的一般方法，一种创建 Thread 类的子类，另一种实现 Runnable 接口。

（1）创建 Thread 类的子类

创建 Thread 类的子类，重写 run 方法。run 方法是线程调度后要执行的方法。Thread 子类的实例就是一个线程对象。线程调用 start 方法启动后进入就绪状态，一旦被调度并分配处理器就进入 run 方法开始执行，直到 run 方法执行结束或中途产生异常后终止。代码 9-1 给出了通过 Thread 子类创建从指定队列中获取并输出消息的线程。

代码 9-1　从指定队列中获取并输出消息的线程

```
1  public class Consumer extends Thread {//Consumer 线程类，负责从指定队列中获取消息
2      private Queue<String> messageQueue;//声明 Queue 类型的消息队列
3      public Consumer(Queue<String> messageQueue) {
4          this.messageQueue = messageQueue;//形参为成员变量赋值
5      }
6      //线程执行体，线程启动后要执行的代码
7      @Override
8      public void run() {
9          String name = this.getName();//返回当前线程的线程名
10         while(true) {
11             String mesg = messageQueue.poll();//从消息队列中获取消息
12             if(mesg!=null) {
13                 System.out.println(name+" retrieves message: "+mesg);//队列不为空则输出消息
14             }else {
```

```
15                System.out.println(name+" waiting…");//队列为空则输出等待字符串
16            }
17            try {
18                Thread.sleep(500);//让出处理器，等待 500ms 后进入就绪，参与下一次调度
19            } catch (InterruptedException e) {//当其他线程中断当前线程后产生 InterruptedException 异常
20                e.printStackTrace();
21            }
22        }
23    }
24 }
```

扫描本章二维码获取示例完整代码。

（2）实现 Runnable 接口

Runnable 是包含抽象方法 run 方法的接口。实现 Runnable 接口的类不用通过继承 Thread 就能作为线程执行。实现 Runnable 接口创建的线程启动后，执行 Runnable 实现类中实现的 run 方法。代码 9-2 给出了通过实现 Runnable 接口创建向指定队列中放入消息的线程。

代码 9-2　向指定队列中放入消息的线程

```
1  //Producer 实现 Runnable 接口成为 Runnable 实现类，负责向指定队列中放入消息
2  public class Producer implements Runnable {
3      private Queue<String> messageQueue; /声明 Queue 类型的消息队列
4      public Producer(Queue<String> messageQueue) {
5          this.messageQueue = messageQueue; //形参为成员变量赋值
6      }
7      //线程执行体，线程启动后要执行的代码
8      @Override
9      public void run() {
10         String name = Thread.currentThread().getName();//返回当前线程的线程名
11         ThreadLocalRandom random = ThreadLocalRandom.current();
12         while(true) {
13             int message = random.nextInt(1,101);//生成 1 到 100 之间的随机数作为消息
14             messageQueue.offer("number-"+message);//将消息放入消息队列中
15             System.out.println(name+" inserts message: number-"+message);
16             try {
17                 Thread.sleep(500); //让出处理器，等待 500ms 后进入就绪，参与下一次调度
18             }catch(InterruptedException e) {//当其他线程中断当前线程后产生 InterruptedException 异常
19                 e.printStackTrace();
20             }
21         }
22     }
23 }
```

扫描本章二维码获取示例完整代码。

9.2.2　线程终止

线程对象调用 start 方法启动后进入就绪队列等待调度。在下一个调度时机到达时，线程若被调度并分配处理器，就开始执行。终止执行过程中的线程有两种方法：一种是设置线程结束条件，另一种是调用 interrupt 方法中断线程。

（1）设置线程结束条件

线程被调度进入 run 方法后，通过设置循环变量判断是否结束 run 方法的执行。若循环变量为 false 则继续线程在循环体中的执行，若循环变量为 true 则退出循环体结束 run 方法。run 方法是线程执行体，退出 run 方法也就表示线程的终止。代码 9-3 设置循环变量终止线程。

代码 9-3 设置循环变量终止线程

```
1  public class ThreadStopDemo extends Thread{
2      private boolean stop = false; //定义并初始化循环变量
3      @Override
4      public void run() {
5          //线程进入 while 循环执行，直到循环变量为 true 才会被终止
6          while(!stop) {
7              //…
8          }
9      }
10     //循环变量 stop 的 getter 方法，返回当前循环变量的值
11     public boolean isStop() {
12         return stop;
13     }
14     //循环变量 stop 的 setter 方法，设置当前循环变量的值。在其他类内调用 setStop(true)即可终止线程
15     public void setStop(boolean stop) {
16         this.stop = stop;
17     }
18 }
```

（2）调用 interrupt 方法中断线程

interrupt 方法用于中断当前线程。如果线程在调用 wait、join 或 sleep 方法转入阻塞状态时被中断，线程的中断状态会被清除并且抛出 InterruptedException 异常。使用 interrupt 方法中断一个非 alive 线程不会对线程产生任何影响。代码 9-4 使用 interrupt 方法中断线程。示例中 InfinitThread 线程类循环间隔 200ms 打印一次计数器 counter 的值，直到接收到 InterruptedException 异常才执行 break 语句退出。执行 main 方法的主线程在启动 InfinitThread 线程后每间隔 200ms 测试一下线程状态，若状态为 alive，就调用 interrupt 方法中断 InfinitThread 线程，否则说明 InfinitThread 线程已经被中断，主线程停止测试退出循环。程序执行结束。

代码 9-4 使用 interrupt 方法中断线程

```
1  public class PersistThreadDemo {
2      class InfinitThread extends Thread{//定义内部类 InfinitThread 为线程类
3          @Override
4          public void run() {
5              int counter = 1;
6              while(true) {
7                  System.out.println("print "+counter);//循环输出计数器的值
8                  counter++;
9                  try {
10                     Thread.sleep(200);//调用 sleep 方法让出处理器，转入等待状态
11                 } catch (InterruptedException e) {
12                     /*等待期间，若其他线程调用 interrupt 方法中断当前线程，则会接收到
13                     InterruptedException 异常，执行 break 语句退出循环终止线程*/
14                     break;
15                 }
16             }
17         }
18     }
19     //Java 应用程序入口方法。执行 main 方法的线程称为主线程
20     public static void main(String[] args) throws Exception{
21         InfinitThread it = new PersistThreadDemo().new InfinitThread();//主线程创建内部类实例
22         it.start();//主线程启动子线程
23         while(it.isAlive()) {//主线程判断子线程状态
24             it.interrupt();//若子线程状态为 alive，主线程调用 interrupt 方法中断该子线程
25             Thread.sleep(200);//主线程调用 sleep 方法让出处理器，等待
```

· 205 ·

```
26              }
27          }
28  }
```

9.2.3 线程阻塞

Java 语言提供 sleep、join、yield 方法阻塞线程。

（1）sleep 方法

线程调用 sleep 方法让出处理器但会保持已经占有的对象内部锁转入阻塞状态，等待指定时间后再从阻塞状态进入就绪状态，参与下一轮的线程调度。sleep 方法可以促使操作系统进行新一轮线程调度，避免一个线程长时间占用处理器导致其他线程无法得到调度而处于饥饿状态的情况。sleep 方法的声明如下。

public static void sleep(long millis)：线程让出处理器，带着对象内部锁资源进入阻塞状态。等待指定时间 millis 后从阻塞状态重新回到就绪状态参与下一次的线程调度。参数 millis 表示线程被阻塞的毫秒数。阻塞过程中线程可能被其他线程调用 interrupt 方法中断而接收到 InterruptedException 异常。

public static void sleep(long millis, int nanos)：线程在不释放任何对象内部锁的情况下让出处理器转入阻塞状态。参数 millis 表示阻塞的毫秒数，nanos 表示阻塞的纳秒数，可以控制线程阻塞的时间精度。线程在不被打断的情况下处于阻塞状态的时间是 millis×1000+nanos。与 sleep(millis)方法的区别是，sleep(millis, nanos)方法可以将阻塞时间精确到毫秒级。

（2）join 方法

当前线程调用另一个线程的 join 方法将导致当前线程转入阻塞状态等待另一个线程执行结束。另一个线程结束后，当前线程才被唤醒进入就绪状态等待系统调度。join 方法可以约束线程的执行顺序。例如，主线程需要等待子线程执行结束后才能继续执行时，可以在主线程中调用子线程的 join 方法。join 方法的声明如下。

public final void join()：当前线程等待指定线程结束转入阻塞状态。指定线程执行结束后，被阻塞线程才被唤醒进入就绪状态。该方法实际调用的是 join(0)方法。执行 join 方法转入阻塞状态的线程可能被其他线程调用 interrupt 方法中断而接收到 InterruptedException 异常。

public final void join(long millis)：当前线程等待指定线程并指定最长等待时间。指定时间结束后，指定线程无论是否结束，当前线程都将重新进入就绪状态，参与下一次调度。参数 millis 表示线程被阻塞的最大等待毫秒数。当 millis 为 0 时表示被阻塞线程直到指定线程结束后才被唤醒进入就绪状态，等价于调用 join()方法。

public final void join(long millis, int nanos)：阻塞线程的时间可以精确到纳秒级。当前线程不被其他线程打断的情况下，处于阻塞状态的时间是 millis×1000+nanos。

（3）yield 方法

yield 方法提示调度器，当前线程将让出处理器转入就绪状态。若调度程序响应了该方法，当前线程将转入就绪状态和其他就绪状态的线程一起参与下次调度；若调度程序忽略 yield 方法，当前线程将继续占用处理器执行。yield 方法可以让操作系统考虑重新开启一次新的调度以满足其他就绪状态线程的执行需要。换句话讲，线程调用 yield 方法可能会让出处理器进入就绪状态，也可能继续占有处理器处于执行状态。这种方法主要用于调试或测试时在并发环境中重现程序错误，通常很少使用。yield 方法的声明如下。

public static void yield()：提示调度器，当前线程愿意让出处理器以促使操作系统重新进行线程调度，但操作系统可以忽略线程的 yield 方法而继续保持在该线程上的执行。

（4）示例

主线程创建两个子线程，其中一个子线程负责找出 2～20 中的所有素数，另一个子线程负责找出 100～120 中的所有素数。两个子线程在查找素数过程中通过调用 sleep 方法实现新一轮的线程调度。代码 9-5 给出了该示例的部分实现。

代码 9-5　多线程查找素数

```java
public class PrimeThread extends Thread{
    private int lowerBound; //素数查找范围，lowerBound 表示下边界，upperBound 表示上边界
    private int upperBound;
    public PrimeThread(int lowerBound,int upperBound){
        this.lowerBound = lowerBound;
        this.upperBound = upperBound;
    }
    @Override
    public void run() {//线程执行体，线程被调度后转入该方法执行
        String name = getName();
        for(int i = lowerBound; i <= upperBound; i++) {//在 lowerBound~upperBound 之间查找素数
            if(isPrime(i)) {
                System.out.println(name+":"+i+" is prime number");
            }
            try {
                Thread.sleep(100);//调用 sleep 方法让出处理器转入等待状态
            } catch (InterruptedException e) {
                e.printStackTrace();
            }
        }
    }
    public boolean isPrime(int num) {//判断指定整数是否是素数
        if(num <= 1) {
            return false;
        }
        for(int i = 2; i <= Math.sqrt(num); i++) {
            if(num % i == 0) {
                return false;
            }
        }
        return true;
    }
    ...
    public static void main(String[] args) throws Exception{
        PrimeThread pt1 = new PrimeThread(2, 20); //创建子线程查找 2～20 中的素数
        PrimeThread pt2 = new PrimeThread(100, 120); //创建子线程查找 100～120 中的素数
        //启动两个子线程
        pt1.start();
        pt2.start();
    }
}
```

扫描本章二维码获取示例完整代码。

9.3　互斥与同步问题

多线程并发访问过程中可能会产生两种关系：互斥与同步。互斥是指多个线程因竞争临界资源而产生的相互等待关系。临界资源是指在一个时刻只允许一个线程访问的资源，如共享变量、数据结构、文件或独占硬件资源等。当一个线程占有临界资源正在执行时，其他申请该资源的线程都会先后进入阻塞状态等待。同步是指多个线程因完成某一任务而出现的相互等待关

系。互斥体现了线程的竞争关系，同步体现了线程的协作关系。

9.3.1 线程互斥

线程存在互斥关系的根本原因是存在资源竞争，若系统资源足够丰富，也就不会有因为资源竞争而出现的相互等待。在程序中可以通过 Berstein 条件判断两个线程 t1 和 t2 在执行一段代码时是否需要互斥顺序执行。Berstein 条件描述如下：

$$R(t1) \cap W(t2) \cup R(t2) \cap W(t1) \cup W(t1) \cap W(t2) \neq \varnothing \tag{9-1}$$

其中，R 表示线程执行一段代码时需要读取的数据集合，简称读集。W 表示线程执行一段代码时要改写的数据集合，简称写集。若线程 t1 的读集与 t2 的写集的交集并上 t2 的读集与 t1 的写集的交集并上 t1 的写集与 t2 的写集的交集不为空，则 t1 与 t2 在这段代码上需要互斥顺序执行，否则 t1 与 t2 在这段代码上可以并发或并行执行。

Java 语言提供 synchronized 关键字创建同步方法和同步代码块基于对象内部锁实现线程互斥。Java 对象和类型都具有一个内部锁，线程基于内部锁实现互斥：申请到锁的线程可以获得调度继续执行，未能申请到锁的线程将被阻塞，直到有其他线程释放锁资源才能被唤醒。

（1）同步方法

```
访问控制修饰符 [static] synchronized 返回类型 方法名(参数列表){
    //同步方法体
}
```

若 synchronized 关键字修饰的是实例方法,则线程调用该方法基于 this 引用的当前对象的内部锁互斥；若修饰的是静态方法，则线程基于类的 Class 对象的内部锁互斥，注意：每种类型都对应一个 Class 对象，用户可以通过对象的 getClass 方法返回类的 Class 对象。线程 t1 和 t2 访问同步方法 public synchronized void method 时，若 t1 先被调度，则在访问 method 方法时优先申请 this 对象的内部锁，获得锁资源后 t1 进入 method 方法体执行。如果在 t1 退出 method 方法之前处理器发生了切换，操作系统调度了 t2,则线程 t1 从执行状态转入就绪状态。线程 t2 访问 method 方法时仍然需要先申请 this 对象的内部锁，由于此时该锁资源已经被线程 t1 占有，线程 t2 因不能获得锁资源而无法继续执行，让出处理器后进入该对象内部锁资源的阻塞队列等待。当线程 t1 再次被调度继续执行并退出同步方法 method 方法后，会主动释放 this 对象的内部锁并唤醒线程 t2。线程 t2 被调度获得 this 对象的锁资源后就能进入 method 方法执行。若此时，又有线程 t3，t4，…，tn 相继先后访问方法 method，都会因 t2 占有 this 对象的内部锁而进入阻塞状态，也就是说，同步方法 method 可以保证多线程基于 this 对象的内部锁实现互斥访问。

（2）同步语句块

```
访问控制修饰符 [static] 返回类型 方法名(参数列表){
    //可以并发执行
    synchronized(对象){
        //同步语句块
    }
    //可以并发执行
}
```

执行到同步语句块时，线程基于 synchronized 关键字后圆括号内的对象的内部锁互斥，而方法内同步语句块之外的语句都不需要互斥执行。换句话讲，若线程 t1，t2 执行包含同步语句块的方法 method：

```
public void method(){
    ...
    synchronized(this){
        //同步语句块
```

```
        }
        ...
}
```

进入方法到执行同步语句块前和退出同步语句块到方法结束之间，t1 和 t2 允许并发执行。执行同步语句块时，两个线程需要基于 this 对象的内部锁互斥执行。从同步方法和同步语句块执行特点可以看出，同步语句块缩小了互斥执行的语句范围，提高了程序执行的并发度。

根据 Berstein 条件，在多线程环境下可以将所有包含对临界资源读写的语句块放入同步方法或同步语句块中，就能保证线程对临界资源的互斥访问。

（3）示例

创建线程安全的 Stack 对象保证多线程环境下线程能互斥进行入栈和出栈操作。线程安全的 Stack 定义参见代码 9-6。

代码 9-6　线程安全的 Stack 定义

```
1   //泛型类 ConcurrentStack 表示允许多线程并发访问的栈。泛型 T 在创建栈实例时被实际类型取代
2   public class ConcurrentStack<T> {
3       private T[] data;//存放数据的一维数组
4       private int index; //栈顶指针
5       public ConcurrentStack(T[] data){
6           this.data = data;
7           this.index = -1;
8       }
9       //使用 synchronized 修饰的入栈方法，多线程基于当前对象的内部锁互斥访问此方法
10      public synchronized void push(T element) {
11          if(index < data.length) {
12              index ++;
13              data[index] = element;
14          }
15      }
16      //使用 synchronized 修饰的出栈方法，多线程基于当前对象的内部锁互斥访问此方法
17      public synchronized T pop() {
18          T v = null;
19          if(index >= 0) {
20              v = data[index];
21              index --;
22          }
23          return v;
24      }
25  }
```

9.3.2　线程同步

为完成某一任务而相互等待的线程之间存在同步关系。Java 语言提供 Object 对象的 wait、notify 和 notifyAll 三种同步方法支持线程同步。

线程调用对象的 wait 方法会转入该对象的阻塞队列等待,当其他线程调用同一对象的 notify 或 notifyAll 方法后，先前调用 wait 方法被阻塞的线程才有机会被唤醒。wait、notify、notifyAll 三种方法的说明如下。

public final void wait()：只有拥有对象内部锁资源的线程才允许调用该对象的 wait 方法。执行 wait 方法后，线程释放对象内部锁的所有权并转入阻塞状态，直到其他线程调用 notify 或 notifyAll 方法才能被唤醒。被唤醒的线程进入对象内部锁阻塞队列继续处于等待状态，直到再次获得对象的内部锁才能进入就绪队列，之后该线程通过线程调度重新获得处理器执行。不是对象内部锁拥有者的线程调用对象的 wait 方法将抛出 IllegalMonitorStateException 异常。

public final void wait(long timeout)：调用 wait 方法的线程转入阻塞状态，直到其他线程调用 notify 或 notifyAll 方法，或者当前线程被中断，或者 timeout 的等待时间结束后，才能被唤醒。若当前线程不是对象内部锁的拥有者将抛出 IllegalMonitorStateException 异常。参数 timeout 是线程转入等待状态后的最大等待时间。

public final void wait(long timeout,int nanos)：调用 wait 方法的线程转入阻塞状态，直到其他线程调用当前对象的 notify 或 notifyAll 方法，或者当前线程被中断，或者当前线程等待指定纳秒数的时间后才能被唤醒。等待纳秒数的计算方法：1000000×timeout + nanos。

public final void notify()：唤醒一个等待当前对象的线程，如果有多个线程在该对象的等待队列中排队等待，则根据具体实现方法从队列中选择一个线程唤醒。被唤醒的线程进入对象内部锁等待队列继续等待，若能获得当前对象内部锁，则可以进入就绪状态。调用该方法的线程必须获得当前对象的内部锁，否则将抛出 IllegalMonitorStateException 异常。

public final void notifyAll()：唤醒调用 wait 方法转入阻塞状态的所有线程。被唤醒的线程还需要等待当前对象的内部锁才能进入就绪队列。调用该方法的线程必须获得当前对象的内部锁，否则将抛出 IllegalMonitorStateException 异常。

示例 1：使用同步方法实现生产者消费者问题。创建一个支持互斥访问的队列 Queue，生产者线程循环创建数据，若队列中存在空闲空间，则将数据放入队列的空闲位置并唤醒处于阻塞状态的消费者线程，若不存在空闲空间，则转入阻塞状态；消费者线程循环从队列中获取数据，唤醒处于阻塞状态的生产者线程，若队列为空，则转入阻塞状态。生产者与消费者问题是经典的同步与互斥问题，其部分实现参见代码 9-7。

代码 9-7　生产者与消费者问题

```
1   //RoundRobinQueue.java
2   public class RoundRobinQueue<T> {//循环队列
3       private T[] buffer;//在循环队列中存储数据的一维数组
4       private Object in;//多个生产者线程基于该对象的内部锁互斥访问循环队列
5       private Object out;//多个消费者线程基于该对象的内部锁互斥访问循环队列
6       private int inIndex;//入队列操作时，放入数据所在的索引
7       private int outIndex;//出队列操作时，取出数据所在的索引
8       public RoundRobinQueue(T[] buffer) {
9           this.buffer = buffer;
10          this.inIndex = -1;
11          this.outIndex = -1;
12          this.in = new Object();
13          this.out = new Object();
14      }
15      /*入队列操作，生产者线程互斥申请循环队列的空闲空间，若无空闲空间则阻塞，否则将
16      数据放入空闲空间后，调用 notify 方法唤醒被阻塞的消费者线程*/
17      public void put(T element) throws InterruptedException{
18          synchronized (in) {
19              if((inIndex+1)%buffer.length==outIndex) {
20                  in.wait();//没有空闲空间，阻塞生产者线程
21              }
22              inIndex = (inIndex + 1) % buffer.length;
23              buffer[inIndex] = element;
24          }
25          synchronized(out) {
26              out.notify();//在循环队列中放入数据后唤醒被阻塞的消费者线程
27          }
28      }
29      /*出队列操作，消费者线程互斥申请循环队列中的数据，若队列为空则阻塞，
```

```
30        否则取出数据后调用 notify 方法唤醒被阻塞的生产者线程*/
31    public T get() throws InterruptedException{
32        T v = null;
33        synchronized(out) {
34            if(inIndex==outIndex) {
35                out.wait();//没有数据，阻塞消费者线程
36            }
37            if(buffer[(outIndex + 1) % buffer.length]!=null) {
38                outIndex = (outIndex + 1) % buffer.length;
39                v = buffer[outIndex];
40            }
41        }
42        synchronized (in) {
43            in.notify();//从循环队列取出数据后唤醒被阻塞的生产者线程
44        }
45        return v;
46    }
47 }
48 //SynProducer.java
49 public class SynProducer extends Thread{//生产者线程
50     private RoundRobinQueue<Integer> rrqueue;
51     public SynProducer(RoundRobinQueue<Integer> rrqueue,String name) {…}
52     @Override
53     public void run() {
54         ThreadLocalRandom random = ThreadLocalRandom.current();
55         while(true) {
56             int element = random.nextInt(1, 101);//生成一个介于 1 到 100 之间的整型数
57             try {
58                 rrqueue.put(element);//放入循环队列
59                 System.out.println(getName()+" puts:"+element);
60                 Thread.sleep(0);//促使系统进行新一轮线程调度
61             } catch (InterruptedException e) {
62                 e.printStackTrace();
63             }
64         }
65     }
66 }
67 //SynConsumer.java
68 public class SynConsumer extends Thread{//消费者线程
69     private RoundRobinQueue<Integer> rrqueue;
70     public SynConsumer(RoundRobinQueue<Integer> rrqueue,String name) {…}
71     @Override
72     public void run() {
73         while(true) {
74             try {
75                 Integer element = rrqueue.get();//从循环队列取出数据
76                 if(element == null) {
77                     continue;
78                 }
79                 System.out.println(getName()+" gets:"+element);
80                 Thread.sleep(0);//促使系统进行新一轮线程调度
81             } catch (InterruptedException e) {
82                 e.printStackTrace();
83             }
84         }
85     }
86 }
```

扫描本章二维码获取示例完整代码。

示例 2：哲学家就餐问题。5 名哲学家围坐在一个圆桌旁，每两名哲学家之间放有一只筷子。哲学家会重复思考和就餐。就餐时哲学家会先申请自己左边的筷子，得到左边筷子后再去申请右边的筷子。只有同时申请到两只筷子后，哲学家才能就餐，否则转入阻塞状态，等待其他哲学家释放筷子将其唤醒。哲学家就餐后主动释放两只筷子。代码 9-8 给出了保证多名哲学家先后拿到筷子顺利就餐的一种实现。

代码 9-8　哲学家就餐的同步与互斥问题

```java
1   // ChopSticks.java
2   public class ChopSticks {//筷子
3       private int id;//筷子编号
4       public ChopSticks(int id) {
5           this.id = id;
6       }
7       ...
8   }
9   // Philosopher.java
10  public class Philosopher extends Thread{//哲学家线程
11      private Object mutex;//多名哲学家线程基于该对象互斥申请筷子
12      private ChopSticks leftChopStick;//位于哲学家左边的筷子
13      private ChopSticks rightChopStick;  //位于哲学家右边的筷子
14      public Philosopher(String name, ChopSticks leftChopStick, ChopSticks rightChopStick, Object mutex) {
15          super(name);
16          this.leftChopStick = leftChopStick;
17          this.rightChopStick = rightChopStick;
18          this.mutex = mutex;
19      }
20      @Override
21      public void run() {
22          while(true) {
23              System.out.println(this.getName()+" is thinking for a while");//思考问题
24              try {
25                  Thread.sleep(0);//触发一次新的线程调度
26              } catch (InterruptedException e) {
27                  e.printStackTrace();
28              }
29              synchronized (mutex) {//保证哲学家线程互斥进入申请左、右筷子的代码段
30                  synchronized (leftChopStick) {//申请左边的筷子
31                      synchronized (rightChopStick) {//申请右边的筷子
32                          System.out.println(this.getName()+" is eating with two chopsticks");//就餐
33                      }
34                  }
35              }
36          }
37      }
38  }
```

扫描本章二维码获取示例完整代码。

9.4 线程状态

线程在其生命周期存在多种状态。刚创建的线程对象处于创建状态，调用 start 方法后进入就绪状态。调度程序根据调度策略（抢占式、非抢占式）和调度算法（先来先服务、优先级高优先调度、时间片轮转等）从处于就绪状态的线程中选择线程分配处理器，被调度和分配处理器的线程进入运行状态。运行状态的线程在执行过程中调用 sleep、join、wait、synchronized 等方法后转入阻塞状态。调用 sleep 方法的线程在等待指定时间后会再次转入就绪状态；调用 join

方法的线程在等待的线程结束后也会转入就绪状态；调用 wait 方法的线程在其他线程调用 notify 或 notifyAll 方法后有机会被唤醒，转入等待对象内部锁的阻塞状态；调用 synchronized 方法或语句块的线程会在另一个线程退出同步方法或同步语句块释放对象内部锁后被唤醒进入就绪状态。Java 线程状态及其转换关系如图 9-2 所示。

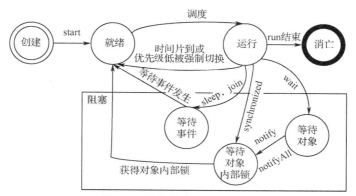

图 9-2　线程状态及转换关系

9.5　死锁

死锁是指在多线程并发执行时，因资源竞争出现线程相互等待对方已占有的资源，在未获得对方资源前又不释放自己已占有资源的一种僵局状态。这种状态在无外在干预的情况下将一直持续下去。一旦线程间发生死锁将出现图 9-3 所示的资源申请与分配环路。

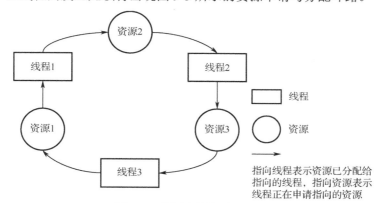

图 9-3　资源申请与分配环路

引起线程进入死锁状态的原因是系统资源有限和线程申请资源顺序不恰当。设想，若系统有足够多的资源，线程不会因资源竞争而进入阻塞状态，系统就可以避免死锁发生。但硬件发展速度不能满足软件和用户对系统资源的需求，线程在访问资源时必然出现竞争，那么如何在这种情况下避免死锁呢？一种有效的方式是，控制线程申请资源的顺序。因线程申请资源顺序不恰当而存在死锁风险的示例参见代码 9-9。

代码 9-9　因线程申请资源顺序不恰当而存在死锁风险的示例

```
1  public class DeadLockRisk {
2      private Object resource1;//资源 1
3      private Object resource2;//资源 2
4      public DeadLockRisk() {
5          resource1 = new Object();
```

```
6            resource2 = new Object();
7        }
8    class Reader extends Thread{//读线程
9        @Override
10       public void run() {
11           while(true) {
12               synchronized (resource1) {//申请资源 1
13                   synchronized (resource2) {//申请资源 2
14                       System.out.println("in reader thread…");
15                   }
16               }
17           }
18       }
19   }
20   class Writer extends Thread{//写线程
21       @Override
22       public void run() {
23           while(true) {
24               synchronized (resource2) {//申请资源 2
25                   synchronized (resource1) {//申请资源 1
26                       System.out.println("in writer thread…");
27                   }
28               }
29           }
30       }
31   }
32 }
```

读线程先申请资源 1，资源 1 得到后再申请资源 2，两种资源都得到后进行读操作；写线程先申请资源 2，资源 2 得到后再申请资源 1，两种资源都得到后进行写操作。当两种线程并发执行时可能出现读线程申请到资源 1，写线程申请到资源 2，读线程继续申请资源 2，写线程继续申请资源 1，从而产生死锁。为了避免死锁产生，可以将写线程申请资源 2 和资源 1 的顺序交换为与读线程一致，即读、写线程都是先申请资源 1 再申请资源 2。写线程申请资源顺序按如下代码段进行调整后，读、写线程并发执行时会避免进入死锁状态。

```
synchronized (resource1) {
    synchronized (resource2) {
        System.out.println("in writer thread…");
    }
}
```

9.6 实例：作业调度器

9.6.1 问题与系统功能描述

用户提交到系统中执行的任务以作业为单位在外存中排队等待。作业调度器根据作业调度算法从队列中选择合适的作业创建进程并分配内存。作业调度器可以选择的调度算法有先来先服务调度算法、短作业优先调度算法、优先级高优先调度算法等。本实例使用 Java 语言编写一个作业调度器模拟作业调度过程。模拟的作业调度过程描述为：用户准备好要执行的作业提交到系统中，系统通过作业后备队列存储等待执行的作业，唤醒处于等待状态的作业调度器；作业调度器轮询后备队列，若后备队列为空，则调度器转入等待状态，否则作业调度器根据作业调度算法从后备队列中选择合适的作业并输出该作业信息。

9.6.2 系统设计

根据问题分析，我们设计出：一个实体类 Job 用于模拟用户提交的作业，两个线程类 UserProxy 和 Scheduler，分别用于模拟用户和作业调度器。

（1）Job：作业类，包含作业编号、作业名、优先级、执行时间、到达队列时间等属性。

（2）UserProxy：用户线程，主要流程为不间断地创建作业对象并将作业插入后备队列中。

（3）Scheduler：调度线程，主要流程为不间断地根据调度算法从后备队列中选择作业并输出。

为了支持用户线程和调度线程的并发访问，使用优先级阻塞队列 java.util.concurrent.PriorityBlockingQueue 模拟位于外存中的作业后备队列。PriorityBlockingQueue 队列可以按比较器指定规则排列插入的作业对象，以支持不同的作业调度算法。本实例为优先级阻塞队列提供了三种不同的比较器：FIFOComparator、SJFComparator 和 PriorityComparator。

FIFOComparator：先来先服务比较器，按作业进入后备队列的时间排列作业以满足先来先服务作业调度算法的需要。

SJFComparator：短作业优先比较器，按后备队列中作业执行时间的长短排列作业以满足短作业优先调度算法的需要。

PriorityComparator：优先级高优先比较器，按后备队列中作业的优先级排列作业以满足优先级高优先调度算法的需要。

作业调度器模拟程序类图如图 9-4 所示。

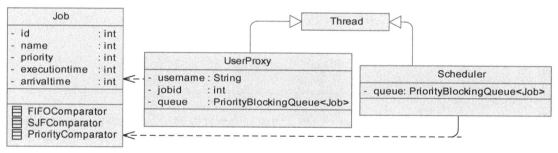

图 9-4 作业调度器模拟程序类图

9.6.3 系统实现

（1）作业类

作业类包含作业编号（id）、作业名（name）、优先级（priority）、执行时间（executiontime）、到达时间（arrivaltime）等属性。优先级取值范围为 0~15，数字越大优先级越高。执行时间的单位为毫秒，指作业在处理器上的执行时间。到达时间的单位为毫秒，指作业进入后备队列中的系统时间。作业类包含三个静态内部类 FIFOComparator、SJFComparator 和 PriorityComparator，分别给出作业的三种排序规则。代码 9-10 给出了 Job 类的部分代码。

代码 9-10　Job 类的部分代码

```
1   public class Job {//作业类
2       private int id;//作业编号
3       private String name;//作业名称
4       private int priority;//优先级
5       private long executiontime;//在处理器上的执行时间
6       private long arrivaltime;//到达队列的时间
7       …
```

```
8      public static class FIFOComparator implements Comparator<Job>{//按作业进入后备队列中的时间
9          @Override
10         public int compare(Job job1, Job job2) {
11             long rs = job1.arrivaltime-job2.arrivaltime;
12             if(0 == rs) {
13                 rs = job1.id - job2.id;
14             }
15             return (int)rs;
16         }
17     }
18     public static class SJFComparator implements Comparator<Job>{//按作业的执行时间
19         @Override
20         public int compare(Job job1, Job job2) {
21             long rs = job1.executiontime-job2.executiontime;
22             if(0 == rs) {
23                 rs = job1.id - job2.id;
24             }
25             return (int)rs;
26         }
27     }
28     public static class PriorityComparator implements Comparator<Job>{//按作业优先级
29         @Override
30         public int compare(Job job1, Job job2) {
31             int rs = job1.priority-job2.priority;
32             if(0 == rs) {
33                 rs = job1.id - job2.id;
34             }
35             return rs;
36         }
37     }
38     …
39 }
```

（2）用户线程类

用户线程模拟系统用户提交作业的过程。该线程的执行流程是，先准备作业对象，再将作业提交到后备队列中，作业在后备队列中按比较器指定规则进行降序排列。代码 9-11 给出了用户线程类 UserProxy 的部分代码。

代码 9-11 用户线程类 UserProxy 的部分代码

```
1  public class UserProxy extends Thread{//用户线程类，模拟用户向作业队列提交作业的过程
2      private String username;//用户名
3      private static Integer jobid;//作业编号
4      private PriorityBlockingQueue<Job> queue;//用优先级阻塞队列模拟外存作业后备队列
5      static { jobid = new Integer(0); }
6      public UserProxy(String username, PriorityBlockingQueue<Job> queue) {
7          this.username = username;
8          this.queue = queue;
9      }
10     @Override
11     public void run() {
12         while(true) {
13             Random random = new Random();
14             int priority = random.nextInt(16); //随机产生 0~15 之间的整数作为作业的优先级
15             //随机产生 1~3600000 之间的整数作为执行时间
16             long executiontime = random.nextInt(60*60*1000)+1;
17             //获取系统当前时间作为作业进入后备队列中的时间
18             long arrivaltime = Calendar.getInstance().getTimeInMillis();
19             Job job = null;
```

```
20              synchronized (jobid) {
21                  jobid+=1;
22                  //创建作业对象并按指定规则插入后备队列中
23                  job = new Job(jobid, "job"+jobid, priority, executiontime, arrivaltime);
24                  queue.add(job);
25                  System.out.println(username + " submits job("+job+")");
26              }
27              try {
28                  Thread.sleep(200);
29              } catch (InterruptedException e) {
30                  e.printStackTrace();
31              }
32          }
33      }
34      ...
35  }
```

（3）调度器线程

调度器线程模拟作业调度器。该线程的执行流程是，按指定调度算法从后备队列中选择作业并输出作业信息。本例的作业调度算法依赖于三种比较器，作业按比较器指定规则在后备队列中排列有序。调度器从有序作业队列队首取出的作业对象就是对应调度算法下应该选择的作业。代码 9-12 给出了调度器线程 Scheduler 的部分代码。调度器中的 main 方法，创建了三个比较器实例、两个用户线程实例和一个作业调度器实例。用户线程分别模拟用户 zhangsan 和用户 wangwu 并发向队列 queue 中放入作业，作业调度器根据队列 queue 设置的比较器完成作业调度。

代码 9-12　调度器线程 Scheduler 的部分代码

```
1   public class Scheduler extends Thread {//作业调度器
2       private PriorityBlockingQueue<Job> queue;//作业后备队列
3       public Scheduler(PriorityBlockingQueue<Job> queue) {
4           this.queue = queue;
5       }
6       @Override
7       public void run() {
8           while(true) {
9               try {
10                  /*从后备队列队首取作业。后备队列按比较器指定规则排列用户作业，队首
11                  取出的作业就是对应调度算法下应该选择的作业。例如，若队列按
12                  PriorityComparator 的逆序排列作业，则 queue.take 取出的队首作业具有最高
13                  优先级，符合按优先级高优先调度算法的调度规则*/
14                  Job job = queue.take();
15                  System.out.println("scheduler schedules job("+job+")");
16                  Thread.sleep(300);
17              } catch (InterruptedException e) {
18                  e.printStackTrace();
19              }
20          }
21      }
22      public static void main(String[] args) throws Exception{
23          PriorityComparator prioritycomparator = new PriorityComparator();
24          //创建按作业优先级降序排列作业的后备队列
25          PriorityBlockingQueue<Job> queue=new PriorityBlockingQueue<>(10,
26              prioritycomparator.reversed());
27          //创建两个用户线程和一个作业调度线程，三个线程共享一个后备队列
28          UserProxy user1 = new UserProxy("zhangsan", queue);
29          UserProxy user2 = new UserProxy("wangwu", queue);
30          Scheduler scheduler1 = new Scheduler(queue);
31          user1.start();//启动用户线程和作业调度线程
```

```
32        user2.start();
33        scheduler1.start();
34    }
35 }
```

扫描本章二维码获取本实例完整代码。

9.6.4 运行

（1）先来先服务调度算法输出

作业调度程序从后备队列中优先选择最早进入队列的作业，即队列中驻留时间最久的作业最先被调度。本例将作业比较器设置为 FIFOComparator 模拟先来先服务调度算法，部分输出结果如下：

zhangsan submits job(id:1,priority:10,executiontime:231814,arrivaltime:1559977502192)
scheduler schedules job(id:1,priority:10,executiontime:231814,arrivaltime:1559977502192)
wangwu submits job(id:2,priority:9,executiontime:367366,arrivaltime:1559977502192)
zhangsan submits job(id:3,priority:15,executiontime:598470,arrivaltime:1559977502410)
wangwu submits job(id:4,priority:5,executiontime:214964,arrivaltime:1559977502410)
scheduler schedules job(id:2,priority:9,executiontime:367366,arrivaltime:1559977502192)
zhangsan submits job(id:5,priority:1,executiontime:2896499,arrivaltime:1559977502610)
wangwu submits job(id:6,priority:8,executiontime:1545488,arrivaltime:1559977502610)
scheduler schedules job(id:3,priority:15,executiontime:598470,arrivaltime:1559977502410)
…

（2）短作业优先调度算法输出

作业调度程序从后备队列中优先选择执行时间最短的作业，即队列中执行时间最短的作业最先被调度。本例将作业比较器设置为 SJFComparator 模拟短作业优先调度算法，部分输出结果如下：

wangwu submits job(id:1,priority:4,executiontime:2827699,arrivaltime:1559978606342)
scheduler schedules job(id:1,priority:4,executiontime:2827699,arrivaltime:1559978606342)
zhangsan submits job(id:2,priority:3,executiontime:1689057,arrivaltime:1559978606342)
wangwu submits job(id:3,priority:5,executiontime:90035,arrivaltime:1559978606564)
zhangsan submits job(id:4,priority:15,executiontime:488361,arrivaltime:1559978606564)
scheduler schedules job(id:3,priority:5,executiontime:90035,arrivaltime:1559978606564)
zhangsan submits job(id:6,priority:2,executiontime:3104699,arrivaltime:1559978606765)
wangwu submits job(id:5,priority:0,executiontime:3198983,arrivaltime:1559978606765)
scheduler schedules job(id:4,priority:15,executiontime:488361,arrivaltime:1559978606564)
…

（3）优先级高优先调度算法输出

作业调度程序从后备队列中优先选择优先级最高的作业，即队列中优先级数最大的作业最先被调度。本例将作业比较器设置为 PriorityComparator 模拟优先级高优先调度算法，部分输出结果如下：

zhangsan submits job(id:1,priority:11,executiontime:1492195,arrivaltime:1559979217987)
scheduler schedules job(id:1,priority:11,executiontime:1492195,arrivaltime:1559979217987)
wangwu submits job(id:2,priority:14,executiontime:935403,arrivaltime:1559979217987)
wangwu submits job(id:3,priority:12,executiontime:59696,arrivaltime:1559979218203)
zhangsan submits job(id:4,priority:0,executiontime:3126131,arrivaltime:1559979218203)
scheduler schedules job(id:2,priority:14,executiontime:935403,arrivaltime:1559979217987)
wangwu submits job(id:5,priority:2,executiontime:88629,arrivaltime:1559979218403)
zhangsan submits job(id:6,priority:6,executiontime:995562,arrivaltime:1559979218403)
scheduler schedules job(id:3,priority:12,executiontime:59696,arrivaltime:1559979218203)
…

知识扩展（如果对此部分内容感兴趣，扫描本章二维码）：

（1）sleep、join 与 yield 方法的区别；

（2）多线程与集合框架。

习题 9

创建三个线程 worker1、worker2 和 worker3。线程 worker1 负责接收待处理的字符串并将字符转置后传输给线程 worker2，worker2 将接收到的字符串转换为大写形式后传输给线程 worker3，worker3 统计并输出其中包含的单词个数。为了完成三个线程协同输出统计数据，可以使用 TransferQueue 实现线程之间的同步数据传输；为了等到 worker3 线程输出上次结果后才允许 worker1 继续接收下一次用户输入，可以使用 Semaphore 类保证 worker3 与 worker1 同步执行。

扫描本章二维码获取习题参考答案。

获取本章资源

第 10 章　Swing 图形用户界面编程

Java SE 提供 GUI 组件库帮助用户构建图形界面的 Java 应用程序，这些程序具有丰富的图形图像处理功能，能赋予界面更强的交互能力。Java SE 提供的图形组件库包括抽象窗口工具组件库（Abstract Window Toolkit，AWT）和 Java 基础类库（Java Foundation Classes，JFC）。本章主要介绍 AWT/Swing 组件库、容器、布局管理器、常用组件、事件处理模型等内容，最后以图书信息维护子系统为例讲解如何利用 Swing 组件实现 Java GUI 应用程序。

10.1　AWT 与 Swing

AWT 是抽象窗口工具包，它主要包括本地可视化组件库、事件处理模型、图形图像处理工具、布局管理器，以及利用本地剪贴板进行复制/粘贴操作的数据传输类等。但 AWT 存在界面平庸、编程限制严格、效率不高等问题，在 Java 1.2 版本后完全被 Java 基础类库 JFC 所取代。JFC 中所提供的构建图形用户界面的组件库称为 Swing。Swing 组件库是在 AWT 框架的基础上完全使用 Java 编程语言构建的，具有丰富的图形图像功能和可插式的外观，使得 GUI 程序具有很强的交互能力。图 10-1 给出了 AWT、Swing 部分组件的层次结构，图中有阴影的方框表示 Swing 组件，其他方框表示 AWT 组件。可以看出，Swing 组件是以 AWT 的容器类 java.awt.Container 为基础派生而来的。

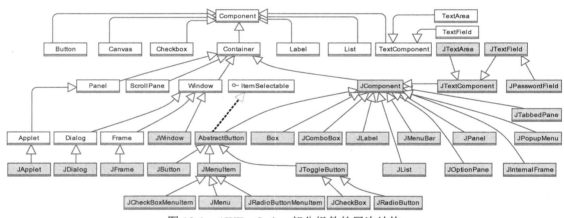

图 10-1　AWT、Swing 部分组件的层次结构

10.2　容器与布局管理器

10.2.1　顶层容器

组件包含容器和普通组件两种类型。容器是一种可以包含其他容器或普通组件的特殊组件。一个容器可以包含多个组件，一个普通组件只能被添加到一个容器中。构成 GUI 的容器与组件之间存在树状层次结构，该结构由顶层容器和加入顶层容器中的所有组件组成，称为组件层级结构。Swing 组件库提供了三种顶层容器：JFrame、JDialog 和 JApplet。每个顶层容器都具有一个内容面板。内容面板是一个容器，可以包含顶层容器中除菜单栏以外的所有可视化组件。一个 GUI 的组件层级结构如图 10-2 所示。

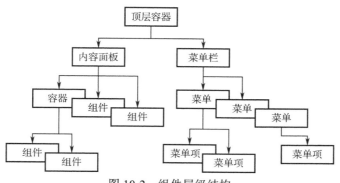

图 10-2 组件层级结构

（1）JFrame

JFrame 是 Swing 组件库中的窗体类，它是 AWT 窗体类 java.awt.Frame 的子类，也是 Java GUI 应用程序的顶层容器，常作为 Java 图形界面应用程序的主窗体。JFrame 对象是加入窗体中所有组件构成的组件层级结构的根。为了使用方便，JFrame 类重写了 add、remove 和 setLayout 三种方法，当直接使用 JFrame 对象调用这三种方法时等价于使用 JFrame 的内容面板调用它们，即 JFrame.add(child)等价于 JFrame.getContentPane().add(child)。JFrame 类主要构造方法与成员方法说明如下。

public JFrame()：创建一个带标题栏的新窗体，以后可以通过 setTitle 方法设置窗体标题。

public JFrame(String title)：创建一个指定标题的新窗体，参数 title 为指定标题。

public void setTitle(String title)：设置窗体标题为参数 title 引用的字符串，以后可以通过 getTitle 返回窗体标题。

public void setLocation(int x, int y)：设置窗体左上角坐标为参数 x 与 y 指定的值。方法调用后，窗体将移动到指定的新位置。setLocation 的另一个重载方法通过 Point 对象给出新坐标位置 setLocation(Point p)。

public void setSize(int width, int height)：设置窗体大小，参数 width 和 height 的单位为像素，分别表示窗体的宽度和高度。setSize 的另一个重载方法通过 Dimension 对象给出窗体的新的宽度和高度 setSize(Dimension d)。

public void setBounds(int x, int y, int width, int height)：移动窗体到新的坐标位置并设置窗体新的大小，等价于先后调用 setLocation(x, y)和 setSize(width, height)两个方法。

public void setVisible(boolean b)：显示或者隐藏窗体。参数 b 为 true 显示窗体，为 false 隐藏窗体。JFrame 创建后默认为隐藏状态，需要调用 setVisible(true)方法后才能显示。

public void setResizable(boolean resizable)：设置窗体是否允许改变大小。参数 resizable 为 true 允许用户调整窗体大小，否则不允许调整窗体大小，窗体标题栏上最大化按钮不可用。

public Container getContentPane()：返回窗体的内容面板。

public void setContentPane(Container contentPane)：设置窗体的内容面板。

public void setJMenuBar(JMenuBar menubar)：设置窗体的菜单栏。

public JMenuBar getJMenuBar()：返回窗体的菜单栏。

public void setDefaultCloseOperation(int operation)：设置窗口关闭操作。参数 operation 有 DO_NOTHING_ON_CLOSE、HIDE_ON_CLOSE、DISPOSE_ON_CLOSE、EXIT_ON_CLOSE 四种取值。其中，DO_NOTHING_ON_CLOSE 表示用户单击关闭按钮不做任何操作，而将响应窗口关闭动作的处理交给 WindowListener 监听器的 windowClosing 方法；HIDE_ON_CLOSE 表示自动隐藏窗体；DISPOSE_ON_CLOSE 表示自动隐藏和释放窗体；EXIT_ON_CLOSE 表示关闭

窗体退出程序，等价于直接调用 System.exit 方法退出程序。

public void pack()：设置窗体为合适大小。

下面的代码片段创建一个带标题的窗体，该窗体宽 600 像素，高 400 像素，位置设置在屏幕中央，单击右上角关闭按钮，直接关闭窗体并退出程序。利用 Toolkit.getScreenSize 方法获取屏幕大小，根据窗体的长宽可以计算出窗体位于屏幕中央时左上角的坐标（leftUpperX, leftUpperY），调用 setLocation(leftUpperX, leftUpperY)可以将窗体移动到屏幕中央。当然，要将窗体移到屏幕中央也可以直接调用 frame.setLocationRelativeTo(null)方法。

```
1   JFrame frame = new JFrame("JFrame Demo");
2   frame.setSize(600, 400);
3   Dimension screensize = Toolkit.getDefaultToolkit().getScreenSize();
4   int leftUpperX = (screensize.width-frame.getWidth())/2;
5   int leftUpperY = (screensize.height-frame.getHeight())/2;
6   frame.setLocation(leftUpperX, leftUpperY);
7   frame.setResizable(false);
8   frame.setVisible(true);
9   frame.setDefaultCloseOperation(JFrame.EXIT_ON_CLOSE);
```

（2）JDialog

对话框。它是加入对话框中所有组件构成的组件层级结构的根。

（3）JApplet

Java 小程序。它是加入浏览器窗口中所有组件构成的组件层级结构的根。

10.2.2　中间容器

（1）内容面板

内容面板是 AWT 容器 java.awt.Container 类型的实例，是一种中间容器。顶层容器调用 getContentPane 方法可以返回顶层容器的内容面板。内容面板调用 getLayout 方法可以返回其采用的布局管理器。内容面板的默认布局管理器是 BorderLayout，该布局管理器将容器划分为东（EAST）、西（WEST）、南（SOUTH）、北（NORTH）、中（CENTER）共 5 个区域。内容面板调用 setLayout 方法可以更改布局管理器，调用 add 方法可以将组件添加到容器中由布局管理器限定的区域。顶层容器可以通过 setContentPane 方法设置自定义的内容面板。顶层容器的内容面板主要方法说明如下。

public Component add(Component comp)：向容器中增加指定组件 comp。组件按容器布局管理器约定被布局在其他已增加进容器的组件之后。若参数 comp 为 null，运行时将抛出 NullPointerException 异常。

public Component add(Component comp, int index)：向容器中指定位置增加给定组件 comp。参数 index 表示组件插入容器中的位置。若 index 等于-1，则该方法等价于 add(comp)。若 index 不正确，运行时将抛出 IllegalArgumentException 异常。若参数 comp 为 null，运行时将抛出 NullPointerException 异常。

public Component[] getComponents()：将容器中所有组件返回到一个组件数组。

public LayoutManager getLayout()：返回容器使用的布局管理器，内容面板的默认布局管理器是 BorderLayout。

public void setLayout(LayoutManager mgr)：设置容器的布局管理器为参数 mgr 指定的布局管理器。

public void remove(Component comp)：从容器中删除由参数 comp 引用的组件。

public void removeAll()：从容器中删除所有组件。

例如，为了演示内容面板的使用，以下代码片段为 JFrame 窗体设置自定义的内容面板。该内容面板是采用 BorderLayout 布局管理器的 JPanel 容器，在内容面板的 CENTER 区域增加一个 JLabel 标签组件，标签组件显示字符串"how to set content pane for jframe"。

```
1   JFrame frame = new JFrame("content pane demo");
2   Container contentpane = new JPanel();
3   contentpane.setLayout(new BorderLayout());
4   JLabel label = new JLabel("how to set content pane for jframe");
5   contentpane.add(label, BorderLayout.CENTER);
6   frame.setContentPane(contentpane);
7   frame.pack();
8   frame.setVisible(true);
```

（2）JPanel

JPanel 是 JComponent 的子类，是一种常用的轻量级中间容器。与其他容器一样，JPanel 使用布局管理器约束加入其中的组件位置和大小。JPanel 采用的默认布局管理器是水平布局管理器 FlowLayout。采用 FlowLayout 布局管理器的容器中的组件按行顺序水平排列。开发人员可以调用 JPanel 构造方法或使用 setLayout 方法为面板容器设置其他类型的布局管理器。JPanel 确定了布局管理器后可以调用 add 方法增加组件。JPanel 类的成员方法主要来自它的父类 JComponent、Container 和 Component。JPanel 的主要构造方法与成员方法说明如下。

public JPanel()：创建使用双缓冲和 FlowLayout 布局管理器的 JPanel 容器。

public JPanel(LayoutManager layout)：创建指定布局管理器的带双缓冲的 JPanel 容器。

public Component add(Component comp)：向 JPanel 容器中增加指定组件 comp。若参数 comp 为 null，运行时将抛出 NullPointerException 异常。

public Component add(Component comp, int index)：向 JPanel 容器中指定位置增加给定组件 comp，参数 index 表示组件插入容器中的位置。若参数 comp 为 null，运行时将抛出 NullPointerException 异常。若参数 index 错误，运行时将抛出 IllegalArgumentException 异常。

public Component[] getComponents()：返回 JPanel 容器中的所有组件。

public void removeAll()：删除 JPanel 容器中的所有组件。

public LayoutManager getLayout()：返回 JPanel 容器当前使用的布局管理器。

public void setLayout(LayoutManager mgr)：设置 JPanel 容器的布局管理为参数 mgr 引用的布局管理器。

例如，向采用 FlowLayout 的 JPanel 容器中增加三个 JButton 按钮的代码片段如下：

```
1   JButton btn1 = new JButton("yes");
2   JButton btn2 = new JButton("no");
3   JButton btn3 = new JButton("cancel");
4   JPanel panel = new JPanel(new FlowLayout(FlowLayout.LEADING));
5   panel.add(btn1);
6   panel.add(btn2);
7   panel.add(btn3);
```

（3）JScrollPane

JScrollPane 是带滚动条的面板容器，包括一个 JViewport 对象，可选的水平、垂直滚动条和可选行列 JViewport 对象。JScrollPane 容器可以显示内容比较多或大小会动态变化的组件。与其类似的容器还有 JSplitPane 和 JTabbedPane，它们都属于能在固定大小的窗口上显示较多内容的容器。JScrollPane 的滚动条默认为可选，但可以调用 setHorizontalScrollBarPolicy 和 setVerticalScrollBarPolicy 方法设置滚动条显示策略。若需要一直显示水平滚动条，则可以设置显示策略为 ScrollPaneConstants.HORIZONTAL_SCROLLBAR_ALWAYS。若需要一直显示垂直滚动条，则可以设置显示策略为 ScrollPaneConstants.VERTICAL_SCROLLBAR_ALWAYS。

JScrollPane 面板主要构造方法与成员方法说明如下。

public JScrollPane(Component view)：创建一个显示指定组件 view 的 JScrollPane 容器，在组件 view 的内容超过显示范围时出现水平和垂直滚动条。参数 view 表示显示在容器中的组件。若调用不带参数的构造方法创建 JScrollPane 对象，需要调用 setViewportView 方法设置显示组件。

public void setViewportView(Component view)：设置显示在 JScrollPane 容器中可滚动的组件。调用 JScrollPane()方法后需要调用该方法设置显示内容。

public void setVerticalScrollBarPolicy(int policy)：设置垂直滚动条的显示策略，该策略决定垂直滚动条什么时候显示。策略参数 policy 有 VERTICAL_SCROLLBAR_AS_NEEDED、VERTICAL_SCROLLBAR_NEVER、VERTICAL_SCROLLBAR_ALWAYS 三种取值。其中，VERTICAL_SCROLLBAR_AS_NEEDED 表示显示内容在竖直方向上超过显示范围后才显示垂直滚动条，VERTICAL_SCROLLBAR_NEVER 表示在任何情况下都不显示垂直滚动条，VERTICAL_SCROLLBAR_ALWAYS 表示始终显示垂直滚动条。

public void setHorizontalScrollBarPolicy(int policy)：设置水平滚动条的显示策略，该策略决定滚动条什么时候显示。策略参数 policy 有 HORIZONTAL_SCROLLBAR_AS_NEEDED、HORIZONTAL_SCROLLBAR_NEVER、HORIZONTAL_SCROLLBAR_ALWAYS 三种取值。其中，HORIZONTAL_SCROLLBAR_AS_NEEDED 表示显示内容在水平方向上超过显示范围后才显示水平滚动条，HORIZONTAL_SCROLLBAR_NEVER 表示在任何情况下都不显示水平滚动条，HORIZONTAL_SCROLLBAR_ALWAYS 表示始终显示水平滚动条。

例如，在一个 JScrollPane 容器中显示一个多行文本框 JTextArea 对象的代码片段如下（其中 JScrollPane 容器的滚动条根据显示内容大小决定是否显示）：

```
JTextArea textarea = new JTextArea(15,25);//创建 15 行 25 列的空多行文本框对象
JScrollPane scrollpane = new JScrollPane(textarea);//创建显示多行文本框的可滚动的面板容器
//设置行滚动条显示策略
scrollpane.setHorizontalScrollBarPolicy(ScrollPaneConstants.HORIZONTAL_SCROLLBAR_AS_NEEDED);
//设置垂直滚动条显示策略
scrollpane.setVerticalScrollBarPolicy(ScrollPaneConstants.VERTICAL_SCROLLBAR_AS_NEEDED);
```

（4）JTabbedPane

JTabbedPane 是带标签的面板容器，允许用户在不同面板之间切换，这种容器能帮助开发人员在大小有限的窗口中显示更多组件内容。标签面板可以通过使用鼠标单击标签面板的标题或图标，使用键盘方向键或使用键盘快捷键三种方式切换。JTabbedPane 对象调用 addTab 或 insertTab 方法可以向 JTabbedPane 容器中增加标签面板。被增加到容器中的标签面板都对应一个索引，索引取值范围是 0～getTabCount()-1。调用 getTabCount 方法可以返回增加到容器中的标签面板的个数。调用 setTabPlacement 方法为面板标签设置 LEFT、RIGHT、TOP、BOTTOM 四种不同的布局位置。除此之外，JTabbedPane 还能自定义标签组件，例如，在标签上增加关闭按钮或其他组件以增强与用户的交互性。JTabbedPane 的主要构造方法与成员方法说明如下。

public JTabbedPane()：创建空 JTabbedPane 容器，标签位置默认设置为 JTabbedPane.TOP。

public JTabbedPane(int tabPlacement)：创建空 JTabbedPane 容器，参数 tabPlacement 决定标签所在位置，有 JTabbedPane.TOP、JTabbedPane.BOTTOM、JTabbedPane.LEFT、JTabbedPane.RIGHT 共 4 种取值。

public JTabbedPane(int tabPlacement, int tabLayoutPolicy)：创建指定标签位置 tabPlacement 和标签布局策略 tabLayoutPolicy 的空 JTabbedPane 容器。标签位置有 JTabbedPane.TOP、JTabbedPane.BOTTOM、JTabbedPane.LEFT 或 JTabbedPane.RIGHT 四种取值，标签布局策略有 JTabbedPane.WRAP_TAB_LAYOUT 或 TabbedPane.SCROLL_TAB_LAYOUT 两种取值。

public void addTab(String title, Icon icon, Component component, String tip)：增加一个标签面板，参数 title 是面板的标题，icon 是面板的图标，component 是标签被选中时显示的组件，tip 是鼠标指针移到标签上要显示的提示信息。

public void addTab(String title, Icon icon, Component component)：增加一个带标题或图标的标签面板，标签被选中后，在容器中显示指定组件 component。

public void addTab(String title, Component component)：增加一个带标题的标签面板，标签被选中后，在容器中显示指定组件 component。

public void setTabLayoutPolicy(int tabLayoutPolicy)：设置当所有的标签不能全部显示在一行中时标签的布局策略。参数 tabLayoutPolicy 有 JTabbedPane.WRAP_TAB_LAYOUT 和 JTabbedPane.SCROLL_TAB_LAYOUT 两种取值。

public void setTabPlacement(int tabPlacement)：设置标签位置，参数 tabPlacement 有 JTabbedPane.TOP、JTabbedPane.BOTTOM、JTabbedPane.LEFT 或 JTabbedPane.RIGHT 四种取值。

public void insertTab(String title,Icon icon,Component component,String tip,int index)：在指定索引位置插入一个新的标签面板。若参数 index 小于 0 或大于 getTabCount()，运行时将抛出 IndexOutOfBoundsException 异常。

public void removeTabAt(int index)：删除指定索引位置的标签面板及其关联的组件。参数 index 取值范围为 0～getTabCount()-1。

public void removeAll()：从 JTabbedPane 容器中删除所有标签和它们关联的组件。

public void setSelectedIndex(int index)：设置被选中的标签索引。

public int getSelectedIndex()：返回当前选中标签的索引。

public void setMnemonicAt(int tabIndex, int mnemonic)：为标签面板设置快捷键。

public void setToolTipTextAt(int index, String toolTipText)：为标签面板设置提示信息。

public void setTabComponentAt(int index, Component component)：使用 component 组件自定义标签。

例如，包含三个标签的 JTabbedPane 容器示例代码片段如下（其中标签位置设置为 JTabbedPane.TOP，当前被选中标签索引为 1，为每个标签单独设置提示信息和键盘快捷方式）：

```
1  JTabbedPane tabbedpane = new JTabbedPane(JTabbedPane.TOP);
2  tabbedpane.addTab("File", new JPanel());
3  tabbedpane.addTab("Edit", new JPanel());
4  tabbedpane.addTab("Window", new JPanel());
5  tabbedpane.setToolTipTextAt(0, "File");
6  tabbedpane.setToolTipTextAt(1, "Edit");
7  tabbedpane.setToolTipTextAt(2, "Window");
8  tabbedpane.setMnemonicAt(0, KeyEvent.VK_1);
9  tabbedpane.setMnemonicAt(1, KeyEvent.VK_2);
10 tabbedpane.setMnemonicAt(2, KeyEvent.VK_3);
11 tabbedpane.setSelectedIndex(1);
```

（5）JSplitPane

JSplitPane 是带分隔条的面板容器，该容器可以显示两个组件。这两个组件在 JSplitPane 容器中的位置可以取值：JSplitPane.HORIZONTAL_SPLIT 表示水平分隔从左到右排列，JSplitPane.VERTICAL_SPLIT 表示垂直分隔从上到下排列。用户可以通过拖动分隔条改变两个组件的大小。在代码中可以通过 setDividerLocation 设置分隔条位置。JSplitPane 容器使用 setLeftComponent、setRightComponent、setTopComponent、setBottomComponent 方法设置水平排列或竖直排列的两个组件。JSplitPane 面板容器的主要构造方法与成员方法说明如下。

public JSplitPane()：创建一个新的水平排列两个组件的 JSplitPane 容器。

public JSplitPane(int newOrientation,Component newLeftComponent,Component newRightComponent)：创建指定组件和组件排列方向的带分隔条的 JSplitPane 容器。参数 newOrientation 为 JSplitPane.HORIZONTAL_SPLIT 表示左右水平排列两个组件，为 JSplitPane.VERTICAL_SPLIT 表示上下竖直排列两个组件。

public void setDividerSize(int newSize)：设置分隔条大小。

public void setLeftComponent(Component comp)：设置分隔条左边或上边的组件。

public void setTopComponent(Component comp)：设置分隔条上边或左边的组件。

public void setRightComponent(Component comp)：设置分隔条右边或下边的组件。

public void setBottomComponent(Component comp)：设置分隔条下边或右边的组件。

public void setOrientation(int orientation)：设置分隔条划分组件的方向，参数 orientation 为 JSplitPane.VERTICAL_SPLIT 表示上下竖直划分，为 JSplitPane.HORIZONTAL_SPLIT 表示左右水平划分。

public void setDividerLocation(int location)：设置分隔条位置。

例如，包含两个列表框 JList 对象的 JSplitPane 容器示例如下代码段（其中分隔条水平分隔两个列表，分隔条宽 10 像素，位置距离 JSplitPane 容器左边界 150 像素处）：

```
1   JSplitPane splitpane = new JSplitPane();
2   String[] leftData = {"八大行星","七大洲","五大洋"};
3   String[] rightData = {"水星","金星","地球","火星","木星","土星","天王星","海王星"};
4   JList<String> leftList = new JList<>(leftData);
5   JList<String> rightList = new JList<>(rightData);
6   splitpane.setOrientation(JSplitPane.HORIZONTAL_SPLIT);
7   splitpane.setLeftComponent(leftList);
8   splitpane.setRightComponent(rightList);
9   splitpane.setDividerSize(10);
10  splitpane.setDividerLocation(150);
```

（6）JMenuBar

JMenuBar 表示菜单栏。在 JFrame 窗体上增加菜单栏的方法分以下 6 个步骤。① 创建菜单项 JMenuItem 对象；② 创建菜单 JMenu 对象；③ 调用 JMenu.add 方法将创建好的菜单项加入菜单中；④ 创建菜单栏 JMenuBar 对象；⑤ 调用 JMenuBar.add 方法将创建好的菜单加入菜单栏中；⑥ 调用 JFrame.setJMenuBar 方法将菜单栏加入窗体中。例如，下面的代码片段创建的窗体包含一个具有 3 个菜单的菜单栏，第 1 个菜单（File）包含 3 个菜单项（New、Open…和 Exit），第 2 个菜单（Edit）包含 3 个菜单项（Cut、Copy 和 Paste），第 3 个菜单（Window）包含 4 个菜单项（New Window、Show View、Perspective 和 Preferences）。

```
1   JMenuItem item1 = new JMenuItem("New");
2   JMenuItem item2 = new JMenuItem("Open...");
3   JMenuItem item3 = new JMenuItem("Exit");
4   JMenuItem item4 = new JMenuItem("Cut");
5   JMenuItem item5 = new JMenuItem("Copy");
6   JMenuItem item6 = new JMenuItem("Paste");
7   JMenuItem item7 = new JMenuItem("New Window");
8   JMenuItem item8 = new JMenuItem("Show View");
9   JMenuItem item9 = new JMenuItem("Perspective");
10  JMenuItem item10 = new JMenuItem("Preferences");
11  JMenu menu1 = new JMenu("File");
12  JMenu menu2 = new JMenu("Edit");
13  JMenu menu3 = new JMenu("Window");
14  menu1.add(item1);menu1.add(item2);menu1.add(item3);menu2.add(item4);menu2.add(item5);
15  menu2.add(item6);menu3.add(item7);menu3.add(item8);menu3.add(item9);menu3.add(item10);
```

```
16  JMenuBar menuBar = new JMenuBar();
17  menuBar.add(menu1);menuBar.add(menu2);menuBar.add(menu3);
18  frame.setJMenuBar(menuBar);
```

(7) JToolBar

JToolBar 是工具栏容器，通常加入按钮组件（当然也可以加入非按钮的其他组件，例如单行文本框）方便用户访问系统功能。JToolBar 对象调用 add 方法可以增加组件，调用 addSeparator 可以增加分隔符。当工具栏的可浮动属性设置为 true 时，其可以被拖动停靠在 BorderLayout 布局管理器的四个方位上，前提是采用 BorderLayout 布局管理器的容器的这四个方位上没有放置其他组件。JToolBar 的主要构造方法与成员方法说明如下。

public JToolBar()：创建水平工具栏。

public JToolBar(String name, int orientation)：创建指定名字和指定方向的工具栏，当工具栏处于悬浮未停靠状态时显示工具栏的名字。参数 orientation 设置工具栏方向，可设置的值有 SwingConstants.HORIZONTAL 和 SwingConstants.VERTICAL。

public Component getComponentAtIndex(int i)：返回工具栏中指定索引位置的组件。

public void setFloatable(boolean b)：设置工具栏的悬浮属性。该属性设置为 true 可以拖动工具栏到不同位置。但有些 Java 外观（look and feel）并未实现可浮动工具栏。

public void setOrientation(int o)：设置工具栏方向。

public void addSeparator()：增加分隔符。

public Component add(Component comp)：增加组件。

public JButton add(Action a)：增加绑定指定监听器的按钮组件。

包含 5 个按钮、1 个单行文本框和 2 个分隔符的有名字可悬浮的水平工具栏示例代码片段如下：

```
1   JToolBar toolbar = new JToolBar();
2   toolbar.setName("normal tools");
3   toolbar.setOrientation(SwingConstants.HORIZONTAL);
4   toolbar.setFloatable(false);
5   JButton btn1 = new JButton("Open");
6   JButton btn2 = new JButton("Save");
7   JButton btn3 = new JButton("Copy");
8   JButton btn4 = new JButton("Paste");
9   JButton btn5 = new JButton("Cut");
10  JTextField textfield = new JTextField();
11  toolbar.add(btn1);
12  toolbar.add(btn2);
13  toolbar.addSeparator();
14  toolbar.add(btn3);
15  toolbar.add(btn4);
16  toolbar.add(btn5);
17  toolbar.addSeparator();
18  toolbar.add(textfield);
```

10.2.3 布局管理器

布局管理器是 LayoutManager 接口的实现类，它决定了增加到容器中的组件的大小和位置。组件可以设置自身的大小和位置，但如果它所在容器被指定了非空布局管理器，则组件最终的大小和位置由它所在容器的布局管理器决定。容器可以使用 getLayout 方法返回当前应用的布局管理器，也可以调用 setLayout 设置布局管理器。AWT 和 Swing 组件库提供了 FlowLayout、BorderLayout、GridLayout、BoxLayout、CardLayout、GridBagLayout、GroupLayout 等 7 种常用布局管理器。

（1）FlowLayout

行布局管理器 FlowLayout 是 JPanel 类型的默认布局管理器。FlowLayout 按行顺序排列组件，若组件超过容器的宽度则在新的一行中顺序排列组件。通过 FlowLayout 的构造方法可以设置组件的对齐方式和组件之间在水平和竖直方向上的间距，通过容器的 setComponentOrientation 方法还可以设置组件水平排列的方向，排列方向有 ComponentOrientation.LEFT_TO_RIGHT 从左至右和 ComponentOrientation.RIGHT_TO_LEFT 从右至左两种取值。FlowLayout 保持组件原始大小，改变容器大小不会影响容器内组件的大小。FlowLayout 的主要构造方法与成员方法说明如下。

public FlowLayout()：创建一个居中对齐，水平和竖直间距 5 像素的行布局管理器。

public FlowLayout(int align, int hgap, int vgap)：创建一个指定对齐方式 align、水平间距 hgap 和竖直间距 vgap 的行布局管理器。对齐方式 align 有 FlowLayout.LEFT、FlowLayout.RIGHT、FlowLayout.CENTER、FlowLayout.LEADING、FlowLayout.TRAILING 共 5 种取值。

例如，创建一个采用 FlowLayout 布局管理器的 JPanel 面板，设置行布局管理器水平和竖直间距为 10 像素，组件左对齐，排列方向为从左至右。在 JPanel 中增加 10 个按钮，这 10 个按钮像段落文字一样从左到右顺序按行排列。最后将 JPanel 对象加入使用 BorderLayout 布局管理器的 JFrame 内容面板中。示例参见代码 10-1。

代码 10-1　行布局管理器示例

```
1  JFrame frame = new JFrame("FlowLayout Demo");//创建带标题的窗体
2  JPanel panel = new JPanel();
3  //创建从左至右水平排列组件的行布局管理器，组件之间水平间距30像素，竖直间距10像素
4  FlowLayout layout = new FlowLayout(FlowLayout.LEFT, 30, 10);
5  panel.setComponentOrientation(ComponentOrientation.LEFT_TO_RIGHT);
6  panel.setLayout(layout);//设置面板的布局管理器
7  JButton[] btns = new JButton[10];
8  for(int i = 0; i < btns.length; i++) {
9      btns[i] = new JButton("button"+(i+1));
10     panel.add(btns[i]);//向面板中增加10个按钮组件
11 }
12 frame.add(panel, BorderLayout.CENTER);//将行布局的面板布局到窗体的CENTER区域
```

运行结果如图 10-3 所示。扫描本章二维码获取示例完整代码。

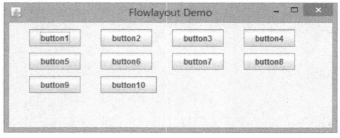

图 10-3　行布局管理器示例

（2）BorderLayout

边框布局管理器 BorderLayout 将容器划分为北、南、西、东、中（NORTH、SOUTH、WEST、EAST、CENTER）共 5 个区域，每个区域只能添加一个组件。BorderLayout 是 JFrame 顶层容器的默认布局管理器，调用 add(Component comp, int index)方法可以将组件根据参数 index 指派到这 5 个区域并根据容器大小调整组件大小。增加的组件若未指定区域，默认将其添加到 CENTER 区域。BorderLayout 也支持相对位置常量 PAGE_START、PAGE_END、LINE_START 和 LINE_END，组件布局方向设置为 ComponentOrientation.LEFT_TO_RIGHT 从左到右时，它们分

别等价于常量 NORTH、SOUTH、WEST 和 EAST。BorderLayout 的主要构造方法与成员方法说明如下。

public BorderLayout()：创建一个组件间无间距的边框布局管理器。

public BorderLayout(int hgap, int vgap)：创建一个指定水平间距 hgap 和竖直间距 vgap 的边框布局管理器。

例如，创建使用默认边框布局管理器的 JFrame 窗体，在 NORTH 区域部署一个 JPanel 面板，面板采用行布局管理器，增加了一个 JTextField 对象和一个 JButton 对象；在 CENTER 区域部署另一个采用边框布局管理器的 JPanel 面板，在面板中增加一个 JList 对象；最后在 SOUTH 区域增加一个 JLabel 对象显示 JList 对象的数据行数。示例关键代码参见代码 10-2。

代码 10-2 边框布局管理器示例关键代码

```
1   JFrame frame = new JFrame("BorderLayout Demo");//创建带标题的窗体
2   //创建行布局的面板对象，增加文本框和按钮两个组件，组件大小由setPreferredSize设置
3   JPanel toppane = new JPanel(new FlowLayout(FlowLayout.LEFT));
4   JTextField textfield = new JTextField();
5   textfield.setPreferredSize(new Dimension(200, 25));
6   JButton btn = new JButton("search"); btn.setPreferredSize(new Dimension(75,25));
7   toppane.add(textfield); toppane.add(btn);
8   String[] data = {"水星","金星","地球","火星","木星","土星","天王星","海王星"};
9   JList<String> list = new JList<>(data);
10  //创建边框布局的面板对象，将包含八大行星数据的列表放置在窗体的CENTER区域
11  JPanel centerpane = new JPanel(new BorderLayout());
12  centerpane.add(list);
13  JLabel bottom = new JLabel("记录数："+data.length); //创建显示列表数据条数的标签对象
14  frame.add(toppane, BorderLayout.NORTH);//将toppane面板放置在窗体的NORTH区域
15  frame.add(centerpane, BorderLayout.CENTER);//将centerpane面板放置在窗体的CENTER区域
16  frame.add(bottom, BorderLayout.SOUTH);//将bottom标签放置在窗体的SOUTH区域
```

运行结果如图 10-4 所示。扫描本章二维码获取示例完整代码。

图 10-4 边框布局管理器

（3）GridLayout

网格布局管理器将容器划分为指定行数和指定列数的矩形网格，网格中每个单元格具有相同的大小且只能添加一个组件。当通过构造方法或 setRows、setColumns 方法设置行列数都不为零时，列数被忽略，真正的网格列数由加入容器中的组件个数和行数决定；当行数设置为 0 时，列数才会发挥作用，真正的网格行数由加入容器中的组件个数和列数决定。GridLayout 网格布局管理器的主要构造方法与成员方法说明如下。

public GridLayout()：创建一行的网格布局管理器，列数由添加到容器中的组件个数决定。

public GridLayout(int rows, int cols)：创建指定行列数的网格布局管理器。参数 rows 和 cols

不能同时为零，否则运行时将抛出 IllegalArgumentException 异常。

public GridLayout(int rows, int cols, int hgap, int vgap)：创建一个指定行列数、单元格之间的水平间距和竖直间距的网格布局管理器。参数 rows 和 cols 不能同时为零，否则运行时将抛出 IllegalArgumentException 异常。

public void setRows(int rows)：设置布局管理器的行数。

public void setColumns(int cols)：设置布局管理器的列数。若行数不为零，则网格的列数实际是由添加到容器中的组件个数与行数决定的。

示例：一个支持整数四则运算的计算器界面 JFrame 采用 BorderLayout 布局管理器，显示表达式和运算结果的单行文本框 JTextField 添加到窗体的 NORTH 区域，部署按钮的 JPanel 容器采用网格布局管理器添加到窗体的 CENTER 区域。示例关键代码参见代码 10-3。

代码 10-3　采用网格布局管理器的计算器界面示例关键代码

```
1   JFrame frame = new JFrame("GridLayout Demo");//创建带标题的窗体
2   JTextField textfield = new JTextField();//创建文本框接收表达式和显示计算结果
3   //创建网格布局的面板容器，在5行3列共15个单元格中添加15个按钮组件
4   String str = "0123456789+-*/=";
5   GridLayout layout = new GridLayout(5, 0);
6   JPanel panel = new JPanel(layout);
7   JButton[] btns = new JButton[str.length()];
8   for(int i = 0; i < str.length(); i++) {
9       btns[i] = new JButton(str.substring(i, i+1));
10      panel.add(btns[i]);
11  }
12  frame.add(textfield, BorderLayout.NORTH);//将文本框添加到窗体的NORTH区域
13  frame.add(panel, BorderLayout.CENTER);//将包含15个按钮的面板添加到窗体的CENTER区域
```

运行结果如图 10-5 所示。扫描本章二维码获取示例完整代码。

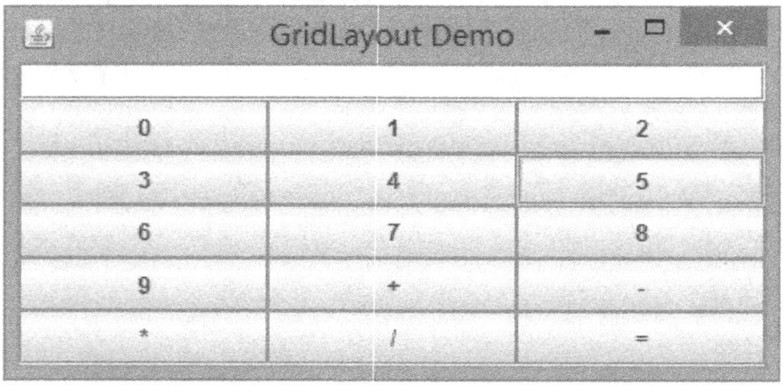

图 10-5　采用网格布局管理器的计算器界面

（4）BoxLayout

盒式布局管理器允许容器沿指定 axis 轴水平和竖直排列多个组件，嵌套多个使用 BoxLayout 布局管理器的 JPanel 面板可以实现类似于 GridBagLayout 管理器的布局效果。BoxLayout 可以使用 4 种 axis 轴参数指定布局的方式：X_AXIS、Y_AXIS、LINE_AXIS 和 PAGE_AXIS。其中，X_AXIS 表示组件从左到右水平排列；Y_AXIS 表示组件从上到下竖直排列；LINE_AXIS 表示根据容器的组件方向属性 ComponentOrientation 线性排列组件，若 ComponentOrientation 的值为 LEFT_TO_RIGHT，则组件按从左到右顺序水平排列，若为 RIGHT_TO_LEFT，则组件按从右到左顺序水平排列，否则组件按从上到下竖直排列；PAGE_AXIS 与 LINE_AXIS 相反，若容器的组件方向为水平方向，则组件竖直排列，否则组件水平排列。轻量级容器 Box 默认使用 BoxLayout 布局管理器，我们可以使用嵌套容器 Box 构造出更加复杂的用户界面。BoxLayout 的主要构造

方法与成员方法说明如下。

public BoxLayout(Container target, int axis)：创建沿 axis 轴方向排列组件的盒式布局管理器。其中，参数 target 表示应用该布局管理器的容器；axis 表示排列组件的轴，有 BoxLayout.X_AXIS、BoxLayout.Y_AXIS、BoxLayout.LINE_AXIS、BoxLayout.PAGE_AXIS 共 4 种取值。

轻量级容器 Box 的主要构造方法与成员方法说明如下。

public Box(int axis)：创建指定轴的 Box 对象，该对象使用 BoxLayout 布局管理器沿 axis 轴方向排列组件。其中参数 axis 有 BoxLayout.X_AXIS、BoxLayout.Y_AXIS、BoxLayout.LINE_AXIS、BoxLayout.PAGE_AXIS 共 4 种取值。

public static Box createHorizontalBox()：创建从左到右水平布局的 Box 对象，等价于调用 Box 构造方法 Box(BoxLayout.LINE_AXIS)。

public static Box createVerticalBox()：创建从上到下竖直布局的 Box 对象，等价于调用 Box 构造方法 Box(Boxlayout.PAGE_AXIS)。

public static Component createRigidArea(Dimension d)：创建一个指定宽度和高度的不可见组件，用于分隔 Box 容器内的组件。

public static Component createHorizontalStrut(int width)：创建一个固定宽度 width 的不可见组件，用于分隔水平布局 Box 容器内的组件。

public static Component createVerticalStrut(int height)：创建一个固定高度的不可见组件，用于分隔竖直布局 Box 容器内的组件。

public static Component createGlue()：创建不可见的 Glue 黏合组件，用于填充相邻组件之间的空间。例如，希望固定大小的组件右对齐，可在组件前添加用该方法创建的不可见组件；若希望固定大小组件居中显示，可在组件前后添加用该方法创建的不可见组件。

public static Component createHorizontalGlue()：创建水平 Glue 黏合组件，用于组件之间的水平填充。

public static Component createVerticalGlue()：创建竖直 Glue 黏合组件，用于组件之间的竖直填充。

示例：使用采用 BoxLayout 布局管理器的 Box 容器创建用户登录界面。Box 容器可以水平或竖直排列组件，嵌套使用 Box 容器可以构造比较复杂的用户界面。本例中最外层的 Box 容器在竖直 axis 轴方向嵌套了三层 Box，上层的 Box 容器包含一个显示欢迎词的 JLabel 标签对象，中层的 Box 容器在水平方向上嵌套两个 Box 容器分别用于存放标签和文本输入框，下层的 Box 容器在水平方向上存放了"登录"和"退出"按钮。组件之间的水平和竖直间隔使用 createHorizontalStrut、createVerticalStrut、createGlue 方法创建不可见组件实现。示例关键代码参见代码 10-4。

代码 10-4　采用盒式布局管理器的用户登录界面示例关键代码

```
1   JFrame frame = new JFrame("BoxLayout Demo");//创建带标题的窗体
2   JPanel toppane = new JPanel();
3   Box topbox = new Box(BoxLayout.Y_AXIS);
4   topbox.setPreferredSize(new Dimension(350, 240));
5   //创建水平布局的box1，包含欢迎标签welcome，居中显示欢迎词
6   Box box1 = new Box(BoxLayout.X_AXIS);
7   JLabel welcome = new JLabel("Welcome to BoxLayout Demo");
8   box1.add(welcome);
9   //创建水平布局的box2，嵌套两个竖直布局的Box对象，放置用户名与密码的提示和输入框
10  Box box2 = new Box(BoxLayout.X_AXIS);
11  Box box21 = new Box(BoxLayout.Y_AXIS);
12  JLabel userlabel = new JLabel("username:");
```

```
13  JLabel passlabel = new JLabel("password:");
14  box21.add(userlabel);
15  box21.add(passlabel);
16  Box box22 = new Box(BoxLayout.Y_AXIS);
17  JTextField userfield = new JTextField();
18  JPasswordField passfield = new JPasswordField();
19  box22.add(userfield);
20  box22.add(passfield);
21  box2.add(box21);
22  box2.add(box22);
23  Box box3 = new Box(BoxLayout.X_AXIS); //创建水平布局的box3，包含"登录"和"退出"按钮
24  JButton loginbtn = new JButton("login");
25  JButton exitbtn = new JButton("exit");
26  box3.add(loginbtn);
27  box3.add(exitbtn);
28  topbox.add(box1); //将box1，box2和box3从上至下顺序排列到竖直布局的topbox中
29  topbox.add(box2);
30  topbox.add(box3);
31  toppane.add(topbox);//将topbox添加到toppane面板中
32  frame.add(toppane);//将toppane面板添加到窗体的CENTER区域
```

运行结果如图 10-6 所示。扫描本章二维码获取示例完整代码。

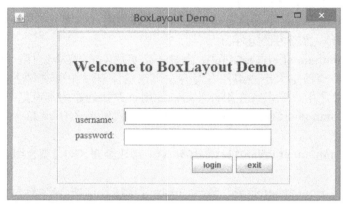

图 10-6　采用盒式布局管理器的用户登录界面

（5）CardLayout

卡片布局管理器将添加到容器的组件看作卡片，在容器中这些组件从上到下堆叠排列，只有最上层的组件可见。CardLayout 提供了一组方法可以实现堆叠组件的切换。例如，next 方法可以翻看下一个组件，若当前显示的是第一个组件，则调用 next 方法后将显示第二个组件。CardLayout 的主要构造方法与成员方法说明如下。

public CardLayout()：创建一个间距为 0 的卡片布局管理器。

public CardLayout(int hgap, int vgap)：创建指定行间距和列间距的卡片布局管理器。

public void first(Container parent)：翻看第一个组件。

public void next(Container parent)：向后翻看下一个组件。

public void previous(Container parent)：向前翻看前一个组件。

public void last(Container parent)：翻看最后一个组件。

public void show(Container parent, String name)：翻看指定名字的组件。

示例：在使用 CardLayout 布局管理器的 JPanel 面板中增加三个 JLabel 标签组件。每个标签组件负责显示一张图片。在标签上绑定鼠标监听器，当鼠标单击标签时调用卡片布局管理器的

next 方法翻看下一张图片。示例关键代码参见代码 10-5。

代码 10-5　采用卡片布局管理器的相册界面示例关键代码

```
1   JFrame frame = new JFrame("CardLayout Demo");//创建带标题的窗体
2   JPanel pane = new JPanel();//创建面板对象
3   CardLayout layout = new CardLayout(10, 10);//创建卡片布局管理器，组件与边界间距10像素
4   pane.setLayout(layout);//面板采用卡片布局管理器
5   String[] filenames = new String[] {"card1.jpg","card2.jpg","card3.jpg" };
6   JLabel[] labels = new JLabel[3];
7   for(int i = 0; i < labels.length; i++) {
8       ImageIcon images = new ImageIcon("images/"+filenames[i]);
9       labels[i] = new JLabel(images);//创建三个显示图片的标签对象
10      labels[i].addMouseListener(new MouseAdapter() {//为标签添加鼠标监听器
11          @Override
12          public void mouseClicked(MouseEvent e) {//接收和处理鼠标单击事件
13              layout.next(pane);//单击标签，向后翻看下一张图片
14          }
15      });
16      pane.add(labels[i]);//将添加了事件监听器的图片标签添加到面板中
17  }
18  frame.add(pane);//将面板添加到窗体的CENTER区域
```

运行结果如图 10-7 所示。扫描本章二维码获取示例完整代码。

（a）第一张图片

（b）第二张图片

（c）第三张图片

图 10-7　采用卡片布局管理器的相册界面

（6）GridBagLayout

网格包布局管理器是类似于 GridLayout 的一种灵活的按行、列布局的管理器。每个 GridLayout 布局管理器都维护一组矩形单元格。不同于网格布局管理器，每个添加到容器中的组件允许跨行跨列占多个单元格，组件大小可以不同。使用 GridBagLayout 布局组件时，需要使用 GridBagConstraints 对象限定组件在网格中的位置。GridBagConstraints 提供了多个变量用于开发人员自定义组件位置，这些变量及其说明如下。

GridBagConstraints.gridx 与 **GridBagConstraints.gridy**：指定组件起始位置在网格中对应单元格的行列位置。单元格行列编号从 0 开始。例如，从左到右水平布局的组件的起始位置是组件的左上角，从右到左布局的组件起始位置是组件的右上角。若当前容器从左到右排列组件，gridx=0，gridy=0 表示组件左上角的位置对应的是网格 0 行 0 列的单元格。

· 233 ·

GridBagConstraints.gridwidth 与 **GridBagConstraints.gridheight**：表示组件所占的列数和行数。默认值是 1 表示组件占 1 行 1 列。gridwidth=GridBagConstraints.REMAINDER 表示从 gridx 开始到该行最后一个单元格，gridheight=GridBagConstraints.REMAINDER 表示从 gridy 开始到该列最后一个单元格。

GridBagConstraints.fill：指定当显示区域大于组件大小时改变组件大小填充空余空间的策略。fill 默认值是 GridBagConstraints.NONE。fill=GridBagConstraints.HORIZONTAL 表示组件在高度不变的情况下在水平方向上填充满单元格，fill=GridBagConstraints.VERTICAL 表示组件在宽度不变的情况下在竖直方向上填充满单元格，fill=GridBagConstraints.BOTH 表示在水平和竖直方向上都填充满单元格。

GridBagConstraints.ipadx 与 **GridBagConstraints.ipady**：指定组件内的行间距 ipady 和列间距 ipadx 的大小。

GridBagConstraints.insets：指定组件与显示区域边界之间的间距。

GridBagConstraints.anchor：指定组件在显示区域内的位置。

GridBagConstraints.weightx 与 **GridBagConstraints.weighty**：指定水平方向和竖直方向上组件分配多余空间的权重。当窗体变大时，多余空间按该权重分配给各个组件。

示例：使用 GridBagLayout 布局管理器构造单据界面。单据界面分为上中下三个部分：表头、表体和表尾。本例中表头包含部门、仓库、经手人、单据起止时间等文本输入框，以及"查询"按钮、"保存"按钮和"打印"按钮；表体包含一个显示数据的 JList 列表框；表尾包括数据个数和金额统计框。这些组件使用 GridBagConstraints 定义它们在容器中的位置。示例关键代码参见代码 10-6。

代码 10-6　采用网格包布局管理器的单据界面示例关键代码

```
1   JFrame frame = new JFrame("GridBagLayout Demo");//定义带标题的JFrame窗体
2   JPanel pane = new JPanel(new GridBagLayout());//定义使用网格包布局管理器的JPanel面板
3   JLabel departlabel = new JLabel("部门:"); //定义构成单据的各个组件
4   JTextField departfield = new JTextField();
5   JLabel startlabel = new JLabel("开始时间:");
6   JTextField startfield = new JTextField();
7   JLabel endlabel = new JLabel("结束时间:");
8   JTextField endfield = new JTextField();
9   JLabel warehouselabel = new JLabel("仓库:");
10  JTextField warehousefield = new JTextField();
11  JLabel employeelabel = new JLabel("经手人:");
12  JTextField employeefield = new JTextField();
13  JButton searchBtn = new JButton("查询");
14  JButton saveBtn = new JButton("保存");
15  JButton printBtn = new JButton("打印");
16  JList list = new JList<>();
17  JLabel countlabel = new JLabel("数量:");
18  JTextField countfield = new JTextField();
19  JLabel amountlabel = new JLabel("总金额:");
20  JTextField amountfield = new JTextField();
21  GridBagConstraints c = new GridBagConstraints();//定义决定组件位置的GridBagConstraints对象
22  //从0行0列开始占1个单元格
23  c.gridx = 0;c.gridy = 0;c.gridwidth = 1;c.gridheight = 1;   c.weightx = 0;c.weighty = 0;
24  //若组件大小小于可以显示的区域，则水平拉伸组件使之填充空余空间
25  c.fill = GridBagConstraints.HORIZONTAL;
26  c.insets = new Insets(5, 5, 5, 5); //设置组件与左、上、右、下各边界间距为5像素
27  pane.add(departlabel, c);
```

```
28    c.gridx = 1;c.gridwidth = 2;c.weightx = 1;//第2个组件从0行1列开始占2个单元格，大小随窗体变化
29    pane.add(departfield, c);
30    c.gridx = 3;c.gridwidth = 1;c.weightx = 0; //第3个组件从0行3列开始占1个单元格，大小不随窗体变化
31    pane.add(startlabel, c);
32    c.gridx = 4;c.gridwidth = 2;c.weightx = 1; //第4个组件从0行4列开始占2个单元格，大小随窗体变化
33    pane.add(startfield, c);
34    c.gridx = 6;c.gridwidth = 1;c.weightx = 0; //第5个组件从0行6列开始占1个单元格，大小不随窗体变化
35    pane.add(endlabel, c);
36    c.gridx = 7;c.gridwidth = 2;c.weightx = 0; //第6个组件从0行7列开始占2个单元格，大小不随窗体变化
37    pane.add(endfield, c);
38    c.gridx = 0;c.gridy = 1;c.weightx = 0;c.gridwidth = 1; //第7个组件在1行0列占1个单元格
39    pane.add(warehouselabel, c);
40    c.gridx = 1;c.gridwidth = 2;c.weightx = 1; //第8个组件从1行1列开始占2个单元格，大小随窗体变化
41    pane.add(warehousefield, c);
42    c.gridx = 3;c.gridwidth = 1;c.weightx = 0; //第9个组件在1行3列占1个单元格，大小不随窗体变化
43    pane.add(employeelabel, c);
44    c.gridx = 4;c.gridwidth = 2;c.weightx = 1; //第10个组件从1行4列开始占2个单元格，大小随窗体变化
45    pane.add(employeefield, c);
46    c.gridx = 6;c.gridwidth = 1;c.weightx = 0; //第11个组件在1行6列占1个单元格，大小不随窗体变化
47    pane.add(searchBtn, c);
48    c.gridx = 7; //设置第12个组件在1行7列占1个单元格，大小不随窗体大小变化
49    pane.add(saveBtn, c);
50    c.gridx = 8; //设置第13个组件在1行8列占1个单元格，大小不随窗体大小变化
51    pane.add(printBtn, c);
52    c.gridx = 0;c.gridy = 2;c.gridwidth = 9;c.gridheight = 1;c.weighty = 1; //第14个组件在2行0列占9个单元格
53    //若组件大小小于显示区域，则在水平和竖直方向上拉伸组件以填充空余空间
54    c.fill = GridBagConstraints.BOTH;
55    pane.add(list, c);
56    //第15个组件在3行0列占1个单元格，大小不随窗体大小变化
57    c.gridx = 0;c.gridy = 3;c.gridwidth = 1;c.gridheight = 1;c.weightx = 0;c.weighty = 0;
58    c.fill = GridBagConstraints.HORIZONTAL;
59    pane.add(countlabel, c);
60    c.gridx = 1;c.gridwidth = 2;c.weightx = 1;//第16个组件从3行1列开始占2个单元格，大小随窗体变化
61    pane.add(countfield, c);
62    c.gridx = 3;c.gridwidth = 1;c.weightx = 0;//第17个组件在3行3列占1个单元格，大小不随窗体变化
63    pane.add(amountlabel, c);
64    c.gridx = 4;c.gridwidth = 2;c.weightx = 1;//第18个组件从3行4列开始占2个单元格，大小随窗体变化
65    pane.add(amountfield, c);
66    frame.add(pane);
```

运行结果如图 10-8 所示。扫描本章二维码获取示例完整代码。

（7）GroupLayout

组布局管理器是对组件进行水平分组和竖直分组并分别投射到竖直轴和水平轴上进行布局的一种布局管理器。GroupLayout 支持两种类型的分组：串行组（通过 createSequentialGroup 方法创建）与并行组（通过 createParallelGroup 方法创建）。串行组顺序排列添加到组内的组件，并行组为添加到组内的组件提供 4 种对齐方式：BASELINE（按组件底线对齐）、LEADING（投射到水平轴上的竖直分组内的组件左对齐，投射到竖直轴上的水平分组内的组件上对齐）、CENTER（按组件中线居中对齐）、TRAILING（投射到水平轴上的竖直分组内的组件右对齐，投射到竖直轴的水平分组内的组件下对齐）。利用组布局管理器向容器中添加组件没有单独的 add 方法，而是需要按以下步骤添加组件。

第 1 步：创建组布局管理器 GroupLayout 对象 layout。

第 2 步：调用 layout.createSequentialGroup 方法创建投射到竖直轴上的串行组对象，用于包含多个平行于水平轴的并行组对象。

图 10-8 采用网格包布局管理器的单据界面

第 3 步：调用 layout.createParallelGroup 方法创建并行组对象，将沿水平轴方向水平排列的组件通过 addComponent 方法添加到其中，设置它们的对齐方式。

第 4 步：将第三步创建的并行组对象通过 addGroup 方法添加到第 2 步创建的串行组中。

第 5 步：若沿水平轴方向上还有未处理的组件，则返回第 3 步，否则将第 2 步的串行组对象通过 setVerticalGroup 方法添加到第一步创建的组布局管理器 layout 中。

第 6 步：调用 layout.createSequentialGroup 方法创建投射到水平轴上的串行组对象，用于包含多个平行于竖直轴的并行组对象。

第 7 步：调用 layout.createParallelGroup 方法创建并行组对象，将沿竖直轴方向竖直排列的组件调用 addComponent 方法添加到其中，设置它们的对齐方式。

第 8 步：将第 7 步创建的并行组通过 addGroup 方法添加到第六步创建的串行组中。

第 9 步：若沿竖直轴方向上还有未处理的组件，则返回第 7 步，否则将第 6 步的串行组通过 setHorizontalGroup 方法添加到第一步创建的组布局管理器 layout 中。

示例：使用 GroupLayout 布局管理器构造基本信息展示界面。该界面包含一个显示头像的标签对象，多个显示基本属性的标签对象和两个按钮对象。沿水平轴方向上有 6 个并行组，沿竖直轴方向上有 4 个并行组。代码 10-7 给出了示例关键代码。

代码 10-7 采用组布局管理器的基本信息展示界面示例关键代码

```
1   JFrame frame = new JFrame("GroupLayout Demo");//定义带标题的JFrame窗体
2   //第1步
3   GroupLayout layout = new GroupLayout(pane);
4   pane.setLayout(layout);
5   layout.setAutoCreateGaps(true);//组件之间自动增加间隙
6   layout.setAutoCreateContainerGaps(true);//组件与容器边界之间自动增加间隙
7   ImageIcon image = new ImageIcon("images/monkey.jpg");
8   JLabel photo = new JLabel(image);
9   JLabel idlabel = new JLabel("编号:");//创建基本信息展示面板中的组件
10  JLabel idvalue = new JLabel("MONKEY-001");
11  JLabel namelabel = new JLabel("名字:");
12  JLabel namevalue = new JLabel("松鼠猴");
13  JLabel addresslabel = new JLabel("分布:");
14  JLabel addressvalue = new JLabel("巴西、哥伦比亚、厄瓜多尔、苏里南等地。");
15  JLabel charalabel = new JLabel("特性:");
```

```
16 JLabel charavalue = new JLabel("松鼠猴为杂食性动物，以水果、坚果、花、昆虫等为食。");
17 JButton alterBtn = new JButton("修改");
18 JButton cancelBtn = new JButton("返回");
19 //第2步
20 SequentialGroup vGroup = layout.createSequentialGroup();
21 //重复第3步、第4步
22 ParallelGroup pGroup1 = layout.createParallelGroup(Alignment.CENTER);
23 pGroup1.addComponent(photo);
24 vGroup.addGroup(pGroup1);
25 ParallelGroup pGroup2 = layout.createParallelGroup(Alignment.LEADING);
26 pGroup2.addComponent(idlabel).addComponent(idvalue);
27 vGroup.addGroup(pGroup2);
28 ParallelGroup pGroup3 = layout.createParallelGroup(Alignment.LEADING);
29 pGroup3.addComponent(namelabel).addComponent(namevalue);
30 vGroup.addGroup(pGroup3);
31 ParallelGroup pGroup4 = layout.createParallelGroup(Alignment.LEADING);
32 pGroup4.addComponent(addresslabel).addComponent(addressvalue);
33 vGroup.addGroup(pGroup4);
34 ParallelGroup pGroup5 = layout.createParallelGroup(Alignment.LEADING);
35 pGroup5.addComponent(charalabel).addComponent(charavalue);
36 vGroup.addGroup(pGroup5);
37 ParallelGroup pGroup6 = layout.createParallelGroup(Alignment.LEADING);
38 pGroup6.addComponent(alterBtn).addComponent(cancelBtn);
39 vGroup.addGroup(pGroup6);
40 //第5步
41 layout.setVerticalGroup(vGroup);
42 //第6步
43 SequentialGroup hGroup = layout.createSequentialGroup();
44 //重复第7步、第8步
45 ParallelGroup pGroup7 = layout.createParallelGroup(Alignment.LEADING);
46 pGroup7.addComponent(idlabel).addComponent(namelabel).addComponent(addresslabel).
47     addComponent(charalabel);
48 hGroup.addGroup(pGroup7);
49 ParallelGroup pGroup8 = layout.createParallelGroup(Alignment.LEADING);
50 pGroup8.addComponent(photo).addComponent(idvalue).addComponent(namevalue).
51     addComponent(addressvalue).addComponent(charavalue);
52 hGroup.addGroup(pGroup8);
53 ParallelGroup pGroup9 = layout.createParallelGroup(Alignment.LEADING);
54 pGroup9.addComponent(alterBtn);
55 hGroup.addGroup(pGroup9);
56 ParallelGroup pGroup10 = layout.createParallelGroup(Alignment.LEADING);
57 pGroup10.addComponent(cancelBtn);
58 hGroup.addGroup(pGroup10);
59 layout.setHorizontalGroup(hGroup);
60 //将采用GroupLayout的面板放置到JFrame窗体的CENTER区域
61 frame.add(pane);
```

运行结果如图10-9所示。扫描本章二维码获取示例完整代码。

容器除可以采用以上7种布局管理器外，还可以使用SpringLayout和空布局来设置容器中组件的位置和大小。其中，空布局是指容器不使用任何布局管理器。容器调用setLayout(null)方法即可设置其采用的布局管理器为空布局（null）。需要添加到不使用布局管理器的容器中的组件，应显式地通过setSize、setLocation或setBounds方法给出其在容器中的大小和位置。

示例：实现如图10-10（b）所示的用户注册界面，可以先画出草图，如图10-10（a）所示，在图上标出每个组件在界面上相对容器的坐标位置和大小，再通过组件的setSize、setLocation或setBounds方法编码实现。示例关键代码参见代码10-8。

图 10-9　采用组布局管理器的基本信息展示界面

代码 10-8　采用空布局管理器的用户注册界面示例关键代码

```
1   JFrame frame = new JFrame("NullLayout Demo");//定义450*400带标题的JFrame窗体
2   frame.setSize(450, 400);
3   frame.setLayout(null); //设置空布局的内容面板
4   JPanel panel = new JPanel(null); //创建空布局的面板容器
5   //调用setSize、setLocation和setBounds方法设置组件在容器中的绝对大小和相对位置
6   panel.setSize(590, 360);
7   panel.setLocation(0, 0);
8   JLabel tiplabel = new JLabel("用户注册");
9   tiplabel.setBounds(175,10,80,25);
10  panel.add(tiplabel);
11  JLabel namelabel = new JLabel("用户名:");
12  namelabel.setBounds(20, 50, 50, 25);
13  JTextField namefield = new JTextField();
14  namefield.setBounds(80, 50, 200, 25);
15  JLabel passlabel = new JLabel("密　码:");
16  passlabel.setBounds(20, 85, 50, 25);
17  JTextField passfield = new JTextField();
18  passfield.setBounds(80, 85, 200, 25);
19  JLabel addresslabel = new JLabel("地　址:");
20  addresslabel.setBounds(20, 120, 50, 25);
21  JTextField addressfield = new JTextField();
22  addressfield.setBounds(80, 120, 350, 25);
23  JLabel marklabel = new JLabel("备　注:");
24  marklabel.setBounds(20, 155, 50, 25);
25  JTextArea markArea = new JTextArea();
26  markArea.setBounds(80, 155, 350, 150);
27  JButton saveBtn = new JButton("保存");
28  saveBtn.setBounds(270, 315, 75, 25);
29  JButton cancelBtn = new JButton("取消");
30  cancelBtn.setBounds(355, 315, 75, 25);
31  //将指定了具体大小和相对位置的组件添加到设置为空布局的面板中
32  panel.add(namelabel); panel.add(namefield); panel.add(passlabel); panel.add(passfield);
33  panel.add(addresslabel); panel.add(addressfield); panel.add(marklabel); panel.add(markArea);
34  panel.add(saveBtn); panel.add(cancelBtn);
35  frame.add(panel); //将指定了具体大小和相对位置的面板添加到设置为空布局的窗体中
```

用户注册界面如图 10-10 所示。扫描本章二维码获取示例完整代码。

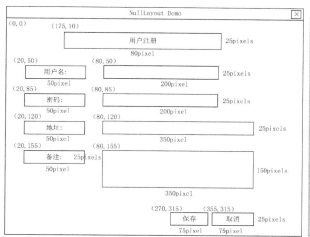

（a）草图　　　　　　　　　　　　　　　　　　（b）运行结果

图 10-10　采用空布局管理器的用户注册界面

10.3　Swing 常用组件

10.3.1　JLabel

标签组件用于显示文本或图片。用户可以指定文本和图片显示时对齐方式。标签默认为垂直居中对齐。若同时显示文本和图片，用户也可以指定文本相对图片的位置。默认为文本在图片右侧对齐。JLabel 组件不接收用户输入，不响应键盘事件。

JLabel 常用构造方法与成员方法说明如下。

public JLabel(String text)：创建显示指定文本的标签对象。

public JLabel(Icon image)：创建显示指定图像的标签对象。

public JLabel(String text, Icon icon, int horizontalAlignment)：创建指定文本、图标、水平对齐方式的标签对象。其中水平对齐方式 horizontalAlignment 可取 LEFT、CENTER、RIGHT、LEADING 或 TRAILING 共 5 种常量值。

public void setText(String text)：设置标签显示文本。

public void setIcon(Icon icon)：设置标签显示图像。

示例：使用 JLabel 组件显示图像。在使用 BoxLayout 布局管理器的 Box 组件中部署 4 个 JLabel 组件显示 6 张动物图片（本例所有图片来源于百度图片 image.baidu.com）。Box 组件被添加到 JFrame 内容面板的 CENTER 区域。在 WEST 和 EAST 区域分别添加向前和向后翻看图片的按钮。鼠标在按钮上的单击事件处理方法在代码 10-10 中给出，本例只展示 JLabel 显示图像的功能。使用 JLabel 显示图像示例关键代码参见代码 10-9。

代码 10-9　使用 JLabel 显示图像示例关键代码

```
1   public class LabelDemo extends JFrame{
2       private JButton leftBtn;//向前翻看按钮
3       private JButton rightBtn;//向后翻看按钮
4       private Box box;
5       private ImageIcon[] images;
6       private JLabel[] labels;
7       public LabelDemo() {
8           …
9           leftBtn = new JButton("<<");
```

```
10          rightBtn = new JButton(">>");
11          box = new Box(BoxLayout.X_AXIS);
12          String[] filenames = {"bug1.jpg","bug2.jpg","bug3.jpg","bug4.jpg","bug5.jpg","bug6.jpg"};
13          images = new ImageIcon[6];
14          labels = new JLabel[4];
15          for(int i = 0; i < images.length; i++) {//创建6个ImageIcon对象和4个标签对象
16              images[i] = new ImageIcon("images/chapter10/"+filenames[i]);
17              if(i>3) continue;
18              labels[i] = new JLabel(images[i]);
19              labels[i].setBorder(BorderFactory.createEtchedBorder());
20              box.add(labels[i]);
21          }
22          add(leftBtn,BorderLayout.WEST);//向前翻看按钮布局到窗体的WEST区域
23          add(box);//包含4个图片标签的Box组件布局到窗体的CENTER区域
24          add(rightBtn, BorderLayout.EAST);//向后翻看按钮布局到窗体的EAST区域
25      }
26 }
```

运行结果如图10-11所示。扫描本章二维码获取示例完整代码。

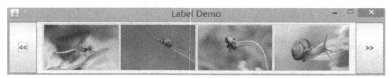

图 10-11 使用 JLabel 展示图像

10.3.2 JButton

按钮组件，通过构造方法可以设置带文本或图标的按钮，也可以创建绑定监听器的按钮。JButton 常用构造方法与成员方法说明如下。

public JButton(String text)：创建带文本的按钮。

public JButton(Icon icon)：创建带图标的按钮。

public JButton(String text, Icon icon)：创建带文本和图标的按钮。

public JButton(Action a)：创建绑定事件监听器的按钮。

public void setToolTipText(String text)：设置当光标停留在组件上时显示的提示文本。

public void addActionListener(ActionListener l)：为按钮增加 ActionListener 监听器。该监听器用于监听和接收事件源上的动作事件 ActionEvent。当动作事件发生时，对应的事件处理程序 actionPerformed 就会被调用。ActionEvent 表示对应组件上发生了预定义的动作。例如，按钮上发生按下的动作对应一个 ActionEvent。我们可以通过鼠标单击或按下键盘空格键触发按钮上的 ActionEvent 事件。

示例：在代码 10-9 的基础上为按钮增加事件监听器并实现监听到鼠标单击事件后的处理程序。事件监听与处理程序实现后，用户可以通过单击这两个按钮实现向前、向后翻看预定义的 6 张动物图片。在代码 10-9 基础上新增代码，参见代码 10-10。

代码 10-10 新增按钮事件监听与处理程序

```
1  /*调用addActionListener方法为向前翻看按钮增加事件监听器，在按钮上单击鼠标或按下键盘
2   空格键都会触发该事件而转入actionPerformed处理方法。事件处理程序执行流程：获取向前
3   翻看后4张图片的索引，然后调用setIcon方法更新标签组件显示的图片。
4   变量headerIndex记录当前第一个JLabel组件中显示的图片索引*/
5  leftBtn.addActionListener(new ActionListener() {
6      @Override
7      public void actionPerformed(ActionEvent e) {
```

```
8           int index = (headerIndex+1) % images.length;
9           headerIndex = index;
10          for(int i = 0; i < labels.length; i++) {
11              labels[i].setIcon(images[index]);
12              index = (index+1) % images.length;
13          }
14      }
15 });
16 /*调用addActionListener方法为向后翻看按钮增加事件监听器，向后翻看处理程序执行流程与
17   向前翻看处理程序流程类似，先获取向后翻看4张图片的索引，然后更新标签组件显示的图片*/
18 rightBtn.addActionListener(new ActionListener() {
19      @Override
20      public void actionPerformed(ActionEvent e) {
21          int index = headerIndex-1;
22          if(index<0) {
23              index = images.length - 1;
24          }
25          headerIndex = index;
26          for(int i = 0; i < labels.length; i++) {
27              labels[i].setIcon(images[index]);
28              index = (index+1) % images.length;
29          }
30      }
31 });
```

10.3.3 JComboBox

可以从下拉列表中选择特定的值，若是可编辑的下拉列表，则还可以在下拉列表包含的可编辑文本中输入数据。

JComboBox 常用构造方法与成员方法说明如下。

public JComboBox()：创建一个带默认数据模型的下拉列表对象。默认数据模型中没有数据，是一个空的对象列表，通过 addItem 方法可向下拉列表中增加数据项。默认数据模型中第一项作为被选中数据。

public JComboBox(ComboBoxModel<E> aModel)：用已经存在的数据模型创建一个下拉列表。参数 aModel 为新创建的 JComboBox 对象提供数据。

public JComboBox(E[] items)：创建包含 items 数组中所有元素的下拉列表。

public JComboBox(Vector<E> items)：创建包含 items 集合中所有元素的下拉列表。

public void setModel(ComboBoxModel<E> aModel)：为当前下拉列表设置数据模型。

public void setEditable(boolean aFlag)：设置下拉列表数据域是否可编辑。

public void setRenderer(ListCellRenderer<? super E> aRenderer)：设置渲染器，用于渲染下拉列表项。通过设置渲染器可以让下拉列表显示图像或除字符串、图标以外的复合对象。

public void setSelectedIndex(int anIndex)：选择指定索引的列表项。列表项索引取值大于等于 0。为 0 表示第一项被选择，等于-1 表示没有数据项被选择。

public void addItem(E item)：向数据列表中增加数据项。

public void addActionListener(ActionListener l)：增加 ActionListener 监听器。

示例：使用 JComboBox 组件创建级联地址选择界面。在 JFrame 窗体上创建线性排列的三个下拉列表对象，分别显示省、市、区三级数据。当改变上一级列表中的数据时下一级列表中的数据会联动变化。本例只为演示 JComboBox 组件功能，省/市/区数据并不完整，特此说明。示例关键代码参见代码 10-11。

代码 10-11　使用 JComboBox 实现级联地址选择界面示例关键代码

```
1   public class ComboBoxDemo extends JFrame{
2       private JComboBox<String> provinceCombox;//省份下拉列表框
3       private JComboBox<String> cityCombox;//城市下拉列表框
4       private JComboBox<String> districtCombox;//辖区下拉列表框
5       private String[] provinces = {"四川","湖北"};
6       private String[][] cities = {{"成都","绵阳","德阳"},{"武汉","襄阳"}};
7       private String[][][] districts = {{{"武侯区","锦江区","青羊区","金牛区","成华区"},…}};
8       public ComboBoxDemo() {
9           provinceCombox = new JComboBox<>(provinces);
10          provinceCombox.setSelectedIndex(0);
11          cityCombox = new JComboBox<>(cities[0]);
12          cityCombox.setSelectedIndex(0);
13          districtCombox = new JComboBox<>(districts[0][0]);
14          …
15          //为省份下拉列表添加动作监听器，当省份发生变化将更新城市和辖区下拉列表数据
16          provinceCombox.addActionListener(new ActionListener() {
17              @Override
18              public void actionPerformed(ActionEvent e) {
19                  JComboBox source = (JComboBox)e.getSource();
20                  int provinceIndex = source.getSelectedIndex();
21                  if(provinceIndex < 0) return;
22                  //先删除城市和辖区下拉列表数据，再根据选定省份新增下拉列表数据
23                  cityCombox.removeAllItems();
24                  for(int i = 0; i < cities[provinceIndex].length; i++) {
25                      cityCombox.addItem(cities[provinceIndex][i]);
26                  }
27                  districtCombox.removeAllItems();
28                  for(int i = 0; i < districts[provinceIndex][0].length;i++) {
29                      districtCombox.addItem(districts[provinceIndex][0][i]);
30                  }
31              }
32          });
33          //为城市下拉列表添加动作监听器，当城市发生变化将更新辖区下拉列表数据
34          cityCombox.addActionListener(new ActionListener() {
35              @Override
36              public void actionPerformed(ActionEvent e) {
37                  int provinceIndex = provinceCombox.getSelectedIndex();
38                  JComboBox source = (JComboBox)e.getSource();
39                  int cityIndex = source.getSelectedIndex();
40                  if(provinceIndex < 0 || cityIndex < 0) return;
41                  //先删除辖区下拉列表数据，再根据选定省份和城市新增下拉列表数据
42                  districtCombox.removeAllItems();
43                  for(int i = 0; i < districts[provinceIndex][cityIndex].length;i++) {
44                      districtCombox.addItem(districts[provinceIndex][cityIndex][i]);
45                  }
46              }
47          });
48      }
49  }
```

运行结果如图 10-12 所示。扫描本章二维码获取示例完整代码。

　　（a）选择"四川"后的级联地址　　　　　（b）选择"湖北"后的级联地址

图 10-12　级联地址选择界面

10.3.4 JTextField、JPasswordField 和 JTextArea

JTextField 表示单行文本框，JPasswordField 表示单行密码框，JTextArea 表示多行文本框。其中 JPasswordField 不同于 JTextField 的地方为，它使用指定字符掩饰输入内容，避免直接使用明文显示用户输入内容。JTextArea 允许用户输入多行文本。

文本框常用构造方法与成员方法说明如下。

public JTextField()：创建一个新的单行文本框。

public JTextField(String text)：创建一个指定文本内容的单行文本框。

public JPasswordField()：创建一个新的单行密码框。

public JPasswordField(String text)：创建一个指定文本内容的单行密码框。

public JTextArea()：创建一个多行文本框。

public JTextArea(String text)：创建一个指定文本内容的多行文本框。

public JTextArea(int rows, int columns)：创建指定行数和列数的多行文本框。

public String getText()：返回文本框包含的文本。

public char[] getPassword()：返回密码框中包含的文本内容。

public void addFocusListener(FocusListener l)：在文本框上绑定 FocusListener 监听器，用于接收文本框上的 FocusEvent 焦点事件。当文本框获得或失去焦点都会触发该事件。监听器接收到 FocusEvent 事件后转入事件处理程序，若文本获得焦点则调用 focusGained 方法，若文本框失去焦点则调用 focusLost 方法。

示例：使用空布局创建一个用户名与密码的校验界面。界面包括一个用户名文本框、两个密码框和一个多行文本框。用户名输入完焦点离开时进行用户名校验，校验结果以图标的形式显示在用户名文本框右侧，并在多行文本框增加一行提示字符串。两个密码框输入完之后即进行两次密码输入是否相同的校验，校验结果以图标形式显示在第二个密码框右侧，并在多行文本框增加一行提示字符串。示例关键代码参见代码 10-12。

代码 10-12 用户名与密码的校验界面示例关键代码

```
1   public class FieldValidateDemo extends JFrame implements FocusListener{
2       private JTextField namefield;
3       private JPasswordField passfield;
4       private JPasswordField repassfield;
5       private JTextArea markArea;
6       private JLabel namevalide;
7       private JLabel passvalide;
8       private ImageIcon rightIcon;
9       private ImageIcon wrongIcon;
10      …
11      public FieldValidateDemo() {
12          …
13          namefield = new JTextField();
14          namevalide = new JLabel();
15          namefield.addFocusListener(this); //为用户名输入框添加焦点监听器
16          passfield = new JPasswordField();
17          passfield.addFocusListener(this);//为密码框添加焦点监听器
18          repassfield = new JPasswordField();
19          repassfield.addFocusListener(this); //为重复输入密码框添加焦点监听器
20          passvalide = new JLabel();
21          markArea = new JTextArea();
22          JButton saveBtn = new JButton(new ImageIcon("images/chapter10/save.png"));
23          JButton cancelBtn = new JButton(new ImageIcon("images/chapter10/cancel.gif"));
24          …
```

```java
25      }
26      @Override
27      public void focusGained(FocusEvent e) {//实现文本框和密码框在获得焦点时的处理方法
28          if(e.getSource()==namefield) //若获得焦点的是名字文本框,则隐藏其右侧的图标
29              namevalide.setVisible(false);
30          }
31          //若获得焦点的是密码输入框,则隐藏重复输入密码框右侧的图标
32          if(e.getComponent()==passfield||e.getComponent()==repassfield) {
33              passvalide.setVisible(false);
34          }
35      }
36      @Override
37      public void focusLost(FocusEvent e) {//实现文本框和密码框在失去焦点时的处理方法
38          //若失去焦点的是名字文本框,则根据用户名校验结果设置图标和更新多行文本框内容
39          if(e.getSource()==namefield) {
40              if("zhangsan".equals(namefield.getText().trim())) {
41                  namevalide.setIcon(rightIcon);
42                  markArea.append("用户名校验正确......[OK]\n");
43              }else {
44                  namevalide.setIcon(wrongIcon);
45                  markArea.append("用户名校验错误......[ERROR]\n");
46              }
47              namevalide.setVisible(true);
48          }
49          //若失去焦点的是密码框,则根据两次密码输入结果设置图标和更新多行文本框内容
50          if(e.getSource()==passfield||e.getSource()==repassfield) {
51              if(Arrays.equals(passfield.getPassword(), repassfield.getPassword())) {
52                  passvalide.setIcon(rightIcon);
53                  markArea.append("两次密码一致......[OK]\n");
54              }else {
55                  passvalide.setIcon(wrongIcon);
56                  markArea.append("两次密码不一致......[ERROR]\n");
57              }
58              passvalide.setVisible(true);
59          }
60      }
61 }
```

运行结果如图10-13所示。扫描本章二维码获取示例完整代码。

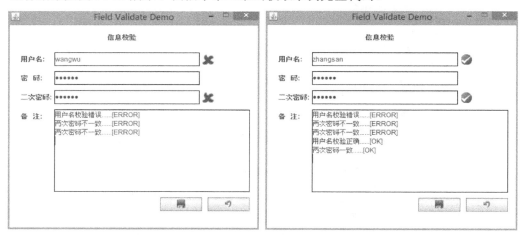

(a) 用户名和密码都未通过校验　　　　　　(b) 用户名和密码都通过校验

图10-13　用户名与密码的校验界面

10.3.5　JCheckBox 和 JRadioButton

JCheckBox 与 JRadioButton 都是具有两种状态的 JToggleButton 按钮的子类。其中，JCheckBox 表示具有选中和未选中两种状态的复选框按钮，JRadioButton 表示具有选中和未选中两种状态的单选按钮。同一组中的多个 JCheckBox 组件允许多选或全选，而同一组中的多个 JRadioButton 组件则只允许互斥选择，即同一组中多个单选按钮只能有一个处于选中状态。

复选框按钮和单选按钮的常用构造方法与成员方法说明如下。

public JCheckBox()：创建一个初始未选中的不带文本和图标的复选框按钮。

public JCheckBox(String text)：创建一个初始未选中的带文本的复选框按钮。

public JCheckBox(String text, boolean selected)：创建一个指定初始是否选中的带文本的复选框按钮。

public JRadioButton()：创建一个初始未选中不带文本的单选按钮。

public JRadioButton(String text)：创建一个初始未选中带文本的单选按钮。

public JRadioButton(String text, boolean selected)：创建一个指定初始是否选中的带文本的单选按钮。

public void setSelected(boolean b)：设置按钮状态，但不会触发动作事件。

public void addItemListener(ItemListener l)：为按钮增加 ItemListener 监听器，当按钮选项状态发生变化将触发 ItemEvent 事件并转入事件处理程序 itemStateChanged 执行。

示例：动物分类界面采用单选按钮表示动物分类，复选框按钮表示动物形态。注：本例只为说明 JList 列表框和 ToggleButton 按钮的使用，动物及其特性数据并不完整。JFrame 窗体内容面板布局使用 BorderLayout 间距 5 像素，列表框部署在 WEST 区域，动物信息展示 Box 放在 CENTER 区域。动物信息展示使用 Box 嵌套的方式布局组件，外层 Box 采用竖直排列的方式内嵌三个 Box 对象分别水平放置动物图像、分类、形态三类信息。示例关键代码参见代码 10-13。

代码 10-13　动物分类界面示例关键代码

```
1   public class ToggleButtonDemo extends JFrame{
2       private JList<String> animallist;
3       private JLabel portrait;
4       private JRadioButton molluscbtn;//软体动物
5       private JRadioButton arthropodbtn;//节肢动物
6       private JRadioButton vertebratebtn;//脊椎动物
7       private JCheckBox eyebtn;//复眼
8       private JCheckBox wingbtn;//翅
9       private JCheckBox tentaclebtn;//触角
10      private JCheckBox finbtn;//鱼鳍
11      private JCheckBox skeletonbtn;//骨骼
12      private String[] filenames;
13      private ImageIcon[] images;
14      public ToggleButtonDemo() {
15          filenames = new String[] {"bug1.jpg","fish1.jpg","bug3.jpg","bug4.jpg"};
16          images = new ImageIcon[filenames.length];
17          for(int i = 0; i < filenames.length; i++) {
18              images[i] = new ImageIcon("images/chapter10/"+filenames[i]);
19          }
20          animallist = new JList<>(new String[] {"蜻蜓","小丑鱼","天牛","蜗牛"});
21          Box box = new Box(BoxLayout.Y_AXIS);
22          Box firstrow = new Box(BoxLayout.X_AXIS);
23          portrait = new JLabel(images[0],JLabel.LEADING);
24          firstrow.add(portrait);
25          box.add(firstrow);
```

```
26              Box secondrow = new Box(BoxLayout.X_AXIS);
27              ButtonGroup categoryGroup = new ButtonGroup();
28              molluscbtn = new JRadioButton("软体动物");
29              arthropodbtn = new JRadioButton("节肢动物",true);
30              vertebratebtn = new JRadioButton("脊椎动物");
31              categoryGroup.add(molluscbtn); categoryGroup.add(arthropodbtn); categoryGroup.add(vertebratebtn);
32              secondrow.add(molluscbtn); secondrow.add(arthropodbtn); secondrow.add(vertebratebtn);
33              box.add(secondrow);
34              eyebtn = new JCheckBox("复眼",true); wingbtn = new JCheckBox("翅",true);
35              tentaclebtn = new JCheckBox("触角"); finbtn = new JCheckBox("鳍");
36              skeletonbtn = new JCheckBox("骨骼");
37              JPanel charapane = new JPanel(new GridLayout(2, 3));
38              charapane.add(eyebtn); charapane.add(wingbtn); charapane.add(tentaclebtn);
39              charapane.add(finbtn); charapane.add(skeletonbtn);
40              …
41              box.add(charapane);
42              add(animallist, BorderLayout.WEST);
43              add(box, BorderLayout.CENTER);
44          }
45      }
```

运行结果如图 10-14（a）所示。扫描本章二维码获取示例完整代码。

（a）默认界面　　　　　　　　　　　　（b）改变列表选项后的界面

图 10-14　动物分类界面

10.3.6　JList

列表组件允许用户单选或多选列表中的数据项。JList 对象使用 ListModel 接口的实现类维护列表数据。JList 通过构造方法或调用 setModel 设置 ListModel。程序可以直接创建 ListModel 的实现类 DefaultListModel 的实例来维护列表数据，也可以通过实现 AbstractListModel 来自定义列表模型为列表提供数据。JList 通过 setSelectionModel 设置列表选择模型 ListSelectionModel。列表选择模型定义了三种列表数据的选择模式：ListSelectionModel.SINGLE_SELECTION（允许单选）、ListSelectionModel.SINGLE_INTERVAL_SELECTION（非相邻数据项单选，相邻数据项允许多选）和 ListSelectionModel.MULTIPLE_INTERVAL_SELECTION（允许多选）。

JList 常用构造方法与成员方法说明如下。

public JList()：创建一个空的只读列表组件。

public JList(ListModel<E> dataModel)：创建一个显示指定非空数据模型 dataModel 中数据的列表组件。

public JList(E[] listData)：创建一个显示指定数组元素的列表组件，数组元素将被加载到创建的只读数据模型中，为新建列表提供数据。

public JList(Vector<? extends E> listData)：创建一个显示指定向量集合元素的列表组件，

向量中的数据被加载到只读数据模型中,为新建列表提供数据。

public void setSelectionMode(int selectionMode):设置选择模式。

void addListSelectionListener(ListSelectionListener x):设置列表选择监听器。当列表选项发生变化时调用 valueChanged 处理程序。

示例:在代码 10-13 的基础上为 JList 组件增加 ListSelectionEvent(列表选择事件)监听器。用户在列表中选择不同的动物,右边显示对应动物的图片、分类和形态信息。JList 组件数据选择发生变化时(鼠标单击或用键盘方向键选择),ListSelectionListener 接收该事件并转入事件处理程序 valueChanged。在 valueChanged 方法中根据选中的动物使用 ToggleButton 的 setSelected 方法设置单选按钮和复选框按钮的状态。程序执行后移动键盘方向键或鼠标单击改变选中动物,动物分类界面会随之改变,如图 10-14(b)所示。示例关键代码参见代码 10-14。

代码 10-14 为 JList 组件增加列表选择事件监听器示例关键代码

```
1   animallist.addListSelectionListener(new ListSelectionListener() {
2       @Override
3       public void valueChanged(ListSelectionEvent e) {
4           //获取当前选中的列表项,根据选中列表项更新对应图片、分类和形态信息
5           int selectedIndex = animallist.getSelectedIndex();
6           if(!e.getValueIsAdjusting()) {
7               switch(selectedIndex) {
8                   case 0://在列表中选择蜻蜓
9                       portrait.setIcon(images[0]);
10                      arthropodbtn.setSelected(true); eyebtn.setSelected(true); wingbtn.setSelected(true);
11                      tentaclebtn.setSelected(false); finbtn.setSelected(false); skeletonbtn.setSelected(false);
12                      break;
13                  case 1: 在列表中选择小丑鱼
14                      portrait.setIcon(images[1]);
15                      vertebratebtn.setSelected(true); eyebtn.setSelected(false); wingbtn.setSelected(false);
16                      tentaclebtn.setSelected(false); finbtn.setSelected(true); skeletonbtn.setSelected(true);
17                      break;
18                  case 2: 在列表中选择天牛
19                      portrait.setIcon(images[2]);
20                      vertebratebtn.setSelected(true); eyebtn.setSelected(true); wingbtn.setSelected(true);
21                      tentaclebtn.setSelected(true); finbtn.setSelected(false); skeletonbtn.setSelected(false);
22                      break;
23                  case 3: 在列表中选择蜗牛
24                      portrait.setIcon(images[3]);
25                      molluscbtn.setSelected(true); eyebtn.setSelected(false); wingbtn.setSelected(false);
26                      tentaclebtn.setSelected(true); finbtn.setSelected(false); skeletonbtn.setSelected(false);
27                      break;
28              }
29          }
30      }
31  });
```

扫描本章二维码获取示例完整代码。

10.3.7 JTable

表格组件不包含也不缓存数据,仅用于显示或编辑二维行/列数据。JTable 组件提供渲染和编辑单元格功能。表格对象使用表格数据模型 TableModel 管理实际的表格数据。这些数据可以来源于数组、向量集合、HashMap 对象或关系型数据库。若未显式提供表格数据模型,则 JTable 提供 AbstractTableModel 抽象类的具体子类 DefaultTableModel 作为默认的表格数据模型。AbstractTableModel 是 TableModel 接口的抽象实现类,通过扩展 AbstractTableModel,开发人员可以创建自定义的表格数据模型。除此以外,表格数据模型提供 TableModelListener 监听器用于

监听表格中的数据是否发生变化并通知事件处理程序进行处理。

将 JTable 放入 JScrollPane 容器中可以利用滚动条浏览完整数据集内容,但 JTable 默认会自动调整列宽以适应显示区域的宽度,所以 JScrollPane 容器的水平滚动条在这种情况下没有必要设置。若不希望 JTable 自动调整列宽,则可以调用 setAutoResizeMode(AUTO_RESIZE_OFF)方法关闭自动调整表格列宽,调用 TableColumn 的 setPreferredWidth 方法可以自定义表格每列的宽度,当表格宽度大于显示区域宽度时,水平滚动条就可以用于显示被遮挡的内容。另外,调用 JTable 的 setDefaultRenderer 可以为表格中指定类型的单元格设置渲染器,调用 TableColumn 的 setHeaderRenderer 和 setCellRenderer 方法可以分别为表格的表头和指定单元格设置渲染器,调用 JTable 的 setSelectionMode 方法可以设置表格的选择模式。

(1) JTable 常用构造方法与成员方法

public JTable():创建具有默认数据模型、默认列模型和默认选择模型的表格对象。

public JTable(TableModel dm, TableColumnModel cm, ListSelectionModel sm):创建指定数据模型 dm、列模型 cm 和选择模型 sm 的表格对象。

public JTable(Vector rowData, Vector columnNames):创建表格对象,参数 columnNames 指定表格列名,rowData 指定表格显示的行/列数据,其每个元素又是包含一个行数据的 Vector 对象。例如,rowData.get(i)返回第 i 行数据,rowData.get(i).get(j)返回第 i 行第 j 列数据。

public JTable(Object[][] rowData, Object[] columnNames):创建表格对象,参数 rowData 指定表格显示的行/列数据,columnNames 指定表格列名。例如,rowData[i][j]表示表格第 i 行第 j 列单元格中显示的数据,columnNames[i]表示第 i 列的列名。

public void setAutoResizeMode(int mode):设置表格大小自动调整模式。调整参数 mode 可以取 AUTO_RESIZE_OFF(不自动调整列宽,使用水平滚动条查看超出显示区域的内容)、AUTO_RESIZE_NEXT_COLUMN(某一列调整了大小,其相邻下一列自动调整列宽)、AUTO_RESIZE_SUBSEQUENT_COLUMNS(某一列调整了大小,其后续列自动调整列宽以保持整个表格宽度不受影响,这是列宽调整的默认设置)、AUTO_RESIZE_LAST_COLUMN(某一列调整大小,最后一列自动调整列宽)、AUTO_RESIZE_ALL_COLUMNS(某一列调整大小,所有列自动调整大小)共 5 种取值。

public void setSelectionMode(int selectionMode):设置表格选择模式。表格和 JList 一样,有 SINGLE_SELECTION(单选)、SINGLE_INTERVAL_SELECTION(相邻数据项多选)、MULTIPLE_INTERVAL_SELECTION(多选)三种选择模式。

public int getSelectedRow():返回选中的首行行号,返回-1 表示没有行被选中。

public int[] getSelectedRows():返回所有选中行的行号。

public Object getValueAt(int row, int column):返回第 row 行第 column 列单元格的值。

public void setValueAt(Object aValue, int row, int column):设置第 row 行第 column 列单元格的值。

public void setModel(TableModel dataModel):为表格设置新的数据模型。

public void setFillsViewportHeight(boolean fillsViewportHeight):设置表格是否填充满整个显示窗口。该参数的默认值为 false。

(2) TableModel 常用方法

TableModel 接口定义在 javax.swing.table 包中,为 JTable 表格提供操作数据模型的方法。通过 JTable 构造方法可以为表格设置任意实现了 TableModel 接口的表模型对象。TableModel 接口的常用方法说明如下。

boolean isCellEditable(int rowIndex, int columnIndex):判断指定单元格是否可编辑。

Object getValueAt(int rowIndex, int columnIndex)：返回指定单元格的值。
void setValueAt(Object aValue, int rowIndex, int columnIndex)：设置指定单元格的值。
void addTableModelListener(TableModelListener l)：增加表格模型监听器。

(3) TableColumn 常用方法

表格列 TableColumn 类定义在 javax.swing.table 包中封装了 JTable 表格列的所有属性和对列进行渲染、编辑的相关接口方法。TableColumn 的常用方法说明如下。

public TableCellEditor getCellEditor()：返回用于单元格编辑的 TableCellEditor 对象。
public void setCellRenderer(TableCellRenderer cellRenderer)：设置表格列渲染器。
public void setHeaderRenderer(TableCellRenderer headerRenderer)：设置表头渲染器。
public void setPreferredWidth(int preferredWidth)：设置表格列宽度。
public void setResizable(boolean isResizable)：设置表格列是否允许调整宽度。

(4) 示例

使用 JTable 组件展示动物信息，其中通过默认渲染器对 ImageIcon 类型列和 Boolean 类型列进行渲染。本例创建 TableModel 对象为表格组件提供数据，我们重写了 getColumnClass 方法返回每列的数据类型，这样做的目的是让默认渲染器能按数据类型对数据列进行渲染。本例中的动物图像和动物形态都由默认渲染器渲染。若用户要自定义渲染器，则可以采用两种方式：一种是扩展 DefaultTableCellRenderer 类，另一种是实现 TableCellRenderer 接口。示例关键代码参见代码 10-15。

代码 10-15　使用 JTable 组件展示动物信息示例关键代码

```
1   public class TableDemo extends JFrame{
2       private JTable animaltable;
3       private int[] columnWidths = {40,70,50,50,50,40,30,40,30,40,50,0};
4       public TableDemo() {
5           …
6           animaltable = new JTable(new AnimalTableModel());//创建指定表格模型的表格对象
7           animaltable.setFillsViewportHeight(true);
8           animaltable.setAutoResizeMode(JTable.AUTO_RESIZE_LAST_COLUMN);
9           animaltable.setRowHeight(50);14
10          animaltable.getTableHeader().setReorderingAllowed(false); //不允许通过拖动改变表格列序
11          for(int i = 0; i < columnWidths.length; i++) {//根据columnWidths中的值自定义表格每列的宽度
12              if(columnWidths[i] != 0) {
13                  animaltable.getColumnModel().getColumn(i).setPreferredWidth(columnWidths[i]);
14              }
15          }
16          JScrollPane pane = new JScrollPane(animaltable);
17          add(pane);
18      }
19      class AnimalTableModel extends AbstractTableModel{//自定义表格模型
20          private String[] filenames;
21          private ImageIcon[] images;
22          private Object[][] rowData;
23          private String[] columnNames;
24          //通过实例初始化语句块为成员变量赋值
25          {
26              filenames = new String[]{"bug1.jpg","fish1.jpg","bug3.jpg","bug4.jpg"};
27              images = new ImageIcon[filenames.length];
28              for(int i = 0; i < filenames.length; i++) {
29                  images[i] = new ImageIcon("images/chapter10/"+filenames[i]);
30                  //统一设置4张大小为64*40的动物图片
31                  images[i].setImage(images[i].getImage()
32                      .getScaledInstance(64, 40, Image.SCALE_DEFAULT));
```

```
33              }
34              columnNames = new String[]{"编号","图像","名称",
35          "别名","分类","复眼","翅","触角","鳍","骨骼","食性","分布"};
36              rowData = new Object[][]{{1,images[0],"蜻蜓","丁丁猫儿","节肢动物",true,true,false,
37          false,false,"肉食性","世界性分布"},{2,images[1],"小丑鱼","海葵鱼","脊椎动物",false,
38          false,false,true,true,"杂食性","太平洋，红海"},{3,images[2],"天牛","啮桑","节肢动物",
39          true,true,true,false,false,"植食性","世界性分布"},{4,images[3],"蜗牛","蜗娄牛","软体动物",
40          false,false,true,false,false,"杂食性","世界性分布"}};
41          }
42          @Override
43          public int getRowCount() {//返回表格行数
44              return rowData.length;
45          }
46          @Override
47          public int getColumnCount() {//返回表格列数
48              return columnNames.length;
49          }
50          @Override
51          public String getColumnName(int column) {//返回指定列号的列名
52              return columnNames[column];
53          }
54          @Override
55          public Object getValueAt(int rowIndex, int columnIndex) {//返回指定行指定列的值
56              return rowData[rowIndex][columnIndex];
57          }
58          @Override
59          public Class<?> getColumnClass(int columnIndex) {//返回指定列的数据类型
60              return getValueAt(0, columnIndex).getClass();
61          }
62          @Override
63          public boolean isCellEditable(int rowIndex, int columnIndex) {//设置单元格是否允许编辑
64              return false;
65          }
66      }
67  }
```

运行结果如图 10-15 所示。扫描本章二维码获取示例完整代码。

图 10-15 使用 JTable 组件展示动物信息

10.3.8 JTree

JTree 是将分层数据显示为大纲视图的树组件。数据在 JTree 组件中以树结构的节点形式分层显示。节点分叶子与非叶子节点两种。叶子节点又称终结节点，其下没有其他子节点。非叶子节点包括展开和收齐两种状态，其下还有子节点。JTree 调用 addTreeSelectionListener 方法增

加 TreeSelectionListener 监听器可以实现对数据节点选择事件的监听。JTree 组件中数据节点的选择发生变化将触发 TreeSelectionEvent 事件并调用 valueChanged 方法处理。要接收树组件上的鼠标单击事件可以调用 addMouseListener 方法绑定 MouseListener 监听器，当数据节点被鼠标单击时将触发 MouseEvent 事件并转入 mousePressed 方法执行。开发人员通过 MouseEvent 对象的 getClickCount 方法判断是单击还是双击。

JTree 组件的常用构造方法与成员方法说明如下。

public JTree(Object[] value)：创建一个使用指定数组元素作为节点的 JTree 树对象，数组中所有元素都作为同一个未显示的根节点的叶子节点。

public JTree(Vector<?> value)：创建以指定向量元素作为叶子节点的 JTree 树对象。

public JTree(TreeNode root)：创建以指定节点 TreeNode root 为根的 JTree 树对象。

public JTree(TreeModel newModel)：使用指定数据模型 newModel 创建 JTree 树对象。

public void setRootVisible(boolean rootVisible)：设置树结构的根节点是否显示。

public void setSelectionPath(TreePath path)：选择指定路径 path 的节点。

public TreePath getSelectionPath()：返回第一个选择节点的路径 path。

public void expandPath(TreePath path)：展开指定路径的节点。若为叶子节点则不受影响。

public void collapsePath(TreePath path)：收齐指定路径的节点。若为叶子节点则不受影响。

public TreePath getPathForLocation(int x, int y)：返回鼠标所在坐标位置上的节点路径。

public void setSelectionModel(TreeSelectionModel selectionModel)：设置树组件的选择模型。该选择模型定义了三种节点选择模式：TreeSelectionModel.CONTIGUOUS_TREE_SELECTION（允许多选多个连续节点）、TreeSelectionModel.DISCONTIGUOUS_TREE_SELECTION（允许多选多个不连续节点）、TreeSelectionModel.SINGLE_TREE_SELECTION（只允许单选）。

public void addTreeSelectionListener(TreeSelectionListener tsl)：绑定树选择监听器 TreeSelectionListener 接收树选择事件 TreeSelectionEvent。当 JTree 选择节点发生变化时产生该事件并转入 valueChanged 事件处理程序进行处理。

public void addMouseListener(MouseListener l)：绑定 MouseListener 监听器，接收鼠标事件。当 JTree 组件上发生鼠标按下动作时转入 MousePress 方法执行，当鼠标释放时调用 MouseReleased 方法，当鼠标单击（即按下并释放）时转入 MouseClicked 方法执行，当鼠标进入组件时调用 mouseEntered 方法，当鼠标离开一个组件时调用 mouseExited 方法。

示例：在代码 10-13 的基础上将 JList 组件替换为 JTree 组件，并为 JTree 组件绑定 TreeSelectionListener（树选择）监听器。用户在左树中选择不同的动物将触发 TreeSelectionEvent 事件，监听器接收到该事件后调用 valueChanged 方法更新右侧显示的动物图像、分类与形态信息的面板内容。本例 valueChanged 方法从 JTree 选中节点中获取动物基本信息，使用 JLabel 的 setIcon 方法、ToggleButton 的 setSelected 方法更新右侧面板内容。程序执行后默认选中左树中的蜻蜓节点，右侧面板显示蜻蜓基本信息（见图 10-16（a））。当使用键盘方向键或鼠标改变选中节点后，右侧动物信息会随之改变（见图 10-16（b））。示例关键代码参见代码 10-16。

代码 10-16　使用 JTree 组件分类展示动物信息示例关键代码

1	public class TreeDemo extends JFrame implements TreeSelectionListener{
2	JTree leftTree;//左树显示动物节点
3	private JLabel portrait;//动物图片标签
4	private JRadioButton molluscbtn;//软体动物
5	private JRadioButton arthropodbtn;//节肢动物
6	private JRadioButton vertebratebtn;//脊椎动物

```java
7      private JCheckBox eyebtn;//复眼
8      private JCheckBox wingbtn;//翅
9      private JCheckBox tentaclebtn;//触角
10     private JCheckBox finbtn;//鱼鳍
11     private JCheckBox skeletonbtn;//骨骼
12     private class Animal{
13         private int id;
14         private String name;
15         private ImageIcon icon;
16         private String category;
17         private boolean isEye;//是否为复眼
18         private boolean isWing;//是否有翅
19         private boolean isTentacle;//是否有触角
20         private boolean isFin;//是否有鱼鳍
21         private boolean isSkeleton;//是否有骨骼
22         public Animal(int id, String name, ImageIcon icon, String category,boolean isEye,
23             boolean isWing,boolean isTentacle, boolean isFin, boolean isSkeleton) {
24             …
25         }
26         @Override
27         public String toString() {
28             return name;
29         }
30     }
31     private void createRoot(DefaultMutableTreeNode top) {//创建左树节点
32         DefaultMutableTreeNode category = null;
33         DefaultMutableTreeNode animal = null;
34         category = new DefaultMutableTreeNode("节肢动物");
35         top.add(category);
36         animal = new DefaultMutableTreeNode(new Animal(1,"蜻蜓",new ImageIcon(
37             "images/chapter10/bug1.jpg"),"节肢动物",true,true,false,false,false));
38         category.add(animal);
39         animal = new DefaultMutableTreeNode(new Animal(2,"天牛",new ImageIcon(
40             "images/chapter10/bug3.jpg"),"节肢动物",true,true,true,false,false));
41         category.add(animal);
42         category = new DefaultMutableTreeNode("软体动物");
43         top.add(category);
44         animal = new DefaultMutableTreeNode(new Animal(3,"蜗牛",new ImageIcon(
45             "images/chapter10/bug4.jpg"),"软体动物",false,false,true,false,false));
46         category.add(animal);
47         category = new DefaultMutableTreeNode("脊椎动物");
48         top.add(category);
49         animal = new DefaultMutableTreeNode(new Animal(4,"小丑鱼",new ImageIcon(
50             "images/chapter10/fish1.jpg"),"脊椎动物",false,false,false,true,true));
51         category.add(animal);
52     }
53     public TreeDemo(){
54         DefaultMutableTreeNode top = new DefaultMutableTreeNode("动物");
55         createRoot(top);
56         leftTree = new JTree(top);
57         leftTree.addTreeSelectionListener(this);
58         portrait = new JLabel();
59         ButtonGroup categoryGroup = new ButtonGroup();
60         molluscbtn = new JRadioButton("软体动物");
61         arthropodbtn = new JRadioButton("节肢动物",true);
62         vertebratebtn = new JRadioButton("脊椎动物");
```

```
63          //属于分类的三个单选按钮放到同一个组中实现互斥选择
64          categoryGroup.add(molluscbtn); categoryGroup.add(arthropodbtn);categoryGroup.add(vertebratebtn);
65          eyebtn = new JCheckBox("复眼",true);
66          wingbtn = new JCheckBox("翅",true);
67          tentaclebtn = new JCheckBox("触角");
68          finbtn = new JCheckBox("鳍");
69          skeletonbtn = new JCheckBox("骨骼");
70          leftTree.setSelectionRow(2);
71          …
72      }
73      //左树节点选择发生变化时触发该事件处理程序
74      @Override
75      public void valueChanged(TreeSelectionEvent e) {
76          DefaultMutableTreeNode node = (DefaultMutableTreeNode)
77          leftTree.getLastSelectedPathComponent();
78          if (node == null) return;
79          Object nodeInfo = node.getUserObject();
80          if (node.isLeaf()) {
81              Animal animal = (Animal)nodeInfo;
82              portrait.setIcon(animal.icon);
83              switch (animal.category) {
84                  case "软体动物":
85                      molluscbtn.setSelected(true);       break;
86                  case "节肢动物":
87                      arthropodbtn.setSelected(true); break;
88                  case "脊椎动物":
89                      vertebratebtn.setSelected(true); break;
90                  default: break;
91              }
92              eyebtn.setSelected(animal.isEye); wingbtn.setSelected(animal.isWing);
93              tentaclebtn.setSelected(animal.isTentacle); finbtn.setSelected(animal.isFin);
94              skeletonbtn.setSelected(animal.isSkeleton);
95          }
96      }
97  }
```

运行结果如图 10-16 所示。扫描本章二维码获取示例完整代码。

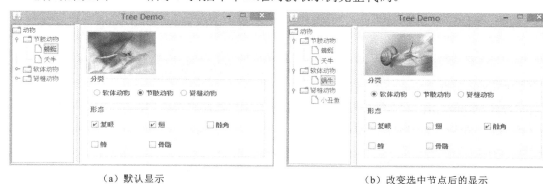

(a) 默认显示　　　　　　　　　　　　(b) 改变选中节点后的显示

图 10-16　使用 JTree 组件分类展示动物信息

10.3.9　JOptionPane

JOptionPane 类提供 4 种静态方法用于创建与用户交互的标准对话框：showConfirmDialog 方法弹出确认提示对话框，showInputDialog 方法弹出输入提示对话框，showMessageDialog 方法弹出消息提示对话框，showOptionDialog 是以上三种对话框的一般形式。这些方法的具体说明如下。

(1) showConfirmDialog

弹出确认提示对话框，用户可以指定对话框消息、标题、图标、选项类型和消息类型等参数。参数最齐全的 showConfirmDialog 方法具有 6 个形参，方法声明为：

```
public static int showConfirmDialog(Component parentComponent, Object message, String title, int optionType,
                                    int messageType, Icon icon)
```

其中各参数的含义说明如下。

parentComponent：指定对话框依附的父容器，该对话框将在指定容器上显示。

message：指定显示在对话框上的消息。

title：指定对话框标题。

optionType：指定对话框中使用的选项按钮类型，显示在对话框底部，可取值有 YES_NO_OPTION（显示 YES、NO 两个按钮）、YES_NO_CANCEL_OPTION（显示 YES、NO、CANCEL 三个按钮）、OK_CANCEL_OPTION（显示 OK、CANCEL 两个按钮）。若用户需要自定义选项按钮可以参看 showOptionDialog 方法中的 options 参数。

messageType：指定消息类型。有 ERROR_MESSAGE（错误）、INFORMATION_MESSAGE（消息）、WARNING_MESSAGE（警告）、QUESTION_MESSAGE（询问）、PLAIN_MESSAGE（一般信息）5 种可选消息类型。外观管理器（Look and Feel Manager）为不同类型的消息提供不同的默认图标。

icon：指定替代默认图标显示在对话框上的图标。

程序通过对话框返回值判断用户选择的对话框选项按钮类型。对话框可能的返回值有 YES_OPTION（YES 按钮被选择）、OK_OPTION（OK 按钮被选择）、NO_OPTION（NO 按钮被选择）、CANCEL_OPTION（CANCEL 按钮被选择）。下面语句调用 JOptionPane.showConfirmDialog 方法，效果如图 10-17（a）所示，其中 this 表示当前 JFrame 窗体。

```
JOptionPane.showConfirmDialog(this, "确认要删除【软体动物】节点吗？", "确认提示对话框",
                              JOptionPane.YES_NO_OPTION, JOptionPane.WARNING_MESSAGE);
```

(2) showInputDialog

弹出输入提示对话框，借助该对话框可以获取用户输入数据。用户可以为对话框指定提示消息、标题、图标、选择值和消息类型等参数。参数最齐全的 showInputDialog 方法具有 7 个形参，方法声明为：

```
public static Object showInputDialog(Component parentComponent, Object message, String title,
                                     int messageType, Icon icon, Object[] selectionValues, Object initialSelectionValue)
```

其中各参数的含义说明如下。

parentComponent：对话框依附的父容器。

message：指定对话框显示的消息。

title：指定对话框标题。

messageType：指定消息类型。

icon：指定对话框图标。

selectionValues：用户可以选择的对象数组。

initialSelectionValue：默认选择值。

JOptionPane.showInputDialog 方法弹出的输入提示对话框返回用户的输入值。若返回 null 则表示用户取消输入。带一个参数的 showInputDialog 使用单行文本框接收用户输入。下面的语句调用带一个参数的 showInputDialog 方法，效果如图 10-17（b）所示。

```
JOptionPane.showInputDialog("请输入动物分类【\"软体动物\",\"节肢动物\",\"脊椎动物\"】");
```

下面的语句调用带 7 个参数的 showInputDialog 重载方法，使用 JComboBox 组件接收用户选择，效果如图 10-17（c）所示。
JOptionPane.showInputDialog(this, "请选择动物分类", "输入提示对话框",
        JOptionPane.QUESTION_MESSAGE, new ImageIcon("images/chapter10/bug1_small.jpg"),
        new String[] {"软体动物","节肢动物","脊椎动物"}, "节肢动物");

（3）showMessageDialog

弹出消息提示对话框显示指定的消息，参数齐全的 showMessageDialog 方法带 5 个参数，其声明为：
public static void showMessageDialog(Component parentComponent, Object message, String title,
        int messageType, Icon icon)

各参数的含义与 showConfirmDialog 方法一样。下面的语句调用带 4 个参数的 showMessageDialog 方法，效果如图 10-17（d）所示。
JOptionPane.showMessageDialog(this, "本例只给出了三种动物分类", "消息提示对话框",
        JOptionPane.INFORMATION_MESSAGE);

下面语句将 messageType 替换为 JOptionPane.ERROR_MESSAGE 后，对话框默认图标发生了改变，效果如图 10-17（e）所示。
JOptionPane.showMessageDialog(this, "删除【软体动物】节点操作失败", "消息提示对话框",
        JOptionPane.ERROR_MESSAGE);

（4）showOptionDialog

弹出选项提示对话框允许用户指定图标与选项按钮等多个参数。用户可以在对话框中单击自定义的选项按钮。若用户直接单击右上角关闭按钮，则返回 CLOSED_OPTION。showOptionDialog 方法声明为：
public static int showOptionDialog(Component parentComponent, Object message, String title, int optionType,
        int messageType, Icon icon, Object[] options, Object initialValue)

除 options 与 initialValue 外，各参数的含义与 showConfirmDialog 方法一样。参数 options 表示选项按钮数组，initialValue 表示默认选中的选项按钮。下面的语句调用 showOptionDialog 方法，效果如图 10-17（f）所示。
JOptionPane.showOptionDialog(this, "确认需要使用字符串作为选项参数类型吗？", "系统选项对话框",
        JOptionPane.OK_CANCEL_OPTION, JOptionPane.QUESTION_MESSAGE,
        null, new String[] {"确定","不确定","取消"}, "取消");

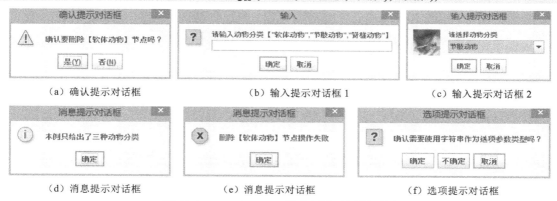

（a）确认提示对话框　　　　　（b）输入提示对话框 1　　　　　（c）输入提示对话框 2

（d）消息提示对话框　　　　　（e）消息提示对话框　　　　　（f）选项提示对话框

图 10-17　JOptionPane 弹出标准对话框示例

除通过 JOptionPane 显示对话框外，Swing 还提供了多种快速创建对话框的组件。例如，可以使用 ProgressMonitor 类创建显示进度的对话框，使用 JColorChooser 类显示颜色选择对话框，使用 JFileChooser 类显示文件选择对话框，使用 JDialog 类允许用户自定义对话框。

10.4 事件侦听与处理模型

GUI 组件事件模型包括三类对象：事件源、事件与监听器。事件源表示产生事件的对象，如 AWT/Swing 组件；事件表示事件源上产生的动作或变化，是对事件源上发生了什么的描述；监听器用于接收解释事件源上发生的事件并调用事件处理程序进行处理。事件源通过增加监听器方法绑定监听器，监听器接收到事件后调用事件处理程序，事件处理程序带有一个事件参数，通过事件参数的 getSource 方法可以返回事件源。一个事件源可以绑定一个或多个监听器，一个监听器可以接收一个或多个事件源的事件。事件源、事件与监听器三者的关系如图 10-18 所示。

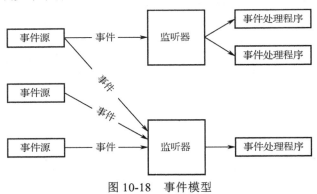

图 10-18 事件模型

10.4.1 事件

EventObject 是事件继承关系树的根，所有事件类型都是从 EventObject 派生而来的，而所有 AWT 事件的父类都是 AWTEvent。图 10-19 给出了常用事件的继承关系。本节对部分常用事件对象进行了介绍，其他事件对象的详细帮助可以参看 Java SE API 文档。

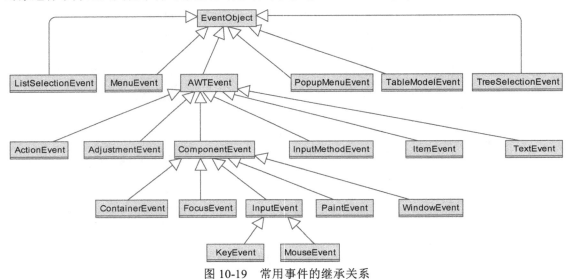

图 10-19 常用事件的继承关系

（1）EventObject

这是所有事件对象的直接或间接父类。其包含一个 getSource 方法可以返回事件源，重写父类 Object 的 toString 方法可以返回事件对象的字符串形式。

（2）AWTEvent

AWT 类是所有 AWT 事件对象的父类。AWTEvent 类及其子类取代了 java.awt.Event 类，该类提供 getId 方法返回事件类型。每种具体的事件对象都定义有描述事件类型的常量。例如，WindowEvent 类中定义有 WINDOW_OPENED（当窗体首次可见时触发该事件）、WINDOW_CLOSING（当用户尝试通过系统菜单关闭窗体时触发该事件，如果在处理该事件过程中没有调用 dispose、System.exit 或 setVisible（false）显式地关闭或隐藏窗体，窗体的关闭操作会被撤销）、WINDOW_CLOSED（当调用 dispose 方法关闭窗体时触发该事件）、WINDOW_ICONIFIED（窗体图标事件，当窗体从正常改变为图标时触发该事件）、WINDOW_DEICONIFIED（当窗体恢复正常时触发该事件）、WINDOW_ACTIVATED（当窗体获得焦点成为活动窗体时触发该事件）、WINDOW_DEACTIVATED（当窗体失去焦点不再是活动状态时触发该事件）、WINDOW_GAINED_FOCUS（当窗体或内部组件获得焦点能接收键盘事件时触发该事件）、WINDOW_LOST_FOCUS（当窗体失去焦点，窗体或内部组件都无法接收键盘事件时触发该事件）、WINDOW_STATE_CHANGED（当窗体被最大化或最小化状态发生变化时触发该事件）等 10 种事件类型。

（3）ActionEvent

动作事件，当组件上发生指定动作时触发该事件。例如，当 JButton 按钮上发生按下的动作时触发该事件，事件被使用 addActionListener 方法绑定的 ActionListener 监听器接收并调用 actionPerform 方法处理。该事件对象调用 getActionCommand 方法可以返回事件源通过 setActionCommand 设置的与动作相关的命令字符串。该方法的优点在于可以在同一个 actionPerform 方法中使用返回的命令字符串来区分事件源。

（4）ItemEvent

选项事件，当选项选中或取消选中时触发该事件。这种事件通常发生在数据项可选的组件上，例如，JList、JComboBox、JMenu、JCheckBox 或 JRadioButton 等都实现了 ItemSelectable 接口，都允许绑定监听器接收 ItemEvent 对象。该事件会被使用 addItemListener 方法绑定事件源的 ItemListener 监听器接收并通过 itemStateChanged 方法处理。

（5）TextEvent

文本事件，当文本内容发生变化时触发该事件。这种事件通常发生在可接收焦点可编辑的 TextComponent 文本组件上，例如，TextArea 与 TextField 组件允许绑定 TextListener 监听器接收 TextEvent 对象并通过 textValueChanged 方法处理。使用 JTextArea、JTextField 这些基于 JTextComponent 的 Swing 组件时，需要使用 DocumentListener 监听和接收 DocumentEvent 事件完成对文本内容变化时的处理。

（6）KeyEvent

按键事件，是 InputEvent 的子类，表示组件上发生了键盘按下、释放等动作。该事件可以通过在组件上绑定 KeyListener 进行监听和接收。KeyEvent 包括三种事件类型：KEY_PRESSED（当键按下时）、KEY_RELEASE（当键释放时）、KEY_TYPED（当录入一个字符时）。当 KEY_PRESSED 和 KEY_RELEASE 事件发生时，KEY_TYPED 不一定发生；但当 KEY_TYPED 发生时，KEY_PRESSED 或 KEY_RELEASE 中的一种事件一定发生。调用 KeyEvent 对象的 getKeyCode 方法可以获得按键的编码，从而确定用户按下的按键。例如，下面的代码段可以对用户按下向上方向键、向下方向键和 Ctrl+1 组合键进行处理。

```
1  int code = e.getKeyCode();
2  if(code == KeyEvent.VK_UP) {
3      //按下向上方向键的处理代码
4  }else if(code == KeyEvent.VK_DOWN) {
```

```
5         //按下向下方向键的处理代码
6     }else if(code == (KeyEvent.VK_CONTROL|KeyEvent.VK_1)) {
7         //按下 Ctrl+1 组合键的处理代码
8     }
```

（7）MouseEvent

鼠标事件，是另一个 InputEvent 子类，表示在组件上发生了鼠标按下、释放、单击、进入组件、离开组件、悬浮、滚动等动作。该事件可以通过在组件上绑定 MouseListener、MouseMotionListener、MouseWheelListener 等监听器进行监听和接收。MouseEvent 提供了不少获取鼠标属性的方法，例如，调用 MouseEvent 对象的 getClickCount 方法可以返回鼠标单击的次数，调用 getX 和 getY 方法可以返回鼠标相对于事件源的水平与竖直坐标。下面的代码段可以获取鼠标在组件上的位置。

```
1  component.addMouseMotionListener(new MouseMotionListener() {
2      @Override
3      public void mouseMoved(MouseEvent e) {
4          int x = e.getX();
5          int y = e.getY();
6          //x, y 是鼠标在组件上移动过程中的坐标值
7      }
8      @Override
9      public void mouseDragged(MouseEvent e) {      }
10 });
```

（8）WindowEvent

窗体事件，是 ComponentEvent 的子类，表示窗体状态发生了改变。当一个窗体对象被打开、关闭、激活、最小化、恢复或焦点发生改变等时触发该事件。该事件可以通过 addWindowListener 方法在窗体上绑定 WindowListener 监听器进行监听和接收。

10.4.2 监听器

监听器能接收绑定组件上发生的事件并调用相应的处理程序进行处理。表 10-1 给出了常用监听器。

表 10-1 常用监听器

监听器	使用简介
ActionListener （动作监听器）	适用组件：JButton、JComboBox 等 绑定方法：addActionListener(ActionListener) 监听事件：ActionEvent 处理程序：actionPerformed（动作处理程序）
AdjustmentListener （调整监听器）	适用组件：Scrollbar、ScrollPane 等 绑定方法：addAdjustmentListener(AdjustmentListener) 监听事件：AdjustmentEvent 处理程序：adjustmentValueChanged（调整值变化处理程序）
ContainerListener （容器监听器）	适用组件：java.awt.Container 的子类，如 JFrame、JPanel、JDialog 等组件 绑定方法：addContainerListener(ContainerListener) 监听事件：ContainerEvent 处理程序：componentAdded（新增组件到容器中）、componentRemoved（从容器中删除组件）

续表

监听器	使用简介
ComponentListener （组件监听器）	适用组件：java.awt.Component 的子类，如 JButton、JCheckBox、JList 等组件 绑定方法：addComponentListener(ComponentListener) 监听事件：ComponentEvent 处理程序：componentHidden（组件被隐藏处理程序）、componentMoved（组件位置变化处理程序）、componentResized（组件大小变化处理程序）、componentShown（组件被设置为可见处理程序）
FocusListener （焦点监听器）	适用组件：java.awt.Component 的子类，如 JButton、JCheckBox、JList 等组件 绑定方法：addFocusListener(FocusListener) 监听事件：FocusEvent 处理程序：focusGained（组件获得键盘焦点时触发）、focusLost（组件失去键盘焦点时触发）
ItemListener （选项监听器）	适用组件：JCheckBox、JComboBox、JMenu、JRadioButton 等组件 绑定方法：addItemListener(ItemListener) 监听事件：ItemEvent 处理程序：itemStateChanged（选项被选择或取消选择时触发）
KeyListener （按键监听器）	适用组件：java.awt.Component 的子类，如 JButton、JCheckBox、JList 等组件 绑定方法：addKeyListener(KeyListener) 监听事件：keyEvent 处理程序：keyPressed（按键按下时触发）、keyReleased（按键释放时触发）、keyTyped（按键按下又释放时触发）
MouseListener （鼠标监听器）	适用组件：java.awt.Component 的子类，例如，JButton、JCheckBox、JList 等组件 绑定方法：addMouseListener(MouseListener) 监听事件：MouseEvent 处理程序：mouseClicked（鼠标单击时，即按下并释放时触发）、mouseEntered（鼠标进入组件时触发）、mouseExited（鼠标离开组件时触发）、mousePressed（鼠标按下时触发）、mouseReleased（鼠标释放时触发）
MouseMotionListener （鼠标动作监听器）	适用组件：java.awt.Component 的子类，例如，JButton、JCheckBox、JList 等组件 绑定方法：addMouseMotionListener(MouseMotionListener) 监听事件：MouseEvent 处理程序：mouseDragged（鼠标按下并拖动时触发）、mouseMoved（鼠标在组件上移动但未按下时触发）
MouseWheelListener （鼠标滚动监听器）	适用组件：java.awt.Component 的子类，例如，JButton、JTextArea、JList 等组件 绑定方法：addMouseWheelListener(MouseWheelListener) 监听事件：MouseWheelEvent 处理程序：mouseWheelMoved（鼠标中键滚轮滚动时触发）
TextListener （文本监听器）	适用组件：java.awt.TextComponent 的子类，例如，TextArea、TextField 等组件 绑定方法：addTextListener(TextListener) 监听事件：TextEvent 处理程序：textValueChanged（文本内容发生变化时触发）
WindowListener （窗口监听器）	适用组件：java.awt.Window 的子类，例如，JFrame、JDialog 等组件 绑定方法：addWindowListener(WindowListener) 监听事件：WindowEvent 处理程序：windowActivated（窗口被设置为活动窗口时触发）、windowClosed（调用 dispose 方法关闭窗口时触发）、windowClosing（通过系统菜单或 Ctrl+F4 组合键关闭窗口时触发）、windowDeactivated（窗口不再为活动窗口时触发）、windowDeiconified（窗口从最小化恢复时触发）、windowIconified（窗口最小化时触发）、windowOpened（窗口第一次打开时触发）

10.4.3 适配器

一些监听器包含多个处理方法。例如，鼠标监听器 MouseListener 接口包含 mousePressed、mouseReleased、mouseEntered、mouseExited、mouseClicked 这 5 个抽象方法分别对应按下、释放、进入组件、退出组件、单击这 5 个鼠标动作的处理程序，WindowListener 接口包含 windowActivated、windowClosed、windowClosing、windowDeactivated、windowDeiconified、windowIconified、windowOpened 这 7 个抽象方法分别对应激活、已关闭、正在关闭、失去焦点、恢复、最小化窗口、打开这 7 个窗口状态变化的处理程序。如果只对事件源的部分动作实现监听和处理，通过实现这类接口创建监听器的方式却需要给出所有抽象方法的具体实现。这样会增加代码冗余度，降低可读性。

下面的代码段给出了当用户通过窗口右上角的关闭按钮或系统菜单（Alt+F4 组合键）关闭窗口时，程序弹出确认对话框提示用户是否真的要退出程序的示例代码。为实现对窗口"正在关闭"状态的监听，窗口需要调用 addWindowListener 方法绑定窗口监听器 WindowListener 实现 windowClosing 方法，但由于 WindowListener 接口中包含 7 个抽象方法，所以其他 6 个方法也必须给出空实现。

```
1   frame.addWindowListener(new WindowListener() {
2       @Override
3       public void windowOpened(WindowEvent e) {    }
4       @Override
5       public void windowIconified(WindowEvent e) {    }
6       @Override
7       public void windowDeiconified(WindowEvent e) {    }
8       @Override
9       public void windowDeactivated(WindowEvent e) {    }
10      @Override
11      public void windowClosing(WindowEvent e) {
12          int cmd = JOptionPane.showConfirmDialog(demo, "确认要退出系统吗？", "系统提示",
13              JOptionPane.YES_NO_OPTION, JOptionPane.QUESTION_MESSAGE);
14          if(cmd == JOptionPane.YES_OPTION) {
15              System.exit(0);
16          }
17      }
18      @Override
19      public void windowClosed(WindowEvent e) {    }
20      @Override
21      public void windowActivated(WindowEvent e) {    }
22  });
```

以上代码段为了实现一个接口必须给出所有抽象方法的实现，代码可读性差。为了解决这个问题，Swing 组件库为部分监听器 Listener 接口提供了适配器 Adapter 抽象类。适配器为监听器中每个抽象方法都给出了空实现，所以在绑定监听器时，可以直接创建适配器的扩展类的实例，而不用创建监听器实现类的实例。用适配器取代监听器使得代码更简捷。以上对窗口关闭动作的事件处理程序在使用了窗口适配器 WindowAdapter 后，可以简写为以下形式：

```
1   frame.addWindowListener(new WindowAdapter() {
2       @Override
3       public void windowClosing(WindowEvent e) {
4           int cmd = JOptionPane.showConfirmDialog(demo, "确认要退出系统吗？", "系统提示",
5               JOptionPane.YES_NO_OPTION, JOptionPane.QUESTION_MESSAGE);
6           if(cmd == JOptionPane.YES_OPTION) {
7               System.exit(0);
8           }
9       }
10  });
```

若监听器存在对应的适配器，则监听器对象可以有4种创建方式：① 先创建监听器 Listener 的实现类，再创建实现类的实例；② 先创建适配器 Adapter 的扩展类，再创建扩展类的实例；③ 创建监听器匿名实现类实例；④ 创建适配器的匿名扩展类的实例。常用监听器与适配器的对应关系见表 10-2。

表 10-2 监听器与适配器的对应关系

监听器	适配器	监听器方法
ContainerListener	ContainerAdapter	componentAdded，componentRemoved
ComponentListener	ComponentAdapter	componentHidden，componentMoved，componentResized，componentShown
FocusListener	FocusAdapter	focusGained，focusLost
KeyListener	KeyAdapter	keyPressed，keyReleased，keyTyped
MouseListener	MouseAdapter	mouseClicked，mouseEntered，mouseExited，mousePressed，mouseReleased
MouseMotionListener	MouseMotionAdapter	mouseDragged，mouseMoved
WindowFocusListener WindowListener WindowStateListener	WindowAdapter	windowActivated，windowClosed，windowClosing，windowDeactivated，windowDeiconified，windowIconified，windowOpened

10.5 实例：图书信息维护子系统（GUI）

8.5 节实现的图书信息维护子系统通过控制台使用命令行完成与用户的交互，本例对 8.5 节在用户接口上进行了扩展，使用 Swing 组件库构造 GUI 程序，为用户提供了图形化交互界面。本实例提供的界面可以完成对图书信息的新增、删除、修改和查询操作，图书基础信息仍然以文件形式存储在磁盘中。

10.5.1 问题与系统功能描述

本实例使用 Swing 组件库实现 GUI（图形用户接口）。系统启动后直接进入主界面，通过初始化过程将保存在文件中的商品信息导入内存中并显示在主界面上，系统退出时将内存中更新后还未及时写入文件的图书数据回写到磁盘中。下面是各功能的描述。

① 系统加载：从文件加载图书信息到图书列表中并更新到主界面上显示，返回最大图书编号用于生成新增图书编号。新增图书编号是最大图书编号加 1。

② 新增图书：弹出新增图书界面，接收用户输入的图书信息、构造图书对象加入图书列表中、更新主界面图书信息并同步存储到文件中。

③ 删除图书：在主界面上接收用户要删除的图书关键字后在图书列表中查找。若找到满足条件的图书，则弹出提示对话框确认删除。若用户确认删除，则将其从图书列表中移除、更新主界面图书信息并同步删除对应的图书文件。若用户取消删除，则直接返回。

④ 修改图书：弹出修改图书界面，接收用户录入的图书修改信息，对图书指定属性进行修改、更新主界面图书信息并标记此时图书对象与图书文件数据不一致。

⑤ 查询图书：在主界面上接收用户输入的查询图书关键字后在图书列表中查找。若找到，则返回所有满足条件的图书并更新主界面图书信息。

⑥ 退出保存：退出系统时将所有未更新到文件系统的图书数据写回到文件中。

10.5.2 系统设计

（1）系统功能

图书信息维护是图书进销存系统的子系统，负责对图书信息进行维护，包括图书新增、修改、删除、查询等功能。其中删除功能允许支持批量操作，删除前提示用户进行删除确认，确认后才能删除。在对数据删除操作安全性要求高的场合，可以设置回收站机制，将用户删除的数据放入回收站中，以后可以将删除的数据从回收站中恢复。查询功能支持对关键字的模糊查询，即用户输入的关键字可以模糊匹配多个属性。图书信息维护子系统功能结构如图 10-20 所示。

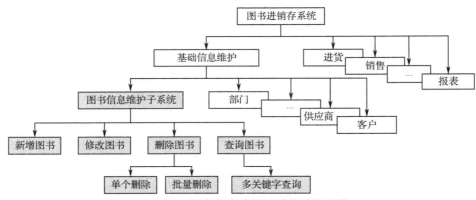

图 10-20 图书信息维护子系统功能结构

（2）软件层次结构

与 8.5 节的图书信息维护子系统相同，本例仍然采用三层结构，从上到下为视图层、业务层和数据层。本例保留了 8.5 节的业务处理和数据存储方式，所以软件层次结构中主要变动在视图层。图书信息维护子系统软件层次结构如图 10-21 所示。其中 MainUI、BookEditDialog 和 BookTableModel 类属于与用户交互的视图层类。MainUI 类是 JFrame 的子类，作为主窗体显示图书信息以及提供各个功能的入口。BookEditDialog 是 JDialog 的子类，显示对话框接收新增和修改图书信息。BookTableModel 是 DefaultTableModel 的子类，用于保存显示图书信息的 JTable 组件的数据。MainUI 和 BookEditDialog 容器为用户提供了图形化交互界面，接收用户输入并将请求发送给业务层，最后将业务层返回的处理结果显示在界面上。本例中的业务层和数据层与 8.5 节一致，但为了支持批量删除、模糊查询等操作，在 BookService 类中新增了模糊查询、修改图书等方法。BookDao 和 Book 类未做任何修改。

图书存储在分离的文件中，即每种图书均保存在以图书 id 为文件名的独立图书文件中。程序启动时，先从文件系统中获取图书信息并保存到图书列表中，再获得最大图书编号以提供给创建新增图书编号的方法使用，然后将内存中的图书记录更新到 JTable 中显示。新增图书时需要同时更新图书列表和写入独立图书文件中。删除图书时获取用户选择的所有图书记录，弹出对话框等待用户确认删除后，循环调用按编号删除图书的方法完成图书批量删除，删除图书的同时需要更新图书列表和删除磁盘图书文件。修改图书时，只需要更新图书列表，但需要将修改过的图书记录的 dirty 属性设置为 true，在退出系统时需要将内存中所有修改过的图书写入磁盘文件中。查询图书时，在内存中查找所有图书的所有字段是否包含查询关键字，满足查询条件的图书将更新到 JTable 中显示。

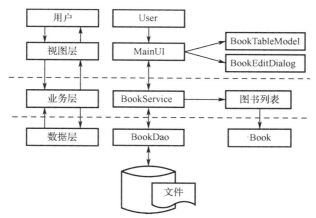

图 10-21 图书信息维护子系统软件层次结构

（3）类与对象分析

图书、图书分类、图书数据访问类可以参考 8.5 节，本节只给出新增和修改的相关类说明。

① 主界面类（MainUI）：主窗体，显示所有图书信息并提供新增、删除、修改和查询操作入口。主要包括创建功能按钮 createCommandBtn、更新 JTable 数据 updateData 等方法。

② 新增/修改图书对话框类（BookEditDialog）：对话框，显示新增图书或修改图书信息并提供保存操作入口。主要包括初始化对话框 initNewBookDialog、更新修改图书对话框 refreshEditContentView 等方法。这里要强调的是，新增图书和修改图书公用同一个对话框类，为了在系统中始终只有一个对话框实例，我们将 BookEditDialog 设置为单列类，提供 getInstance 方法始终返回同一个实例。创建单列的示列代码段如下：

```
1   public class BookEditDialog{
2       private static BookEditDialog bookEditDialog;
3       private BookEditDialog(){…}
4       public BookEditDialog getInstance(){
5           if(bookEditDialog == null){
6               bookEditDialog = new BookEditDialog();
7           }
8           return bookEditDialog;
9       }
10  }
```

③ 表模型类（BookTableModel）：为主界面中的 JTable 组件提供数据。当图书列表中图书记录发生变化后，都可以调用表模型类的 setDataVector 方法更新 JTable 显示的图书数据。重写父类的 isCellEditable 方法可以设置指定单元格是否允许编辑。若表格 JTable 中所有单元格都不允许编辑，则该方法直接返回 false。

④ 服务类（BookService）：在 8.5 节的 BookService 类的基础上新增了 withdrawBookId 方法用于撤销增加的图书编号、unisearchBook 方法用于图书模糊查询、update 方法用于更新图书列表中的图书记录、isExist 方法用于判断图书列表中是否已存在指定条码的图书。

图 10-22 显示了图书信息维护子系统的类图。

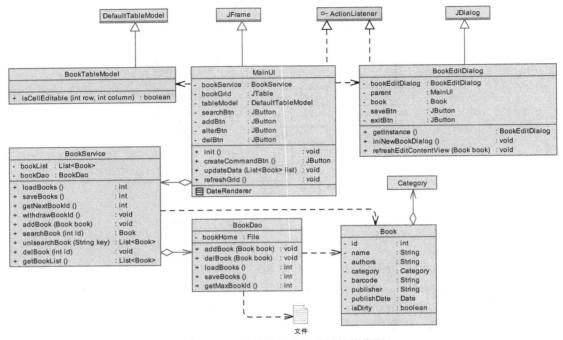

图 10-22 图书信息维护子系统的类图

10.5.3 系统实现

本例中 Book、BookDao、Category 类的实现代码与 8.5 节一样。BookService 类也仅提供在 8.5 节代码基础上新增的关键方法的代码。代码 10-17、代码 10-18、代码 10-19、代码 10-20 分别给出了 BookService 类、MainUI 类、BookEditDialog 类、BookTableModel 类的关键实现代码。

代码 10-17　BookService 类新增关键方法

```
1   public boolean isExist(Book book) {//判断指定条码的图书在图书列表中是否已经存在
2       for(Book b : bookList) {
3           if(b.getBarcode().equalsIgnoreCase(book.getBarcode())) {
4               return true;
5           }
6       }
7       return false;
8   }
9   public List<Book> unisearchBook(String key){ //按指定关键字模糊查询图书记录
10      List<Book> list = new ArrayList<>();
11      for(Book book : bookList) {
12          if(book.getName().contains(key)||book.getAuthors().contains(key)||
13              book.getCategory().toString().contains(key)||
14              book.getBarcode().contains(key)||book.getPublisher().contains(key)) {
15              list.add(book);
16          }
17      }
18      return list;
19  }
20  public void update(Book book) {//修改图书列表中的图书记录
21      Book b = searchBook(book.getId());
22      b.setName(book.getName()); b.setAuthors(book.getAuthors()); b.setBarcode(book.getBarcode());
23      b.setCategory(book.getCategory()); b.setPublisher(book.getPublisher());
24      b.setPublishDate(book.getPublishDate());
```

| 25 | b.setDirty(true);//设置dirty属性为true,表示该图书记录在内存和文件中数据不一致 |
| 26 | } |

代码 10-18 主界面 MainUI 关键方法

```java
public class MainUI extends JFrame implements ActionListener{
    ...
    private void init() {
        ...
        bookService.loadBooks();//从文件中加载图书记录到图书列表中
        updateData(bookService.getBookList());//在JTable中显示图书列表中的图书记录
        this.setVisible(true);//显示主窗体
        this.addWindowListener(new WindowAdapter() {
            @Override
            public void windowClosing(WindowEvent e) {
                int operator = JOptionPane.showConfirmDialog(MainUI.this, "确定要退出系统吗？",
                    "确认",JOptionPane.YES_NO_OPTION,JOptionPane.QUESTION_MESSAGE);
                if(operator == JOptionPane.YES_OPTION){
                    //确认退出系统后，将内存与文件数据不一致的图书记录写回磁盘中
                    bookService.saveBooks();
                    System.exit(0);
                }
            }
        });
    }
    public void updateData(List<Book> list){ //将图书列表中的数据更新到JTable中显示
        int totalCounts = list.size();
        data.clear();
        for (Book book: list) {
            Vector<Object> item = new Vector<>();
            item.add(book.getId()); item.add(book.getName()); item.add(book.getAuthors());
            item.add(book.getCategory()); item.add(book.getBarcode()); item.add(book.getPublisher());
            item.add(book.getPublishDate());
            data.add(item);
        }
        tableModel.setDataVector(data, columnNames);
        if(totalCounts>0){ bookGrid.setRowSelectionInterval(0, 0); }
        bookGrid.getColumnModel().getColumn(6).setCellRenderer(new DateRenderer());
    }
    @Override
    public void actionPerformed(ActionEvent e) {//按钮发生按下动作时转入事件处理程序
        BookEditDialog bookEditDialog = null;
        int selectedRow = -1;
        switch(e.getActionCommand()) {
            case "SEARCH"://按下查询按钮
                String key = keyField.getText();
                List<Book> list = bookService.unisearchBook(key);
                updateData(list);
                break;
            case "ADD"://按新增按钮
                bookEditDialog = BookEditDialog.getInstance(this,"New",bookService);
                bookEditDialog.initNewBookDialog();
                bookEditDialog.setLocationRelativeTo(null);
                bookEditDialog.setVisible(true);
                break;
            case "EDIT"://按编辑按钮
                ...
                bookEditDialog = BookEditDialog.getInstance(this,"Edit",bookService,book,selectedRow);
                bookEditDialog.refreshEditContentView(book);
```

```
55                    bookEditDialog.setLocationRelativeTo(null);
56                    bookEditDialog.setVisible(true);
57                    break;
58                case "DELETE"://按删除按钮
59                    int[] selectedRows = bookGrid.getSelectedRows();
60                    int operator = JOptionPane.showConfirmDialog(this,
61                        "确定要删除"+selectedRows.length+"条图书记录吗？", "确认"
62                        ,JOptionPane.YES_NO_OPTION, JOptionPane.QUESTION_MESSAGE);
63                    if(operator == JOptionPane.YES_OPTION){
64                        //确认删除后，循环调用按编号删除图书的方法批量删除图书记录
65                        for(int row: selectedRows) {
66                            int bookid = ((Integer)bookGrid.getValueAt(row, 0)).intValue();
67                            bookService.delBook(bookid);
68                        }
69                        refreshGrid();
70                    }
71                    break;
72            }
73        }
74 }
```

代码10-19　新增/修改图书对话框关键方法

```
1  public class BookEditDialog extends JDialog implements ActionListener{
2      ...
3      public void refreshEditContentView(Book book){//更新修改图书时对话框内各组件的值
4          if(book!=null){
5              bookNameField.setText(book.getName());
6              bookNameField.setEnabled(false);
7              authorsField.setText(book.getAuthors());
8              categoryCombo.setSelectedItem(book.getCategory().toString());
9              barcodeField.setText(book.getBarcode());
10             publisherField.setText(book.getPublisher());
11             dateField.setText(new SimpleDateFormat("yyyy-MM-dd").format(book.getPublishDate()));
12         }
13     }
14     @Override
15     public void actionPerformed(ActionEvent e) {//按钮发生按下动作时转入事件处理程序
16         String actionCommand = e.getActionCommand();
17         if("SAVE".equals(actionCommand)){//按保存按钮
18             ......
19             if("New".equals(title)&&this.book==null){//新增图书
20                 Book nbook = new Book();
21                 nbook.setId(bookService.getNextBookId());//设置新增图书id
22                 ...
23                 if(bookService.addBook(nbook)){//图书保存成功
24                     ...
25                 }else{//图书保存失败
26                     bookService.withdrawBookId();//新增失败后回滚图书id
27                 }
28             }else{//修改图书
29                 ...
30                 bookService.update(book);
31                 this.parent.refreshGrid();
32                 this.dispose();
33             }
34         }else{//按退出按钮
35             if("EXIT".equals(actionCommand)){
36                 this.dispose();
```

```
37            }
38        }
39    }
40 }
```

代码 10-20   表格模型关键方法

```
1  public class BookTableModel extends DefaultTableModel {
2      ...
3      @Override
4      public boolean isCellEditable(int row, int column) {//指定单元格是否允许修改
5          return false;
6      }
7      public Vector<Object> getData() {//成员变量data的getter方法
8          return data;
9      }
10     public void setData(Vector<Object> data) {//成员变量data的setter方法
11         this.data = data;
12     }
13     public Vector<String> getColumnNames() {//成员变量columnNames的getter方法
14         return columnNames;
15     }
16     public void setColumnNames(Vector<String> columnNames) {//成员变量columnNames的setter方法
17         this.columnNames = columnNames;
18     }
19 }
```

扫描本章二维码获取本实例完整代码。

10.5.4 运行

（1）系统主界面

主界面分为功能域和数据域。功能域提供查询、新增、修改和删除 4 个功能按钮。用户输入关键字后单击"查询"按钮完成图书查询，单击"新增"按钮弹出新增图书对话框完成图书添加，单击"修改"按钮弹出修改图书对话框完成图书修改，单击"删除"按钮完成批量图书删除。数据域使用 JTable 显示从文件读入内存中的图书记录。图书信息维护子系统主界面如图 10-23 所示。

图 10-23   图书信息维护子系统主界面

（2）图书查询界面

当用户在 JTextField 中输入关键字单击"查询"按钮后，系统在图书列表中进行查找，将所

有满足查询条件的图书记录更新到 JTable 中进行显示。图 10-24 显示了输入"JAVA"关键字后查询到的图书记录。

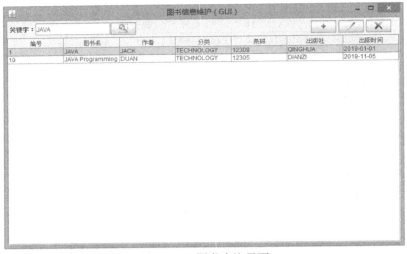

图 10-24　图书查询界面

（3）新增图书对话框

单击"新增"按钮弹出新增图书对话框。用户在对话框中输入图书信息后单击"保存"按钮，若图书信息录入不完整、出版社时间不是指定的日期格式或指定条码的图书已经存在，则弹出对话框提示错误；否则，新增图书对象被插入图书列表中并同步写到以图书 id 为文件名的独立文件中，最后更新 JTable 显示包含新增图书在内的所有图书信息。新增图书对话框如图 10-25 所示。

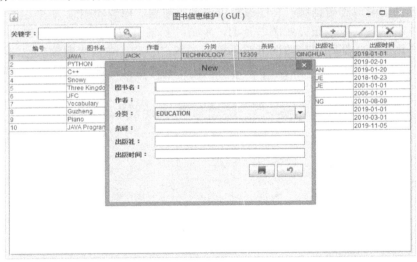

图 10-25　新增图书对话框

（4）修改图书对话框

修改图书与新增图书使用同一个 BookEditDialog 对话框对象。单击"修改"按钮弹出对话框，显示在表格中选中的图书信息。用户修改并单击"保存"按钮后，会修改图书列表中的图书信息并将该图书的 dirty 属性设置为 true，但不会同步写出到磁盘文件中。只有在退出系统时才将所有内存中修改过的图书信息重写到磁盘中。修改图书对话框如图 10-26 所示。

图 10-26　修改图书对话框

(5) 删除图书界面

JTable 的选择模式设置为允许多选（MULTIPLE_INTERVAL_SELECTION）。用户在表格中选择要删除的多条图书记录并单击"删除"按钮后，弹出提示框等待用户确认是否删除指定图书记录，若用户选择"是"，则将所选记录从图书列表中删除，并将磁盘中对应的图书文件删除，最后更新主界面的表格数据，显示删除后的所有图书信息。删除图书界面如图 10-27 所示。

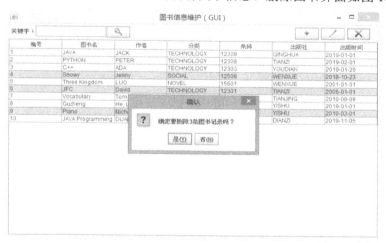

图 10-27　删除图书界面

知识扩展（如果对此部分内容感兴趣，扫描本章二维码）：
Swing 与多线程。

习题 10

使用 Swing 组件库，实现一个文件备份程序。用户可以选择需要备份的源目录和备份到的目标目录，通过该程序可以将源目录及其子目录下的所有文件复制到目标目录中并在界面上显示复制进度与结果。

扫描本章二维码获取习题参考答案。

获取本章资源

第 11 章 数据库编程

数据库是管理信息系统的基础，用于存储、获取和管理数据。较普通文件存储方式，数据库能提高数据存储效率、降低冗余度、提高安全性、改善查询性能、优化数据结构、保证数据一致性，并且具有事务处理和回滚机制等多种优势。JDBC 为 Java 应用程序访问多种不同数据库提供通用的访问接口，简化了 Java 语言对数据库的访问操作。本章主要介绍 JDBC 基本概念、常用的 JDBC API 等内容，最后以图书信息维护子系统为例讲解如何与 Swing 组件结合实现支持数据库存储的 GUI 应用程序。

11.1 JDBC

Java 数据库连接（Java Database Connectivity，JDBC）为 Java 语言访问数据库提供了通用的访问接口。JDBC 可以为用 Java 语言开发的程序（Client/Server 两层架构的 Java 应用程序、Browser/Server 三层或多层架构的 Java Web 程序）提供三项功能：第一，连接数据源，数据源可以是一个数据库、一个文件或一个 Excel 数据表；第二，向数据库发送查询或更新的 SQL 语句；第三，获取和处理从数据库返回的结果。JDBC 包括 JDBC API、JDBC 驱动管理器、JDBC 测试套件和 JDBC-ODBC 桥 4 个部分。

① JDBC API：JDBC 接口与类定义在 java.sql 和 javax.sql 两个包内，为 Java 语言访问关系型数据库提供编程接口。通过该接口，Java 程序能连接多种不同的数据源，向数据库管理系统（DBMS）发送与执行 SQL 语句，处理 DBMS 返回结果。

② JDBC 驱动管理器：JDBC 驱动管理器 java.sql.DriverManager 为 JDBC 驱动程序提供管理服务，帮助 Java 程序连接一个指定的 JDBC 驱动程序。除使用 DriverManager 建立数据库连接外，在 JDBC 2.0 API 中更推荐使用 javax.sql.DataSource 接口连接数据源。

③ JDBC 测试套件：帮助测试运行在程序中的 JDBC 驱动程序。

④ JDBC-ODBC 桥：JDBC 通过 ODBC 驱动程序连接数据库。

使用 JDBC 连接与访问数据库一般需要经过以下 6 个步骤。

（1）加载数据库驱动

JDBC 为不同的关系型数据库（例如，SQL Server、Oracle、MySQL、PostgreSQL 等）提供通用的访问接口，但使用 JDBC API 访问数据库之前需要加载针对指定 DBMS 的 JDBC 驱动程序。JDBC 4.0 之前，驱动程序需要使用 Class.forName 方法手动加载。以 SQL Server 为例，手工加载 SQL Server JDBC 驱动的代码如下：

Class.forName("com.microsoft.sqlserver.jdbc.SQLServerDriver");

Class.forName 方法通过类加载器按字符串参数指定的文件将对应类型加载进内存中并为其创建 Class 实例。每个接口和类加载进内存中后都对应一个 Class 实例用于保存该类型的信息。Class 实例创建并调用静态语句块完成类型初始化后，JVM 就能调用该类型的静态成员或创建该类型的实例。

（2）建立数据库连接

Java 提供 java.sql.DriverManager 和 javax.sql.DataSource 两种类型用于数据源连接。使用 DriverManager 连接数据源时需要提供数据库 URL 地址。当驱动管理器首次建立数据库连接时，会自动在类路径 CLASSPATH 中查找并加载 JDBC 4.0 及以后版本的驱动程序。数据库 URL 地址是用于 JDBC 驱动程序连接数据库的一个字符串，主要包括数据库所在位置、数据库名和一些配置属性等内容，其基本格式为：

协议名://数据库服务器名或IP地址:端口号/数据库名[?属性名=属性值&属性名=属性值…]

　　数据库URL地址的具体格式是由Java程序实际连接的DBMS指定的，因此JDBC数据库URL地址的基本格式因不同的DBMS可能不同。例如，若使用MySQL数据库，则协议名为jdbc:mysql，SQL Server数据库协议名为jdbc:sqlserver。数据库服务器名或IP地址是指数据库安装和运行的计算机名或地址，若本机是数据库服务器，则其值可以为localhost或127.0.0.1。端口号表示数据库服务进程（实例）对应的端口，MySQL数据库服务器默认端口为3306，SQL Server默认端口为1433。数据库名表示要连接的数据库名字。属性名=属性值是可选的属性列表，通过属性列表指定连接数据库的用户名、密码等配置信息。

　　访问本机3306端口的MySQL数据库服务器中PPJ数据库的URL格式如下：
jdbc:mysql://localhost:3306/PPJ

　　访问本机1433端口的SQL Server数据库服务器中PPJ数据库的URL格式如下：
jdbc:sqlserver://localhost:1433;DatabaseName=PPJ

　　DriverManager.getConnection方法返回与指定数据库的连接，其语法格式如下：
DriverManager.getConnection(String url, String user, String password)
DriverManager.getConnection(String url)

　　getConnection返回连接到用URL表示的数据库的一个Connection对象。下面给出使用用户名DUAN和密码123，连接本机1433端口的数据库服务器中PPJ数据库的代码：
String url = "jdbc:sqlserver://localhost:1433;DatabaseName=PPJ";
String user ="DUAN";
String password = "123";
Connection con = DriverManager.getConnection(url, user, password);

（3）创建SQL语句

　　Java提供java.sql.Statement接口表示一条SQL语句。Statement对象提供发送执行SQL语句、返回查询结果的方法。我们可以使用以下三种类型的SQL语句对象。

　　java.sql.Statement：用于实现不带参数的SQL语句。数据库连接建立后，Connection对象调用createStatement方法可以创建Statement对象，代码如下：
Statement stmt = con.createStatement();

　　java.sql.PreparedStatement：Statement的子接口，表示带输入参数的SQL语句。数据库连接建立后，Connection对象调用prepareStatement方法可以创建PreparedStatement对象，之后通过set方法可为参数赋值，代码如下：
PreparedStatement pstmt = con.prepareStatement("UPDATE BOOK SET AUTHORS=? WHERE ID=?");
pstmt.setString(1, "DUAN");
pstmt.setInt(2, 5);

　　java.sql.CallableStatement：PreparedStatement的子接口，用于执行带输入参数、输出参数的存储过程。CallableStatement调用set方法为输入参数赋值。执行带一个输入参数的存储过程pro_search的CallableStatement的代码如下：
String sql = "CALL pro_search(?)";
CallableStatement cstmt = con.prepareCall(sql);
cstmt.setInt(1,1);

（4）执行SQL语句

　　Statement对象提供了以下三种执行SQL语句的方法。

　　execute：执行指定的SQL语句，可以返回多个ResultSet（结果集）对象或影响的记录条数。若返回true，则可以使用getResultSet和getMoreResults返回多个结果集对象。若返回false，则表示没有返回结果或返回的是影响的记录条数。使用getUpdateCount方法可以返回影响的记录条数。

executeQuery：执行给定的查询 SQL 语句，返回一个 ResultSet 对象。若没有满足查询条件的数据，则返回 null。该方法可用于 PreparedStatement 和 CallableStatement 对象。

executeUpdate：执行给定的 INSERT、UPDATE、DELETE 或没有任何返回值的 SQL DDL 语句。若执行插入操作、更新操作或删除操作，该方法将返回影响的记录条数。若执行 DDL 语句，该方法将返回 0。executeUpdate 方法不能用于 PreparedStatement 和 CallableStatement 对象。

（5）处理数据集

Statement 对象执行查询 SQL 语句后返回的行列数据集保存在 ResultSet 对象中。使用 ResultSet 方法和游标可以返回每条查询的数据对象。初始时，游标指向结果集第一条记录之前的位置。ResultSet 对象的 next 方法可以向后移动游标指向下一条记录。若没有记录，则返回 null。利用 ResultSet 对象的 get 方法可以返回该记录中的每个属性值。下面的代码段利用游标和 next 方法访问查询到的数据集。

```
1   ResultSet rs = stmt.executeQuery(sql);
2   while(rs.next){
3       int id = rs.getInt("ID");
4       String name = rs.getString("NAME");
5       String authors = rs.getString("AUTHORS");
6       Category category = Category.valueOf(rs.getString("CATEGORY"));
7       String barcode = rs.getString("BARCODE");
8       String publisher = rs.getString("PUBLISHER");
9       Date publishDate = rs.getDate("PUBLISHDATE");
10      Book book = new Book(id, name, authors, category,barcode,publisher,publishDate);
11      ...
12  }
```

（6）关闭数据库连接

数据库操作结束后，要关闭数据集对象、SQL 语句对象和数据库连接对象。Connection、Statement 和 ResultSet 对象都实现了 AutoCloseable 接口，因此在创建这些对象时可以使用 try-with-resource 语句，在 try 语句块结束时自动调用 close 方法关闭它们，以释放与对象相关的系统资源。下面给出两种关闭 SQL 语句对象的方法。

方法 1：在 finally 语句中调用 close 方法关闭。

```
1   Statement stmt = null;
2   try{
3       stmt = con.createStatement()
4       ResultSet rs = stmt.executeQuery(sql);
5       while(rs.next()){
6           ...
7       }
8   }catch(SQLException e){
9       e.printStackTrace();
10  }finally{
11      if(rs != null){
12          rs.close();
13      }
14      if(stmt != null){
15          stmt.close();
16      }
17  }
```

方法 2：使用 try-with-resource 语句自动调用资源的 close 方法关闭。

```
1   try(Statement stmt = con.createStatement();
2       ResultSet rs = stmt.executeQuery(sql)){
3       while(rs.next()){
4           ...
5       }
```

```
6       }catch(SQLException e){
7           e.printStackTrace();
8       }
```

代码11-1 使用 DriverManager 连接 SQL Server 2014 数据库 PPJ 的一个工具类 DBConn。该工具类提供返回与指定数据库连接并关闭数据库连接的方法。为保证在应用程序执行过程中只打开一次数据库连接，将 DBConn 设置为单列类。为了在项目 PPJ 的类路径中找到 SQL Server 2014 的 JDBC 驱动程序，需要将 JDBC 驱动程序的库文件加载到当前项目中。具体步骤是，首先将该库文件 sqljdbc42.jar 复制到当前项目下新建的 res\lib 目录中；在项目名上右击，从快捷菜单中选择"Build Path"→"Configure Build Path"命令，接着在 Properties for PPJ 对话框中选择 Libraries 标签，如图 11-1（a）所示。接着单击 Add JARs 按钮弹出 JARSelection 对话框，在 res\lib 目录下选择 sqljdbc42.jar，如图 11-1（b）所示。单击 OK 按钮，回到 Properties for PPJ 对话框，单击 Apply 按钮，将 JDBC 驱动程序的库文件加入当前项目中。

（a）Properties for PPJ 对话框　　　　　　（b）JAR Selection 对话框

图 11-1　在 PPJ 项目中增加 JDBC 库文件

代码 11-1　使用 DriverManager 连接 PPJ 数据库

```
1   public class DBConn {
2       private static DBConn dbConn;
3       private String driver;
4       private String url;
5       private String user;
6       private String password;
7       private Connection con;
8       private DBConn() {//从 db.properties 中获取数据库连接参数并通过驱动管理器返回连接对象
9           Properties props = new Properties();
10          try {
11              props.load(DBConn.class.getResourceAsStream("db.properties"));
12              driver = props.getProperty("driver");
13              url = props.getProperty("url");
14              user = props.getProperty("user");
15              password = props.getProperty("password");
16              con = DriverManager.getConnection(url, user, password);
17          } catch (IOException | SQLException e) {
18              e.printStackTrace();
19          }
20      }
21      //返回 DBConn 实例。该方法与私有构造方法配合可以保证 DBConn 在系统中仅存在一个实例
22      public static DBConn getInstance() {
23          if(dbConn == null) {
24              dbConn = new DBConn();
```

```
25          }
26          return dbConn;
27     }
28     public void close() {//关闭连接对象,释放与其相关的系统资源
29          if(con != null) {
30              try {
31                  con.close();
32              } catch (SQLException e) {
33                  e.printStackTrace();
34              }
35          }
36     }
37     public Connection getCon() {//返回连接对象
38          return con;
39     }
40 }
```

为了能便于修改数据库连接参数,我们将它们保存到当前类文件目录下的 db.properties 文件中,在 DBConn 构造方法中加载 db.properties 文件进入内存,通过 Properties 类的 getProperty 方法获取各个参数。db.properties 文件内容如下:

```
driver = com.microsoft.sqlserver.jdbc.SQLServerDriver
url = jdbc:sqlserver://localhost:1433;DatabaseName=PPJ
user = sa
password = 123456
```

为了支持后续示例,需要在 SQL Server 中创建 PPJ 数据库,后续要访问的表都需要在该数据库中创建。关于 SQL Server 数据库和表的创建与管理方法请参考相关书籍,这里不再介绍。

11.2 常用接口与类

1. Connection

Connection 对象表示与指定数据库的一次连接,连接建立后才能完成 SQL 语句的执行和数据结果的处理。通过 Connection 对象不仅可以创建 SQL 语句完成数据库访问,还能通过 getMetaData 方法获得数据库和表本身的信息。在默认情况下,Connection 对象自动提交每次 SQL 语句执行的结果。若关闭自动提交,则需要显式地调用 commit 方法才能真正修改数据库。Connection 接口的常用方法说明如下。

Statement createStatement():创建 Statement 对象用于向数据库发送 SQL 语句。若 SQL 语句没有参数,则通常使用该对象;若相同的 SQL 语句多次被执行,则推荐使用 PreparedStatement 对象。当数据库访问出错或数据库连接关闭时,调用该方法将抛出 SQLException 异常。

PreparedStatement prepareStatement(String sql):创建 PreparedStatement 对象用于向数据库发送带参数的 SQL 语句。PreparedStatement 提供设置输入参数的方法,通过 PreparedStatement 对象可以存储预编译的 SQL 语句。若一条 SQL 语句多次被执行,则使用 PreparedStatement 比使用 Statement 效率更高。当数据库访问出错或数据库连接关闭时,调用该方法将抛出 SQLException 异常。

CallableStatement prepareCall(String sql):创建 CallableStatement 用于调用存储过程。CallableStatement 提供了设置输入、输出参数的方法。当数据库访问出错或数据库连接关闭时,调用该方法将抛出 SQLException 异常。

void setAutoCommit(boolean autoCommit):设置数据库连接对象的自动提交模式。若自动提交模式为 true,则所有 SQL 语句的执行和提交都被作为一个独立的事务;否则,多条 SQL 语句可以作为一个事务通过 commit 方法提交或者通过 rollback 方法撤销。新创建的数据库连接对

象采用自动提交模式。在该方法执行过程中，系统也可能抛出 SQLException 异常。

void commit()：提交上次 commit 或 rollback 操作以来的所有对数据库的修改操作。若当前连接对象已经关闭，或当前连接对象采用自动提交模式，运行时将抛出 SQLException 异常。

void rollback()：撤销当前事务对数据库进行的所有修改操作。该方法与 commit 方法一样，仅能用于取消自动提交模式的连接对象。当前连接对象已经关闭，或当前连接对象采用自动提交模式，运行时将抛出 SQLException 异常。

void close()：关闭数据库连接，释放与该数据库连接相关的系统资源。在调用 Connection 对象的 close 方法之前，建议先调用 commit 或 rollback 方法提交或回滚当前事务。若出现数据库访问错误将抛出 SQLException 异常。

DatabaseMetaData getMetaData()：返回数据库元数据。当数据库访问出错或数据库连接关闭时，调用该方法将抛出 SQLException 异常。

2. Statement

Statement 对象表示一条 SQL 语句。利用 Statement 对象可以向数据库发送执行 SQL 语句，并能获取语句执行的结果。在默认情况下，一个 Statement 对象仅能返回一个 ResultSet 结果集对象。Statement 接口的常用方法说明如下。

ResultSet executeQuery(String sql)：执行给定的 SELECT 查询语句，返回一个结果集。当调用该方法时，若 Statement 对象已经关闭，或者 PreparedStatement、CallableStatement 对象调用该方法，将抛出 SQLException 异常。

int executeUpdate(String sql)：执行给定的 INSERT、UPDATE、DELETE、SQL DDL 语句并返回执行结果。该方法与 executeQuery 一样，不能被 PreparedStatement 和 CallableStatement 对象调用，否则将抛出 SQLException 异常。

void close()：关闭 Statement 语句对象，释放相关系统资源。

boolean execute(String sql)：执行给定的 SQL 语句，允许返回多个结果集。

3. PreparedStatement

PreparedStatement 对象表示允许带输入参数的预编译 SQL 语句，该对象提供 setter 方法为输入参数赋值。PreparedStatement 是 Statement 的子接口，其常用方法说明如下。

ResultSet executeQuery()：执行 PreparedStatement 表示的查询语句并返回查询结果。

int executeUpdate()：执行 PreparedStatement 表示的 SQL 语句。例如，INSERT、UPDATE、DELETE 或 DDL 语句。

void setter(parameterIndex, value)：setter 方法用于为指定参数赋值。PreparedStatement 为不同数据类型的输入参数提供对应的 setter 方法，例如，setBoolean、setByte、setInt、setFloat、setDouble、setString、setDate、setObject 等。

boolean execute()：执行 PreparedStatement 表示的 SQL 语句，允许返回多个数据集。

4. CallableStatement

CallableStatement 对象用于执行 SQL 存储过程，提供设置输入参数、输出参数的方法。CallableStatement 是 PreparedStatement 的子接口，其常用方法说明如下。

void registerOutParameter(int parameterIndex, int sqlType)：为指定位置的输出参数设置数据类型。sqlType 表示 SQL 类型，其可能的取值在 java.sql.Types 进行了定义。

void registerOutParameter(int parameterIndex, int sqlType, int scale)：设置输出参数。若输出参数是 NUMERIC 或 DECIMAL，则可以使用 scale 指定数值精度，即小数位数。

type getter(type parameterIndex)：存储过程执行后，返回第 parameterIndex 个输出参数的值。CallableStatement 提供了针对不同类型输出参数的 getter 方法，例如，getBoolean、getByte、 getInt、getFloat、getDouble、getDate、getObject 等。

void setter(parameterIndex, value)：setter 方法用于为指定输入参数赋值。针对不同类型的输入参数提供了不同的 setter 方法，例如，setBoolean、setByte、setInt、setFloat、setDouble、setString、setDate、setObject 等。

5．ResultSet

ResultSet 对象表示一个二维行列数据集。该对象是 Statement 对象执行数据库查询返回的结果集。结果集中的一行表示一条记录，一列表示记录的一个属性，也称记录的一个字段。借助游标和 ResultSet 对象的 next 方法可以返回结果集中的每一行数据。ResultSet 提供针对不同数据类型的 getter 方法，可以返回游标指向记录的每个字段值。ResultSet 接口的常用方法说明如下。

boolean next()：游标向后移动一行。游标初始位置在第一行之前，首次调用 next 方法后游标指向第一行，若当前行是结果集的最后一行，调用 next 方法将返回 false。若数据库访问出错或方法调用时结果集已经关闭，将抛出 SQLException 异常。

void close()：关闭结果集，释放相关系统资源。

type getType(int columnIndex)：ResultSet 提供针对不同数据类型的 getter 方法按列号返回记录中的字段值，参数 columnIndex 表示记录中的列号。例如，getString、getBoolean、getByte、getInt、getFloat、getDouble、getDate、getObject 等。

type getType(String columnLabel)：ResultSet 提供针对不同数据类型的 getter 方法按 SQL 语句中指定的列标签返回记录中的字段值，参数 columnLabel 表示记录中的列标签。

boolean first()：移动游标到第一行，若数据集中无数据行则返回 false。

boolean last()：移动游标到最后一行，若数据集中无数据行则返回 false。

boolean absolute(int row)：移动游标到指定的行号，第一行行号为 1，第二行行号为 2，其余类推。若参数 row 为负值，则游标移动到相对最后一行向前偏移（|row|-1）行的位置。例如，absolute(-1)表示移动到最后一行，absolute(-2)表示移动到倒数第二行，其余类推。

boolean relative(int rows)：移动游标到相对于当前位置的行。参数 rows 为正数表示向后移 rows 行，rows 为负数表示向前移动 |rows| 行，rows 为 0 表示游标位置不变。

boolean previous()：游标向前移动一行。若当前行是结果集的第一行，调用 previous 方法将返回 false。若数据库访问出错或方法调用时结果集已经关闭或结果集类型是只允许向后遍历 TYPE_FORWARD_ONLY，将抛出 SQLException 异常。

11.3 实例：图书信息维护子系统（JDBC）

11.3.1 问题与系统功能描述

本例保持 10.5 节图书信息维护子系统（GUI）的交互界面和业务功能不变，将存储方法由文件存储修改为使用 SQL Server 2014 数据库管理系统存储。在 10.5 节实例的基础上引入 JDBC 库文件。Java 应用程序使用 JDBC 连接数据库并实现图书信息的查询、新增、修改和删除等操作。图书信息维护子系统（JDBC）的软件层次结构如图 11-2 所示。

与 10.5 节实例一致，MainUI 是主界面，显示从后台获取的图书信息并提供图书信息维护的功能入口；BookEditDialog 是新增/修改图书信息对话框；BookService 是服务类，提供业务逻辑服务，在本例中的主要工作是接收视图层的功能请求，调用数据层的数据处理服务，然后返回处理结果给视图层显示。图 11-2 中，不同于 10.5 节的是数据层，本例采用关系型数据库管理图书信息，因此需要使用 DBConn 连接数据库，修改图书数据访问对象 BookDao，通过数据库连接对象完成对数据库的新增、删除、修改和查询操作。

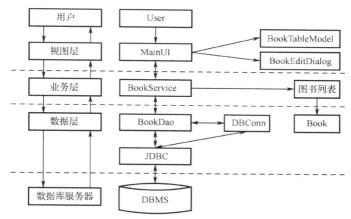

图 11-2 图书信息维护子系统的软件层次结构

11.3.2 数据库设计与实现

数据库是管理信息系统（Management Information System，MIS）的基础，它的作用可以等同于一栋高楼大厦的地基。数据库设计的质量将直接影响管理信息系统的可靠性。本例仅对基础信息中的图书进行维护，在数据库中需要设置一张对应图书信息的数据表 BOOK，其基本结构见表 11-1。

表 11-1 图书表 BOOK

字 段	类 型	关 键 字	是否自增	是否允许空	备 注
BOOK_ID	int	主键	自增	否	图书编号
BOOK_NAME	nvarchar(50)			否	图书名
AUTHORS	nvarchar(50)			否	作者
CATEGORY	nvarchar(50)			否	分类
BARCODE	nvarchar(20)			否	条码
PUBLISHER	nvarchar(100)			否	出版社
PUBLISHER_DATE	date			否	出版日期

启动 Microsoft SQL Server Management Studio，创建名为 PPJ 的数据库。在 PPJ 数据库中创建图书表 BOOK，如图 11-3 所示。

图 11-3 创建图书表 BOOK

11.3.3 系统实现

在 Eclipse IDE 开发环境中，新建 edu.cdu.ppj.chapter11.project 包，将 10.5 节的相关类从 edu.cdu.ppj.chapter10.project 复制到新建包中，并将 11.1 节中创建的 DBConn.java 和 db.properties 文件复制到新建包中。

（1）修改 BookDao 类

因为数据存储方式由文件改为数据库，数据访问对象 BookDao 中的图书加载、新增、查询、删除、修改等方法都会发生变化，又因为主键 BOOK_ID 设置为自增，所以原有获取新增图书编号的方法不再需要。修改后的 BookDao 类部分实现代码参见代码 11-2。

代码 11-2 BookDao 类部分实现代码

```java
1   public class BookDao {
2       private DBConn dbc;
3       //新增图书,向数据库中插入一条图书记录并返回新增图书编号
4       public int addBook(Book book) throws SQLException{
5           int newid = -1;
6           Connection con = dbc.getCon();
7           String sql = "INSERT INTO BOOK(BOOK_NAME,AUTHORS,CATEGORY,
8           BARCODE,PUBLISHER,PUBLISH_DATE) VALUES(?,?,?,?,?,?)";
9           try(PreparedStatement pstmt = con.prepareStatement(sql)){
10              pstmt.setString(1, book.getName());
11              pstmt.setString(2, book.getAuthors());
12              pstmt.setString(3, book.getCategory().toString());
13              pstmt.setString(4, book.getBarcode());
14              pstmt.setString(5, book.getPublisher());
15              pstmt.setDate(6, new java.sql.Date(book.getPublishDate().getTime()));
16              pstmt.executeUpdate();
17          }
18          try(Statement stmt = con.createStatement()){
19              ResultSet rs = stmt.executeQuery("SELECT IDENT_CURRENT('BOOK')");
20              if(rs.next()) {
21                  newid = rs.getInt(1);
22              }
23          }
24          return newid;
25      }
26      //修改图书,更新数据库中指定图书编号的图书记录并返回更新的记录条数
27      public int updateBook(Book book) throws SQLException{
28          int numsOfAffected = 0;
29          Connection con = dbc.getCon();
30          String sql = "UPDATE BOOK SET BOOK_NAME=?,AUTHORS=?,CATEGORY=?,
31          BARCODE=?,PUBLISHER=?,PUBLISH_DATE=? WHERE BOOK_ID=?";
32          try(PreparedStatement pstmt = con.prepareStatement(sql)){
33              pstmt.setString(1, book.getName());
34              pstmt.setString(2, book.getAuthors());
35              pstmt.setString(3, book.getCategory().toString());
36              pstmt.setString(4, book.getBarcode());
37              pstmt.setString(5, book.getPublisher());
38              pstmt.setDate(6, new java.sql.Date(book.getPublishDate().getTime()));
39              pstmt.setInt(7, book.getId());
40              numsOfAffected = pstmt.executeUpdate();
41          }
42          return numsOfAffected;
43      }
44      //删除图书,从数据库中删除指定图书编号的图书记录并返回删除的记录条数
45      public int delBook(Book book) throws SQLException{
46          int numsOfAffected = 0;
47          Connection con = dbc.getCon();
48          String sql = "DELETE FROM BOOK WHERE BOOK_ID=?";
49          try(PreparedStatement pstmt = con.prepareStatement(sql)){
50              pstmt.setInt(1, book.getId());
51              numsOfAffected = pstmt.executeUpdate();
52          }
53          return numsOfAffected;
54      }
55      //从数据库中获取所有图书记录
56      public List<Book> loadBooks() throws Exception{
57          List<Book> list = new ArrayList<>();
58          Connection con = dbc.getCon();
```

```
59            String sql = "SELECT * FROM BOOK";
60            try(Statement stmt = con.createStatement()){
61                ResultSet rs = stmt.executeQuery(sql);
62                while(rs.next()) {
63                    Book book = new Book();
64                    book.setId(rs.getInt(1));
65                    book.setName(rs.getString(2));
66                    book.setAuthors(rs.getString(3));
67                    book.setCategory(Category.valueOf(rs.getString(4)));
68                    book.setBarcode(rs.getString(5));
69                    book.setPublisher(rs.getString(6));
70                    book.setPublishDate(rs.getDate(7));
71                    list.add(book);
72                }
73            }
74            return list;
75        }
76        //从数据库中按指定关键字模糊查询图书记录
77        public List<Book> search(String key) throws Exception{
78            List<Book> list = new ArrayList<>();
79            Connection con = dbc.getCon();
80            String sql = "SELECT * FROM BOOK WHERE CONCAT(BOOK_NAME,
81            AUTHORS,CATEGORY,BARCODE,PUBLISHER) LIKE '%"+key+"%'";
82            try(Statement stmt = con.createStatement()){
83                ResultSet rs = stmt.executeQuery(sql);
84                while(rs.next()) {
85                    Book book = new Book();
86                    book.setId(rs.getInt(1));
87                    book.setName(rs.getString(2));
88                    book.setAuthors(rs.getString(3));
89                    book.setCategory(Category.valueOf(rs.getString(4)));
90                    book.setBarcode(rs.getString(5));
91                    book.setPublisher(rs.getString(6));
92                    book.setPublishDate(rs.getDate(7));
93                    list.add(book);
94                }
95            }
96            return list;
97        }
98        //在数据库中更新内存中所有修改过的图书记录
99        public void saveBooks(List<Book> list) throws Exception{
100           for(Book book : list) {
101               if(book.isDirty()) {
102                   updateBook(book);
103               }
104           }
105       }
106   }
```

（2）修改 BookService 类

在 BookService 类中新增 BookDao 的 setter 方法。构造 BookService 实例时，通过 setter 方法将 BookDao 实例指派给 BookService 类实例。BookDao 的 addBook 方法返回插入数据库中的图书记录 ID，用该值更新内存中的图书编号，最后将图书记录插入图书列表中。按关键字模糊查询方法 unisearchBook，直接调用 BookDao 的 search 方法返回符合条件的图书记录。BookService 类改动后的关键代码参见代码 11-3。

代码 11-3　BookService 类改动后的关键代码

```
1   public class BookService {
2       private List<Book> bookList;
3       private BookDao bookDao;
4       …
5       //新增图书，将指定图书对象存入数据库中并插入图书列表 bookList 中
6       public boolean addBook(Book book) {
7           if(!isExist(book)) {
8               try {
9                   int newid = bookDao.addBook(book);
10                  book.setId(newid);
11                  bookList.add(book);
12                  return true;
13              }catch(Exception e) {
14                  e.printStackTrace();
15                  return false;
16              }
17          }
18          return false;
19      }
20      //按关键字模糊查询图书记录
21      public List<Book> unisearchBook(String key){
22          List<Book> list = null;
23          try {
24              list = bookDao.search(key);
25          } catch (Exception e) {
26              e.printStackTrace();
27          }
28          return list;
29      }
30  }
```

（3）修改 BookEditDialog 类

删除设置新增图书编号的语句"nbook.setId(bookService.getNextBookId());"，删除新增失败回滚图书编号的语句"bookService.withdrawBookId();"。

（4）修改 MainUI 类

删除图书目录变量 bookHome；新增 BookDao、DBConn 成员变量并在构造方法中为其创建实例，通过 setter 方法分别注入 BookService 和 BookDao 的实例中。在窗口关闭处理程序中调用 BookDao 的 updateBook 方法将内存中所有 dirty 为 true 的图书写入数据库中，之后调用 DBConn 对象的 close 方法关闭数据库连接，释放与数据库连接相关的系统资源。MainUI 类部分更改代码参见代码 11-4。

代码 11-4　MainUI 类部分更改代码

```
1   public class MainUI extends JFrame implements ActionListener{
2       private BookService bookService;
3       private BookDao bookDao;
4       private DBConn dbc;
5       …
6       private void init() {
7           …
8           //用户确认退出系统后，将所有在内存中修改过的图书记录更新到数据库中并关闭数据库连接
9           this.addWindowListener(new WindowAdapter() {
10              @Override
11              public void windowClosing(WindowEvent e) {
12                  …
13                  if(operator == JOptionPane.YES_OPTION){
```

```
14                    bookService.saveBooks();
15                    dbc.close();
16                    System.exit(0);
17                }
18            }
19        });
20    }
21    …
22 }
```

扫描本章二维码获取本实例完整代码。

知识扩展（如果对此部分内容感兴趣，扫描本章二维码）：

① Apache DBCP 连接池；

② c3p0 连接池。

习题 11

在数据库 PPJ 中创建用户表 USERS，包含用户编号（UID）、用户名（UNAME）、密码（PASSWORD）、角色（ROLE）等字段，使用 Swing 组件实现用户登录功能。基本流程：用户输入用户名、密码和角色后，单击"登录"按钮，到数据库中查询用户信息验证合法性，若为合法用户则弹出对话框提示登录成功，否则提示用户名或密码输入错误。已知 USERS 表中保存的密码是使用 MD5 加密后的密文。USERS 表的基本结构如表 11-2 所示。

表 11-2　USERS 表的基本结构

字　段	类　型	关　键　字	是否自增	是否允许空	备　注
UID	int	主键	自增	否	用户编号
UNAME	nvarchar(20)			否	用户名
PASSWORD	nvarchar(256)			否	密码
ROLE	nvarchar(50)			否	角色

扫描本章二维码获取习题参考答案。

获取本章资源

第 12 章 综合项目：图书进销存管理系统的设计与实现

12.1 问题与系统功能描述

12.1.1 项目描述

图书进销存管理系统是用于书店实现图书进货、图书销售、财务统计等一体化管理功能的企业信息化系统。本章实例为了让读者快速掌握使用 Java 语言开发企业级应用的方法，简化了进销存中部分功能。例如，将入库合并到进货模块中，将出库合并到销售模块中，简化了对会计科目的维护，取消了进货订单、销售订单、进货退货单、销售退货单等业务，过账处理时只考虑一次付清整单金额的情况，取消了应收应付相关流程。

本章的图书进销存管理系统包括基础信息维护、进货单管理、销售单管理、报表和权限管理 5 个子模块，系统结构层次如图 12-1 所示。

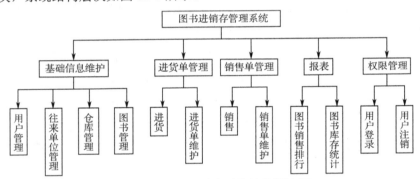

图 12-1 图书进销存系统结构层次图

基础信息维护：系统基础信息包括用户、往来单位、图书、仓库四类。其中，用户是系统的使用者，本实例默认任何用户都具备系统赋予的所有功能，读者可以在以后增加角色和权限控制，让不同的用户具有不同的功能和数据权限。往来单位是与当前系统用户（如自营书店或加盟书店）交互的往来单位，包括供应商与客户。书店从供应商进购图书，再将图书销售给客户。图书是本系统管理的商品类型。仓库是图书进货和销售时的收货和发货地址。会计科目也应归类于基础信息，但本实例为了简化问题，将系统要使用的会计科目直接写入了财务余额表中。基础信息维护模块为系统基础数据提供了新增、删除、修改和查询等功能。

进货单管理：进货是系统的核心功能，实现书店从供应商进购图书的业务。进货单一次可以从一个供应商进购多种图书并入库到指定仓库中。进货单有草稿和过账两种状态。草稿状态的进货单不校验单据数据，不影响图书库存和会计科目，仅仅保存单据表头信息和单据明细。过账状态的进货单需要校验单据数据并进行过账处理。过账处理会影响图书库存数量、库存余额、单价和会计科目（商品库存、现金、银行等）。

销售单管理：销售也是系统的核心功能，实现书店将图书销售给客户的业务。销售单一次可以向一个客户销售多种图书并从指定仓库中出库。销售单有草稿和过账两种状态。草稿状态的销售单不校验单据数据，不影响图书库存与会计科目，仅仅保存单据表头和单据明细。过账状态的销售单需要校验单据数据并进行过账处理，过账处理会影响图书库存、库存余额和会计科目（商品库存、现金、银行、销售收入和销售成本等）。

报表：统计报表是为用户提供决策的重要功能。本实例只开发了图书销量排行和图书库存统计两种报表。读者可以进一步扩展该项功能，开发出更多支持书店决策的报表。

权限管理：支持用户登录和用户注销。

12.1.2 业务流程说明

基础信息维护：基础信息是信息管理系统的基础，在运行逻辑功能之前需要建立系统所需要的基础数据。本实例对用户、往来单位、图书、仓库等基础信息的新增、删除、修改和查询操作的流程是一致的。

新增/修改基础数据流程：首先获取用户录入的数据，校验数据格式是否正确，校验通过后，若系统中不存在该数据则保存数据到数据库中，否则等待用户修改数据后再重复以上流程。

删除基础数据流程：获取要删除数据的关键字，查询并返回满足查询条件的数据集，经过用户删除确认后将它们从数据库中删除。

查询基础数据流程：获取查询关键字，在数据库中查找与关键字匹配的数据并返回。

进货流程：书店创建进货单，选择供应商和收货入库的仓库，录入要进购的图书及进购册数等信息。折扣率使用供应商默认折扣作为整单折扣，统计进货单采购的图书条目数量、整单金额、折后整单金额和成交金额。录入书店通过现金和银行支付的金额。本实例不支持应付款，所以进货单费用必须整单全部结清，即现金支付+银行支付必须等于整单成交金额。单据创建后可以保存为草稿，也可以选择过账完成进货。过账需要修改会计科目（商品库存、现金、银行）、库存余额（数量、金额、单价）等信息。

销售流程：书店创建销售单，选择客户和发货的出库仓库，录入要销售的图书及销售册数等信息。折扣率使用客户默认折扣作为整单折扣，统计销售单销售的图书条目数量、折前整单金额、折后整单金额和成交金额。录入客户通过现金和银行卡支付的金额。本实例不支持应收款，所以销售单费用必须整单一次结清，即现金+银行支付金额必须等于整单成交金额。单据创建后可以保存为草稿，也可以选择过账完成销售。过账需要修改会计科目（商品库存、现金、银行、销售收入和销售成本）、库存余额（数量、金额）等信息。

图书销售排行流程：书店可以通过销售排行功能了解图书受欢迎程度，决策图书进购种类和册数。遍历所有状态为过账的图书销售明细，统计每种图书的销售册数，最后按降序排列输出图书信息。

图书库存统计流程：书店可以通过库存统计功能了解每种图书的库存数量。可以设置进货册数阈值，当库存数量低于阈值时需要进行采购。该功能可以帮助决策进购图书的种类。遍历图书库存数量余额表，按库存数量升序排列输出图书信息。

用户登录流程：当用户输入用户名和密码登录系统时，需要先在数据库中查找与其匹配的用户记录，若在数据库中找到则用户校验成功可以进入主界面，显示与其角色相匹配的功能和数据，否则校验失败需要用户重新输入正确的用户名和密码。为保证密码的安全性，需要使用MD5算法进行加密。

用户注销流程：用户退出系统需要经过注销流程，判断当前系统中是否存在没有保存的数据，若存在，则将所有修改但未保存的数据存入数据库中再退出系统。下一次用户需要重新登录才能进入系统。

12.2 系统设计

12.2.1 数据库设计

为支持图书进销存管理系统，数据库中设计了用户表、往来单位表、仓库表、图书表、单据表头、进货明细表、销售明细表、库存余额表和会计科目余额表 9 张数据表。

（1）用户（USERS）表

用户表用于保存能使用该系统的所有用户的信息。在实际应用中，系统用户应与系统使用单位的员工关联。本实例为简化问题，将员工信息整合到了用户信息中，读者可以根据具体应用场景将本例中的用户信息分离到用户和员工两张表中。用户表共包括 10 个字段，其中 UID 是 int 自增类型，设为主键，可以区分存入表中的记录并提高数据检索性能；UNAME 和 PASSWORD 表示用户名和密码，用于用户登录时的身份校验，PASSWORD 字段中存储使用 MD5 算法加密后的 128 位字符串序列。用户表物理结构如表 12-1 所示。

表 12-1 用户表

字 段	类 型	关 键 字	是否自增	是否允许空	备 注
UID	int	主键	自增	否	用户 ID
UNAME	nvarchar(20)				用户名
PASSWORD	nvarchar(128)				密码
GENDER	nvarchar(2)				性别
DT_DOB	datetime				生日
MOBILE_PHONE	nvarchar(20)				移动电话
WORK_PHONE	nvarchar(20)				工作电话
EMAIL	nvarchar(50)				邮件
QQ	nvarchar(20)				QQ
DT_CREATE	datetime				记录创建时间
DT_UPDATE	datetime				记录更新时间

（2）往来单位（PARTNER）表

往来单位表用于保存与书店有业务往来的所有单位的信息，包括供应商和客户两种类型。往来单位表共包括 11 个字段。其中，PARTNER_TYPE 包含两种类型：供应商（provider）和客户（customer）；DISCOUNT 的取值范围为 0~100，用于计算图书折扣单价和折后整单金额。往来单位表物理结构如表 12-2 所示。

表 12-2 往来单位表

字 段	类 型	关 键 字	是否自增	是否允许空	备 注
PARTNER_ID	int	主键	自增	否	往来单位 ID
PARTNER_NAME	nvarchar(50)				往来单位名
PARTNER_TYPE	nvarchar(20)				往来单位类型
DISCOUNT	numeric(24,10)				折扣率
ADDRESS	nvarchar(200)				往来单位地址
BANK_NAME	nvarchar(50)				开户行

续表

字段	类型	关键字	是否自增	是否允许空	备注
BANK_ACCOUNT	nvarchar(50)				银行账户
TAX_NUMBER	nvarchar(50)				税号
CONTACT_PERSON	nvarchar(20)				往来单位联系人
DT_CREATE	datetime				记录创建时间
DT_UPDATE	datetime				记录更新时间

（3）仓库（WAREHOUSE）表

仓库表用于保存书店自有的所有仓库信息。书店进购图书用于收货的仓库称为收货仓库，图书销售时用于出货的仓库称为出货仓库。一个仓库既可以用于收货也可用于出货。仓库表共包括 5 个字段。仓库表物理结构如表 12-3 所示。

表 12-3　仓库表

字段	类型	关键字	是否自增	是否允许空	备注
WAREHOUSE_ID	int	主键	自增	否	仓库 ID
WAREHOUSE_NAME	nvarchar(50)				仓库名
ADDRESS	nvarchar(200)				地址
DT_CREATE	datetime				记录创建时间
DT_UPDATE	datetime				记录更新时间

（4）图书（BOOK）表

图书表用于保存书店经营的所有的图书信息。图书表共包括 10 个字段。其中，CATEGORY 可以有教育（EDUCATION）、小说（NOVEL）、艺术（ART）、儿童文学（CHILDREN）、家庭（HOME）、社会（SOCIAL）、科学（TECHNOLOGY）、励志（ENCOURAGEMENT）共 8 种取值；BARCODE 是区分图书记录的唯一属性，在实际应用中用户可以通过条码枪扫描图书条码完成图书信息录入；PRICE 是销售时需要使用到的单价，在实际应用中可以增加单价管理功能，帮助确定图书单价规则和图书调价等。图书表物理结构如表 12-4 所示。

表 12-4　图书表

字段	类型	关键字	是否自增	是否允许空	备注
BOOK_ID	int	主键	自增	否	图书 ID
BOOK_NAME	nvarchar(50)				图书名
AUTHORS	nvarchar(50)				作者
CATEGORY	nvarchar(20)				图书分类
BARCODE	nvarchar(20)				图书条码
PUBLISHER	nvarchar(20)				出版社
PRICE	numeric(24,10)				图书零售价
DT_PUBLISH	datetime				出版时间
DT_CREATE	datetime				记录创建时间
DT_UPDATE	datetime				记录更新时间

(5) 单据表头（BILL_MAIN）表

单据表头表用于保存所有进货单和销售单的表头信息。单据表头表共包括 14 个字段。其中，PARTNER_ID 是外键，关联往来单位表；IN_WAREHOUSE_ID 是外键，关联仓库表，若当前单据类型是进货单则收货仓库 ID 应记录在该字段；OUT_WAREHOUSE_ID 是外键，关联仓库表，若当前单据类型是销售单则发货仓库 ID 应记录在该字段中；BILL_TYPE 有进货单（purchase）和销售单（sell）两种取值；RECORDS_COUNT 保存表头关联的明细表中的图书记录条数；BILL_SELL_AMOUNT 表示整单金额，即对应明细表中每条图书记录的金额之和；BILL_AMOUNT 表示整单折后金额。本实例只有折扣一种优惠方式，所以该字段也表示整单成交金额；CASH 表示使用现金支付的金额，而 BANK 表示使用银行卡支付的金额，本实例只提供现金和刷卡两种支付方式，在会计科目中也只对这两种方式进行记账；BILL_STATE 有草稿（draft）和过账（post）两种取值，草稿状态的单据只保存表头和明细，不影响图书库存余额和会计科目余额，而过账状态的单据不但要保存单据信息、检查数据合法性还要影响图书库存和会计科目。单据表头表物理结构如表 12-5 所示。

表 12-5 单据表头表

字段	类型	关键字	是否自增	是否允许空	备注
BILL_MAIN_ID	int	主键	自增	否	表头 ID
PARTNER_ID	int	外键		否	往来单位 ID
IN_WAREHOUSE_ID	int	外键			收货仓库 ID
OUT_WAREHOUSE_ID	int	外键			发货仓库 ID
BILL_TYPE	nvarchar(10)				单据类型
RECORDS_COUNT	int				图书记录条数
BILL_SELL_AMOUNT	money				整单金额
BILL_AMOUNT	money				整单折后金额
CASH	money				现金支付金额
BANK	money				银行支付金额
BILL_STATE	nvarchar(10)				单据状态
DT_CREATE	Datetime				记录创建时间
DT_UPDATE	Datetime				记录更新时间
DT_ACCOUNT	Datetime				单据过账时间

(6) 进货明细（BILL_PURCHASE_DETAIL）表

进货明细表保存所有进货明细信息。进货明细表包括 12 个字段。其中，BILL_MAIN_ID 为外键，关联单据表头表 BILL_MAIN；PARTNER_ID 为外键，关联往来单位表；WAREHOUSE_ID 为外键，关联仓库表；BOOK_ID 为外键，关联图书表；SELL_PRICE 为供应商确定的销售单价；COST_PRICE 为成交单价也是成本单价；DISCOUNT_PRICE 为折后单价，等于 SELL_PRICE*DISCOUNT/100，在没有其他优惠情况下 DISCOUNT_PRICE 等于 COST_PRICE；SELL_AMOUNT 等于 SELL_PRICE*BOOK_QUANTITY；COST_AMOUNT 等于 COST_PRICE*BOOK_QUANTITY；DISCOUNT_AMOUNT 等于 DISCOUNT_PRICE*BOOK_QUANTITY。进货明细表物理结构如表 12-6 所示。

表 12-6 进货明细表

字段	类型	关键字	是否自增	是否允许空	备注
BILL_PURCHASE_DETAIL_ID	int	主键	自增	否	进货明细 ID
BILL_MAIN_ID	int	外键		否	表头 ID
PARTNER_ID	int	外键		否	单位 ID
WAREHOUSE_ID	int	外键		否	仓库 ID
BOOK_ID	int	外键		否	图书 ID
BOOK_QUANTITY	numeric(24,4)				数量
SELL_PRICE	numeric(24,10)				图书单价
COST_PRICE	numeric(24,10)				成本单价
DISCOUNT_PRICE	numeric(24,10)				折后单价
SELL_AMOUNT	money				单据金额
COST_AMOUNT	money				成本金额
DISCOUNT_AMOUNT	money				折后金额

（7）销售明细（BILL_SELL_DETAIL）表

销售明细表保存所有销售明细信息。销售明细表包括 12 个字段。其中，BILL_MAIN_ID 为外键，关联单据表头表 BILL_MAIN；PARTNER_ID 为外键，关联往来单位表；WAREHOUSE_ID 为外键，关联仓库表；BOOK_ID 为外键，关联图书表；SELL_PRICE 为图书零售价，应该从图书表的 PRICE 字段获得；COST_PRICE 为成本单价，应该从库存余额表的 PRICE 字段获得；DISCOUNT_PRICE 为折后单价，等于 SELL_PRICE*DISCOUNT/100，DISCOUNT 从往来单位表的 DISCOUNT 字段获得，本实例约定整单使用同一折扣；SELL_AMOUNT 等于 SELL_PRICE* BOOK_QUANTITY；COST_AMOUNT 等于 COST_PRICE* BOOK_QUANTITY；DISCOUNT_AMOUNT 等于 DISCOUNT_PRICE*BOOK_QUANTITY。销售明细表物理结构如表 12-7 所示。

表 12-7 销售明细表

字段	类型	关键字	是否自增	是否允许空	备注
BILL_SELL_DETAIL_ID	int	主键	自增	否	销售明细 ID
BILL_MAIN_ID	int	外键		否	表头 ID
PARTNER_ID	int	外键		否	单位 ID
WAREHOUSE_ID	int	外键		否	仓库 ID
BOOK_ID	int	外键		否	图书 ID
BOOK_QUANTITY	numeric(24,4)				销售数量
SELL_PRICE	numeric(24,10)				图书单价
COST_PRICE	numeric(24,10)				成本单价
DISCOUNT_PRICE	numeric(24,10)				折后单价
SELL_AMOUNT	money				销售金额
COST_AMOUNT	money				成本金额
DISCOUNT_AMOUNT	money				折后金额

（8）库存余额（BOOK_BALANCE）表

库存余额表用于保存书店自有仓库中每种图书库存信息。库存余额表包括 9 个字段。其中，INIT 开头的三个字段保存各仓库中图书在开账时的初始值，在实际应用中这些值需要在期初建账功能中进行设置；BOOK_ID 和 WAREHOUSE_ID 为外键，分别关联图书表和仓库表；QUANTITY 表示当前图书库存数量；PRICE 表示当前图书成本单价，该单价只在进货单过账时才会被影响，销售单过账对其无影响；AMOUNT 表示库存余额。库存余额表物理结构如表 12-8 所示。

表 12-8 库存余额表

字 段	类 型	关 键 字	是否自增	是否允许空	备 注
BOOK_BALANCE_ID	int	主键	自增	否	库存余额 ID
BOOK_ID	int	外键		否	图书编号
WAREHOUSE_ID	int	外键		否	仓库编号
INIT_QUANTITY	numeric(24,4)				期初数量
INIT_PRICE	numeric(24,10)				期初单价
INIT_AMOUNT	money				期初余额
QUANTITY	numeric(24,4)				库存数量
PRICE	numeric(24,10)				成本单价
AMOUNT	money				库存余额

（9）会计科目余额（ACCOUNT_BALANCE）表

会计科目余额表保存所有会计科目期初和当前余额信息。会计科目余额表共包括 4 个字段。其中会计科目名有库存商品、现金、银行、销售收入、销售成本共 5 种取值。在实际应用中，银行可以指明具体的支付银行：建设银行、工商银行、农业银行等，这些设置可以在会计科目管理功能中进行扩展。会计科目余额表物理结构如表 12-9 所示。

表 12-9 会计科目余额表

字 段	类 型	关 键 字	是否自增	是否允许空	备 注
ACCOUNT_BALANCE_ID	int	主键	自增	否	会计科目余额 ID
ACCOUNT_NAME	nvarchar(50)				会计科目名
INIT_AMOUNT	money				期初余额
CURRENT_AMOUNT	money				当前余额

9 张表的物理数据模型图如图 12-2 所示。

12.2.2 对象设计

本例仍然采用三层软件设计模型：数据层、服务层和视图层。为支撑使用数据库存储数据，用 Swing 组件库实现 GUI，本例共设计 38 个类，其中数据层 12 个类，服务层 6 个类，视图层 20 个类。图书进销存管理系统类图如图 12-3 所示。

（1）数据层类

User：用户实体类，包括用户编号、用户名、密码、性别、出生日期、移动电话、工作电话、邮箱地址、QQ 联系方式、创建日期、更新日期等属性。在对象关系模型（ORM）中映射关系型数据库中的用户表。

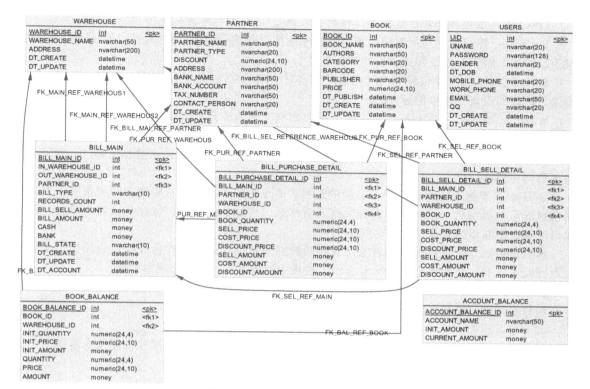

图 12-2 9 张表的物理数据模型图

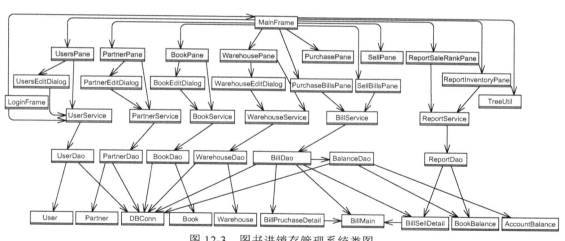

图 12-3 图书进销存管理系统类图

Partner：往来单位实体类，包括往来单位编号、单位名、类型、折扣率、开户行、账号、税号、联系人、地址、创建日期、更新日期等属性。在对象关系模型中映射关系型数据库中的往来单位表。

Warehouse：仓库实体类，包括仓库编号、仓库名、仓库地址、创建日期、更新日期等属性。在对象关系模型中映射关系型数据库中的仓库表。

Book：图书实体类，包括图书编号、图书名、作者、图书类型、条码、图书单价、出版社、出版日期、创建日期、更新日期等属性。在对象关系模型中映射关系型数据库中的图书表。

· 289 ·

DBConn：数据库 JDBC 连接类，使用 getCon 方法从数据库连接池中返回数据库连接。

UserDao：用户数据访问对象，利用数据库连接对象完成对用户表的访问，提供用户合法性校验及新增、删除、修改和查询用户等方法。

PartnerDao：往来单位数据访问对象，通过对往来单位表的访问，提供返回折扣率及新增、删除、修改和查询往来单位等方法。

WarehouseDao：仓库数据访问对象，通过对仓库表的访问，提供针对仓库数据的增加、删除、修改和查询等方法。

BookDao：图书数据访问对象，通过对图书表的访问，提供针对图书数据的增加、删除、修改和查询等方法。

BillDao：单据数据访问对象，访问的数据表有单据表头表、进货明细表和销售明细表。主要包括删除单据明细、按时间段查询单据表头信息、返回单据明细、保存单据表头信息、保存单据明细、更新单据表头信息等功能。

BalanceDao：余额数据访问对象，访问的数据表有库存余额表和会计科目余额表。主要包括返回图书库存、返回现金和银行卡余额、进货和销售过账时更新余额等功能。

ReportDao：报表数据访问对象，访问的数据表有图书表、仓库表、单据表头表、库存余额表和销售明细表。主要包括返回图书库存和图书销售记录等功能。

（2）服务层类

服务层类处于三层软件的中间层，建立视图层与数据层的联系，接收视图层业务请求，发送数据访问请求给数据层，最后返回结果给视图层。

UserService：用户服务类，封装 UserDao 类，实现用户相关的业务处理。

PartnerService：往来单位服务类，封装 PartnerDao 类，实现与往来单位相关的业务处理。

WarehouseService：仓库服务类，封装 WarehouseDao 类，实现与仓库相关的业务处理。

BookService：图书服务类，封装 BookDao 类，实现与图书相关的业务处理。

BillService：单据服务类，封装 BillDao 类，实现与进货单和销售单相关的业务处理。

ReportService：报表服务类，封装 ReportDao 类，实现与报表相关的业务处理。

（3）视图层类

LoginFrame：登录窗体，JFrame 的子类。封装 UserService 类，从界面上接收用户输入用户名和密码，向 UserService 发送用户合法性校验请求并接收校验结果。若校验失败则显示错误信息继续接收用户信息，否则打开主界面并关闭登录窗体。

MainFrame：系统主窗体，JFrame 的子类。封装 JTree 和 JTabbedPane 两个实例，分别用于显示系统功能和每个功能界面。以下将 JTree 的实例称为功能树，JTabbedPane 的实例称为工作区。功能树实现 TreeSelectionListener 监听器，若功能树中的功能节点被选中，就在工作区中显示对应功能的界面。

TreeUtil：功能树工具类，提供递归创建功能树节点的方法。

UserPane：用户管理界面，JPanel 的子类。封装 UserService 类，实现用户信息增加、删除、修改与查询的图形用户接口。单击"新增"和"修改"按钮时将弹出 UserEditDialog 对话框，接收新增和修改信息并向 UserService 发送新增和修改请求。

UserEditDialog：用户新增与修改对话框，JDialog 子类。封装 UserService 服务类，实现用户信息的新增和修改操作。

PartnerPane：往来单位管理界面，JPanel 的子类。封装 PartnerService 类，实现往来单位新增、删除、修改与查询的图形用户接口。单击"新增"和"修改"按钮时将弹出 PartnerEditDialog 对话框，接收新增和修改信息并向 PartnerService 发送新增和修改请求。

PartnerEditDialog：往来单位新增与修改对话框，JDialog 的子类。封装 PartnerService 服务类，实现往来单位信息的新增和修改操作。

WarehousePane：仓库管理界面，JPanel 的子类。封装 WarehouseService 类，实现仓库新增、删除、修改与查询的图形用户接口。单击"新增"和"修改"按钮时弹出 WarehouseEditDialog 对话框，接收新增和修改信息并向 WarehouseService 发送新增和修改请求。

WarehouseEditDialog：仓库新增与修改对话框，JDialog 的子类。封装 WarehouseService 类，实现仓库信息的新增和修改操作。

BookPane：图书管理界面，JPanel 的子类。封装 BookService 类，实现图书新增、删除、修改与查询的图形用户接口。单击"新增"和"修改"按钮时将弹出 BookEditDialog 对话框，接收新增和修改信息并向 BookService 发送新增和修改请求。

BookEditDialog：图书新增与修改对话框，JDialog 的子类。封装 BookService 类，实现图书信息的新增和修改操作。

PurchasePane：进货界面，JPanel 的子类。封装 PartnerService、WarehouseService 和 BillService 类，实现进货单选择供应商和收货仓库，进货明细的新增、修改、删除，以及进货单保存为草稿和过账等功能。

PurchaseBillsPane：进货单维护界面，JPanel 的子类。封装 BillService 类，实现按指定时间段查询所有类型（草稿、过账）的进货单，并能通过进货单表头打开进货明细。

PurchaseDetailEditDialog：进货明细新增与修改对话框，JDialog 的子类。封装 BookService 类，实现在进货界面对进货明细进行新增和修改操作。

SellPane：销售界面，JPanel 的子类。封装 PartnerService、WarehouseService 和 BillService 类，实现销售单选择客户和出货仓库，销售明细的新增、修改和删除，以及销售单保存为草稿和过账等功能。

SellBillsPane：销售单维护界面，JPanel 的子类。封装 BillService 服务类，实现按指定时间段查询所有类型（草稿、过账）的销售单，并能通过销售单表头打开销售明细。

SellDetailEditDialog：销售明细新增与修改对话框，JDialog 的子类。封装 BookService 类，实现在销售界面对销售明细进行新增和修改操作。

ReportSaleRankPane：图书销售排行界面，JPanel 的子类。封装 ReportService 类，实现按图书销售数量降序排列功能。在销售排行报表中不但能显示各仓库图书的销售数量，还能显示图书销售金额、销售成本、销售利润等信息。

ReportInventoryPane：图书库存统计界面，JPanel 的子类。封装 ReportService 类，实现按各仓库图书库存数量升序排列功能。

Widgets：系统工具类，提供 MD5 加密、日期格式转换等相关方法。

12.2.3 用户合法性校验流程

系统登录界面 LoginFrame 接收用户录入的用户名 uname 和密码 passwd。用户合法性校验流程如图 12-4 所示。

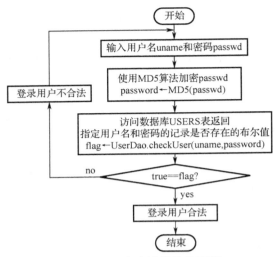

图 12-4 用户合法性校验流程

12.2.4 基础信息维护流程（以图书为例）

（1）新增图书流程

在 BookEditDialog 对话框中接收用户录入的新增图书信息并封装为图书对象 book，发送新增图书请求给 BookService 类，再由 BookService 类调用 BookDao 的 addBook(book)方法新增图书。若指定 barcode 的图书已经存在则需要修改图书信息，否则新增图书成功。新增图书流程如图 12-5（a）所示。

（2）修改图书流程

在 BookEditDialog 对话框中接收用户录入的修改图书信息并修改图书对象 book 相关属性，发送修改图书请求给服务类 BookService，再由 BookService 调用图书数据访问对象 BookDao 的 updateBook(book)方法修改图书。修改图书流程如图 12-5（b）所示。

（3）删除图书流程

在 BookPane 窗体上选中要删除的图书记录，发送要删除图书的编号 bid 给 BookService 类，再由 BookService 类调用 BookDao.delBook(bid)方法删除图书。删除图书流程如图 12-5（c）所示。

（4）查询图书流程

在 BookPane 窗体上接收查询关键字 key，发送查询请求给 BookService 类，再由 BookService 类调用 BookDao.findBook(key)方法返回匹配关键字的所有图书记录。若关键字为空则返回所有图书。查询图书流程如图 12-5（d）所示。

12.2.5 进货流程

进货单有草稿和过账两种状态。草稿流程只需要将表头信息和进购明细数据保存到进货单表头和进货明细表中，并修改进货单状态为"草稿"。过账流程首先需要判断通过现金和银行支付金额是否等于整单成交金额，因为本实例不支持应收款和应付款功能，所以支付金额必须与整单成交金额相同。接着，需要判断会计科目中现金余额是否大于等于现金支付金额，会计科目中银行余额是否大于等于银行支付金额，若没有足够现金或银行余额将返回修改进货明细，减少进货单整单金额，否则修改会计科目余额表，修改库存余额表，并将进货单表头和进货明细存入数据库，修改进货单状态为"过账"。进货流程如图 12-6 所示。

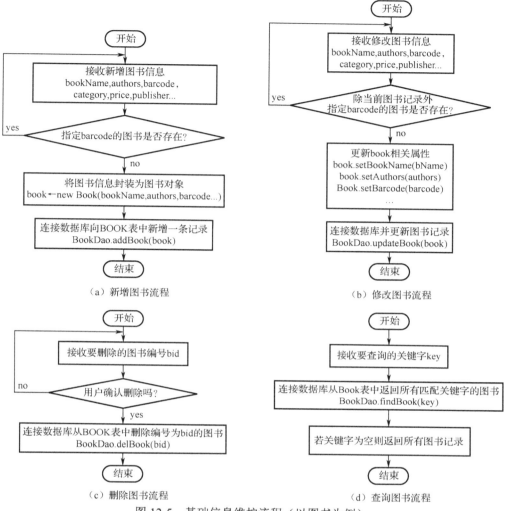

图 12-5 基础信息维护流程（以图书为例）

(1) 修改会计科目余额表规则

库存商品余额=原库存商品余额+整单成交金额
现金余额=原现金余额-cash
银行余额=原银行余额-bank

(2) 修改库存余额表规则

库存数量=原库存数量+进购图书数量
金额=原金额+整单成交金额
库存价格=金额/库存数量

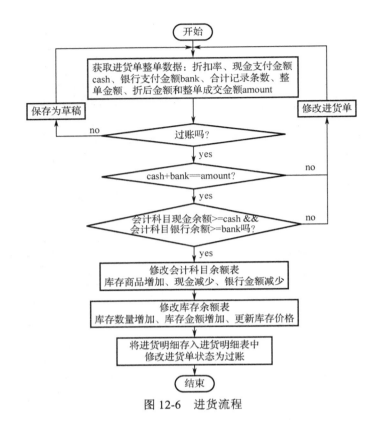

图 12-6　进货流程

12.2.6　销售流程

销售单也有草稿和过账两种状态。草稿流程只需要将表头信息和销售明细数据保存到销售单表头和销售明细表中并修改销售单状态为"草稿"。过账流程首先需要判断现金和银行支付金额之和是否等于整单成交金额，因为本实例不支持应收款和应付款功能，所以支付金额必须与整单成交金额相同。接着，需要访问销售明细中每种图书在库存余额表中的库存数量是否大于等于预销售的数量，若图书库存不足将返回修改销售明细，减少销售单中图书销售数量，否则修改会计科目余额表，修改库存余额表，并将销售单表头和销售明细存入数据库中，修改销售单状态为"过账"。销售流程如图 12-7 所示。

（1）修改会计科目余额表规则

库存商品余额=原库存商品余额-整单每种商品库存余额过账前后差值之和
　　　　　　　现金余额=原现金余额+cash
　　　　　　　银行余额=原银行余额+bank
　　　　　　　销售收入=原销售收入+整单成交金额
　　　　　　　销售成本=原销售成本+整单成本金额

（2）修改库存余额表规则

　　　　　　　库存数量=原库存数量-图书销售数量
　　　　　　　库存余额=原库存余额-商品成本金额

库存价格不变。

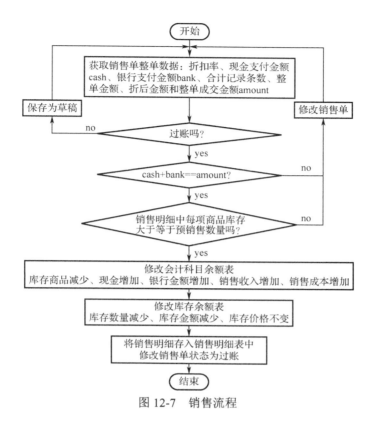

图 12-7 销售流程

12.3 系统实现

12.3.1 数据库连接池

本实例采用 c3p0 数据库连接池。c3p0 数据库连接池所使用参数的配置文件可参考第 11 章知识扩展内容。DBConn 类提供从数据库连接池返回数据库连接和关闭归还连接等功能。DBConn 类的具体实现参见代码 12-1。

代码 12-1　DBConn 类

```
1   public class DBConn {
2       private static DBConn dbConn;
3       private ComboPooledDataSource datasource;
4       private DBConn() {
5           datasource = new ComboPooledDataSource();
6       }
7       public static DBConn getInstance() {
8           if(dbConn == null) {
9               dbConn = new DBConn();
10          }
11          return dbConn;
12      }
13      public Connection getCon(){//从数据库连接池返回数据库连接
14          Connection con = null;
15          try {
16              con = datasource.getConnection();
17          } catch (SQLException e) {
18              e.printStackTrace();
```

```
19          }
20          return con;
21      }
22      public void close(ResultSet rs, Statement stmt, Connection con) {//关闭数据库连接对象
23          try {
24              if(rs != null) {
25                  rs.close();
26              }
27              if(stmt != null) {
28                  stmt.close();
29              }
30              if(con != null) {
31                  con.close();
32              }
33          } catch (SQLException e) {
34              e.printStackTrace();
35          }
36      }
37  }
```

12.3.2 用户登录和注销

LoginFrame 窗体通过用户名文本框和密码框接收用户登录账号与密码，调用 service.checkUser 方法校验合法性。若登录用户合法，则显示主窗体，否则提示用户名或密码输入错误。视图层 LoginFrame 类的用户合法性校验关键代码参见代码 12-2。

代码 12-2 LoginFrame 类的用户合法性校验关键代码

```
1   //调用checkUser方法查询指定用户名和密码的记录是否存在，若存在则显示主界面，否则提示错误
2   if(service.checkUser(uname, password)) {
3       SwingUtilities.invokeLater(new Runnable() {
4           @Override
5           public void run() {
6               MainFrame frame = MainFrame.getInstance("图书进销存管理系统",uname);
7               frame.setVisible(true);
8           }
9       });
10      this.dispose();
11  }else {
12      JOptionPane.showMessageDialog(LoginFrame.this, "用户名或密码输入错误！",
13      "系统提示", JOptionPane.ERROR_MESSAGE);
14  }
```

服务层 UserService 类的用户合法性校验过程是，先将密码框中录入的内容送 MD5 算法，再调用用户访问对象的 checkUser 方法在数据库中查询指定用户名和密码的记录是否存在。其关键代码参见代码 12-3。

代码 12-3 UserService 类的用户合法性校验关键代码

```
1   public boolean checkUser(String uname, String password) throws NoSuchAlgorithmException, SQLException{
2       String cipherpasswd = Widgets.MD5(password);
3       return userDao.checkUser(uname, cipherpasswd);
4   }
```

数据层 UserDao 类的用户合法性校验过程是，创建查询语句并向 DBMS 发送和执行该 SQL 语句。若指定用户名与密码的记录存在则返回 true，否则返回 false，方法返回前关闭数据库连接对象。其关键代码参见代码 12-4。

代码 12-4　UserDao 类的用户合法性校验关键代码

```
1   public boolean checkUser(String uname, String password) throws SQLException{
2       String sql = "SELECT * FROM USERS WHERE UNAME=? AND PASSWORD=?";
3       ResultSet rs = null;
4       try(Connection con = dbc.getCon(); PreparedStatement pstmt = con.prepareStatement(sql)){
5           pstmt.setString(1, uname);
6           pstmt.setString(2, password);
7           rs = pstmt.executeQuery();
8           return rs.next();
9       }finally {
10          if(rs != null) {
11              rs.close();
12          }
13      }
14  }
```

12.3.3　图书增删改查

图书管理界面 BookPane 为用户提供图书新增、删除、修改和查询功能的入口，以及展示图书信息的重要功能，其关键代码参见代码 12-5。

代码 12-5　BookPane 的关键代码

```
1   public class BookPane extends JPanel implements ActionListener{
2       …
3       @Override
4       public void actionPerformed(ActionEvent e) {
5           String actionCommand = e.getActionCommand();
6           if("SEARCH_BTN".equals(actionCommand)){//按查询按钮返回查询结果并更新界面
7               …
8               loadBookToGrid(searchKey);
9           }else if("ADD_BTN".equals(actionCommand)){ //按新增按钮弹出新增图书对话框
10              …
11              bookEditDialog.setVisible(true);
12          }else if("EDIT_BTN".equals(actionCommand)){ //按修改按钮弹出修改图书对话框
13              …
14              bookEditDialog.setVisible(true);
15          }else if("DEL_BTN".equals(actionCommand)){ //按删除按钮删除指定编号的图书记录
16              …
17              bookService.delBook(selectedBid);
18          }
19      }
20  }
```

BookEditDialog 中新增的修改图书关键代码参见代码 12-6。

代码 12-6　BookEditDialog 中新增的修改图书关键代码

```
1   public class BookEditDialog extends JDialog implements ActionListener{
2       …
3       @Override
4       public void actionPerformed(ActionEvent e) {
5           String actionCommand = e.getActionCommand();
6           if("SAVE".equals(actionCommand)){ //按保存按钮
7               if("New".equals(title)&&this.book==null){//新增图书
8                   …
9                   bookService.addBook(nbook);
10              }else{//修改图书
11                  …
12                  bookService.updateBook(book);
```

```
13            }
14        }else{//按退出按钮关闭新增/修改图书对话框
15            if("EXIT".equals(actionCommand)){
16                this.dispose();
17            }
18        }
19    }
20 }
```

BookService 中的图书信息维护（新增、修改、删除、查询）关键代码参见代码 12-7。

代码 12-7　BookService 中的图书信息维护关键代码

```
1  public void addBook(Book book) throws SQLException, NoSuchAlgorithmException {
2      bookDao.addBook(book);
3  }
4  public int updateBook(Book book) throws SQLException {
5      return bookDao.updateBook(book);
6  }
7  public int delBook(int bid) throws SQLException {
8      return bookDao.delBook(bid);
9  }
10 public Vector<Object> findBook(String key) throws SQLException{
11     return bookDao.findBook(key);
12 }
```

BookDao 中的图书信息维护（新增、修改、删除、查询）关键代码参见代码 12-8。

代码 12-8　BookDao 中的图书信息维护关键代码

```
1  public int addBook(Book book) throws SQLException{//向图书表中新增图书记录，返回新增图书记录条数
2      int numsOfAffected = 0;
3      String sql = "INSERT INTO BOOK(BOOK_NAME, AUTHORS, CATEGORY, BARCODE,
4      PUBLISHER, PRICE, DT_PUBLISH, DT_CREATE, DT_UPDATE)
5      VALUES(?, ?, ?, ?, ?, ?, ?, ?, ?)";
6      try(Connection con = dbc.getCon(); PreparedStatement pstmt = con.prepareStatement(sql)){
7          pstmt.setString(1,book.getBname());
8          ...
9          numsOfAffected = pstmt.executeUpdate();
10     }
11     return numsOfAffected;
12 }
13 public int updateBook(Book book) throws SQLException{ //修改图书记录，返回修改图书记录条数
14     int numsOfAffected = 0;
15     String sql = "UPDATE BOOK SET BOOK_NAME=?, AUTHORS=?, CATEGORY=?,BARCODE=?,
16     PUBLISHER=?, PRICE=?, DT_PUBLISH=?, DT_UPDATE=? WHERE BOOK_ID=?";
17     try(Connection con = dbc.getCon(); PreparedStatement pstmt = con.prepareStatement(sql)){
18         pstmt.setString(1,book.getBname());
19         ...
20         numsOfAffected = pstmt.executeUpdate();
21     }
22     return numsOfAffected;
23 }
24 public int delBook(int bid) throws SQLException{//删除图书记录，返回删除图书记录条数
25     int numsOfAffected = 0;
26     String sql = "DELETE FROM BOOK WHERE BOOK_ID=?";
27     try(Connection con = dbc.getCon(); PreparedStatement pstmt = con.prepareStatement(sql)){
28         pstmt.setInt(1, bid);
29         numsOfAffected = pstmt.executeUpdate();
30     }
31     return numsOfAffected;
32 }
33 public Vector<Object> findBook(String key) throws SQLException{//查询图书记录，返回满足条件的图书
```

```
34      Vector<Object> data = new Vector<>();
35      String sql = "SELECT * FROM BOOK WHERE BOOK_NAME LIKE '%"+key+"%'";
36      try(Connection con = dbc.getCon();
37          Statement stmt = con.createStatement(); ResultSet rs = stmt.executeQuery(sql)){
38          while(rs.next()) {
39              Vector<Object> rowdata = new Vector<>();
40              rowdata.add(rs.getInt(1));
41              …
42              data.add(rowdata);
43          }
44      }
45      return data;
46  }
```

12.3.4 进货流程

进货界面 PurchasePane 提供新增、修改和删除进货明细的按钮，以及进货单保存为草稿和进货单过账等功能，其关键代码参见代码 12-9。

代码 12-9 进货界面 PurchasePane 关键代码

```
1   public class PurchasePane extends JPanel implements ActionListener {
2       …
3       @Override
4       public void actionPerformed(ActionEvent e) {
5           String actionCommand = e.getActionCommand();
6           if("ADD_BTN".equals(actionCommand)){//按新增按钮弹出新增对话框
7               …
8               purDetailDialog.setVisible(true);
9           }else if("EDIT_BTN".equals(actionCommand)){ //按修改按钮弹出修改对话框
10              …
11              purDetailDialog.setVisible(true);
12          }else if("DEL_BTN".equals(actionCommand)){//按删除按钮删除指定明细并更新界面
13              …
14              ((DefaultTableModel)table.getModel()).removeRow(selectedRow);
15          }else if("DRAFT_BTN".equals(actionCommand)) {//按草稿按钮保存表头和进货明细
16              …
17          }else if("POST_BTN".equals(actionCommand)) {//按过账按钮要完成5项工作
18              …
19              //第一：整单支付金额与整单金额校验
20              if(Math.abs(cash+bank-billAmount)>0.001) {
21                  return;
22              }
23              //第二：会计科目余额校验
24              if(!validateAccountBalance(billAmount)) {
25                  return;
26              }
27              //第三：保存表头和进货明细
28              try {
29                  if(mainid<=0) {
30                      //若是新增进货单，则保存表头和进货明细
31                      mainid=billService.saveBillMain(pid, wid, bType, recordsCount,
32                          billSellAmount,billAmount,cash, bank, billState, doc, dou);
33                      Vector<Vector<Object>> data =
34                          ((DefaultTableModel)table.getModel()).getDataVector();
35                      int effectCounts = billService.savePurchaseDetail(mainid,pid,wid,data);
36                  }else {
37                      //若进货单已经存在，则更新表头
```

```
38              billService.updateBillMain(mainid,pid, wid, bType, recordsCount,
39              billSellAmount, billAmount, cash, bank,billState, dou);
40              //先删除进货明细表中所有与mainid关联的记录，再新增记录
41              billService.deleteBillDetails(mainid);
42              Vector<Vector<Object>> data =
43              ((DefaultTableModel)table.getModel()).getDataVector();
44              int effectCounts = billService.savePurchaseDetail(mainid,pid,wid,data);
45          }
46          //第四：修改会计科目余额表
47          billService.updateAccountBalance(billAmount,cash,bank);
48          //第五：修改图书库存余额表
49          for(int row = 0; row < table.getRowCount(); row++) {
50              int bid = (Integer)table.getValueAt(row, 0);
51              double quantity = (Double)table.getValueAt(row, 4);
52              double discountAmount = (Double)table.getValueAt(row, 9);
53              billService.updateBookBalance(wid, bid,quantity,discountAmount);
54      } catch (SQLException e1) {      }
55      }
56  }
57  //会计科目余额校验，判断会计科目中现金和银行余额是否足以支付整单成交金额
58  public boolean validateAccountBalance(double billAmount) {
59      try {
60          return billService.validateAccountBalance(billAmount);
61      } catch (SQLException e) {
62          e.printStackTrace();
63      }
64      return false;
65  }
66 }
67
```

BillService 类的关键代码参见代码 12-10。

代码 12-10　BillService 类的关键代码

```
1  //校验会计科目余额是否足以支付整单成交金额
2  public boolean validateAccountBalance(double discountAmount) throws SQLException {
3      double totalAmount = balanceDao.getTotalAmount();
4      if(totalAmount > discountAmount) {
5          return true;
6      }
7      return false;
8  }
9  //校验指定仓库指定图书是否存在足够的库存数量供销售单销售
10 public double validateBookBalance(int wid, int bid,double expectedQuantity) throws SQLException {
11     double realQuantity = balanceDao.getBookQuantity(wid,bid);
12     return realQuantity-expectedQuantity;
13 }
```

BillDao 的关键代码参见代码 12-11。

代码 12-11　BillDao 的关键代码

```
1  //保存单据表头信息，返回新增单据编号
2  public int saveBillMain(int pid,int wid,String bType,int recordsCount,double billSellAmount,double billAmount,
3                double cash, double bank, String billState,Date doc,Date dou) throws SQLException {
4      int newid = -1;
5      String sql = "INSERT INTO BILL_MAIN(PARTNER_ID, IN_WAREHOUSE_ID, BILL_TYPE,
6      RECORDS_COUNT, BILL_SELL_AMOUNT, BILL_AMOUNT, CASH, BANK, BILL_STATE,
7      DT_CREATE, DT_UPDATE, DT_ACCOUNT)  VALUES(?, ?, ?, ?, ?, ?, ?, ?, ?, ?, ?, ?)";
8      try(Connection con = dbc.getCon(); PreparedStatement pstmt = con.prepareStatement(sql)){
9          pstmt.setInt(1,pid);
10         …
```

```java
11          pstmt.executeUpdate();
12      }
13      try(Connection con = dbc.getCon(); Statement stmt = con.createStatement();
14          ResultSet rs = stmt.executeQuery("SELECT IDENT_CURRENT('BILL_MAIN')")){
15          if(rs.next()) {
16              newid = rs.getInt(1);
17          }
18      }
19      return newid;
20  }
21  //保存进货明细，返回保存的明细条数
22  public int savePurchaseDetail(int mainid, int pid, int wid, Vector<Vector<Object>>data) throws SQLException {
23      int numsOfAffected = 0;
24      String sql = "INSERT INTO BILL_PURCHASE_DETAIL(BILL_MAIN_ID,
25      PARTNER_ID, WAREHOUSE_ID, BOOK_ID, BOOK_QUANTITY, SELL_PRICE,
26      COST_PRICE, DISCOUNT_PRICE, SELL_AMOUNT, COST_AMOUNT,
27      DISCOUNT_AMOUNT) VALUES(?, ?, ?, ?, ?, ?, ?, ?, ?, ?)";
28      try(Connection con = dbc.getCon(); PreparedStatement pstmt = con.prepareStatement(sql)){
29          con.setAutoCommit(false);
30          for(Vector<Object> rowdata : data){
31              pstmt.setInt(1,mainid);
32              ...
33              pstmt.addBatch();
34          }
35          int[] rs = pstmt.executeBatch();
36          con.commit();
37          for(int i: rs) {
38              numsOfAffected += i;
39          }
40      }
41      return numsOfAffected;
42  }
43  //更新单据表头，返回更新的记录条数
44  public int updateBillMain(int mainid,int pid,int wid,String bType,int recordsCount, double billSellAmount,
45  double billAmount, double cash, double bank, String billState, Date dou) throws SQLException {
46      int numsOfAffected = 0;
47      String sql = "UPDATE BILL_MAIN SET PARTNER_ID=?, IN_WAREHOUSE_ID=?, BILL_TYPE=?,
48      RECORDS_COUNT=?, BILL_SELL_AMOUNT=?, BILL_AMOUNT=?,CASH=?, BANK=?,
49      BILL_STATE=?, DT_UPDATE=?, DT_ACCOUNT=? WHERE BILL_MAIN_ID=?";
50      try(Connection con = dbc.getCon(); PreparedStatement pstmt = con.prepareStatement(sql)){
51          pstmt.setInt(1,pid);
52          ...
53          numsOfAffected = pstmt.executeUpdate();
54      }
55      return numsOfAffected;
56  }
57  //删除进货明细，返回删除的记录条数
58  public int deleteBillDetails(int mainid) throws SQLException {
59      int numsOfAffected = 0;
60      String sql = "DELETE FROM BILL_PURCHASE_DETAIL WHERE BILL_MAIN_ID=?";
61      try(Connection con = dbc.getCon(); PreparedStatement pstmt = con.prepareStatement(sql)){
62          pstmt.setInt(1, mainid);
63          numsOfAffected = pstmt.executeUpdate();
64      }
65      return numsOfAffected;
66  }
```

12.3.5 销售流程

销售界面 SellPane 提供新增、修改和删除销售明细的按钮，以及销售单保存为草稿和销售单过账等功能，其关键代码参见代码 12-12。

代码 12-12　SellPane 关键代码

```
1   public class SellPane extends JPanel implements ActionListener {
2       …
3       @Override
4       public void actionPerformed(ActionEvent e) {
5           String actionCommand = e.getActionCommand();
6           if("ADD_BTN".equals(actionCommand)){//按新增按钮弹出新增对话框
7               …
8               sellDetailDialog.setVisible(true);
9           }else if("EDIT_BTN".equals(actionCommand)){//按修改按钮弹出修改对话框
10              …
11              sellDetailDialog.setVisible(true);
12          }else if("DEL_BTN".equals(actionCommand)){//按删除按钮删除指定明细并更新界面
13              …
14              ((DefaultTableModel)table.getModel()).removeRow(selectedRow);
15          }else if("DRAFT_BTN".equals(actionCommand)) {//按草稿按钮保存表头和销售明细
16              …
17          }else if("POST_BTN".equals(actionCommand)) {//按过账按钮要完成5项工作
18              …
19              //第一：整单支付金额与销售单整单金额校验
20              if(Math.abs(cash+bank-billAmount)>0.001) {
21                  return;
22              }
23              //第二：图书库存余额校验
24              if(!validateBookBalance(wid)) {
25                  return;
26              }
27              //第三：保存表头和明细
28              Vector<Vector<Object>> data = ((DefaultTableModel)table.getModel()).getDataVector();
29              try {
30                  if(mainid<=0) {
31                      //若是新增销售单，则保存表头和销售明细
32                      mainid=billService.saveBillMain(pid, wid, bType, recordsCount,
33                          billSellAmount,billAmount,cash,bank, billState, doc, dou);
34                      int effectCounts = billService.saveSellDetail(mainid,pid,wid,data);
35                  }else {
36                      //若销售单已经存在，则更新表头
37                      billService.updateBillMain(mainid,pid, wid, bType, recordsCount,
38                          billSellAmount, billAmount, cash, bank,billState, dou);
39                      //先删除销售明细表中所有与mainid关联的记录，再增加记录
40                      billService.deleteSellDetails(mainid);
41                      int effectCounts = billService.saveSellDetail(mainid,pid,wid,data);
42                  }
43                  //第四：修改会计科目余额表
44                  billService.updateSellAccountBalance(wid,billAmount,cash,bank,data);
45                  //第五：修改图书库存余额表
46                  for(int row = 0; row < table.getRowCount(); row++) {
47                      int bid = (Integer)table.getValueAt(row, 0);
48                      double quantity = (Double)table.getValueAt(row, 4);
49                      double discountAmount = (Double)table.getValueAt(row, 9);
50                      billService.updateSellBookBalance(wid, bid,quantity);
51                  }
```

```
52              } catch (SQLException e1) {    }
53          }
54      }
55      //图书库存余额校验,检查销售单中所有图书在出库仓库中的库存数量是否满足要求
56      public boolean validateBookBalance(int wid) {
57          //统计销售单中所有图书的待销售数量
58          HashMap<Integer,Double> bookSellQuantity = new HashMap<>();
59          for(int row = 0; row < table.getRowCount(); row++) {
60              Integer key = (Integer)table.getValueAt(row, 0);
61              Double quantity = (Double)table.getValueAt(row, 4);
62              if(bookSellQuantity.containsKey(key)) {
63                  bookSellQuantity.replace(key, bookSellQuantity.get(key)+quantity);
64              }else {
65                  bookSellQuantity.put(key, quantity);
66              }
67          }
68          //判断库存数量是否满足待销售数量
69          for(int bid : bookSellQuantity.keySet()) {
70              double expectedQuantity = bookSellQuantity.get(bid);
71              double differ=0;
72              try {
73                  differ = billService.validateBookBalance(wid,bid,expectedQuantity);
74              } catch (SQLException e) {    }
75              if(differ<0) {
76                  return false;
77              }
78          }
79          return true;
80      }
81  }
```

12.3.6 单据明细获取

已知进货单单据编号为mainid,可以通过单据数据访问对象BillDao连接数据库返回所有与该进货单关联的进货明细。获取指定进货明细的方法参见代码12-13。

代码12-13 获取指定进货明细的方法

```
1   public Vector<Object> findPurBillDetail(int mainid) throws SQLException{
2       Vector<Object> data = new Vector<>();
3       String sql = "SELECT BOOK.BOOK_ID, BOOK.BOOK_NAME, BOOK.AUTHORS,
4       BOOK.BARCODE, BILL_PURCHASE_DETAIL.BOOK_QUANTITY,
5       BILL_PURCHASE_DETAIL.SELL_PRICE, PARTNER.DISCOUNT,
6       BILL_PURCHASE_DETAIL.DISCOUNT_PRICE,
7       BILL_PURCHASE_DETAIL.SELL_AMOUNT,
8       BILL_PURCHASE_DETAIL.DISCOUNT_AMOUNT "
9       + "FROM BILL_PURCHASE_DETAIL "
10      + "LEFT JOIN BOOK ON BILL_PURCHASE_DETAIL.BOOK_ID=BOOK.BOOK_ID "
11      + "LEFT JOIN PARTNER ON
12      BILL_PURCHASE_DETAIL.PARTNER_ID=PARTNER.PARTNER_ID "
13      + "WHERE BILL_PURCHASE_DETAIL.BILL_MAIN_ID=?";
14      try(Connection con = dbc.getCon(); PreparedStatement pstmt = con.prepareStatement(sql)){
15          pstmt.setInt(1, mainid);
16          ResultSet rs = pstmt.executeQuery();
17          while(rs.next()) {
18              Vector<Object> rowdata = new Vector<>();
19              rowdata.add(rs.getInt(1));
20              ...
21              data.add(rowdata);
22          }
```

```
23        if(rs != null) {
24            rs.close();
25        }
26    }
27    return data;
28 }
```

已知销售单单据编号 mainid，可以通过单据数据访问对象 BillDao 连接数据库返回所有与该单据关联的销售明。获取指定销售明细的方法参见代码 12-14。

代码 12-14　获取指定销售明细的方法

```
1  public Vector<Object> findSellBillDetail(int mainid) throws SQLException{
2      Vector<Object> data = new Vector<>();
3      String sql = "SELECT BOOK.BOOK_ID, BOOK.BOOK_NAME, BOOK.AUTHORS,
4      BOOK.BARCODE, BILL_SELL_DETAIL.BOOK_QUANTITY,
5      BILL_SELL_DETAIL.SELL_PRICE, PARTNER.DISCOUNT,
6      BILL_SELL_DETAIL.DISCOUNT_PRICE, BILL_SELL_DETAIL.SELL_AMOUNT,
7      BILL_SELL_DETAIL.DISCOUNT_AMOUNT "
8      + "FROM BILL_SELL_DETAIL "
9      + "LEFT JOIN BOOK ON BILL_SELL_DETAIL.BOOK_ID=BOOK.BOOK_ID "
10     + "LEFT JOIN PARTNER ON BILL_SELL_DETAIL.PARTNER_ID=PARTNER.PARTNER_ID "
11     + "WHERE BILL_SELL_DETAIL.BILL_MAIN_ID=?";
12     try(Connection con = dbc.getCon(); PreparedStatement pstmt = con.prepareStatement(sql)){
13         pstmt.setInt(1, mainid);
14         ResultSet rs = pstmt.executeQuery();
15         while(rs.next()) {
16             Vector<Object> rowdata = new Vector<>();
17             rowdata.add(rs.getInt(1));
18             ...
19             data.add(rowdata);
20         }
21         if(rs != null) {
22             rs.close();
23         }
24     }
25     return data;
26 }
```

12.3.7　图书销售排行

从销售明细中统计各仓库指定图书的销售数量、销售金额、销售成本和销售利润。若关键字为空则返回各仓库所有图书的统计数据。返回图书销售统计数据并按销售数量降序排序的图书销售排行关键代码参见代码 12-15。

代码 12-15　图书销售排行关键代码

```
1  public Vector<Object> findSaleRank(String key) throws SQLException{
2      Vector<Object> data = new Vector<>();
3      String sql = "SELECT BILL_SELL_DETAIL.BOOK_ID,BOOK.BOOK_NAME,BOOK.AUTHORS,
4      BOOK.BARCODE,WAREHOUSE.WAREHOUSE_NAME,
5      SUM(BILL_SELL_DETAIL.BOOK_QUANTITY) AS SELL_QUANTITY,
6      SUM(BILL_SELL_DETAIL.DISCOUNT_AMOUNT) AS SELL_AMOUNT,
7      SUM(BILL_SELL_DETAIL.COST_AMOUNT) AS SELL_COST,
8      (SUM(BILL_SELL_DETAIL.DISCOUNT_AMOUNT)-
9      SUM(BILL_SELL_DETAIL.COST_AMOUNT)) AS PROFIT
10     FROM BILL_SELL_DETAIL
11     LEFT JOIN BILL_MAIN ON BILL_MAIN.BILL_MAIN_ID=BILL_SELL_DETAIL.BILL_MAIN_ID
12     LEFT JOIN BOOK ON BOOK.BOOK_ID = BILL_SELL_DETAIL.BOOK_ID
13     LEFT JOIN WAREHOUSE ON WAREHOUSE.WAREHOUSE_ID =
14     BILL_SELL_DETAIL.WAREHOUSE_ID
15     WHERE BILL_MAIN.BILL_STATE='post' AND BOOK_NAME LIKE '%"+key+"%'
```

```
16        GROUP BY BILL_SELL_DETAIL.BOOK_ID,BOOK_NAME,AUTHORS,BARCODE,
17        WAREHOUSE_NAME ORDER BY SELL_QUANTITY DESC";
18        try(Connection con = dbc.getCon();
19            Statement stmt = con.createStatement(); ResultSet rs = stmt.executeQuery(sql)){
20            while(rs.next()) {
21                Vector<Object> rowdata = new Vector<>();
22                rowdata.add(rs.getInt(1));
23                …
24                data.add(rowdata);
25            }
26        }
27        return data;
28    }
```

12.3.8 图书库存统计

从图书库存余额表中统计各仓库指定图书的库存数量，若关键字为空则返回各仓库所有图书的库存统计。返回各仓库图书库存统计数据并按图书库存升序排序的图书库存统计关键代码参见代码 12-16。

代码 12-16　图书库存统计关键代码

```
1   public Vector<Object> findInventory(String key) throws SQLException{
2       Vector<Object> data = new Vector<>();
3       String sql = "SELECT BOOK_BALANCE.BOOK_ID, BOOK.BOOK_NAME,
4       BOOK.AUTHORS, BOOK.BARCODE, WAREHOUSE.WAREHOUSE_NAME,
5       BOOK_BALANCE.QUANTITY FROM BOOK_BALANCE
6       LEFT JOIN BOOK ON BOOK.BOOK_ID=BOOK_BALANCE.BOOK_ID
7       LEFT JOIN WAREHOUSE ON
8       WAREHOUSE.WAREHOUSE_ID=BOOK_BALANCE.WAREHOUSE_ID
9       WHERE BOOK_NAME LIKE '%"+key+"%' ORDER BY QUANTITY ASC";
10      try(Connection con = dbc.getCon();
11          Statement stmt = con.createStatement(); ResultSet rs = stmt.executeQuery(sql)){
12          while(rs.next()) {
13              Vector<Object> rowdata = new Vector<>();
14              rowdata.add(rs.getInt(1));
15              …
16              data.add(rowdata);
17          }
18      }
19      return data;
20  }
```

扫描本章二维码获取本实例完整代码。

12.4　运行

12.4.1　系统登录界面

登录窗体大小为 500*300，去掉标题栏，居中显示，主要由用户名文本框、密码框、登录按钮和退出按钮等组件组成。窗体采用空布局管理器布局组件位置。按下登录按钮后会转入用户合法性校验，通过校验则打开图书进销存管理系统主界面，否则继续等待用户输入正确的用户名与密码。按下退出按钮后关闭登录窗体退出系统。系统登录界面如图 12-8 所示。

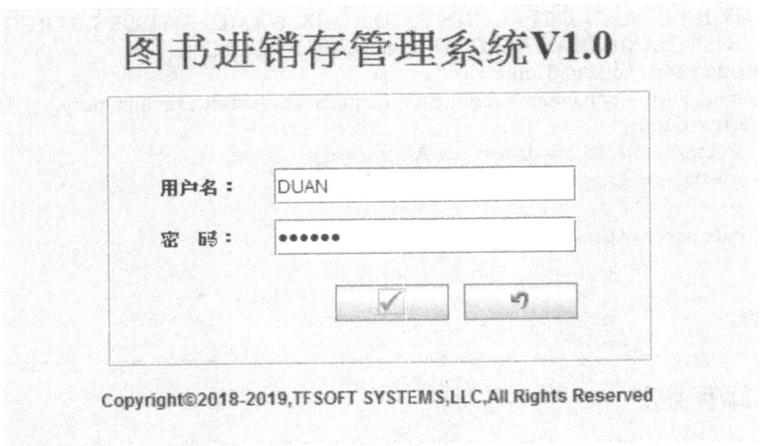

图 12-8　系统登录界面

12.4.2　基础信息维护界面（以图书为例）

基础信息维护包括用户管理、往来单位管理、仓库管理和图书管理。它们具有类似的界面。这里以图书为例演示基础信息维护的主要界面。图书管理界面提供查询、新增、修改、删除和图书信息展示等功能。图书信息展示表格各列的列名分别是：编号、书名、作者、分类、条码、出版社、零售价、出版时间、创建时间和更新时间。图书管理界面如图 12-9 所示。

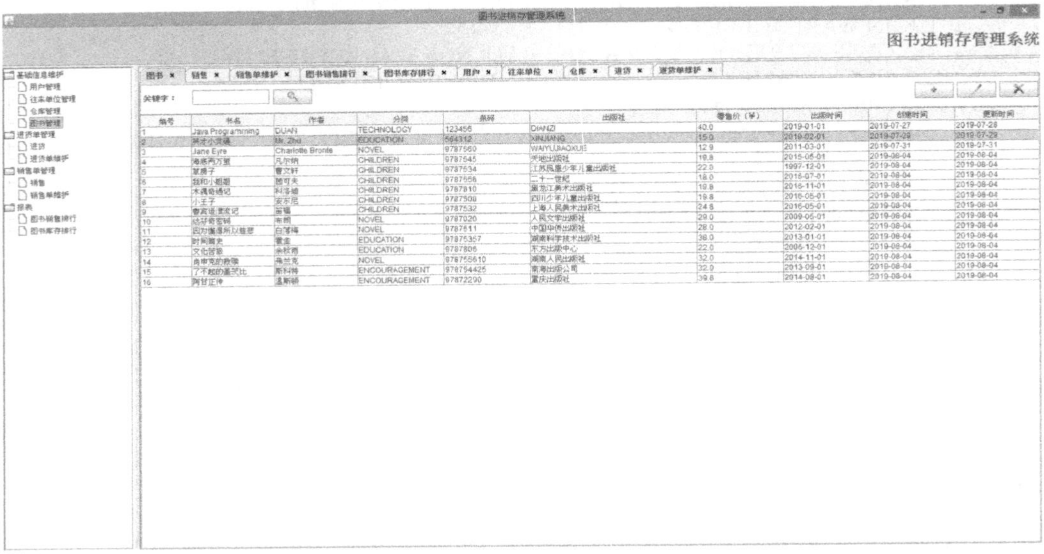

图 12-9　图书管理界面

图书管理界面主要包含关键字文本框、查询按钮、新增按钮、修改按钮、删除按钮和图书信息展示的 JTable 组件。按查询按钮，按关键字查询图书并更新表格数据；按新增按钮，弹出新增图书对话框，新增图书记录后，返回后更新表格数据（见图 12-10）；按修改按钮，弹出修改图书对话框，该对话框与新增图书公用同一个 JDialog 实例，修改图书记录后，返回更新表格数据；按删除按钮，弹出删除确认对话框，本例支持批量数据删除。

图 12-10 新增图书对话框

12.4.3 进货界面

进货界面主要包含供应商下拉列表、收货仓库下拉列表、新增按钮、修改按钮、删除按钮、进货明细展示表格、总（整单）金额文本框、折后（整单成交）金额文本框、现金支付框、银行文本框、草稿按钮和过账按钮等组件。新增按钮、修改按钮和删除按钮为进货单中的每项进货明细提供维护功能；按草稿按钮，将进货单表头和进货明细分别保存到单据表头表和进货明细表中，以后可对该进货单继续进行修改；按过账按钮，进行会计科目余额校验和现金与银行支付金额校验，通过校验后修改图书库存余额和会计科目余额，并保存单据数据。过账后该单据不能再做修改。进货单过账后的界面如图 12-11 所示。

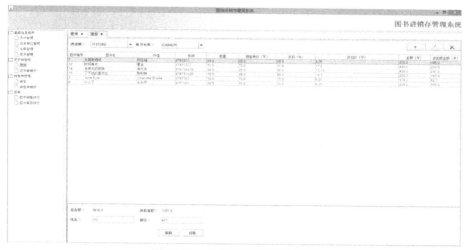

图 12-11 进货单过账后的界面

12.4.4 进货单维护界面

进货单维护界面可以查看所有草稿和过账状态的进货单。该界面主要包括起止时间文本框（此处可以引入第三方日历组件或自定义日历组件）、查询按钮、进货单状态选择按钮和进货单显示表格。按查询按钮，会在后台查找介于起止时间之间创建的所有指定状态的进货单。进货单维护表格各列的列名分别是：编号、往来单位、仓库、类型、记录条数、单据金额、状态、创建时间、更新时间和过账时间。进货单维护界面如图12-12所示。

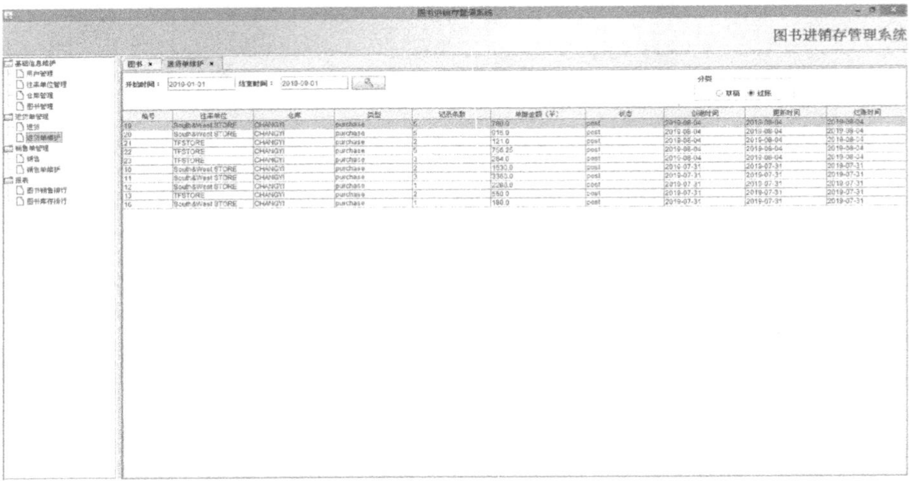

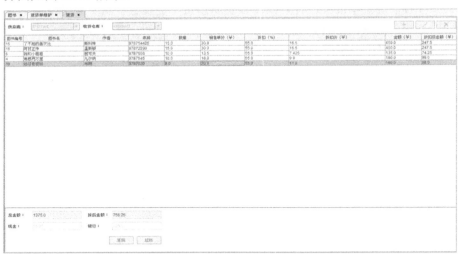

图12-12 进货单维护界面

在进货单维护表格中，在某个单据上双击后将在进货界面中打开该单据。若单据状态为"草稿"，则可以继续通过新增、修改和删除按钮对单据中的进货明细进行维护；若单据状态为"过账"，则只能查看进货明细、整单金额和现金、银行支付情况。通过进货单维护界面打开的已过账进货单界面如图12-13所示。

图12-13 通过进货单维护界面打开的已过账进货单界面

12.4.5 销售界面

销售界面主要包括客户下拉列表、出货仓库下拉列表、新增按钮、修改按钮、删除按钮、销售明细展示表格、总（整单）金额文本框、折后（整单成交）金额文本框、现金与银行文本框、草稿按钮和过账按钮等组件。新增按钮、修改按钮和删除按钮为销售单中的销售明细提供维护功能；按草稿按钮，将销售单及销售明细分别保存单据表头表和销售明细表中，以后可对该单据继续进行修改；按过账按钮，进行图书库存校验和现金与银行支付金额校验，通过校验后修改图书库存余额和会计科目余额，并保存单据表头和明细数据。过账后该单据不允许被修改。销售单表格各列的列名分别是：图书编号、图书名、作者、条码、数量、销售单价、折扣、折扣价、金额和折后金额。草稿状态的销售单界面如图 12-14 所示。

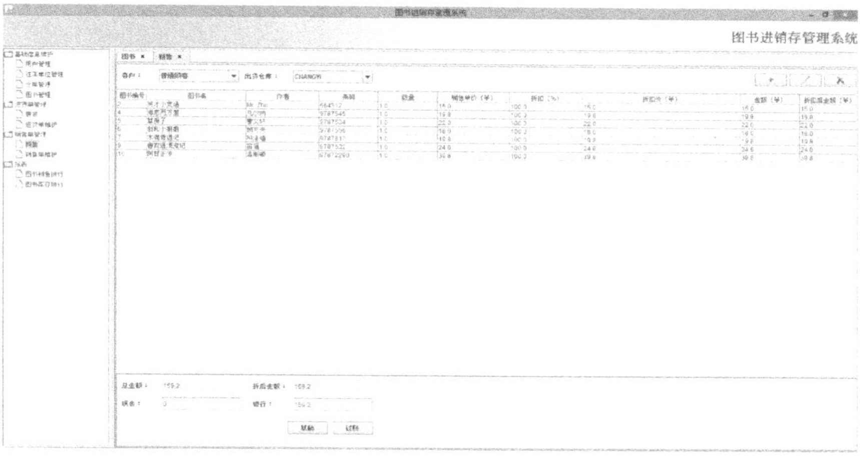

图 12-14 草稿状态的销售单界面

12.4.6　销售单维护界面

销售单维护界面可以查看所有草稿或过账状态的销售单。该界面主要包括起止时间文本框（此处可以引入第三方日历组件或自定义日历组件）、查询按钮、状态选择按钮和销售单显示表格。按下查询按钮后会到后台查找介于起止时间之间创建的所有指定状态的销售单。销售单维护表格各列的列名分别是：编号、往来单位、仓库、单据类型、记录条数、单据金额、单据状态、创建时间、更新时间和过账时间。销售单维护界面如图 12-15 所示。

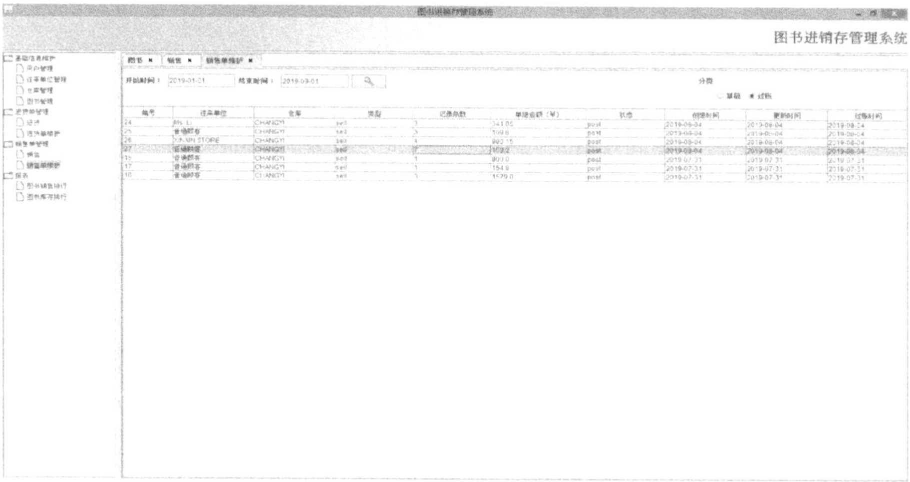

图 12-15 销售单维护界面

在销售单维护表格中双击某个单据则可在销售界面中打开该单据。若单据状态为"草稿"，则可以继续通过新增、修改和删除按钮对单据中的销售明细进行维护；若单据状态为"过账"，则只能查看销售明细、整单金额和现金、银行支付情况。通过销售单维护界面打开的已过账销售单界面如图 12-16 所示。

图 12-16　通过销售单维护界面打开的已过账销售单界面

12.4.7　图书销售排行界面

图书销售排行界面显示各仓库中图书销售数量的统计数据，主要包括关键字文本框、查询按钮和图书统计信息表格。按下查询按钮后在后台查询指定图书的销售信息，若关键字为空则返回所有图书的统计信息。统计信息表格各列的列名分别是：图书编号、图书名、作者、条码、仓库、销售数量、销售金额、销售成本、销售利润。图书销售排行界面如图 12-17 所示。

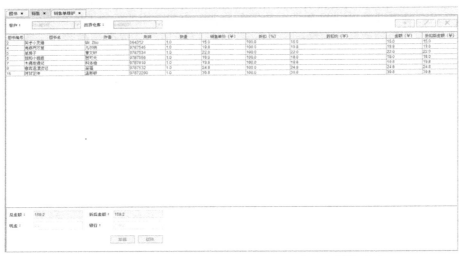

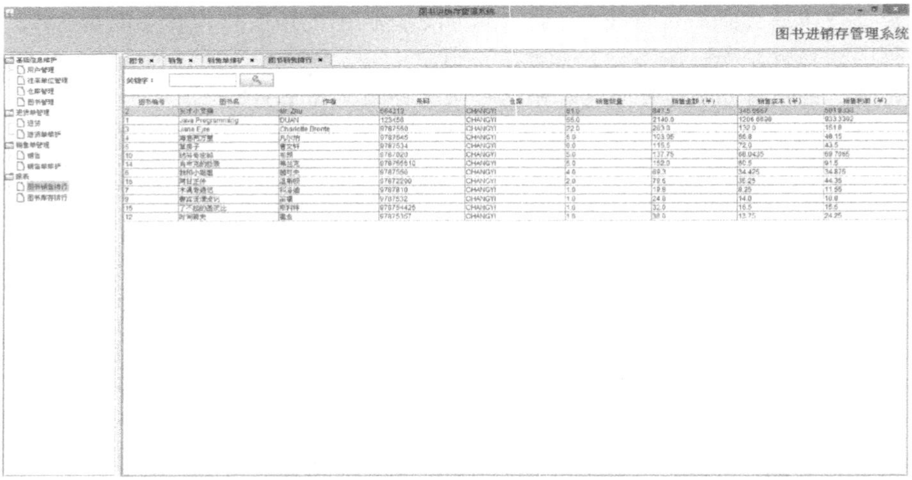

图 12-17　图书销售排行界面

12.4.8　图书库存统计界面

图书库存统计界面显示各仓库中每种图书库存数量的统计数据，主要包括关键字文本框、查询按钮和图书统计信息表格。按下查询按钮后在后台查询指定图书的库存信息，若关键字为空则返回所有图书的库存信息。统计信息表格各列的列名分别是：图书编号、图书名、作者、条码、仓库和库存数量。图书库存统计界面如图 12-18 所示。

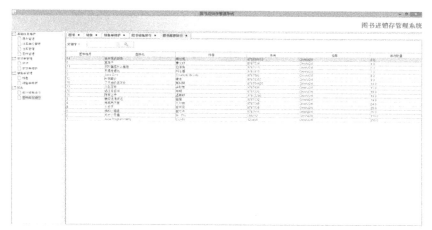

图 12-18　图书库存统计界面

12.5　系统扩展

本实例的目的是能让读者综合应用 Java 基础语法、Swing 图形接口和 JDBC 完成一个简单的管理信息系统。为了便于理解和节省版面，我们简化了进销存问题，读者可在此基础上对系统进行扩展，例如，增加权限管理、会计科目管理、单价管理、期初建账、应收应付、订单管理、图书退换货等功能。

（1）权限管理：读者可以将系统权限分为功能权限与数据权限两类。让不同角色的用户具有不同功能的使用权限和数据读写权限。在关系对象模型中可以增加员工（Employee）、部门（Department）、角色（Role）和权限（ACL）等多种类型，分别映射关系数据库中的员工表（EMPLOYEE）、部门表（DEPARTMENT）、角色表（ROLE）和权限表（ACL）。用户管理功能允许管理员为用户设置功能和数据权限。用户登录系统后，系统根据用户权限和上次记忆的状态初始化主界面，屏蔽掉不能使用的功能。在进行数据操作时，根据数据权限隐藏不能查看的数据，限制对无写权限数据的修改等；

（2）会计科目管理：在基础信息维护中增加会计科目管理功能。系统允许用户对会计科目进行维护，完善对资产类、负债类、收入类、支出类、所有者权益和利润等类型科目的新增、删除、修改和查询功能。

（3）单价管理：允许为往来单位设置单价规则，也允许为图书增加调价功能。

（4）引入税率：增加税率，对进货和销售时每项记录都需要计算含税金额和不含税金额。

（5）期初建账：在开账前需要通过期初建账功能为各仓库中每种图书设置期初数量、期初单价和期初金额；会计科目表中为允许修改的科目设置期初值。

（6）应收应付：本实例中进货销售都要求整单全款结算。在实际场景中允许先支付一部分，以后再结算剩余的部分，这时需要增加应收应付功能。

（7）进货订单、销售订单：订单不影响会计科目，不影响库存余额，可以与对应的进货单、销售单进行关联，是客户关系管理系统（CRM）进行客户跟踪的一个重要基础数据。

（8）进货退换货、销售退换货：支持图书进购和销售过程中的退换货问题。

获取本章资源

参 考 文 献

[1] James Gosling, Bill Joy, Guy Steele, Gilad Bracha, Alex Buckley. The Java Language Specification Java SE 8 Edition. Oracle America, 2015.

[2] Tim Lindholm, Frank Yellin, Gilad Bracha, Alex Buckley. The Java Virtual Machine Specification Java SE 8 Edition. Oracle America, 2015.

[3] Oracle. Java Platform Standard Edition 8 Documentation. Oracle and/or its affiliates. 2019, https://docs.oracle.com/javase/8/docs.

[4] Oracle. Java Platform Standard Edition 8 API Specification. Oracle and/or its affiliates. 2019, https://docs.oracle.com/javase/8/docs/api/index.html.

[5] Sun Microsystems. Memory Management in the Java HotSpot Virtual Machine. Sun Microsystems Inc., 2006.

[6] Java Programming language. https://en.wikipedia.org/wiki/Java_(programming_language)#Implementations, 2018.

[7] Thomas Schatzl, Laurent Daynes, Hanspeter Mossenbock. Optimized Memory Management for Class Metadata in a JVM. Proceedings of the 9th International Conference on Principles and Practice of Programming in Java. Kongens Lyngby, Denmark, 2011: 151-160.

[8] Sun Microsystems. Java Security Overview White Paper. Sun Microsystems Inc., 2005.

[9] Java Mission Control 6.0 Release Notes, https://www.oracle.com/technetwork/java/javase/jmc6-release-notes-3689600.html, 2019.

[10] Unicode. The Unicode Standard: A Technical Introduction. Unicode, Inc., 2019, https://www.unicode.org/standard/principles.html.

[11] UTF-8. https://en.wikipedia.org/wiki/UTF-8, 2018.

[12] UTF-16. https://en.wikipedia.org/wiki/UTF-16, 2018.

[13] UTF-32. https://en.wikipedia.org/wiki/UTF-32, 2018.

[14] 孙卫琴. Java 面向对象编程. 北京：电子工业出版社，2007.

[15] Bruce Eckel. Thinking in Java Fourth Edition. Prentice Hall, 2006.

[16] Cay S. Horstmann. Java 核心技术卷 I：基础知识（原书第 10 版）. 周立新，等，译. 北京：机械工业出版社，2016.

[17] 辛运帏，饶一梅. Java 程序设计（第四版）. 北京：清华大学出版社，2017.

[18] 严蔚敏，吴伟民. 数据结构（C 语言版）. 北京：清华大学出版社，2007.

[19] H M Deitel, P J Deitel. Java 程序设计教程（第 5 版）. 施平安，等，译. 北京：清华大学出版社，2008.